线性代数

（第2版）

主　编　黄　莉　晏丽霞
副主编　谭　莉　徐志营　李志辉　刘　涤
参　编　吴　纯　胡耀胜　沈　洁　李昭敏　高　艳

华中科技大学出版社
中国·武汉

内 容 简 介

本书是根据全国高等学校工科数学课程教学指导委员会制定的“线性代数”课程基本要求，采取“以应用为目的，以必需、够用为度”的原则，并结合编者自身的教学体会编写而成的. 本书共 7 章，内容包括行列式、矩阵及其运算、向量组与线性方程组、特征值和特征向量、二次型、线性空间与线性变换、MATLAB 软件及其应用，各章均配有一定数量的习题、考研真题和习题答案.

本书可供高等院校非数学专业作为线性代数课程的教材，亦可供自学者、考研者和科技工作者参考.

图书在版编目(CIP)数据

线性代数/黄莉，晏丽霞主编. —2 版. —武汉：华中科技大学出版社，2021. 12(2024. 6 重印)
ISBN 978-7-5680-7819-1

Ⅰ. ①线… Ⅱ. ①黄… ②晏… Ⅲ. ①线性代数-高等学校-教材 Ⅳ. ①O151. 2

中国版本图书馆 CIP 数据核字(2021)第 268471 号

线性代数(第 2 版)　　　　黄　莉　晏丽霞　主编
Xianxing Daishu(Di er Ban)

策划编辑：王红梅
责任编辑：刘艳花
封面设计：刘　卉
责任监印：周治超

出版发行：华中科技大学出版社(中国・武汉)　　电话：(027)81321913
武汉市东湖新技术开发区华工科技园　　邮编：430223

录　排：武汉市洪山区佳年华文印部
印　刷：武汉开心印印刷有限公司
开　本：787mm×1092mm　1/16
印　张：14. 5
字　数：353 千字
版　次：2024 年 6 月第 2 版第 3 次印刷
定　价：44. 80 元

第 2 版前言

本书第 2 版是在第 1 版的基础之上，根据教学实践及反馈，并结合新时代的全方面立体育人的精神，进行全面修订而成的. 在此次修订中，我们保留了原教材的系统和风格以及其结构严谨、逻辑清晰、通俗易懂、习题丰富等优点，修订了部分错误、调整了部分内容的顺序、增加了习题的参考答案.

“线性代数”是大学数学的经典课程之一，是高等院校的一门重要的公共基础课，受益学生众多. 线性代数的发展历程和知识体系，深刻体现了人们认识事物的一般规律，从多角度探寻事物本质的过程，蕴含着丰富的辩证唯物主义世界观和方法论；其历史悠久，承载着数千年代数学深厚的积淀和不断创新的成果，铭刻着古今中外数学家们求实创新的科学精神，更是课程思政的沃土.

因此在第 2 版中，我们尝试增加一些课程思政的切入点. 例如，求解线性方程组的高斯消元法，早在我国古代数学专著《九章算术》上面就有完整的记载，这比西方早一千多年，这是非常值得骄傲的伟大成就. 然而可惜的是，古代数学家未能实现从具体到抽象的突破，在数学研究上还是停留在“术”的层面，错失了发展出现代自然科学体系的良机. 再如向量组的秩这一节中，极大无关组就是集体中的核心成员，那么如何争当核心成员？实际上在用定义求解极大无关组的过程中就已经给出启示. 像这样的例子在线性代数中比比皆是，有待我们进一步的挖掘和提炼.

本版修订工作由黄莉、谭莉完成，晏丽霞、李志辉、李昭敏、梅晓玲等同志参与了修改讨论，华中科技大学出版社编辑王红梅、刘艳花等同志提供了宝贵的修改意见，在此一并表示衷心的感谢！

由于我们编写水平有限，新版中难免有不妥或错误之处，敬请读者批评指正.

编　者

2021 年 12 月

第1版前言

"线性代数"是高等院校开设的一门重要的基础理论课程，在科学研究和各行各业中都有广泛的应用，其课程特点是概念抽象、解题技巧灵活多变，初学者往往难以适应这门课程的学习，因此我们在保持传统教学内容的同时，做了以下努力：注重理论联系实际，加强对概念和理论的背景介绍，特别引入相关概念的几何解释，使抽象内容便于理解；本书注重内容的循序渐进，知识结构清晰，注重基本概念的准确理解和常用方法的熟练掌握，弱化较难结论的证明，加强应用能力的培养；每章引入考研真题，适当扩展解题思路，使学习者在主课学习和考研复习中双重受益（习题解答可在华中科技大学出版社官网 http://www.hustp.com/的资源中心下载）；本书加入了 MATLAB 软件应用，并结合简单的实例，提高学习者应用软件解决实际问题的能力.

本书第 1 章由黄莉编写，第 2 章由谭莉编写，第 3 章由黄莉编写，第 4 章由徐志营编写，第 5 章由晏丽霞编写，第 6 章由李志辉编写，第 7 章由刘涤编写. 全书由黄莉、晏丽霞统稿. 在编写过程中，吴纯、胡耀胜、沈洁、李昭敏、高艳等参与了编写工作讨论，提供了编写资料，给予了宝贵意见.

本书的编写得到了武汉商学院领导的大力支持，华中科技大学出版社的编辑王红梅、刘艳花等为本书提供了宝贵的建议，谨此表示诚挚而衷心的感谢！

由于编者写作水平有限，书中难免有不妥或错误之处，敬请读者批评指正.

编　者

2018 年 6 月

目　　录

第1章 行 列 式

线性代数的主要研究对象就是线性方程组,而行列式的引入就是用于求解线性方程组.作为一个基本的数学工具,它也进一步用于矩阵、向量组的线性相关性等方面,而且在数学的其他分支也都有重要的应用.本章首先介绍2阶、3阶行列式的定义,然后给出n阶行列式的定义和性质,再进一步讨论行列式的计算方法,最后给出用行列式来求解线性方程组的克莱姆法则(注意:本章中讨论的线性方程组都是方程个数与未知量个数相同的这一类特殊的线性方程组).

1.1 n阶行列式的定义

为了递推出n阶行列式的定义,先从二元一次方程组和三元一次方程组的求解过程中归纳出2阶、3阶行列式的定义.

1. 2阶行列式

对于二元线性方程组

$$\begin{cases}a_{11}x_1+a_{12}x_2=b_1\\a_{21}x_1+a_{22}x_2=b_2\end{cases}\tag{1.1.1}$$

显然,利用消元法,当$a_{11}a_{22}-a_{12}a_{21}\neq 0$时,其解为

$$x_1=\frac{b_1a_{22}-a_{12}b_2}{a_{11}a_{22}-a_{12}a_{21}},$$

$$x_2=\frac{a_{11}b_2-b_1a_{21}}{a_{11}a_{22}-a_{12}a_{21}}.$$

注意到x_1和x_2的分母相同,且分子、分母的结构一样,因此考虑引入一种记号来方便地表达这类方程组的解.

定义1 用记号$\begin{vmatrix}a_{11}&a_{12}\\a_{21}&a_{22}\end{vmatrix}$表示代数和$a_{11}a_{22}-a_{12}a_{21}$,称为2**阶行列式**(其中横为行,竖为列),记为D,即

$$D=\begin{vmatrix}a_{11}&a_{12}\\a_{21}&a_{22}\end{vmatrix}=a_{11}a_{22}-a_{12}a_{21}.$$

其中数$a_{ij}(i,j=1,2)$称为这个2阶行列式的**元素**,第一个下标i表示这个元素所在的行,称为**行标**,第二个下标j表示这个元素所在的列,称为**列标**.

如图 1-1 所示,从左上角到右下角的实线称为行列式的**主对角线**,从右上角到左下角的虚线称为行列式的**次对角线**. 2 阶行列式表示的代数和,就是由主对角线上元素的乘积减去次对角线上元素的乘积得到的.

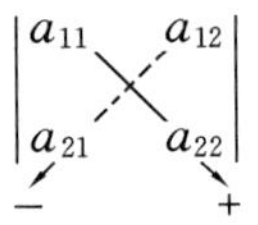

图 1-1

注:2 阶行列式是一个数,2 阶行列式的值是两项的代数和,每一项是两个元素的乘积,且这两个元素来自不同行不同列,主对角线上元素乘积为正,次对角线上元素乘积为负(称为**对角线法则**,如图 1-1 所示).

2 阶行列式 D 只与二元线性方程组的未知量的系数有关,所以称为方程组(1.1.1)的**系数行列式**.

如果将 b_1、b_2 分别替换系数行列式 D 中的第一列和第二列,则得到另外两个 2 阶行列式,记为

$$D_1=\begin{vmatrix} b_1 & a_{12} \\ b_2 & a_{22} \end{vmatrix},$$

$$D_2=\begin{vmatrix} a_{11} & b_1 \\ a_{21} & b_2 \end{vmatrix}.$$

显然 $D_1=b_1a_{22}-b_2a_{12}$,$D_2=a_{11}b_2-a_{21}b_1$,当 $D\neq 0$ 时,方程组(1.1.1)有唯一解,即

$$x_1=\frac{\begin{vmatrix} b_1 & a_{12} \\ b_2 & a_{22} \end{vmatrix}}{\begin{vmatrix} a_{11} & a_{12} \\ a_{21} & a_{22} \end{vmatrix}}=\frac{D_1}{D},$$

$$x_2=\frac{\begin{vmatrix} a_{11} & b_1 \\ a_{21} & b_2 \end{vmatrix}}{\begin{vmatrix} a_{11} & a_{12} \\ a_{21} & a_{22} \end{vmatrix}}=\frac{D_2}{D}.$$

这样用行列式来表示方程组(1.1.1)的解,形状简便,容易记忆. 同理,对于三元线性方程组也有相似的结论.

2. 3 **阶行列式**

对于三元线性方程组

$$\begin{cases} a_{11}x_1+a_{12}x_2+a_{13}x_3=b_1 \\ a_{21}x_1+a_{22}x_2+a_{23}x_3=b_2 \\ a_{31}x_1+a_{32}x_2+a_{33}x_3=b_3 \end{cases} \tag{1.1.2}$$

解此方程组,并对其解的结构形式进行分析后,为方便给出三元线性方程组的解,可仿照 2 阶行列式的情形,给出如下定义.

定义 2 用记号

$$\begin{vmatrix} a_{11} & a_{12} & a_{13} \\ a_{21} & a_{22} & a_{23} \\ a_{31} & a_{32} & a_{33} \end{vmatrix}$$

表示代数和

$$a_{11}a_{22}a_{33}+a_{12}a_{23}a_{31}+a_{13}a_{21}a_{32}-a_{11}a_{23}a_{32}-a_{12}a_{21}a_{33}-a_{13}a_{22}a_{31} \tag{1.1.3}$$

式(1.1.3)称为**3 阶行列式**,即

$$D=\begin{vmatrix} a_{11} & a_{12} & a_{13} \\ a_{21} & a_{22} & a_{23} \\ a_{31} & a_{32} & a_{33} \end{vmatrix}$$

$$=a_{11}a_{22}a_{33}+a_{12}a_{23}a_{31}+a_{13}a_{21}a_{32}-a_{11}a_{23}a_{32}-a_{12}a_{21}a_{33}-a_{13}a_{22}a_{31},$$

其中,D 称为线性方程组(1.1.2)的**系数行列式**.

若用 b_1、b_2、b_3 分别代替系数行列式 D 中的第一列、第二列、第三列,则得

$$D_1=\begin{vmatrix} b_1 & a_{12} & a_{13} \\ b_2 & a_{22} & a_{23} \\ b_3 & a_{32} & a_{33} \end{vmatrix},$$

$$D_2=\begin{vmatrix} a_{11} & b_1 & a_{13} \\ a_{21} & b_2 & a_{23} \\ a_{31} & b_3 & a_{33} \end{vmatrix},$$

$$D_3=\begin{vmatrix} a_{11} & a_{12} & b_1 \\ a_{21} & a_{22} & b_2 \\ a_{31} & a_{32} & b_3 \end{vmatrix}.$$

当 $D\neq 0$ 时,方程组(1.1.2)的解可表示为

$$x_1=\frac{D_1}{D},\quad x_2=\frac{D_2}{D},\quad x_3=\frac{D_3}{D}.$$

注:3 阶行列式是一个数,3 阶行列式的值是六项的代数和,每一项是三个元素的乘积,且这三个元素来自不同行不同列.一般可用图 1-2 的**对角线法则**记忆,其中每条实线连接的三个元素的乘积前取"+"号,每条虚线连接的三个元素的乘积前取"-"号.

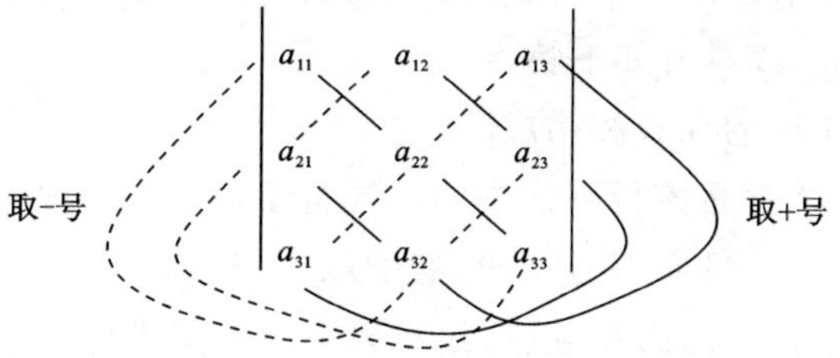

图 1-2

例 1 解线性方程组

$$\begin{cases} x_1+x_2+x_3=6, \\ 2x_1+3x_2-x_3=5, \\ 4x_1+9x_2+x_3=25. \end{cases}$$

解 计算行列式

$$D=\begin{vmatrix}1&1&1\\2&3&-1\\4&9&1\end{vmatrix}=12\neq0,$$

$$D_1=\begin{vmatrix}6&1&1\\5&3&-1\\25&9&1\end{vmatrix}=12,$$

$$D_2=\begin{vmatrix}1&6&1\\2&5&-1\\4&25&1\end{vmatrix}=24,$$

$$D_3=\begin{vmatrix}1&1&6\\2&3&5\\4&9&25\end{vmatrix}=36.$$

所以原方程组的解为

$$x_1=\frac{D_1}{D}=1,\quad x_2=\frac{D_2}{D}=2,\quad x_3=\frac{D_3}{D}=3.$$

由上述讨论可知,利用2阶、3阶行列式,可以把二元、三元线性方程组的解表示为一种简洁的公式形式.那么 n 元线性方程组是否也有这种形式的结果呢?因此,接下来需要给出 n 阶行列式的定义.

从四元线性方程组的求解过程中发现,对于 $n(n>3)$ 阶行列式,不可能再用类似的对角线法则来给出定义,因为展开项的项数就不对,所以需要进一步研究2阶、3阶行列式的内在规律,以此来递推出 n 阶行列式的定义.

3. n 阶行列式的定义

从2阶、3阶行列式的定义可知,它们都是若干项的代数和,而每一项都是由行列式中位于不同行和不同列的元素的乘积所构成的,并且展开式恰恰就是由所有的这些乘积组成的,因此推测 n 阶行列式应该具有如下特点.

(1) n 阶行列式由 $n!$ 项的代数和构成.

(2) n 阶行列式的每项都是该行列式中的不同行不同列的 n 个元素的乘积.

(3) n 阶行列式的每一项都有符号规律,有的取正,有的取负,正负各占一半.

为了进一步说清这些符号的内在规律,给出以下的有关概念.

定义3 由 $1,2,3,\cdots,n$ 组成的一个有序数列称为 n 级**排列**.

例如,12345是一个5级排列,34512是一个5级排列,2341是一个4级排列.

显然,n 级排列的总数是 $n(n-1)(n-2)\cdots2\cdot1=n!$,$123\cdots n$ 也是一个 n 级排列,这个排列具有自然顺序,就是按递增的顺序排起来的,称为**自然排列**,而其他排列都或多或少地破坏了自然顺序.

定义4 在一个排列中,如果一对数的前后位置与大小顺序相反,即较大的数排在了较小的数之前，则称这两个数构成一个**逆序**. 一个 n 级排列 $i_1 i_2 \cdots i_n$ 中的逆序的总数就称为这个 n 级排列的**逆序数**，记为 $\tau(i_1 i_2 \cdots i_n)$. 其中逆序数为偶数的排列称为**偶排列**，逆序数为奇数的排列称为**奇排列**.

例如，2341 中，21，31，41 是逆序，2341 的逆序数就是 3，即 $\tau(2341)=3$，这是一个奇排列；而 5 级排列 35421 的逆序数是 8，即 $\tau(35421)=8$，这是一个偶排列.

在 3 阶行列式(1.1.3)中，有 3! 项的代数和，有 3 项取正，3 项取负，其中取正号的 3 项中各元素的列标组成的排列分别为 123、231、312，它们的逆序数分别为 0、2、2，都是偶数；而取负号的 3 项中各元素的列标组成的排列分别为 321、213、132，逆序数分别为 3、1、1，都是奇数. 在 3 阶行列式的展开式中，项的一般形式可写成 $a_{1j_1} a_{2j_2} a_{3j_3}$，其中 $j_1 j_2 j_3$ 是 123 的一个排列，当 $j_1 j_2 j_3$ 是偶排列时，对应的项带有正号，当 $j_1 j_2 j_3$ 是奇排列时，对应的项带有负号. 所以 3 阶行列式(1.1.3)可写成如下形式：

$$\begin{vmatrix} a_{11} & a_{12} & a_{13} \\ a_{21} & a_{22} & a_{23} \\ a_{31} & a_{32} & a_{33} \end{vmatrix} = \sum_{j_1 j_2 j_3} (-1)^{\tau(j_1 j_2 j_3)} a_{1j_1} a_{2j_2} a_{3j_3}.$$

其中，$\sum\limits_{j_1 j_2 j_3}$ 表示对所有 3 级排列求和.

定义 5 n 阶行列式 $\begin{vmatrix} a_{11} & a_{12} & \cdots & a_{1n} \\ a_{21} & a_{22} & \cdots & a_{2n} \\ \vdots & \vdots & & \vdots \\ a_{n1} & a_{n2} & \cdots & a_{nn} \end{vmatrix}$ 等于所有取自不同行不同列的 n 个元素的乘积 $a_{1j_1} a_{2j_2} \cdots a_{nj_n}$ 的代数和，这里 $j_1 j_2 \cdots j_n$ 是 $1,2,3,\cdots,n$ 的一个 n 级排列，每一项都按下列规则带有符号：当 $j_1 j_2 \cdots j_n$ 是偶排列时，带有正号；当 $j_1 j_2 \cdots j_n$ 是奇排列时，带有负号. 即

$$\begin{vmatrix} a_{11} & a_{12} & \cdots & a_{1n} \\ a_{21} & a_{22} & \cdots & a_{2n} \\ \vdots & \vdots & & \vdots \\ a_{n1} & a_{n2} & \cdots & a_{nn} \end{vmatrix} = \sum_{j_1 j_2 \cdots j_n} (-1)^{\tau(j_1 j_2 \cdots j_n)} a_{1j_1} a_{2j_2} \cdots a_{nj_n}.$$

其中，$\sum\limits_{j_1 j_2 \cdots j_n}$ 表示对所有 n 级排列求和，$a_{ij}\ (i,j=1,2,\cdots,n)$ 是 n 阶行列式的 (i,j) 元，即第 i 行第 j 列的元素，$(-1)^{\tau(j_1 j_2 \cdots j_n)} a_{1j_1} a_{2j_2} \cdots a_{nj_n}$ 称为 n 阶行列式的**一般项**.

注：(1) 1 阶行列式 $|a|=a$，不要与绝对值记号混淆.

(2) n 阶行列式的等价定义为

$$\begin{vmatrix} a_{11} & a_{12} & \cdots & a_{1n} \\ a_{21} & a_{22} & \cdots & a_{2n} \\ \vdots & \vdots & & \vdots \\ a_{n1} & a_{n2} & \cdots & a_{nn} \end{vmatrix} = \sum_{i_1 i_2 \cdots i_n} (-1)^{\tau(i_1 i_2 \cdots i_n)} a_{i_1 1} a_{i_2 2} \cdots a_{i_n n},$$

其中，$\sum\limits_{i_1 i_2 \cdots i_n}$ 表示对所有 n 级排列求和.

例 2　用行列式定义计算行列式$\begin{vmatrix} a_{11} & 0 & 0 & 0 \\ a_{21} & a_{22} & 0 & 0 \\ a_{31} & a_{32} & a_{33} & 0 \\ a_{41} & a_{42} & a_{43} & a_{44} \end{vmatrix}$.

解　这个 4 阶行列式，其主对角线以上的元素全为零，称为 4 阶下三角行列式，其展开项共有 24 项，因为行列式的一般项为$(-1)^{\tau(j_1j_2j_3j_4)}a_{1j_1}a_{2j_2}a_{3j_3}a_{4j_4}$，若某一项的四个元素乘积中只要有一个元素为零，则该项为零. 因此先考虑零元最多的第一行，其中只有 $a_{11}\neq 0$，所以只能取 $j_1=1$，同理，$j_2=2$，$j_3=3$，$j_4=4$，即不为零的项只有 $a_{11}a_{22}a_{33}a_{44}$ 这一项，且该项的符号为$(-1)^{\tau(1234)}$，其中 1234 为偶排列. 所以

$$\begin{vmatrix} a_{11} & 0 & 0 & 0 \\ a_{21} & a_{22} & 0 & 0 \\ a_{31} & a_{32} & a_{33} & 0 \\ a_{41} & a_{42} & a_{43} & a_{44} \end{vmatrix} = (-1)^{\tau(1234)}a_{11}a_{22}a_{33}a_{44} = a_{11}a_{22}a_{33}a_{44}.$$

一般地，***n* 阶下三角行列式**(主对角线以上的元素全为零)

$$\begin{vmatrix} a_{11} & & & \\ a_{21} & a_{22} & & \\ \vdots & \vdots & \ddots & \\ a_{n1} & a_{n2} & \cdots & a_{nn} \end{vmatrix} = a_{11}a_{22}\cdots a_{nn},$$

即下三角行列式等于它的主对角线元素的乘积(行列式中从左上角到右下角的主对角线上元素称为主对角元).

同理，***n* 阶上三角行列式**(主对角线以下的元素全为零)

$$\begin{vmatrix} a_{11} & a_{12} & \cdots & a_{1n} \\ & a_{22} & \cdots & a_{2n} \\ & \vdots & \ddots & \vdots \\ & & & a_{nn} \end{vmatrix} = a_{11}a_{22}\cdots a_{nn},$$

即上三角行列式也等于它的主对角线元素的乘积.

特别地，***n* 阶对角行列式**(除主对角元以外的元素全为零)也等于主对角线元素的乘积，即

$$\begin{vmatrix} a_{11} & & & \\ & a_{22} & & \\ & \vdots & \ddots & \\ & & & a_{nn} \end{vmatrix} = a_{11}a_{22}\cdots a_{nn}.$$

例 3　按定义计算行列式 $D_n=\begin{vmatrix} 0 & 1 & 0 & \cdots & 0 \\ 0 & 0 & 2 & \cdots & 0 \\ \vdots & \vdots & \vdots & & \vdots \\ 0 & 0 & 0 & \cdots & n-1 \\ n & 0 & 0 & \cdots & 0 \end{vmatrix}$.

解　由于所给行列式的展开项中只含一个非零项

$$a_{12}a_{23}\cdots a_{n-1,n}a_{n1},$$

而它前面所带符号为

$$(-1)^{\tau(23\cdots n1)}=(-1)^{n-1},$$

所以

$$D_n=(-1)^{n-1}n!.$$

例 4　已知函数 $f(x)=\begin{vmatrix} 2x & x & 1 & 2 \\ 1 & x & 1 & -1 \\ 3 & 2 & x & 1 \\ 1 & 1 & 1 & x \end{vmatrix}$，求 x^4 与 x^3 的系数.

解　根据定义，只有对角线上的元素相乘才出现 x^4，而且这一项带正号，即 $2x^4$，所以 $f(x)$ 的 x^4 系数为 2.

同理，含 x^3 的项也只有一项，即

$$x\cdot 1\cdot x\cdot x=x^3,$$

其列标所构成的排列为 2134，即

$$\tau(2134)=1,$$

所以 $f(x)$的含 x^3 的项为$-x^3$，它的系数为-1.

4. 行列式的几何意义

早在 1750 年，瑞士数学家克莱姆写了一篇文章指出行列式在解析几何中很有用处. 随后在 1812 年，柯西发表一篇文章，文中他使用行列式给出计算多个多面体体积的行列式公式. 因此，行列式在解析几何中有着重要的作用.

如果把行列式中的每一行(列)看成是一个向量，那么行列式就是行列式中的行或列向量所构成的超平行多面体的有向面积或有向体积. 对于 $n(n>3)$维向量无法给出直观的几何解释，所以下面仅讨论 2 阶、3 阶行列式的几何意义.

用几何观点来看，2 阶行列式$\begin{vmatrix} a_1 & a_2 \\ b_1 & b_2 \end{vmatrix}$是二维平面 xoy 上的以行向量 $\boldsymbol{a}=(a_1,a_2)$、$\boldsymbol{b}=(b_1,b_2)$为邻边的平行四边形的有向面积 $S(\boldsymbol{a},\boldsymbol{b})$如图 1-3 所示：若这个平行四边形是由向量 $\boldsymbol{a}$ 沿逆时针转到向量 $\boldsymbol{b}$ 而得到的，则面积取正值；若这个平行四边形是由向量 $\boldsymbol{a}$ 沿顺时针转到向量 $\boldsymbol{b}$ 而得到的，则面积取负值.

类似地，3 阶行列式的值就是它的三个行向量 $\boldsymbol{a}$、$\boldsymbol{b}$、$\boldsymbol{c}$ 在三维空间 $oxyz$ 上张成的平行六面体的有向体积：若 $\boldsymbol{a}$、$\boldsymbol{b}$、$\boldsymbol{c}$ 构成右手系时，体积取正值；若 $\boldsymbol{a}$、$\boldsymbol{b}$、$\boldsymbol{c}$ 构成左手系时，体积取负值.

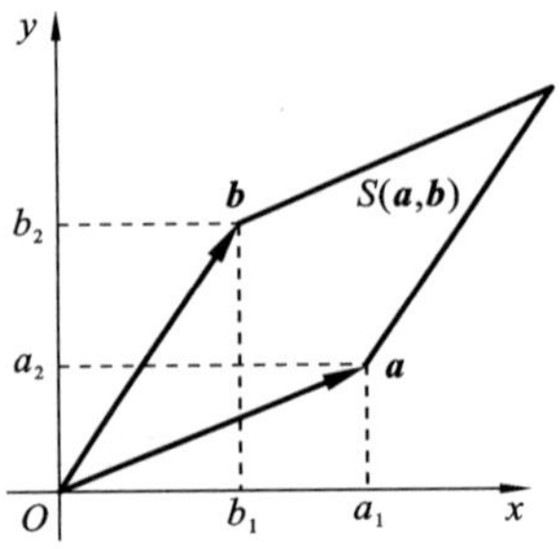

图 1-3

一般地,n 阶行列式就是一个 n 维平行多面体的有向容积.

习 题 1.1

1. 求下列排列的逆序数,并确定排列的奇偶性.

(1) 32145　　(2) 523147698

(3) $246\cdots(2n)(2n-1)\cdots531$

2. 已知函数 $f(x)=\begin{vmatrix} x & 1 & 1 & 2 \\ 1 & x & 1 & -1 \\ 3 & 2 & x & 1 \\ 1 & 1 & 2x & 1 \end{vmatrix}$,求 x^3 的系数.

3. 利用行列式定义计算下列行列式.

(1) $\begin{vmatrix} 0 & 0 & 1 & 0 \\ 0 & 0 & 0 & 2 \\ 3 & 0 & 0 & 0 \\ 0 & 4 & 0 & 0 \end{vmatrix}$;　(2) $\begin{vmatrix} 1 & 1 & 1 & 0 \\ 0 & 1 & 0 & 1 \\ 0 & 1 & 1 & 1 \\ 0 & 0 & 1 & 0 \end{vmatrix}$;

(3) $\begin{vmatrix} 0 & 0 & \cdots & 0 & a_{1n} \\ 0 & 0 & \cdots & a_{2,n-1} & a_{2n} \\ \vdots & \vdots & & \vdots & \vdots \\ a_{n1} & a_{n2} & \cdots & a_{n,n-1} & a_{nn} \end{vmatrix}$;　(4) $\begin{vmatrix} 0 & 0 & \cdots & 0 & a_1 & 0 \\ 0 & 0 & \cdots & a_2 & 0 & 0 \\ \vdots & \vdots & & \vdots & \vdots & \vdots \\ 0 & a_{n-2} & \cdots & 0 & 0 & 0 \\ a_{n-1} & 0 & \cdots & 0 & 0 & 0 \\ 0 & 0 & \cdots & 0 & 0 & a_n \end{vmatrix}$.

1.2 行列式的性质

直接利用行列式的定义来计算行列式,只有在行列式的阶数较低,或者其元素特殊(如零元较多)时可行,而高阶行列式的计算一般较烦琐. 为此,要给出行列式的一些基本性质,以便简化行列式的计算.

定义　将行列式 D 的行和列交换后得到的新的行列式称为 D 的**转置行列式**，记为 D^{T} 或 D'，即若

$$D=\begin{vmatrix} a_{11} & a_{12} & \cdots & a_{1n} \\ a_{21} & a_{22} & \cdots & a_{2n} \\ \vdots & \vdots & & \vdots \\ a_{n1} & a_{n2} & \cdots & a_{nn} \end{vmatrix},$$

则

$$D^{\mathrm{T}}=D'=\begin{vmatrix} a_{11} & a_{21} & \cdots & a_{n1} \\ a_{12} & a_{22} & \cdots & a_{n2} \\ \vdots & \vdots & & \vdots \\ a_{1n} & a_{2n} & \cdots & a_{nn} \end{vmatrix}.$$

性质 1　行列式经过转置，其值不变，即对任意 n 阶行列式有 $D^{\mathrm{T}}=D$.

$$\begin{aligned} D &= \begin{vmatrix} a_{11} & a_{12} & \cdots & a_{1n} \\ a_{21} & a_{22} & \cdots & a_{2n} \\ \vdots & \vdots & & \vdots \\ a_{n1} & a_{n2} & \cdots & a_{nn} \end{vmatrix} \\ &= \begin{vmatrix} a_{11} & a_{21} & \cdots & a_{n1} \\ a_{12} & a_{22} & \cdots & a_{n2} \\ \vdots & \vdots & & \vdots \\ a_{1n} & a_{2n} & \cdots & a_{nn} \end{vmatrix} \\ &= D^{\mathrm{T}}. \end{aligned}$$

证　设行列式 D 与其转置行列式 D^{T} 的 (i,j) 元分别为 a_{ij} 和 b_{ij}，则由转置行列式的定义有 $b_{ij}=a_{ji}(i,j=1,2,\cdots,n)$，于是由行列式的定义及其等价定义可得

$$\begin{aligned} D^{\mathrm{T}} &= \sum_{j_1j_2\cdots j_n}(-1)^{\tau(j_1j_2\cdots j_n)}b_{1j_1}b_{2j_2}\cdots b_{nj_n} \\ &= \sum_{j_1j_2\cdots j_n}(-1)^{\tau(j_1j_2\cdots j_n)}a_{j_11}a_{j_22}\cdots a_{j_nn} \\ &= D. \end{aligned}$$

性质 1 说明行列式中行与列具有对等的地位，因此凡是对“行”成立的性质，对“列”也同样成立，反之亦然.

性质 2　互换行列式的任意两行(列)，行列式变号.

证明略.

一般地，互换行列式的第 i 行和第 j 行的这种变换，记作 $r_i\leftrightarrow r_j$；互换行列式的第 i 列和第 j 列的这种变换，记作 $c_i\leftrightarrow c_j$.

推论 1　如果行列式中有两行(列)元素相同，那么行列式的值为零.

性质 3　用数 k 乘行列式 D 的某一行(列)，等于以数 k 乘以行列式 D，即

$$\begin{vmatrix} a_{11} & a_{12} & \cdots & a_{1n} \\ \vdots & \vdots & & \vdots \\ ka_{i1} & ka_{i2} & \cdots & ka_{in} \\ \vdots & \vdots & & \vdots \\ a_{n1} & a_{n2} & \cdots & a_{nn} \end{vmatrix} = k\begin{vmatrix} a_{11} & a_{12} & \cdots & a_{1n} \\ \vdots & \vdots & & \vdots \\ a_{i1} & a_{i2} & \cdots & a_{in} \\ \vdots & \vdots & & \vdots \\ a_{n1} & a_{n2} & \cdots & a_{nn} \end{vmatrix}.$$

证明略.

这就是说,行列式中某一行(列)的公因子可以提到行列式的外面,或者说以一数乘以行列式就相当于用这个数乘此行列式的某一行(列).

一般地,用数 k 乘行列式的第 i 行的这种变换,记作 kr_i;用数 k 乘行列式的第 i 列的这种变换,记作 kc_i.

特别地,令 $k=0$,则行列式的值为 0.说明如果行列式中的某一行(列)全为零,那么行列式的值为零.

推论 2　行列式中若有两行(列)元素对应成比例,则此行列式的值为零.

例 1　计算行列式 $\begin{vmatrix} 6 & -21 & 27 \\ 8 & -28 & 36 \\ 4 & 7 & 27 \end{vmatrix}$.

解

$$\begin{aligned} D &= \begin{vmatrix} 6 & -21 & 27 \\ 8 & -28 & 36 \\ 4 & 7 & 27 \end{vmatrix} \\ &= 3\times\begin{vmatrix} 2 & -7 & 9 \\ 8 & -28 & 36 \\ 4 & 7 & 27 \end{vmatrix} \\ &= 3\times4\times\begin{vmatrix} 2 & -7 & 9 \\ 2 & -7 & 9 \\ 4 & 7 & 27 \end{vmatrix} \\ &= 0. \end{aligned}$$

性质 4　如果行列式 D 中某一行(列)的每一个元素都是两个数之和,则 D 可写为两个行列式之和,即

$$\begin{vmatrix} a_{11} & a_{12} & \cdots & a_{1n} \\ \vdots & \vdots & & \vdots \\ b_1+c_1 & b_2+c_2 & \cdots & b_n+c_n \\ \vdots & \vdots & & \vdots \\ a_{n1} & a_{n2} & \cdots & a_{nn} \end{vmatrix} = \begin{vmatrix} a_{11} & a_{12} & \cdots & a_{1n} \\ \vdots & \vdots & & \vdots \\ b_1 & b_2 & \cdots & b_n \\ \vdots & \vdots & & \vdots \\ a_{n1} & a_{n2} & \cdots & a_{nn} \end{vmatrix} + \begin{vmatrix} a_{11} & a_{12} & \cdots & a_{1n} \\ \vdots & \vdots & & \vdots \\ c_1 & c_2 & \cdots & c_n \\ \vdots & \vdots & & \vdots \\ a_{n1} & a_{n2} & \cdots & a_{nn} \end{vmatrix}.$$

证明略.

这就是说,如果某一行(列)是两组数的和,那么这个行列式就等于两个行列式的和,而这两个行列式除这一行(列)以外全与原来行列式对应的行(列)一样.

性质 5　如果将行列式某一行(列)的所有元素都乘以数 k 后加到另一行(列)对应位置的元素上,那么行列式的值不变,即

$$\begin{vmatrix} a_{11} & a_{12} & \cdots & a_{1n} \\ \vdots & \vdots & & \vdots \\ a_{i1}+ka_{j1} & a_{i2}+ka_{j2} & \cdots & a_{in}+ka_{jn} \\ \vdots & \vdots & & \vdots \\ a_{j1} & a_{j2} & \cdots & a_{jn} \\ \vdots & \vdots & & \vdots \\ a_{n1} & a_{n2} & \cdots & a_{nn} \end{vmatrix} = \begin{vmatrix} a_{11} & a_{12} & \cdots & a_{1n} \\ \vdots & \vdots & & \vdots \\ a_{i1} & a_{i2} & \cdots & a_{in} \\ \vdots & \vdots & & \vdots \\ a_{j1} & a_{j2} & \cdots & a_{jn} \\ \vdots & \vdots & & \vdots \\ a_{n1} & a_{n2} & \cdots & a_{nn} \end{vmatrix} + \begin{vmatrix} a_{11} & a_{12} & \cdots & a_{1n} \\ \vdots & \vdots & & \vdots \\ ka_{j1} & ka_{j2} & \cdots & ka_{jn} \\ \vdots & \vdots & & \vdots \\ a_{j1} & a_{j2} & \cdots & a_{jn} \\ \vdots & \vdots & & \vdots \\ a_{n1} & a_{n2} & \cdots & a_{nn} \end{vmatrix}$$

$$= \begin{vmatrix} a_{11} & a_{12} & \cdots & a_{1n} \\ \vdots & \vdots & & \vdots \\ a_{i1} & a_{i2} & \cdots & a_{in} \\ \vdots & \vdots & & \vdots \\ a_{j1} & a_{j2} & \cdots & a_{jn} \\ \vdots & \vdots & & \vdots \\ a_{n1} & a_{n2} & \cdots & a_{nn} \end{vmatrix}.$$

证明略.

一般地,以数 k 乘第 j 行加到第 i 行上的这种变换,称为**倍加行变换**,记作 r_i+kr_j;以数 k 乘第 j 列加到第 i 列上的这种变换,称为**倍加列变换**,记作 c_i+kc_j.

行列式的计算是一个重要的问题,也是一个复杂的问题.这一节提供计算行列式的一种常用方法,即利用上述的各种性质,特别是倍加变换法,将一般行列式变换为值易求的特殊行列式,如上(下)三角行列式.由数学归纳法可以证明,任意行列式经过有限次倍加变换法,都可以转换为一个上(下)三角行列式,而上(下)三角行列式的值等于其主对角线上元素的乘积.

例 2　计算行列式 $D=\begin{vmatrix} 1 & 1 & -1 & 2 \\ -1 & -1 & -4 & 1 \\ 2 & 4 & -6 & 1 \\ 1 & 2 & 4 & 2 \end{vmatrix}$.

解

$$D \xlongequal[r_4-r_1]{\substack{r_2+r_1 \\ r_3-2r_1}} \begin{vmatrix} 1 & 1 & -1 & 2 \\ 0 & 0 & -5 & 3 \\ 0 & 2 & -4 & -3 \\ 0 & 1 & 5 & 0 \end{vmatrix}$$

$$\xlongequal{r_2\leftrightarrow r_4} -\begin{vmatrix} 1 & 1 & -1 & 2 \\ 0 & 1 & 5 & 0 \\ 0 & 2 & -4 & -3 \\ 0 & 0 & -5 & 3 \end{vmatrix}$$

$$\xlongequal{r_3-2r_2}-\begin{vmatrix}1&1&-1&2\\0&1&5&0\\0&0&-14&-3\\0&0&-5&3\end{vmatrix}$$

$$\xlongequal{r_4-\frac{5}{14}r_3}-\begin{vmatrix}1&1&-1&2\\0&1&5&0\\0&0&-14&-3\\0&0&0&\frac{57}{14}\end{vmatrix}$$

$$=57.$$

例 3 计算行列式$\begin{vmatrix}3&1&1&1\\1&3&1&1\\1&1&3&1\\1&1&1&3\end{vmatrix}$.

解 注意到行列式各列的 4 个数的和都是 6,所以把第 2、3、4 行同时加到第 1 行,可提出公因子 6,再由各行减去第 1 行即可化为上三角行列式,即

$$D=\begin{vmatrix}3&1&1&1\\1&3&1&1\\1&1&3&1\\1&1&1&3\end{vmatrix}$$

$$=\begin{vmatrix}6&6&6&6\\1&3&1&1\\1&1&3&1\\1&1&1&3\end{vmatrix}$$

$$=6\begin{vmatrix}1&1&1&1\\1&3&1&1\\1&1&3&1\\1&1&1&3\end{vmatrix}$$

$$\xlongequal[r_4-r_1]{\substack{r_2-r_1\\r_3-r_1}}6\begin{vmatrix}1&1&1&1\\0&2&0&0\\0&0&2&0\\0&0&0&2\end{vmatrix}$$

$$=6\times 8$$

$$=48.$$

注:在计算过程中,将其他行(列)统统加到某一行(列)上去,这个小技巧在计算这类行列式时经常会用到.

与例 3 中这种行列式对应的 n 阶行列式为 $D_n=\begin{vmatrix} a & b & \cdots & b \\ b & a & \cdots & b \\ \vdots & \vdots & & \vdots \\ b & b & \cdots & a \end{vmatrix}$，通常称之为 **$ab$ 型行列式**，可依例 3 的方法得到一般结果：

$$D_n=\begin{vmatrix} a & b & \cdots & b \\ b & a & \cdots & b \\ \vdots & \vdots & & \vdots \\ b & b & \cdots & a \end{vmatrix}=[a+(n-1)b](a-b)^{n-1}.$$

例 4 （**X 型行列式**） 计算 6 阶行列式 $D_6=\begin{vmatrix} a & & & & & b \\ & a & & & b & \\ & & a & b & & \\ & & c & d & & \\ & c & & & d & \\ c & & & & & d \end{vmatrix}$.

分析：如果能消去 X 型行列式的半条对角线，显然就变成了三角行列式.

解 当 $a\neq 0$ 时，依此将第 1、2、3 行的 $-\frac{c}{a}$ 倍分别加到第 6、5、4 行，并记

$$t=d-\frac{bc}{a},$$

即得

$$\begin{aligned} D_6 &= \begin{vmatrix} a & & & & & b \\ & a & & & b & \\ & & a & b & & \\ & & 0 & t & & \\ & 0 & & & t & \\ 0 & & & & & t \end{vmatrix} \\ &= a^3t^3 \\ &= a^3\left(d-\frac{bc}{a}\right)^3 \\ &= (ad-bc)^3. \end{aligned}$$

当 $a=0$ 时，行列式退化为次下三角行列式，又 $ad=0$，即

$$\begin{aligned} D_6 &= (-1)^{\tau(654321)}b^3c^3 \\ &= (-1)^{15}b^3c^3 \\ &= -b^3c^3 \\ &= (ad-bc)^3. \end{aligned}$$

综上所述，可知

$$D_6=(ad-bc)^3.$$

习　题　1.2

1. 证明下列等式成立.

(1) $\begin{vmatrix} y+z & z+x & x+y \\ x+y & y+z & z+x \\ z+x & x+y & y+z \end{vmatrix}=2\begin{vmatrix} x & y & z \\ z & x & y \\ y & z & x \end{vmatrix}$；　(2) $\begin{vmatrix} a^2 & ab & b^2 \\ 2a & a+b & 2b \\ 1 & 1 & 1 \end{vmatrix}=(a-b)^3$.

2. 计算下列行列式.

(1) $\begin{vmatrix} 1 & 2 & 3 & 4 \\ 2 & 3 & 4 & 1 \\ 3 & 4 & 1 & 2 \\ 4 & 1 & 2 & 3 \end{vmatrix}$；　(2) $\begin{vmatrix} 1 & 1 & 1 & 1 \\ 2 & 1 & 1 & -3 \\ 1 & 2 & 2 & 5 \\ 4 & 3 & 2 & 1 \end{vmatrix}$；

(3) $\begin{vmatrix} 1 & 1 & 1 & 1 \\ -1 & 1 & 1 & 1 \\ -1 & -1 & 1 & 1 \\ -1 & -1 & -1 & 1 \end{vmatrix}$；　(4) $\begin{vmatrix} 3 & 1 & -1 & 2 \\ -5 & 1 & 3 & -4 \\ 2 & 0 & 1 & -1 \\ 1 & -5 & 3 & -3 \end{vmatrix}$.

3. 解方程.

(1) $\begin{vmatrix} 1 & 1 & 2 & 3 \\ 1 & 2-x^2 & 2 & 3 \\ 2 & 3 & 1 & 5 \\ 2 & 3 & 1 & 9-x^2 \end{vmatrix}=0$；

(2) $\begin{vmatrix} 1 & 1 & 1 & \cdots & 1 & 1 \\ 1 & 1-x & 1 & \cdots & 1 & 1 \\ 1 & 1 & 2-x & \cdots & 1 & 1 \\ \vdots & \vdots & \vdots & & \vdots & \vdots \\ 1 & 1 & 1 & \cdots & (n-2)-x & 1 \\ 1 & 1 & 1 & \cdots & 1 & (n-1)-x \end{vmatrix}=0$.

1.3　行列式按行(列)展开

1. 行列式按某一行(列)展开

由于低阶行列式的计算常常比高阶行列式简便,那么思考一个问题:高阶行列式能否转化为低阶行列式进行计算?为解答这个问题,先来看看 2 阶、3 阶行列式之间的关系.

$$\begin{vmatrix} a_{11} & a_{12} \\ a_{21} & a_{22} \end{vmatrix}=a_{11}a_{22}-a_{12}a_{21},$$

$$\begin{vmatrix} a_{11} & a_{12} & a_{13} \\ a_{21} & a_{22} & a_{23} \\ a_{31} & a_{32} & a_{33} \end{vmatrix} = a_{11}a_{22}a_{33}+a_{12}a_{23}a_{31}+a_{13}a_{21}a_{32}-a_{11}a_{23}a_{32}-a_{12}a_{21}a_{33}-a_{13}a_{22}a_{31}$$

$$=a_{11}(a_{22}a_{33}-a_{23}a_{32})-a_{12}(a_{21}a_{33}-a_{23}a_{31})+a_{13}(a_{21}a_{32}-a_{22}a_{31}).$$

括号中的部分显然可视为三个 2 阶行列式，将其中的元素按行标、列标从小到大排列位置，则 3 阶行列式就变为

$$D=\begin{vmatrix} a_{11} & a_{12} & a_{13} \\ a_{21} & a_{22} & a_{23} \\ a_{31} & a_{32} & a_{33} \end{vmatrix}$$

$$=a_{11}\begin{vmatrix} a_{22} & a_{23} \\ a_{32} & a_{33} \end{vmatrix}-a_{12}\begin{vmatrix} a_{21} & a_{23} \\ a_{31} & a_{33} \end{vmatrix}+a_{13}\begin{vmatrix} a_{21} & a_{22} \\ a_{31} & a_{32} \end{vmatrix}.$$

其中的三个 2 阶行列式，显然是原来的 3 阶行列式中分别划出元素 a_{11}，a_{12}，a_{13}（即这三个 2 阶行列式前的乘法因子）所在的行和列后，剩余的元素按照原来的顺序构成的子行列式（简称余子式），分别记为

$$M_{11}=\begin{vmatrix} a_{22} & a_{23} \\ a_{32} & a_{33} \end{vmatrix},$$

$$M_{12}=\begin{vmatrix} a_{21} & a_{23} \\ a_{31} & a_{33} \end{vmatrix},$$

$$M_{13}=\begin{vmatrix} a_{21} & a_{22} \\ a_{31} & a_{32} \end{vmatrix}.$$

这样就得到了 3 阶行列式(1.1.3)按第 1 行元素的余子式展开，即

$$D=a_{11}M_{11}-a_{12}M_{12}+a_{13}M_{13},$$

式中的"＋""－"号如何确定显然是个问题. 发现各项前的"＋""－"号与元素 a_{11}、a_{12}、a_{13} 的下标之和的奇偶性有关系，即"＋"号对应的下标之和为偶数，"－"号对应的下标之和为奇数，所以可引入下面的代数余子式，即

$$A_{11}=(-1)^{1+1}M_{11},$$
$$A_{12}=(-1)^{1+2}M_{12},$$
$$A_{13}=(-1)^{1+3}M_{13}.$$

得到了 3 阶行列式(1.1.3)更加简洁的代数余子式展开

$$D=a_{11}A_{11}+a_{12}A_{12}+a_{13}A_{13}$$
$$=\sum_{j=1}^{3}a_{1j}A_{1j}.$$

也可按各项中所包含的第一列元素来配对，得到 3 阶行列式按第一列元素的余子式展开和代数余子式展开

$$D=a_{11}M_{11}-a_{21}M_{21}+a_{31}M_{31}$$

$$= a_{11}A_{11} + a_{21}A_{21} + a_{31}A_{31}$$

$$= \sum_{i=1}^{3} a_{i1}A_{i1}.$$

其中

$$M_{11} = \begin{vmatrix} a_{22} & a_{23} \\ a_{32} & a_{33} \end{vmatrix},$$

$$M_{21} = \begin{vmatrix} a_{12} & a_{13} \\ a_{32} & a_{33} \end{vmatrix},$$

$$M_{31} = \begin{vmatrix} a_{12} & a_{13} \\ a_{22} & a_{23} \end{vmatrix},$$

$$A_{11} = (-1)^{1+1}M_{11},$$

$$A_{21} = (-1)^{2+1}M_{21},$$

$$A_{31} = (-1)^{3+1}M_{31}.$$

同理,3 阶行列式也可以按第二、三行(列)元素的余子式和代数余子式展开.

类似地,可定义 n 阶行列式的余子式和代数余子式,并且推广出 n 阶行列式的展开定理.

定义 1　在 n 阶行列式 D 中,将 (i,j) 元 a_{ij} 所在的第 i 行和第 j 列的元素划去后,余下的元素按照原来的相对顺序组成一个 $n-1$ 阶行列式,称为 D 中元素 a_{ij} 的**余子式**,记为 M_{ij},称 $A_{ij}=(-1)^{i+j}M_{ij}$ 为 a_{ij} 的**代数余子式**.

定理 1　设有 n 阶行列式

$$D = \begin{vmatrix} a_{11} & a_{12} & \cdots & a_{1n} \\ a_{21} & a_{22} & \cdots & a_{2n} \\ \vdots & \vdots & & \vdots \\ a_{n1} & a_{n2} & \cdots & a_{nn} \end{vmatrix}$$

则有

$$D = a_{i1}A_{i1} + a_{i2}A_{i2} + \cdots + a_{in}A_{in}$$

$$= \sum_{k=1}^{n} a_{ik}A_{ik}\ (i = 1,2,\cdots,n) \tag{1.3.1}$$

定理 1 表明,行列式 D 等于它的任一行的各元素与其对应的代数余子式的乘积之和,称式(1.3.1)为行列式的按行展开定理. 当然行列式 D 也可以按列展开,即行列式 D 等于它的任一列的各元素与其对应的代数余子式的乘积之和,即

$$D = a_{1j}A_{1j} + a_{2j}A_{2j} + \cdots + a_{nj}A_{nj}$$

$$= \sum_{k=1}^{n} a_{kj}A_{kj}\ (j = 1,2,\cdots,n).$$

推论　行列式中任一行(列)的元素与另一行(列)元素的代数余子式的乘积之和等于零,即

$$a_{i1}A_{j1} + a_{i2}A_{j2} + \cdots + a_{in}A_{jn} = 0\ (i \neq j)$$

或

$$a_{1i}A_{1j} + a_{2i}A_{2j} + \cdots + a_{ni}A_{nj} = 0\ (i \neq j).$$

事实上,考虑行列式 $D_n^* = \begin{vmatrix} a_{11} & \cdots & a_n \\ \vdots & & \vdots \\ a_{i1} & \cdots & a_{in} \\ \vdots & & \vdots \\ a_{i1} & \cdots & a_{in} \\ \vdots & & \vdots \\ a_{n1} & \cdots & a_{nn} \end{vmatrix}$,即第 j 行跟第 i 行一样,再按第 j 行展开,即证.

综上所述,可得到行列式有关代数余子式的展开定理如下:

$$\sum_{k=1}^{n} a_{ik}A_{jk} = \begin{cases} D, 当\ i = j\ 时 \\ 0, 当\ i \neq j\ 时 \end{cases};$$

或

$$\sum_{k=1}^{n} a_{ki}A_{kj} = \begin{cases} D, 当\ i = j\ 时 \\ 0, 当\ i \neq j\ 时 \end{cases}.$$

例 1 计算行列式 $\begin{vmatrix} 1 & -1 & 2 & -1 \\ 1 & 1 & 1 & 1 \\ 0 & 1 & 2 & 1 \\ 2 & 0 & 0 & 4 \end{vmatrix}$.

分析:第 4 行有 2 个零元,所以按第 4 行展开.

解 $D=2\times A_{41}+0\times A_{42}+0\times A_{43}+4\times A_{44}=-2M_{41}+4M_{44}=-2\times 0+4\times 5=20.$

注:实际计算时,如果行列式的某一行或某一列元素中零元素越多,则展开式中真正需要计算的代数余子式就越少,行列式的计算也就越简单,因此常常在利用行列式的展开定理之前先利用行列式的性质,特别是倍加变换,将行列式要展开的那一行(列)化为只有一个元素非零,其余元素都是零(注意此时这一行(列)中的非零元素在哪里无所谓),再按这一行(列)展开,计算量将会减少很多.

例 2 计算行列式 $D=\begin{vmatrix} 1 & -1 & 8 & -2 \\ 2 & 1 & -2 & 2 \\ 5 & 1 & 1 & -3 \\ -3 & 0 & 4 & 5 \end{vmatrix}$.

解

$$D = \begin{vmatrix} 1 & -1 & 8 & -2 \\ 2 & 1 & -2 & 2 \\ 5 & 1 & 1 & -3 \\ -3 & 0 & 4 & 5 \end{vmatrix}$$

$$\xlongequal{r_2+r_1} \begin{vmatrix} 1 & -1 & 8 & -2 \\ 3 & 0 & 6 & 0 \\ 5 & 1 & 1 & -3 \\ -3 & 0 & 4 & 5 \end{vmatrix}$$

$$\xlongequal{r_3+r_1}\begin{vmatrix}1&-1&8&-2\\3&0&6&0\\6&0&9&-5\\-3&0&4&5\end{vmatrix}$$

$$=(-1)\times(-1)^{1+2}\begin{vmatrix}3&6&0\\6&9&-5\\-3&4&5\end{vmatrix}$$

$$\xlongequal{r_2+r_3}\begin{vmatrix}3&6&0\\3&13&0\\-3&4&5\end{vmatrix}$$

$$=5\times(-1)^{3+3}\begin{vmatrix}3&6\\3&13\end{vmatrix}$$

$$=105.$$

注:在计算高阶行列式时,无须将行列式化为上三角行列式,也可以利用行列式的按行(列)展开定理,就可将高阶行列式降一阶,以此类推,就可把任意高阶行列式最终化为 2 阶行列式来计算了,这种方法称为**降阶法**.

例 3　计算 $n+1$ 阶行列式 $D_{n+1}=\begin{vmatrix}-a_1&a_1&0&\cdots&0&0\\0&-a_2&a_2&\cdots&0&0\\0&0&-a_3&\cdots&0&0\\\vdots&\vdots&\vdots&&\vdots&\vdots\\0&0&0&\cdots&-a_n&a_n\\1&1&1&\cdots&1&1\end{vmatrix}$.

解　把第 1 列至第 n 列都加到第 $n+1$ 列上去得

$$D_{n+1}=\begin{vmatrix}-a_1&a_1&0&\cdots&0&0\\0&-a_2&a_2&\cdots&0&0\\0&0&-a_3&\cdots&0&0\\\vdots&\vdots&\vdots&&\vdots&\vdots\\0&0&0&\cdots&-a_n&0\\1&1&1&\cdots&1&n+1\end{vmatrix}\text{(再按第 } n+1 \text{ 列展开)}$$

$$=(n+1)(-1)^{n+1+n+1}\begin{vmatrix}-a_1&a_1&0&\cdots&0\\0&-a_2&a_2&\cdots&0\\\vdots&\vdots&\vdots&&\vdots\\0&0&0&\cdots&a_{n-1}\\0&0&0&\cdots&-a_n\end{vmatrix}$$

$$=(-1)^n(n+1)a_1a_2\cdots a_n.$$

例 4 计算 n 阶行列式 $D_n=\begin{vmatrix} 2 & 1 & 0 & \cdots & 0 & 0 \\ 1 & 2 & 1 & \cdots & 0 & 0 \\ 0 & 1 & 2 & \cdots & 0 & 0 \\ \vdots & \vdots & \vdots & & \vdots & \vdots \\ 0 & 0 & 0 & \cdots & 2 & 1 \\ 0 & 0 & 0 & \cdots & 1 & 2 \end{vmatrix}$.

解 按第 1 列展开,然后将右端第二项的行列式按第 1 行展开得

$$D_n=2D_{n-1}+(-1)^{1+2}\begin{vmatrix} 1 & 0 & 0 & \cdots & 0 & 0 \\ 1 & 2 & 1 & \cdots & 0 & 0 \\ 0 & 1 & 2 & \cdots & 0 & 0 \\ \vdots & \vdots & \vdots & & \vdots & \vdots \\ 0 & 0 & 0 & \cdots & 2 & 1 \\ 0 & 0 & 0 & \cdots & 1 & 2 \end{vmatrix}$$

$$=2D_{n-1}-D_{n-2},$$

所以

$$D_n-D_{n-1}=D_{n-1}-D_{n-2},$$

由此递推得

$$D_n-D_{n-1}=D_{n-1}-D_{n-2}=\cdots=D_2-D_1=3-2=1,$$

从而

$$D_n=D_{n-1}+1=D_{n-2}+2=\cdots=D_1+(n-1)=n+1.$$

例 5 证明行列式 $D_n=\begin{vmatrix} 1 & 1 & 1 & \cdots & 1 \\ a_1 & a_2 & a_3 & \cdots & a_n \\ a_1^2 & a_2^2 & a_3^2 & \cdots & a_n^2 \\ \vdots & \vdots & \vdots & & \vdots \\ a_1^{n-1} & a_2^{n-1} & a_3^{n-1} & \cdots & a_n^{n-1} \end{vmatrix}$ (1.3.2)

对任意的 $n(n\geqslant 2)$,D_n 等于 $a_1,a_2,\cdots,a_n$,这 n 个数的所有可能的差 $a_i-a_j(1\leqslant j<i\leqslant n)$ 的乘积,即 $D_n=\prod\limits_{1\leqslant j<i\leqslant n}(a_i-a_j)$.

式(1.3.2)称为 n 阶的**范德蒙行列式**,$\prod$ 表示全体同类因子的乘积.

证 对 n 作归纳法,当 $n=2$ 时,$\begin{vmatrix} 1 & 1 \\ a_1 & a_2 \end{vmatrix}=a_2-a_1$.

假设对 $n-1$ 阶范德蒙行列式结论是成立的,现在来看 n 阶的情形,式(1.3.2)由下而上依次地从每一行减去它上一行的 a_1 倍,有

$$D_n=\begin{vmatrix} 1 & 1 & 1 & \cdots & 1 \\ 0 & a_2-a_1 & a_3-a_1 & \cdots & a_n-a_1 \\ 0 & a_2^2-a_1a_2 & a_3^2-a_1a_3 & \cdots & a_n^2-a_1a_n \\ \vdots & \vdots & \vdots & & \vdots \\ 0 & a_2^{n-1}-a_1a_2^{n-2} & a_3^{n-1}-a_1a_3^{n-2} & \cdots & a_n^{n-1}-a_1a_n^{n-2} \end{vmatrix}$$

$$=\begin{vmatrix} a_2-a_1 & a_3-a_1 & \cdots & a_n-a_1 \\ a_2^2-a_1a_2 & a_3^2-a_1a_3 & \cdots & a_n^2-a_1a_n \\ \vdots & \vdots & & \vdots \\ a_2^{n-1}-a_1a_2^{n-2} & a_3^{n-1}-a_1\,a_3^{n-2} & \cdots & a_n^{n-1}-a_1\,a_n^{n-2} \end{vmatrix}$$

$$=(a_2-a_1)(a_3-a_1)\cdots(a_n-a_1)\begin{vmatrix} 1 & 1 & \cdots & 1 \\ a_2 & a_3 & \cdots & a_n \\ a_2^2 & a_3^2 & \cdots & a_n^2 \\ \vdots & \vdots & & \vdots \\ a_2^{n-2} & a_3^{n-2} & \cdots & a_n^{n-2} \end{vmatrix}.$$

后面这个行列式是一个 $n-1$ 阶范德蒙行列式，根据归纳法假设它等于所有可能差 $a_i-a_j(2\leqslant j<i\leqslant n)$的乘积，而包含 a_1 的差都在前面出现了，因此，结论对 n 阶范德蒙行列式也成立，根据归纳法，完成了证明.

$$\begin{vmatrix} 1 & 1 & 1 & \cdots & 1 \\ a_1 & a_2 & a_3 & \cdots & a_n \\ a_1^2 & a_2^2 & a_3^2 & \cdots & a_n^2 \\ \vdots & \vdots & \vdots & & \vdots \\ a_1^{n-1} & a_2^{n-1} & a_3^{n-1} & \cdots & a_n^{n-1} \end{vmatrix} = \prod_{1\leqslant j<i\leqslant n}(a_i-a_j).$$

因此，范德蒙行列式为零的充分必要条件是 $a_1,a_2,\cdots,a_n$ 这 n 个数中至少有两个数相等.

*2. 行列式按某 k 行(列)展开

定义 2 在 n 阶行列式 D 中，任意选定 k 行$(i_1<i_2<\cdots<i_k)$ k 列$(j_1<j_2<\cdots<j_k)(1\leqslant k\leqslant n)$，位于这些行和列交叉处的 k^2 个元素，按原来顺序构成一个 k 阶行列式 M，称为 D 的一个 **k 阶子式**. 划去这 k 行 k 列，余下的元素按原来的顺序构成 $n-k$ 阶行列式称为 M 的**余子式**，记为 N，称

$$A=(-1)^{i_1+\cdots+i_k+j_1+\cdots+j_k}N$$

为 M 的**代数余子式**.

注:行列式 D 的 k 阶子式与其代数余子式之间有类似行列式按行(列)展开的性质.

定理 2(拉普拉斯定理) 在 n 阶行列式 D 中，任意取定 k 行(列)$(1\leqslant k\leqslant n-1)$，由这 k 行(列)元素组成的所有 k 阶子式与它们的代数余子式的乘积之和等于行列式 D.

例 6 用拉普拉斯定理计算行列式 $\begin{vmatrix} 2 & 3 & 0 & 0 \\ 1 & 2 & 3 & 0 \\ 0 & 1 & 2 & 3 \\ 0 & 0 & 1 & 2 \end{vmatrix}$.

解 按第一行和第二行展开，则有 3 个非零的 2 阶子式，

$$\begin{vmatrix}2&3&0&0\\1&2&3&0\\0&1&2&3\\0&0&1&2\end{vmatrix}$$

$$=\begin{vmatrix}2&3\\1&2\end{vmatrix}\times(-1)^{1+2+1+2}\begin{vmatrix}2&3\\1&2\end{vmatrix}+\begin{vmatrix}2&0\\1&3\end{vmatrix}\times(-1)^{1+2+1+3}\begin{vmatrix}1&3\\0&2\end{vmatrix}+\begin{vmatrix}3&0\\2&3\end{vmatrix}\times(-1)^{1+2+2+3}\begin{vmatrix}0&3\\0&2\end{vmatrix}$$

$$=1-12+0$$

$$=-11.$$

例 7 计算 5 阶行列式 $D=\begin{vmatrix}1&3&5&0&0\\0&1&4&0&0\\2&3&1&0&0\\7&8&2&5&4\\9&2&3&4&2\end{vmatrix}$.

解 选取第一行、第二行和第三行用拉普拉斯定理计算得

$$D=\begin{vmatrix}1&3&5\\0&1&4\\2&3&1\end{vmatrix}\begin{vmatrix}5&4\\4&2\end{vmatrix}$$

$$=3\times(-6)=-18.$$

注:当行列式中某 k 行(列)中零元较多时,可用拉普拉斯定理简化计算.

例 8 计算 $2n$ 阶行列式 $D_{2n}=\underbrace{\begin{vmatrix}a&&&&&b\\&\ddots&&&\iddots&\\&&a&b&&\\&&b&a&&\\&\iddots&&&\ddots&\\b&&&&&a\end{vmatrix}}_{2n}$(其中未写出的元素为 0).

解 用拉普拉斯定理把 D_{2n} 中的第 1 行和第 $2n$ 行展开得

$$D_{2n}=(a^2-b^2)D_{2(n-1)},$$

以此作递推公式得

$$D_{2n}=(a^2-b^2)D_{2(n-1)}=\cdots=(a^2-b^2)^{n-1}D_2=(a^2-b^2)^n.$$

注:本节例题计算行列式之前要先观察其元素的特点,再根据其特点来采取不同的计算方法.

习 题 1.3

1. 已知 4 阶行列式 D 中的第二行元素分别为 1、2、0、-1,而它们的余子式分别为 3、2、

-9、1，求 D.

2. 设行列式 $D=\begin{vmatrix} 3 & 6 & 9 & 10 \\ 2 & 4 & 6 & 8 \\ 1 & 2 & 0 & 3 \\ 5 & 6 & 4 & 3 \end{vmatrix}$，$A_{ij}$ 为 D 中元素 a_{ij} 的代数余子式. 求 $A_{41}+2A_{42}+3A_{44}$ 的值.

3. 计算下列行列式.

(1) $\begin{vmatrix} 1+x & 1 & 1 & 1 \\ 1 & 1-x & 1 & 1 \\ 1 & 1 & 1+y & 1 \\ 1 & 1 & 1 & 1-y \end{vmatrix}$；　(2) $\begin{vmatrix} 1 & 1 & 1 & 1 \\ 1 & 2 & 3 & 4 \\ 1 & 4 & 9 & 16 \\ 1 & 8 & 27 & 64 \end{vmatrix}$；

(3) $\begin{vmatrix} a_1 & -a_1 & 0 & 0 \\ 0 & a_2 & -a_2 & 0 \\ 0 & 0 & a_3 & -a_3 \\ 1 & 1 & 1 & 1 \end{vmatrix}$；　(4) $\begin{vmatrix} a & 0 & 0 & b \\ 0 & a & b & 0 \\ 0 & b & a & 0 \\ b & 0 & 0 & a \end{vmatrix}$.

4. 利用行列式展开定理计算下列 n 阶行列式.

(1) $D_n=\begin{vmatrix} 0 & 1 & 0 & \cdots & 0 \\ 0 & 0 & 2 & \cdots & 0 \\ 0 & 0 & 0 & \cdots & \vdots \\ \vdots & \vdots & \vdots & & n-1 \\ n & 0 & 0 & \cdots & 0 \end{vmatrix}$；　(2) $D_n=\begin{vmatrix} x & y & 0 & \cdots & 0 \\ 0 & x & y & \cdots & 0 \\ \vdots & \vdots & \vdots & & \vdots \\ 0 & 0 & 0 & \cdots & y \\ y & 0 & 0 & \cdots & x \end{vmatrix}$.

5. 证明：n 阶行列式

$$D_n=\begin{vmatrix} 2a & a^2 & & & & \\ 1 & 2a & a^2 & & & \\ & 1 & 2a & \ddots & & \\ & & \ddots & \ddots & \ddots & \\ & & & \ddots & 2a & a^2 \\ & & & & 1 & 2a \end{vmatrix}=(n+1)a^n.$$

6. 证明：$n+1$ 阶行列式

$$D_{n+1}=\begin{vmatrix} a_0 & 1 & 1 & \cdots & 1 \\ 1 & a_1 & 0 & \cdots & 0 \\ 1 & 0 & a_2 & \cdots & 0 \\ \vdots & \vdots & \vdots & & \vdots \\ 1 & 0 & 0 & \cdots & a_n \end{vmatrix}$$

$$=a_1a_2\cdots a_n\left(a_0-\sum_{i=1}^{n}\frac{1}{a_i}\right).$$

7. 设行列式 $D=\begin{vmatrix} 1 & -1 & -1 & -1 & \cdots & -1 \\ 1 & 2 & -1 & -1 & \cdots & -1 \\ 1 & 1 & 3 & -1 & \cdots & -1 \\ \vdots & \vdots & \vdots & \vdots & & \vdots \\ 1 & 1 & 1 & 1 & \cdots & -1 \\ 1 & 1 & 1 & 1 & \cdots & n \end{vmatrix}$，$A_{ij}$ 为 D 中元素 a_{ij} 的代数余子式.

求 $A_{11}+A_{12}+\cdots+A_{1n}$ 的值.

1.4 克莱姆法则

应用行列式解决线性方程组的求解问题，在这节中只考虑方程个数与未知量的个数相等的情形，这是一个重要的情形，至于更一般的情形留到第 3 章讨论.

在引入克莱姆法则之前，先介绍有关 n 元线性方程组的概念.

含有 n 个未知量、n 个方程的线性方程组

$$\begin{cases} a_{11}x_1+a_{12}x_2+\cdots+a_{1n}x_n=b_1, \\ a_{21}x_1+a_{22}x_2+\cdots+a_{2n}x_n=b_2, \\ \qquad\qquad\vdots \\ a_{n1}x_1+a_{n2}x_2+\cdots+a_{nn}x_n=b_n \end{cases} \tag{1.4.1}$$

称为 **n 元线性方程组**. 当其右端的常数项 $b_i(i=1,2,\cdots,n)$ 不全为零时，线性方程组(1.4.1)称为**非齐次线性方程组**；当 $b_i(i=1,2,\cdots,n)$ 全为零时，线性方程组(1.4.1)称为**齐次线性方程组**，即

$$\begin{cases} a_{11}x_1+a_{12}x_2+\cdots+a_{1n}x_n=0, \\ a_{21}x_1+a_{22}x_2+\cdots+a_{2n}x_n=0, \\ \qquad\qquad\vdots \\ a_{n1}x_1+a_{n2}x_2+\cdots+a_{nn}x_n=0 \end{cases} \tag{1.4.2}$$

线性方程组(1.4.1)的系数 $a_{ij}(i,j=1,2,\cdots,n)$ 按原顺序构成的行列式称为该方程组的**系数行列式**，即

$$D=\begin{vmatrix} a_{11} & a_{12} & \cdots & a_{1n} \\ a_{21} & a_{22} & \cdots & a_{2n} \\ \vdots & \vdots & & \vdots \\ a_{n1} & a_{n2} & \cdots & a_{nn} \end{vmatrix}.$$

定理 1(克莱姆法则) 若线性方程组(1.4.1)的系数行列式 $D\neq 0$，则线性方程组(1.4.1)有唯一解，其解为

$$x_j=\frac{D_j}{D} \quad (j=1,2,\cdots,n). \tag{1.4.3}$$

其中，$D_j(j=1,2,\cdots,n)$ 是把 D 中第 j 列元素 $a_{1j},a_{2j},\cdots,a_{nj}$ 换成方程组(1.4.1)的常数项

$b_1,b_2,\cdots,b_n$，而其余各列保持不变所得到的行列式.

证　以行列式 D 的第 $j(j=1,2,\cdots,n)$ 列元素的代数余子式 $A_{1j},A_{2j},\cdots,A_{nj}$ 分别乘以方程组(1.4.1)的第 1，第 2，…，第 n 个方程，然后相加，得

$$(a_{11}A_{1j}+a_{21}A_{2j}+\cdots+a_{n1}A_{nj})x_1+\cdots+(a_{1j}A_{1j}+a_{2j}A_{2j}+\cdots+a_{nj}A_{nj})x_j+\cdots$$
$$+(a_{1n}A_{1j}+a_{2n}A_{2j}+\cdots+a_{nn}A_{nj})x_n=b_1A_{1j}+b_2A_{2j}+\cdots+b_nA_{nj}$$

由 1.3 节的结论，x_j 的系数等于 D，$x_s(s\neq j)$ 的系数等于零. 等号右端等于 D 中第 j 列元素换成常数列 $b_1,b_2,\cdots,b_n$ 后得到的行列式 D_j，即

$$Dx_j=D_j\quad(j=1,2,\cdots,n)\tag{1.4.4}$$

如果方程组(1.4.1)有解，则其解必满足式(1.4.4)，而当 $D\neq0$ 时，式(1.4.4)只有形如式(1.4.3)的解.

另一方面，将式(1.4.3)代入方程组(1.4.1)，容易验证它满足方程组(1.4.1)，所以式(1.4.3)是方程组(1.4.1)的解.

综上所述，当方程组(1.4.1)的系数行列式 $D\neq0$ 时，有且仅有唯一解

$$x_j=\frac{D_j}{D}\quad(j=1,2,\cdots,n).$$

注：(1) 用克莱姆法则求线性方程组的解时，计算量是比较大的. 对具体的数字线性方程组，当未知数较多时可用计算机来求解，后面介绍了利用 MATLAB 软件来求解线性方程组的方法.

(2) 克莱姆法则在一定条件下给出了线性方程组解的存在性、唯一性，但其在实际计算方面的应用较少，然而在理论上具有重大的价值.

对齐次线性方程组(1.4.2)，易见 $x_1=x_2=\cdots=x_n=0$ 一定是该方程组的解，称其为齐次线性方程组(1.4.2)的**零解**. 把定理 1 应用于齐次线性方程组(1.4.2)，可得到下列结论.

定理 2　如果齐次线性方程组(1.4.2)的系数行列式 $D\neq0$，则齐次线性方程组(1.4.2)只有零解.

推论　如果齐次方程组(1.4.2)有非零解，则它的系数行列式 $D=0$.

注：第 3 章还将进一步证明，如果齐次线性方程组(1.4.2)的系数行列式 $D=0$，则齐次线性方程组(1.4.2)必有非零解.

例 1　用克莱姆法则求方程组 $\begin{cases}x_2-3x_3+4x_4=-5,\\x_1-2x_3+3x_4=-4,\\3x_1+2x_2-5x_4=12,\\4x_1+3x_2-5x_3=5\end{cases}$ 的解.

解
$$D=\begin{vmatrix}0&1&-3&4\\1&0&-2&3\\3&2&0&-5\\4&3&-5&0\end{vmatrix}=24\neq0,$$

$$D_1=\begin{vmatrix}-5 & 1 & -3 & 4\\ -4 & 0 & -2 & 3\\ 12 & 2 & 0 & -5\\ 5 & 3 & -5 & 0\end{vmatrix}=24,$$

$$D_2=\begin{vmatrix}0 & -5 & -3 & 4\\ 1 & -4 & -2 & 3\\ 3 & 12 & 0 & -5\\ 4 & 5 & -5 & 0\end{vmatrix}=48,$$

$$D_3=\begin{vmatrix}0 & 1 & -5 & 4\\ 1 & 0 & -4 & 3\\ 3 & 2 & 12 & -5\\ 4 & 3 & 5 & 0\end{vmatrix}=24,$$

$$D_4=\begin{vmatrix}0 & 1 & -3 & -5\\ 1 & 0 & -2 & -4\\ 3 & 2 & 0 & 12\\ 4 & 3 & -5 & 5\end{vmatrix}=-24,$$

所以

$$x_1=\frac{D_1}{D}=1,\quad x_2=\frac{D_2}{D}=2,$$

$$x_3=\frac{D_3}{D}=1,\quad x_4=\frac{D_4}{D}=-1.$$

例 2 已知齐次线性方程组 $\begin{cases}(3-\lambda)x_1+x_2+x_3=0,\\ (2-\lambda)x_2-x_3=0,\\ 4x_1-2x_2+(1-\lambda)x_3=0\end{cases}$ 有非零解，求 λ 的值.

解 因为齐次线性方程组有非零解，所以其系数行列式为零，

$$D=\begin{vmatrix}3-\lambda & 1 & 1\\ 0 & 2-\lambda & -1\\ 4 & -2 & 1-\lambda\end{vmatrix}$$

$$\xlongequal{r_1+r_2}\begin{vmatrix}3-\lambda & 3-\lambda & 0\\ 0 & 2-\lambda & -1\\ 4 & -2 & 1-\lambda\end{vmatrix}$$

$$\xlongequal{c_2-c_1}\begin{vmatrix}3-\lambda & 0 & 0\\ 0 & 2-\lambda & -1\\ 4 & -6 & 1-\lambda\end{vmatrix}$$

$$=(3-\lambda)[(2-\lambda)(1-\lambda)-6]$$

$$=(3-\lambda)(\lambda-4)(\lambda+1)$$

$$=0.$$

所以 $\lambda=3$ 或 $\lambda=4$ 或 $\lambda=-1$.

习 题 1.4

1. 用克莱姆法则求解下列线性方程组.

(1) $\begin{cases} x_1+2x_2+4x_3=31, \\ 5x_1+x_2+2x_3=29, \\ 3x_1-x_2+x_3=10; \end{cases}$

(2) $\begin{cases} x_1-x_2+x_3+2x_4=1, \\ x_1+x_2-2x_3+x_4=1, \\ x_1+x_2+x_4=2, \\ x_1+x_3-x_4=1; \end{cases}$

(3) $\begin{cases} x_1+x_2+x_3+x_4=5, \\ x_1+2x_2-x_3+x_4=-2, \\ 2x_1+3x_2-x_3-5x_4=-2, \\ 3x_1+x_2+2x_3+3x_4=4; \end{cases}$

(4) $\begin{cases} x_1+2x_2+3x_3+4x_4=0, \\ x_1+x_2+2x_3+3x_4=0, \\ x_1+5x_2+x_3+2x_4=0, \\ x_1+5x_2+5x_3+2x_4=0. \end{cases}$

2. 判断齐次线性方程组 $\begin{cases} 2x_1+2x_2-x_3=0, \\ x_1-2x_2+4x_3=0, \\ 5x_1+8x_2-2x_3=0 \end{cases}$ 是否有非零解.

3. 已知齐次线性方程组 $\begin{cases} \lambda x_1+x_2-x_3=0, \\ x_1-3x_2+x_3=0, \\ \lambda x_1-x_2+3x_3=0 \end{cases}$ 有非零解,求常数 λ 的值.

4. 设齐次线性方程组 $\begin{cases} \lambda x_1+x_2+x_3=0, \\ x_1+\lambda x_2+x_3=0, \\ x_1+x_2+x_3=0 \end{cases}$ 只有零解,则 λ 应满足什么条件?

5. 已知方程组 $\begin{cases} x_1+x_2+x_3=a, \\ ax_1+x_2+(a-1)x_3=a-1, \\ x_1+ax_2+x_3=1 \end{cases}$ 讨论 a 取何值时方程组有唯一解?并求其唯一解.

本章小结

1. 基本概念

2阶和3阶行列式、逆序数、n 阶行列式、系数行列式、余子式、代数余子式.

2. 基本内容

(1) n 阶行列式的定义.

(2) 行列式的基本性质.

(3) 行列式的按行(列)展开定理.

$$D=\begin{vmatrix} a_{11} & a_{12} & \cdots & a_{1n} \\ a_{21} & a_{22} & \cdots & a_{2n} \\ \vdots & \vdots & & \vdots \\ a_{n1} & a_{n2} & \cdots & a_{nn} \end{vmatrix},$$

$$\sum_{k=1}^{n} a_{ik}A_{jk}=\begin{cases} D,当\ i=j\ 时 \\ 0,当\ i\neq j\ 时 \end{cases}$$

或

$$\sum_{k=1}^{n} a_{ki}A_{kj}=\begin{cases} D,当\ i=j\ 时 \\ 0,当\ i\neq j\ 时 \end{cases}.$$

(4) 行列式的计算.

要求在理解 n 阶行列式的定义、掌握行列式的性质以及理解行列式展开定理的基础上，熟练地计算 3 阶、4 阶行列式及简单的 n 阶行列式.

计算行列式常用的方法：直接利用定义法、化上三角法、降阶法、递推法、数学归纳法等.

(5) 利用克莱姆法则求解线性方程组.

注意克莱姆法则应用的前提是线性方程组的系数行列式 $D\neq 0$.

习 题 一

1. 选择题.

(1) (**2014 年,数学一**) 行列式 $\begin{vmatrix} 0 & a & b & 0 \\ a & 0 & 0 & b \\ 0 & c & d & 0 \\ c & 0 & 0 & d \end{vmatrix}=$______.

(A) $(ad-bc)^2$ (B) $-(ad-bc)^2$

(C) $a^2d^2-b^2c^2$ (D) $b^2c^2-a^2d^2$

(2) (**1996 年,数学一**) 行列式 $\begin{vmatrix} a_1 & 0 & 0 & b_1 \\ 0 & a_2 & b_2 & 0 \\ 0 & b_3 & a_3 & 0 \\ b_4 & 0 & 0 & a_4 \end{vmatrix}=$______.

(A) $a_1a_2a_3a_4-b_1b_2b_3b_4$ (B) $a_1a_2a_3a_4+b_1b_2b_3b_4$

(C) $(a_1a_2-b_1b_2)(a_3a_4-b_3b_4)$ (D) $(a_2a_3-b_2b_3)(a_1a_4-b_1b_4)$

2. 填空题.

(1)(**2015年,数学一**)　n阶行列式$\begin{vmatrix} 2 & 0 & \cdots & 0 & 2 \\ -1 & 2 & \cdots & 0 & 2 \\ \vdots & \vdots & & \vdots & \vdots \\ 0 & 0 & \cdots & 2 & 2 \\ 0 & 0 & \cdots & -1 & 2 \end{vmatrix}=$______.

(2)(**2016年,数学一**)　行列式$\begin{vmatrix} \lambda & -1 & 0 & 0 \\ 0 & \lambda & -1 & 0 \\ 0 & 0 & \lambda & -1 \\ 4 & 3 & 2 & \lambda+1 \end{vmatrix}=$______.

(3)(**2000年,武汉大学**)　行列式$\begin{vmatrix} x & 1 & 1 & 1 \\ 1 & y & 0 & 0 \\ 1 & 0 & z & 0 \\ 1 & 0 & 0 & t \end{vmatrix}=$______.

(4)(**1997年,数学四**)　n阶行列式$\begin{vmatrix} 0 & 1 & 1 & \cdots & 1 & 1 \\ 1 & 0 & 1 & \cdots & 1 & 1 \\ \vdots & \vdots & \vdots & & \vdots & \vdots \\ 1 & 1 & 1 & \cdots & 0 & 1 \\ 1 & 1 & 1 & \cdots & 1 & 0 \end{vmatrix}=$______.

3.(**2012年,数学一**)　计算行列式$\begin{vmatrix} 1 & a & 0 & 0 \\ 0 & 1 & a & 0 \\ 0 & 0 & 1 & a \\ a & 0 & 0 & 1 \end{vmatrix}$.

4.(**1996年,数学四**)　计算$D_5=\begin{vmatrix} 1-a & a & 0 & 0 & 0 \\ -1 & 1-a & a & 0 & 0 \\ 0 & -1 & 1-a & a & 0 \\ 0 & 0 & -1 & 1-a & a \\ 0 & 0 & 0 & -1 & 1-a \end{vmatrix}$.

***5.**(**1999年,数学二**)　记$\begin{vmatrix} x-2 & x-1 & x-2 & x-3 \\ 2x-2 & 2x-1 & 2x-2 & 2x-3 \\ 3x-3 & 3x-2 & 3x-5 & 3x-5 \\ 4x & 4x-3 & 5x-7 & 4x-3 \end{vmatrix}$为$f(x)$,则$f(x)=0$的根的个数为多少?并求出根.

6.（2004年，数学二） 设有齐次线性方程组

$$\begin{cases}(1+a)x_1+x_2+x_3+x_4=0,\\ 2x_1+(2+a)x_2+2x_3+2x_4=0,\\ 3x_1+3x_2+(3+a)x_3+3x_4=0,\\ 4x_1+4x_2+4x_3+(4+a)x_4=0.\end{cases}$$

试问 a 取何值时，该方程组有非零解.

7.（2001年，数学四） 设行列式 $D=\begin{vmatrix}3 & 0 & 4 & 0\\ 2 & 2 & 2 & 2\\ 0 & -7 & 0 & 0\\ 5 & 3 & -2 & 2\end{vmatrix}$，求第四行各元素余子式之和.

第2章 矩阵及其运算

矩阵是线性代数的主要研究对象和工具之一，它是从线性方程组和变量间的各种线性关系中抽象出来的.因此，矩阵不仅是求解线性方程组的有力工具，也是线性空间中线性变换的最直接表现形式，在自然科学、经济学、工程技术以及其他社会科学领域都有广泛的应用.本章首先引入矩阵的概念，接着介绍矩阵的基本运算、求逆运算和矩阵的分块，最后介绍矩阵的初等变换以及初等矩阵.

2.1 矩阵的概念

1. 引例

先看两个实际例子.

例1 对于 n 元线性方程组

$$\begin{cases} a_{11}x_1 + a_{12}x_2 + \cdots + a_{1n}x_n = b_1, \\ a_{21}x_1 + a_{22}x_2 + \cdots + a_{2n}x_n = b_2, \\ \qquad \vdots \\ a_{m1}x_1 + a_{m2}x_2 + \cdots + a_{mn}x_n = b_m. \end{cases}$$

该线性方程组的系数和常数项可以排成一个二维数表

$$\begin{matrix} a_{11} & a_{12} & \cdots & a_{1n} & b_1 \\ a_{21} & a_{22} & \cdots & a_{2n} & b_2 \\ \vdots & \vdots & & \vdots & \vdots \\ a_{m1} & a_{m2} & \cdots & a_{mn} & b_m \end{matrix}.$$

可以看出，线性方程组与该数表有着一一对应的关系，因此，求解线性方程组的问题可以归结为对该数表的讨论.

例2 设变量 $x_1,x_2,\cdots,x_n$ 能用变量 $y_1,y_2,\cdots,y_m$ 线性表示，即

$$\begin{cases} y_1 = a_{11}x_1 + a_{12}x_2 + \cdots + a_{1n}x_n \\ y_2 = a_{21}x_1 + a_{22}x_2 + \cdots + a_{2n}x_n \\ \quad\vdots \\ y_m = a_{m1}x_1 + a_{m2}x_2 + \cdots + a_{mn}x_n \end{cases}$$

这是从变量 $x_1,x_2,\cdots,x_n$ 到变量 $y_1,y_2,\cdots,y_m$ 的线性变换，其中 $a_{ij}(i=1,2,\cdots,m;j=1,2,\cdots,n)$ 为变换系数.

此线性变换中的系数可以排成一个 m 行 n 列的二维数表

$$\begin{matrix} a_{11} & a_{12} & \cdots & a_{1n} \\ a_{21} & a_{22} & \cdots & a_{2n} \\ \vdots & \vdots & & \vdots \\ a_{m1} & a_{m2} & \cdots & a_{mn} \end{matrix}.$$

这个数表与线性变换之间也存在着一一对应的关系，因此，对线性变换的讨论也常常归结为对该数表的讨论.

这样的例子还有很多，例如，航空公司的航班信息可以和某一个数表建立对应关系，某个班级的学生成绩单也可以和某个数表建立对应关系等，由此引入矩阵的概念.

2. 矩阵的定义

定义 1　由数域 F 上的 $m\times n$ 个数 $a_{ij}(i=1,2,\cdots,m;j=1,2,\cdots,n)$ 排成的 m 行 n 列数表

$$\begin{matrix} a_{11} & a_{12} & \cdots & a_{1n} \\ a_{21} & a_{22} & \cdots & a_{2n} \\ \vdots & \vdots & & \vdots \\ a_{m1} & a_{m2} & \cdots & a_{mn} \end{matrix}$$

称为 m 行 n 列**矩阵**，简称 $m\times n$ 矩阵. 通常为表示它是一个整体，总是加一个圆括弧，并用大写黑体英文字母表示它，记作

$$\boldsymbol{A}=\begin{pmatrix} a_{11} & a_{12} & \cdots & a_{1n} \\ a_{21} & a_{22} & \cdots & a_{2n} \\ \vdots & \vdots & & \vdots \\ a_{m1} & a_{m2} & \cdots & a_{mn} \end{pmatrix}$$

这 $m\times n$ 个数 a_{ij} 称为矩阵 $\boldsymbol{A}$ 的**元素**，简称元，数 a_{ij} 位于矩阵 $\boldsymbol{A}$ 的第 i 行第 j 列，称为矩阵 $\boldsymbol{A}$ 的 (i,j) 元. 以数 a_{ij} 为 (i,j) 元的矩阵可简记为 (a_{ij}) 或 $(a_{ij})_{m\times n}$. $m\times n$ 矩阵 $\boldsymbol{A}$ 也可记作 $\boldsymbol{A}_{m\times n}$.

元素是实数的矩阵称为**实矩阵**，元素是复数的矩阵称为**复矩阵**. 本书中的矩阵都指实矩阵（除非有特殊说明）.

若两个矩阵的行数相等、列数也相等，就称这两个矩阵为**同型矩阵**.

如果矩阵 $\boldsymbol{A}$ 与矩阵 $\boldsymbol{B}$ 是同型矩阵，并且它们对应位置的元素都相等，即 $a_{ij}=b_{ij}$ $(i=1,2,\cdots,m;j=1,2,\cdots,n)$，则称矩阵 $\boldsymbol{A}$ 与矩阵 $\boldsymbol{B}$ 相等，记为 $\boldsymbol{A}=\boldsymbol{B}$.

3. 特殊矩阵

所有元素都是零的矩阵称为**零矩阵**，记做 $\boldsymbol{O}$，即

$$\boldsymbol{O}=\begin{pmatrix} 0 & 0 & \cdots & 0 \\ 0 & 0 & \cdots & 0 \\ \vdots & \vdots & & \vdots \\ 0 & 0 & \cdots & 0 \end{pmatrix}.$$

注意不同型的零矩阵是不同的.

若矩阵 $\boldsymbol{A}=(a_{ij})$ 的行数与列数都等于 n,则称矩阵 $\boldsymbol{A}$ 为 **n 阶矩阵**或 **n 阶方阵**,n 阶矩阵 $\boldsymbol{A}$ 也记作 $\boldsymbol{A}_n$.

1 阶矩阵 (a) 就是数 a,即 $(a)=a$.

注:n 阶矩阵仅仅是由 n^2 个元素排成的一个正方形表,与 n 阶行列式不同.

若 n 阶矩阵 $\boldsymbol{A}=(a_{ij})$ 主对角线上的元素全为 1,其余元素都为零,则称这个矩阵为 **n 阶单位矩阵**,记作 $\boldsymbol{I}_n$(或 $\boldsymbol{E}_n$),即

$$\boldsymbol{I}_n=\begin{pmatrix}1&0&\cdots&0\\0&1&\cdots&0\\\vdots&\vdots&&\vdots\\0&0&\cdots&1\end{pmatrix}$$

或

$$\boldsymbol{E}_n=\begin{pmatrix}1&0&\cdots&0\\0&1&\cdots&0\\\vdots&\vdots&&\vdots\\0&0&\cdots&1\end{pmatrix}.$$

注:零矩阵和单位矩阵这两类特殊矩阵在后续一些结论的证明和定义中起着重要的作用.

若 n 阶方阵不在主对角线上的元素皆为零,则称这个矩阵为**对角矩阵**,记为

$$\boldsymbol{A}=\operatorname{diag}(a_1,a_2,\cdots,a_n)=\begin{pmatrix}a_1&0&\cdots&0\\0&a_2&\cdots&0\\\vdots&\vdots&&\vdots\\0&0&\cdots&a_n\end{pmatrix}.$$

主对角线上是相同的非零元素,其余元素全为零的方阵称为**数量矩阵**,即

$$\boldsymbol{A}=\begin{pmatrix}a&0&\cdots&0\\0&a&\cdots&0\\\vdots&\vdots&&\vdots\\0&0&\cdots&a\end{pmatrix}.$$

主对角线下方元素皆为零的方阵称为**上三角矩阵**,即

$$\boldsymbol{A}=\begin{pmatrix}a_{11}&a_{12}&\cdots&a_{1n}\\0&a_{22}&\cdots&a_{2n}\\\vdots&\vdots&&\vdots\\0&0&\cdots&a_{nn}\end{pmatrix},\quad 或 \boldsymbol{A}=(a_{ij}),其元素 a_{ij} 当 i>j 时为零.$$

主对角线上方元素皆为零的方阵称为**下三角矩阵**. 即

$$\boldsymbol{B}=\begin{pmatrix}b_{11}&0&\cdots&0\\b_{21}&b_{22}&\cdots&0\\\vdots&\vdots&&\vdots\\b_{n1}&b_{n2}&\cdots&b_{nn}\end{pmatrix},\quad 或 \boldsymbol{B}=(b_{ij}),其元素 b_{ij} 当 i<j 时为零.$$

对于 n 阶矩阵 $\boldsymbol{A}=(a_{ij})$，如果 $a_{ij}=a_{ji}(i,j=1,2,\cdots,n)$，那么就称这个矩阵为**对称矩阵**，例如，

$$\boldsymbol{A}=\begin{pmatrix} 1 & 2 & 3 & -4 \\ 2 & 5 & -7 & 0 \\ 3 & -7 & 3 & -2 \\ -4 & 0 & -2 & 0 \end{pmatrix}.$$

只有一行的矩阵 $\boldsymbol{A}=(a_1,a_2,\cdots,a_n)$ 称为**行矩阵**或**行向量**.

只有一列的矩阵 $\boldsymbol{B}=\begin{pmatrix} a_1 \\ a_2 \\ \vdots \\ a_m \end{pmatrix}$ 称为**列矩阵**或**列向量**.

例 3　对于 n 元线性方程组

$$\begin{cases} a_{11}x_1 + a_{12}x_2 + \cdots + a_{1n}x_n = b_1, \\ a_{21}x_1 + a_{22}x_2 + \cdots + a_{2n}x_n = b_2, \\ \qquad\qquad\vdots \\ a_{m1}x_1 + a_{m2}x_2 + \cdots + a_{mn}x_n = b_m \end{cases}$$

有如下几个有用的矩阵：

$$\boldsymbol{A}=\begin{pmatrix} a_{11} & a_{12} & \cdots & a_{1n} \\ a_{21} & a_{22} & \cdots & a_{2n} \\ \vdots & \vdots & & \vdots \\ a_{m1} & a_{m2} & \cdots & a_{mn} \end{pmatrix},$$

$$\boldsymbol{x}=\begin{pmatrix} x_1 \\ x_2 \\ \vdots \\ x_n \end{pmatrix},\quad \boldsymbol{b}=\begin{pmatrix} b_1 \\ b_2 \\ \vdots \\ b_m \end{pmatrix},$$

$$\widetilde{\boldsymbol{A}}=\begin{pmatrix} a_{11} & a_{12} & \cdots & a_{1n} & b_1 \\ a_{21} & a_{22} & \cdots & a_{2n} & b_2 \\ \vdots & \vdots & & \vdots & \vdots \\ a_{m1} & a_{m2} & \cdots & a_{mn} & b_m \end{pmatrix}.$$

其中，$\boldsymbol{A}$ 称为线性方程组的**系数矩阵**，$\boldsymbol{x}$ 称为**未知量矩阵**，$\boldsymbol{b}$ 称为**常数项矩阵**，$\widetilde{\boldsymbol{A}}$ 称为线性方程组的**增广矩阵**.

4. 矩阵的应用举例

矩阵的应用非常广泛，从日常生活到社会经济、科学技术领域，到处都是矩阵的身影. 下面看看矩阵在计算机图形学中的应用. 计算机图形是在计算机屏幕上显示或活动的图像. 计算机图形学的应用广泛，发展迅速. 例如，计算机辅助设计(CAD)是许多工程技术的组成部

分之一.

下面来看看计算机图形是怎样存储的,一般简单的图形是由一系列的点来定义的.例如,二维的大写的字母N,它可以由图2-1所示的8个点确定.这些顶点的坐标可存储在一个数据矩阵$\boldsymbol{D}$中.

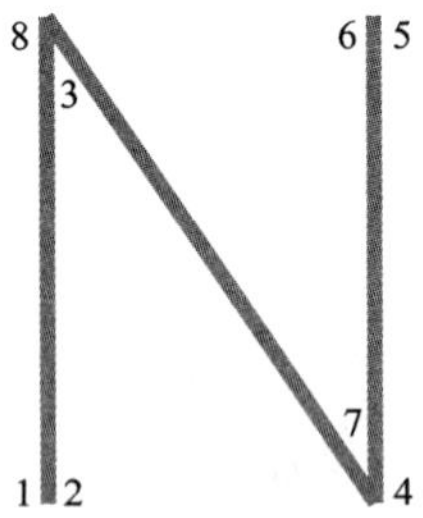

图 2-1

$$\begin{matrix} \text{顶点} & 1 & 2 & 3 & 4 & 5 & 6 & 7 & 8 \end{matrix}$$

$$\begin{matrix} x_{\text{坐标}} \\ y_{\text{坐标}} \end{matrix}\begin{pmatrix} 0 & 0.5 & 0.5 & 6 & 6 & 5.5 & 5.5 & 0 \\ 0 & 0 & 6.42 & 0 & 8 & 8 & 1.58 & 8 \end{pmatrix}=\boldsymbol{D}$$

那么矩阵$\boldsymbol{D}$就代表一个常规的大写字母N,如果要对字母N作一些变换,如要让常规的字母N变成斜体字母*N*,只需对矩阵$\boldsymbol{D}$作相应的运算,因此,下一节还需要进一步学习矩阵的运算.

习　题　2.1

1. 有6名选手参加乒乓球比赛,成绩如下:选手1胜选手2、4、5、6,负于选手3;选手2胜选手4、5、6,负于选手1、3;选手3胜选手1、2、4,负于选手5、6;选手4胜选手5、6,负于选手1、2、3;选手5胜选手3、6,负于选手1、2、4.若胜一场得1分,负一场得零分,试用矩阵表示输赢状况,并排序.

2. 已知$\boldsymbol{A}=\begin{pmatrix} 4 & 2 & 3 \\ x_1-x_2 & 1 & 0 \end{pmatrix}$,$\boldsymbol{B}=\begin{pmatrix} 4 & 2 & x_1+x_2 \\ 2 & 1 & 0 \end{pmatrix}$,若$\boldsymbol{A}=\boldsymbol{B}$,求$x_1,x_2$.

2.2　矩阵的运算

矩阵的意义不仅在于将一些数据排列成阵列的形式,而且在于对它定义了一些有理论意义和实际意义的运算,从而使它成为进行理论研究或解决实际问题的有力工具.

1. 矩阵的加法与数乘运算

定义1　设有两个$m\times n$矩阵$\boldsymbol{A}=(a_{ij})_{m\times n}$和$\boldsymbol{B}=(b_{ij})_{m\times n}$,矩阵$\boldsymbol{A}$和$\boldsymbol{B}$的和记作$\boldsymbol{A}+\boldsymbol{B}$,规定为

$$\boldsymbol{A}+\boldsymbol{B}=\begin{pmatrix} a_{11} & a_{12} & \cdots & a_{1n} \\ a_{21} & a_{22} & \cdots & a_{2n} \\ \vdots & \vdots & & \vdots \\ a_{m1} & a_{m2} & \cdots & a_{mn} \end{pmatrix}+\begin{pmatrix} b_{11} & b_{12} & \cdots & b_{1n} \\ b_{21} & b_{22} & \cdots & b_{2n} \\ \vdots & \vdots & & \vdots \\ b_{m1} & b_{m2} & \cdots & b_{mn} \end{pmatrix}$$

$$=\begin{pmatrix} a_{11}+b_{11} & a_{12}+b_{12} & \cdots & a_{1n}+b_{1n} \\ a_{21}+b_{21} & a_{22}+b_{22} & \cdots & a_{2n}+b_{2n} \\ \vdots & \vdots & & \vdots \\ a_{m1}+b_{m1} & a_{m2}+b_{m2} & \cdots & a_{mn}+b_{mn} \end{pmatrix}.$$

注:只有两个矩阵是同型矩阵时,这两个矩阵才能进行加法运算.

矩阵的加法满足下列运算律(设 $\boldsymbol{A}$、$\boldsymbol{B}$、$\boldsymbol{C}$ 都是 $m\times n$ 矩阵).

(1) 交换律:$\boldsymbol{A}+\boldsymbol{B}=\boldsymbol{B}+\boldsymbol{A}$.

(2) 结合律:$(\boldsymbol{A}+\boldsymbol{B})+\boldsymbol{C}=\boldsymbol{A}+(\boldsymbol{B}+\boldsymbol{C})$.

定义 2　设 $\boldsymbol{A}=(a_{ij})_{m\times n}$,数 k 与矩阵 $\boldsymbol{A}$ 的乘积记作 $k\boldsymbol{A}$.
规定为

$$k\boldsymbol{A}=\boldsymbol{A}k=\begin{pmatrix} ka_{11} & ka_{12} & \cdots & ka_{1n} \\ ka_{21} & ka_{22} & \cdots & ka_{2n} \\ \vdots & \vdots & & \vdots \\ ka_{m1} & ka_{m2} & \cdots & ka_{mn} \end{pmatrix}.$$

由于 $-\boldsymbol{A}=(-1)\boldsymbol{A}=(-a_{ij})_{m\times n}$,所以把 $-\boldsymbol{A}$ 称为 $\boldsymbol{A}$ 的**负矩阵**,于是 $\boldsymbol{A}+(-\boldsymbol{A})=\boldsymbol{O}$. 这样 $\boldsymbol{A}$ 和 $\boldsymbol{B}$ 的减法规定为

$$\boldsymbol{A}-\boldsymbol{B}=\boldsymbol{A}+(-\boldsymbol{B})=(a_{ij}-b_{ij})_{m\times n}.$$

数乘矩阵满足下列运算律(设 $\boldsymbol{A}$、$\boldsymbol{B}$ 为 $m\times n$ 矩阵,k、l 为数).

(1) 结合律:$(kl)\boldsymbol{A}=k(l\boldsymbol{A})=l(k\boldsymbol{A})$.

(2) 分配律:$k(\boldsymbol{A}+\boldsymbol{B})=k\boldsymbol{A}+k\boldsymbol{B}$;

$(k+l)\boldsymbol{A}=k\boldsymbol{A}+l\boldsymbol{A}$.

(3) $1\boldsymbol{A}=\boldsymbol{A}$,$0\boldsymbol{A}=\boldsymbol{O}$.

矩阵的加法和数乘运算称为矩阵的**线性运算**.

例 1　设矩阵 $\boldsymbol{A}=\begin{pmatrix} 1 & 0 & -1 \\ -1 & 0 & 2 \end{pmatrix}$,$\boldsymbol{B}=\begin{pmatrix} -2 & 1 & 0 \\ 1 & 1 & 2 \end{pmatrix}$. 求 $2\boldsymbol{A}-3\boldsymbol{B}$.

解

$$\begin{aligned} 2\boldsymbol{A}-3\boldsymbol{B} &=2\begin{pmatrix} 1 & 0 & -1 \\ -1 & 0 & 2 \end{pmatrix}-3\begin{pmatrix} -2 & 1 & 0 \\ 1 & 1 & 2 \end{pmatrix} \\ &=\begin{pmatrix} 2 & 0 & -2 \\ -2 & 0 & 4 \end{pmatrix}-\begin{pmatrix} -6 & 3 & 0 \\ 3 & 3 & 6 \end{pmatrix} \\ &=\begin{pmatrix} 8 & -3 & -2 \\ -5 & -3 & -2 \end{pmatrix}. \end{aligned}$$

2. 矩阵与矩阵相乘

考虑下面的例子.

有甲、乙两个工厂生产 1、2、3 三种产品,矩阵 $\boldsymbol{A}$ 表示一年中各个工厂所生产的每种产品的数量,矩阵 $\boldsymbol{B}$ 表示各种产品的单价和单位利润,矩阵 $\boldsymbol{C}$ 表示各个工厂的总收入和总利润. 即

$$\boldsymbol{A}=\begin{pmatrix} a_{11} & a_{12} & a_{13} \\ a_{21} & a_{22} & a_{23} \end{pmatrix}\begin{matrix} 甲 \\ 乙 \end{matrix}\qquad B=\begin{pmatrix} b_{11} & b_{12} \\ b_{21} & b_{22} \\ b_{31} & b_{32} \end{pmatrix}\begin{matrix} 1 \\ 2 \\ 3 \end{matrix}\qquad C=\begin{pmatrix} c_{11} & c_{12} \\ c_{21} & c_{22} \end{pmatrix}\begin{matrix} 甲 \\ 乙 \end{matrix}$$

（$\boldsymbol{A}$ 的列：1　2　3；B 的列：单价　单位利润；C 的列：总收入　总利润）

其中，$a_{ik}(i=1,2;k=1,2,3)$是第 i 个工厂生产的第 k 种产品的数量，b_{k1}、$b_{k2}(k=1,2,3)$分别是第 k 种产品的单价和单位利润，c_{i1}、$c_{i2}(i=1,2)$分别是第 i 个工厂生产的三种产品的总收入和总利润.

则 $\boldsymbol{A}$、$\boldsymbol{B}$、$\boldsymbol{C}$ 的元素之间有如下的关系：

$$\begin{pmatrix} c_{11} & c_{12} \\ c_{21} & c_{22} \end{pmatrix} = \begin{pmatrix} a_{11}b_{11}+a_{12}b_{21}+a_{13}b_{31} & a_{11}b_{12}+a_{12}b_{22}+a_{13}b_{32} \\ a_{21}b_{11}+a_{22}b_{21}+a_{23}b_{31} & a_{21}b_{12}+a_{22}b_{22}+a_{23}b_{32} \end{pmatrix}.$$

其中，$c_{ij}=a_{i1}b_{1j}+a_{i2}b_{2j}+a_{i3}b_{3j}(i=1,2;j=1,2)$，即矩阵 $\boldsymbol{C}$ 中的第 i 行第 j 列元素是矩阵 $\boldsymbol{A}$ 的第 i 行与矩阵 $\boldsymbol{B}$ 的第 j 列的对应元素的乘积之和. 这种由矩阵 $\boldsymbol{A}$、$\boldsymbol{B}$ 决定矩阵 $\boldsymbol{C}$ 的方法称为**矩阵的乘法**.

定义 3　设 $\boldsymbol{A}=(a_{ij})$是一个 $m\times s$ 矩阵，$\boldsymbol{B}=(b_{ij})$是一个 $s\times n$ 矩阵，那么规定矩阵 $\boldsymbol{A}$ 与矩阵 $\boldsymbol{B}$ 的乘积是一个 $m\times n$ 矩阵 $\boldsymbol{C}=(c_{ij})$，其中 $c_{ij}=a_{i1}b_{1j}+a_{i2}b_{2j}+\cdots+a_{is}b_{sj}=\sum\limits_{k=1}^{s}a_{ik}b_{kj}$ $(i=1,2,\cdots,m;j=1,2,\cdots,n)$. 并把此乘积记作 $\boldsymbol{C}=\boldsymbol{AB}$，即

$$\boldsymbol{A}_{m\times s}\boldsymbol{B}_{s\times n}=\boldsymbol{C}_{m\times n}=\left(\sum_{k=1}^{s}a_{ik}b_{kj}\right)_{m\times n}\quad(i=1,2,\cdots,m;j=1,2,\cdots,n).$$

按照这个定义，一个 $1\times s$ 行矩阵与一个 $s\times 1$ 列矩阵的乘积是一个1阶方阵，也是一个数.

$$(a_{i1},a_{i2},\cdots,a_{is})\begin{pmatrix} b_{1j} \\ b_{2j} \\ \vdots \\ b_{sj} \end{pmatrix}=a_{i1}b_{1j}+a_{i2}b_{2j}+\cdots+a_{is}b_{sj}=\sum_{k=1}^{s}a_{ik}b_{kj}=c_{ij}.$$

注：(1) 只有当左矩阵的列数等于右矩阵的行数时，两个矩阵才可以相乘.

(2) 乘积矩阵的行数等于左矩阵的行数，列数等于右矩阵的列数.

(3) 乘积矩阵的第 i 行第 j 列元素是左矩阵的第 i 行与右矩阵的第 j 列的对应元素的乘积之和.

例 2　求矩阵 $\boldsymbol{A}=\begin{pmatrix} 1 & 0 & -1 \\ -2 & 0 & 1 \end{pmatrix}$ 与 $\boldsymbol{B}=\begin{pmatrix} 1 & 2 \\ -1 & 1 \\ 0 & 1 \end{pmatrix}$ 的乘积 $\boldsymbol{AB}$ 及 $\boldsymbol{BA}$.

解　$$\boldsymbol{AB}=\begin{pmatrix} 1 & 0 & -1 \\ -2 & 0 & 1 \end{pmatrix}\begin{pmatrix} 1 & 2 \\ -1 & 1 \\ 0 & 1 \end{pmatrix}$$

$$=\begin{pmatrix} 1\times1+0\times(-1)+(-1)\times0 & 1\times2+0\times1+(-1)\times1 \\ -2\times1+0\times(-1)+1\times0 & -2\times2+0\times1+1\times1 \end{pmatrix}$$

$$=\begin{pmatrix} 1 & 1 \\ -2 & -3 \end{pmatrix};$$

$$\boldsymbol{BA}=\begin{pmatrix}1&2\\-1&1\\0&1\end{pmatrix}\begin{pmatrix}1&0&-1\\-2&0&1\end{pmatrix}$$

$$=\begin{pmatrix}1\times1+2\times(-2)&1\times0+2\times0&1\times(-1)+2\times1\\(-1)\times1+1\times(-2)&(-1)\times0+1\times0&(-1)\times(-1)+1\times1\\0\times1+1\times(-2)&0\times0+1\times0&0\times(-1)+1\times1\end{pmatrix}$$

$$=\begin{pmatrix}-3&0&1\\-3&0&2\\-2&0&1\end{pmatrix}.$$

例 3　求矩阵 $\boldsymbol{A}=\begin{pmatrix}-2&4\\1&-2\end{pmatrix}$ 与 $\boldsymbol{B}=\begin{pmatrix}2&4\\-3&-6\end{pmatrix}$ 的乘积 $\boldsymbol{AB}$ 及 $\boldsymbol{BA}$.

解

$$\boldsymbol{AB}=\begin{pmatrix}-2&4\\1&-2\end{pmatrix}\begin{pmatrix}2&4\\-3&-6\end{pmatrix}=\begin{pmatrix}-16&-32\\8&16\end{pmatrix};$$

$$\boldsymbol{BA}=\begin{pmatrix}2&4\\-3&-6\end{pmatrix}\begin{pmatrix}-2&4\\1&-2\end{pmatrix}=\begin{pmatrix}0&0\\0&0\end{pmatrix}.$$

由上述例题可知，在矩阵的乘法中必须注意矩阵相乘的顺序. $\boldsymbol{AB}$ 是 $\boldsymbol{A}$ 左乘 $\boldsymbol{B}$（$\boldsymbol{B}$ 被 $\boldsymbol{A}$ 左乘）的乘积，$\boldsymbol{BA}$ 是 $\boldsymbol{A}$ 右乘 $\boldsymbol{B}$ 的乘积，$\boldsymbol{AB}$ 有意义时，$\boldsymbol{BA}$ 可能有意义，也可能没有意义. 如果 $\boldsymbol{A}$ 是 $m\times n$ 矩阵，$\boldsymbol{B}$ 是 $n\times m$ 矩阵，那么 $\boldsymbol{AB}$ 与 $\boldsymbol{BA}$ 都有意义，但是 $\boldsymbol{AB}$ 是 m 阶方阵，$\boldsymbol{BA}$ 是 n 阶方阵，当 $m\neq n$ 时，$\boldsymbol{AB}\neq\boldsymbol{BA}$. 即使 $m=n$，即 $\boldsymbol{A}$、$\boldsymbol{B}$ 是同阶方阵，如例 3，$\boldsymbol{A}$ 与 $\boldsymbol{B}$ 都是 2 阶方阵，而 $\boldsymbol{AB}$ 与 $\boldsymbol{BA}$ 也都是 2 阶方阵，但是 $\boldsymbol{AB}$ 与 $\boldsymbol{BA}$ 仍然不相等. 总之，矩阵的乘法不满足交换律，即在一般情况下，$\boldsymbol{AB}\neq\boldsymbol{BA}$.

对于两个 n 阶方阵 $\boldsymbol{A}$、$\boldsymbol{B}$，若 $\boldsymbol{AB}=\boldsymbol{BA}$，则称方阵 $\boldsymbol{A}$ 与 $\boldsymbol{B}$ 是**可交换的**.

例 3 还表明，矩阵 $\boldsymbol{A}\neq\boldsymbol{O}$，$\boldsymbol{B}\neq\boldsymbol{O}$，但却有 $\boldsymbol{BA}=\boldsymbol{O}$. 因此，要特别注意如果有两个矩阵 $\boldsymbol{A}$、$\boldsymbol{B}$ 满足 $\boldsymbol{AB}=\boldsymbol{O}$，不能得出 $\boldsymbol{A}=\boldsymbol{O}$ 或 $\boldsymbol{B}=\boldsymbol{O}$ 的结论. 矩阵乘法一般也不满足消去律，即不能从 $\boldsymbol{AC}=\boldsymbol{BC}$，且 $\boldsymbol{C}\neq\boldsymbol{O}$ 中推出 $\boldsymbol{A}=\boldsymbol{B}$.

例如，设

$$\boldsymbol{A}=\begin{pmatrix}1&1\\0&1\end{pmatrix},\quad \boldsymbol{B}=\begin{pmatrix}1&2\\0&-3\end{pmatrix},\quad \boldsymbol{C}=\begin{pmatrix}1&1\\0&0\end{pmatrix},$$

则

$$\boldsymbol{AC}=\begin{pmatrix}1&1\\0&1\end{pmatrix}\begin{pmatrix}1&1\\0&0\end{pmatrix}=\begin{pmatrix}1&1\\0&0\end{pmatrix},$$

$$\boldsymbol{BC}=\begin{pmatrix}1 & 2\\ 0 & -3\end{pmatrix}\begin{pmatrix}1 & 1\\ 0 & 0\end{pmatrix}=\begin{pmatrix}1 & 1\\ 0 & 0\end{pmatrix},$$

而 $\boldsymbol{A}\neq\boldsymbol{B}$.

矩阵的乘法虽然不满足交换律和消去律,但是仍然能够满足结合律和分配律(假设所有计算都是可以进行的).

(1) 结合律:$\boldsymbol{A}(\boldsymbol{BC})=(\boldsymbol{AB})\boldsymbol{C}$.

(2) 左分配律:$\boldsymbol{A}(\boldsymbol{B}+\boldsymbol{C})=\boldsymbol{AB}+\boldsymbol{AC}$.

右分配律:$(\boldsymbol{B}+\boldsymbol{C})\boldsymbol{A}=\boldsymbol{BA}+\boldsymbol{CA}$.

(3) $(kl)(\boldsymbol{AB})=(k\boldsymbol{A})(l\boldsymbol{B})=(l\boldsymbol{A})(k\boldsymbol{B})$,其中 k、l 是常数.

(4) 设 $\boldsymbol{A}=(a_{ij})_{m\times n}$,则 $\boldsymbol{I}_m\boldsymbol{A}=\boldsymbol{A},\boldsymbol{A}\boldsymbol{I}_n=\boldsymbol{A}$.

由(4)可知,单位矩阵在矩阵乘法中的作用类似于数 1.

有了矩阵的乘法,可以将线性方程组简洁地表示成一个矩阵方程,这是线性方程组的矩阵形式.

设有线性方程组

$$\begin{cases}a_{11}x_1+a_{12}x_2+\cdots+a_{1n}x_n=b_1,\\ a_{21}x_1+a_{22}x_2+\cdots+a_{2n}x_n=b_2,\\ \qquad\vdots\\ a_{m1}x_1+a_{m2}x_2+\cdots+a_{mn}x_n=b_m,\end{cases}$$

则该方程组可表示为

$$\boldsymbol{Ax}=\boldsymbol{b},$$

其中

$$\boldsymbol{A}=\begin{pmatrix}a_{11} & a_{12} & \cdots & a_{1n}\\ a_{21} & a_{22} & \cdots & a_{2n}\\ \vdots & \vdots & & \vdots\\ a_{m1} & a_{m2} & \cdots & a_{mn}\end{pmatrix},\quad \boldsymbol{x}=\begin{pmatrix}x_1\\ x_2\\ \vdots\\ x_n\end{pmatrix},\quad \boldsymbol{b}=\begin{pmatrix}b_1\\ b_2\\ \vdots\\ b_m\end{pmatrix}.$$

3. 方阵的行列式

定义 4 由 n 阶方阵 $\boldsymbol{A}$ 的元素按原次序所构成的行列式称为方阵 $\boldsymbol{A}$ 的**行列式**,记作 $|\boldsymbol{A}|$ 或 $\det\boldsymbol{A}$.

注:方阵与行列式是两个不同的概念,n 阶方阵 $\boldsymbol{A}$ 是 n^2 个数按一定方式排成的正方形数表,而 n 阶行列式 $|\boldsymbol{A}|$ 则是数表 $\boldsymbol{A}$ 中的数按一定的运算法则所确定的一个数. 即方阵是一个数表,而行列式是一个数.

设 $\boldsymbol{A}$、$\boldsymbol{B}$ 为 n 阶方阵,k 为常数,由方阵 $\boldsymbol{A}$ 确定的 $|\boldsymbol{A}|$ 这个运算满足下列规律.

(1) $|\boldsymbol{A}^{\mathrm{T}}|=|\boldsymbol{A}|$.

(2) $|k\boldsymbol{A}|=k^n|\boldsymbol{A}|$.

(3) $|\boldsymbol{AB}|=|\boldsymbol{A}||\boldsymbol{B}|$，进一步 $|\boldsymbol{A}||\boldsymbol{B}|=|\boldsymbol{AB}|=|\boldsymbol{B}||\boldsymbol{A}|$.

上述性质(3)表明，$\boldsymbol{A}$、$\boldsymbol{B}$ 两个 n 阶方阵的乘积的行列式等于两个方阵对应的行列式之积. 由此可见，对于 n 阶方阵 $\boldsymbol{A}$、$\boldsymbol{B}$，一般来说 $\boldsymbol{AB}\neq\boldsymbol{BA}$，但总有 $|\boldsymbol{AB}|=|\boldsymbol{BA}|$. 一般地，对于 k 个 n 阶方阵 $\boldsymbol{A}_1,\boldsymbol{A}_2,\cdots,\boldsymbol{A}_k$，有

$$|\boldsymbol{A}_1\boldsymbol{A}_2\cdots\boldsymbol{A}_k|=|\boldsymbol{A}_1||\boldsymbol{A}_2|\cdots|\boldsymbol{A}_k|.$$

例 4　设两个 n 阶方阵的行列式为 $|\boldsymbol{A}|=1$，$|\boldsymbol{B}|=2$，计算行列式 $|-(\boldsymbol{AB})^4\boldsymbol{B}^{\mathrm{T}}|$ 的值.

解

$$\begin{aligned}|-(\boldsymbol{AB})^4\boldsymbol{B}^{\mathrm{T}}|&=(-1)^n\ |\boldsymbol{AB}|^4\,|\boldsymbol{B}^{\mathrm{T}}|\\&=(-1)^n\ |\boldsymbol{A}|^4\ |\boldsymbol{B}|^4\,|\boldsymbol{B}|\\&=(-1)^n\ |\boldsymbol{A}|^4\ |\boldsymbol{B}|^5\\&=(-1)^n\cdot 1^4\cdot 2^5\\&=(-1)^n\cdot 2^5.\end{aligned}$$

4. 方阵的幂

有了矩阵的乘法，就可以定义矩阵的幂.

定义 5　设 $\boldsymbol{A}$ 为 n 阶方阵，k 为正整数，则 k 个 $\boldsymbol{A}$ 的连乘称为方阵 $\boldsymbol{A}$ 的 k 次幂，记作 $\boldsymbol{A}^k$，即 $\boldsymbol{A}^k=\overbrace{\boldsymbol{A}\cdot\boldsymbol{A}\cdot\cdots\cdot\boldsymbol{A}}^{k个}$. 显然只有方阵的幂才有意义. $\boldsymbol{A}$ 的零次幂定义为 $\boldsymbol{A}^0=\boldsymbol{I}$.

方阵的幂有下列性质：$\boldsymbol{A}^k\boldsymbol{A}^l=\boldsymbol{A}^{k+l}$，$(\boldsymbol{A}^k)^l=\boldsymbol{A}^{kl}$，其中 k，l 为正整数.

注：由于矩阵的乘法一般不满足交换律，所以一般来说 $(\boldsymbol{AB})^k\neq\boldsymbol{A}^k\boldsymbol{B}^k$，此外若 $\boldsymbol{A}^k=\boldsymbol{O}$，也不一定有 $\boldsymbol{A}=\boldsymbol{O}$.

例如，$\boldsymbol{A}=\begin{pmatrix}0&0&0\\-1&1&1\\1&-1&-1\end{pmatrix}\neq\boldsymbol{O}$，但

$$\boldsymbol{A}^2=\begin{pmatrix}0&0&0\\-1&1&1\\1&-1&-1\end{pmatrix}\begin{pmatrix}0&0&0\\-1&1&1\\1&-1&-1\end{pmatrix}=\boldsymbol{O}.$$

设 x 的 k 次多项式

$$f(x)=a_kx^k+a_{k-1}x^{k-1}+\cdots+a_1x+a_0,$$

称 $f(\boldsymbol{A})=a_k\boldsymbol{A}^k+a_{k-1}\boldsymbol{A}^{k-1}+\cdots+a_1\boldsymbol{A}+a_0\boldsymbol{I}$ 为方阵 $\boldsymbol{A}$ 的 k **次多项式**.

例 5　设矩阵 $\boldsymbol{A}=\begin{pmatrix}1&1\\0&1\end{pmatrix}$ 和多项式 $f(x)=x^3-2x^2+2$. 求 $f(\boldsymbol{A})$.

解　$f(\boldsymbol{A})=\boldsymbol{A}^3-2\boldsymbol{A}^2+2\boldsymbol{I}=\begin{pmatrix}1&3\\0&1\end{pmatrix}-2\begin{pmatrix}1&2\\0&1\end{pmatrix}+2\begin{pmatrix}1&0\\0&1\end{pmatrix}$

$$=\begin{pmatrix}1&-1\\0&1\end{pmatrix}.$$

5. 矩阵的转置

定义 6 把矩阵 $\boldsymbol{A}$ 的行换成同序数的列而得到一个新的矩阵，称为 $\boldsymbol{A}$ 的**转置矩阵**，记作 $\boldsymbol{A}^{\mathrm{T}}$(或 $\boldsymbol{A}'$). 即若

$$\boldsymbol{A}=\begin{pmatrix} a_{11} & a_{12} & \cdots & a_{1n} \\ a_{21} & a_{22} & \cdots & a_{2n} \\ \vdots & \vdots & & \vdots \\ a_{m1} & a_{m2} & \cdots & a_{mn} \end{pmatrix},$$

则
$$\boldsymbol{A}^{\mathrm{T}}=\begin{pmatrix} a_{11} & a_{21} & \cdots & a_{m1} \\ a_{12} & a_{22} & \cdots & a_{m2} \\ \vdots & \vdots & & \vdots \\ a_{1n} & a_{2n} & \cdots & a_{mn} \end{pmatrix}.$$

例如,矩阵 $\boldsymbol{A}=\begin{pmatrix} 1 & 2 & 0 \\ 3 & 1 & -1 \end{pmatrix}$ 的转置矩阵为 $\boldsymbol{A}^{\mathrm{T}}=\begin{pmatrix} 1 & 3 \\ 2 & 1 \\ 0 & -1 \end{pmatrix}$.

矩阵的转置也是一种运算,满足以下运算规律(假设运算都是可进行的).

(1) $(\boldsymbol{A}^{\mathrm{T}})^{\mathrm{T}}=\boldsymbol{A}$.

(2) $(\boldsymbol{A}+\boldsymbol{B})^{\mathrm{T}}=\boldsymbol{A}^{\mathrm{T}}+\boldsymbol{B}^{\mathrm{T}}$.

(3) $(k\boldsymbol{A})^{\mathrm{T}}=k\boldsymbol{A}^{\mathrm{T}}$.

(4) $(\boldsymbol{AB})^{\mathrm{T}}=\boldsymbol{B}^{\mathrm{T}}\boldsymbol{A}^{\mathrm{T}}$.

这里仅证明(4),其他证明略.

证 设 $\boldsymbol{A}=(a_{ij})_{m\times s}$、$\boldsymbol{B}=(b_{ij})_{s\times n}$,记 $\boldsymbol{AB}=\boldsymbol{C}=(c_{ij})_{m\times n}$,$\boldsymbol{B}^{\mathrm{T}}\boldsymbol{A}^{\mathrm{T}}=\boldsymbol{D}=(d_{ij})_{n\times m}$.

于是根据矩阵的乘法公式有

$$c_{ji}=\sum_{k=1}^{s}a_{jk}b_{ki},$$

而 $\boldsymbol{B}^{\mathrm{T}}$ 的第 i 行为 $(b_{1i},\cdots,b_{si})$,$\boldsymbol{A}^{\mathrm{T}}$ 的第 j 列为 $(a_{j1},\cdots,a_{js})^{\mathrm{T}}$,

因此
$$d_{ij}=\sum_{k=1}^{s}b_{ki}a_{jk}=\sum_{k=1}^{s}a_{jk}b_{ki}.$$

所以
$$d_{ij}=c_{ji}\ (i=1,2,\cdots,n;j=1,2,\cdots,m),$$

即
$$\boldsymbol{D}=\boldsymbol{C}^{\mathrm{T}},$$

也就是
$$\boldsymbol{B}^{\mathrm{T}}\boldsymbol{A}^{\mathrm{T}}=(\boldsymbol{AB})^{\mathrm{T}}.$$

定义 7 设 $\boldsymbol{A}$ 为 n 阶方阵,若 $\boldsymbol{A}^{\mathrm{T}}=\boldsymbol{A}$,即 $a_{ij}=a_{ji}\ (i,j=1,2,\cdots,n)$,则称 $\boldsymbol{A}$ 为**对称矩阵**.若 $\boldsymbol{A}^{\mathrm{T}}=-\boldsymbol{A}$,则称 $\boldsymbol{A}$ 为**反对称矩阵**.

显然,$\boldsymbol{A}$ 为对称矩阵当且仅当 $a_{ij}=a_{ji}$,$\boldsymbol{A}$ 为反对称矩阵当且仅当 $a_{ij}=-a_{ji}$,且当 $i=j$ 时,$a_{ii}=0$. 例如,

$$\boldsymbol{A}=\begin{pmatrix} 1 & -1 & 0 \\ -1 & 2 & 2 \\ 0 & 2 & 3 \end{pmatrix},$$

$$B=\begin{pmatrix}0 & 1 & -2\\ -1 & 0 & 3\\ 2 & -3 & 0\end{pmatrix}$$

分别是 3 阶对称矩阵和反对称矩阵.

例 6　设矩阵 $A=\begin{pmatrix}-1 & 2\\ 1 & 0\\ 2 & -3\end{pmatrix}$，$B=\begin{pmatrix}2 & 1 & 3\\ 1 & 1 & -2\end{pmatrix}$. 求 $(AB)^{\mathrm{T}}$ 和 $B^{\mathrm{T}}A^{\mathrm{T}}$.

解　因为

$$AB=\begin{pmatrix}-1 & 2\\ 1 & 0\\ 2 & -3\end{pmatrix}\begin{pmatrix}2 & 1 & 3\\ 1 & 1 & -2\end{pmatrix}=\begin{pmatrix}0 & 1 & -7\\ 2 & 1 & 3\\ 1 & -1 & 12\end{pmatrix},$$

所以

$$(AB)^{\mathrm{T}}=\begin{pmatrix}0 & 2 & 1\\ 1 & 1 & -1\\ -7 & 3 & 12\end{pmatrix},$$

$$B^{\mathrm{T}}A^{\mathrm{T}}=\begin{pmatrix}2 & 1\\ 1 & 1\\ 3 & -2\end{pmatrix}\begin{pmatrix}-1 & 1 & 2\\ 2 & 0 & -3\end{pmatrix}=\begin{pmatrix}0 & 2 & 1\\ 1 & 1 & -1\\ -7 & 3 & 12\end{pmatrix}.$$

习　题　2.2

1. 某种物资以 3 个产地运往 4 个销地，两次调运方案分别为矩阵 A 与矩阵 B，且

$$A=\begin{pmatrix}3 & 5 & 7 & 2\\ 2 & 0 & 4 & 3\\ 0 & 1 & 2 & 3\end{pmatrix},\quad B=\begin{pmatrix}1 & 3 & 2 & 0\\ 2 & 1 & 5 & 7\\ 0 & 6 & 4 & 8\end{pmatrix}.$$

试用矩阵表示各产地运往各销地两次的物资调运量.

2. 计算下列矩阵

(1) $\begin{pmatrix}2\\ 1\\ 3\end{pmatrix}(1\quad 3\quad 2)$；　　(2) $(2\quad 1\quad 3)\begin{pmatrix}1\\ 3\\ 2\end{pmatrix}$；

(3) $\begin{pmatrix}1&0&0\\0&1&0\\0&0&1\end{pmatrix}\begin{pmatrix}2&1\\4&3\\7&9\end{pmatrix}$； (4) $\begin{pmatrix}1&1\\0&0\end{pmatrix}\begin{pmatrix}0&1\\0&-1\end{pmatrix}$；

(5) $\begin{pmatrix}3&1&2&-1\\0&3&1&0\end{pmatrix}\begin{pmatrix}1&0&5\\0&2&0\\1&0&1\\0&3&0\end{pmatrix}\begin{pmatrix}-1&0\\1&5\\0&2\end{pmatrix}$.

3. 某厂研究三种方法来生产甲、乙、丙三种产品，每种生产方法的每种产品数量用如下矩阵表示：

$$\boldsymbol{A}=\begin{pmatrix}2&3&4\\1&2&3\\2&4&1\end{pmatrix}\begin{matrix}\text{方法一}\\\text{方法二}\\\text{方法三}\end{matrix}$$

（列依次为 甲 乙 丙）

若甲、乙、丙产品每单位的利润分别为10元、8元、7元，试用矩阵的乘法求出以哪种方法获利最多.

4. 设 $\boldsymbol{A}=\begin{pmatrix}1&1&1\\1&1&-1\\1&-1&1\end{pmatrix}$，$\boldsymbol{B}=\begin{pmatrix}1&2&3\\-1&-2&4\\0&5&1\end{pmatrix}$，求 $3\boldsymbol{AB}-2\boldsymbol{A}$ 与 $\boldsymbol{A}^{\mathrm{T}}\boldsymbol{B}$.

5. 已知 $\boldsymbol{A}=\begin{pmatrix}2&1\\-1&3\end{pmatrix}$，$\boldsymbol{B}=\begin{pmatrix}3&4\\2&1\end{pmatrix}$，求满足方程 $2\boldsymbol{A}-3\boldsymbol{X}=2\boldsymbol{B}$ 中的 $\boldsymbol{X}$.

6. 计算下列矩阵.

(1) $\begin{pmatrix}1&-2\\3&4\end{pmatrix}^3$； (2) $\begin{pmatrix}1&1&1\\0&1&1\\0&0&1\end{pmatrix}^2$；

(3) $\begin{pmatrix}1&1\\0&0\end{pmatrix}^n$； (4) $\begin{pmatrix}a&0&0\\0&b&0\\0&0&c\end{pmatrix}^n$.

7. 如果 $\boldsymbol{AB}=\boldsymbol{BA}$，$\boldsymbol{AC}=\boldsymbol{CA}$，证明：$\boldsymbol{A}(\boldsymbol{B}+\boldsymbol{C})=(\boldsymbol{B}+\boldsymbol{C})\boldsymbol{A}$，$\boldsymbol{A}(\boldsymbol{BC})=(\boldsymbol{BC})\boldsymbol{A}$.

8. 利用矩阵 $\boldsymbol{A}=\begin{pmatrix}1&1\\0&3\end{pmatrix}$，$\boldsymbol{B}=\begin{pmatrix}1&0\\2&1\end{pmatrix}$，验证 $(\boldsymbol{AB})^{\mathrm{T}}=\boldsymbol{B}^{\mathrm{T}}\boldsymbol{A}^{\mathrm{T}}$.

9. 证明：若 $\boldsymbol{A}$、$\boldsymbol{B}$ 为 n 阶矩阵，且 $\boldsymbol{A}$ 是对称矩阵，则 $\boldsymbol{B}^{\mathrm{T}}\boldsymbol{AB}$ 也是对称矩阵.

10. 对任意一个 n 阶矩阵 $\boldsymbol{A}$，证明：

(1) $\boldsymbol{A}+\boldsymbol{A}^{\mathrm{T}}$ 是对称矩阵，$\boldsymbol{A}-\boldsymbol{A}^{\mathrm{T}}$ 是反对称矩阵；

(2) $\boldsymbol{A}$ 可以表示为对称矩阵与反对称矩阵之和.

11. 设 $\boldsymbol{A}=(a_1,a_2,\cdots,a_n)^{\mathrm{T}}$，$\boldsymbol{B}=\boldsymbol{I}-2\boldsymbol{AA}^{\mathrm{T}}$，其中 $\boldsymbol{I}$ 是 n 阶单位矩阵.

(1) 证明：$\boldsymbol{B}$ 是对称矩阵；

(2) 若 $\boldsymbol{A}^{\mathrm{T}}\boldsymbol{A}=1$，证明：$\boldsymbol{B}^2=\boldsymbol{I}$.

2.3　矩阵的逆矩阵

在初等代数中，求解一元一次方程 $ax=b$ 时，只要系数 $a\neq0$，总存在唯一的一个数 a^{-1}，使得 $a^{-1}a=aa^{-1}=1$，且有

$$x=(a^{-1}a)x=a^{-1}(ax)=a^{-1}b.$$

那么对于一个矩阵，是否也存在类似的逆运算？这就是本节所要讨论的问题.

为方便起见，本节所讨论的矩阵，如不特别说明，都是方阵.

1. 逆矩阵及伴随矩阵的概念

把上述求逆的思想应用到矩阵的运算中，并注意到单位矩阵在矩阵的乘法中的作用与数 1 类似，就可以引入逆矩阵的定义.

定义 1　设 $\boldsymbol{A}$ 为 n 阶方阵，若存在一个 n 阶方阵 $\boldsymbol{B}$ 使得

$$\boldsymbol{AB}=\boldsymbol{BA}=\boldsymbol{I},$$

则称 $\boldsymbol{A}$ 为**可逆矩阵**. 并把矩阵 $\boldsymbol{B}$ 称为 $\boldsymbol{A}$ 的**逆矩阵**，简称**逆阵**. 显然，逆矩阵的概念是相互的，此时 $\boldsymbol{A}$ 也称为 $\boldsymbol{B}$ 的逆矩阵，即 $\boldsymbol{A}$、$\boldsymbol{B}$ 互为逆矩阵.

如果矩阵 $\boldsymbol{A}$ 是可逆矩阵，那么 $\boldsymbol{A}$ 的逆矩阵是唯一的. 这是因为，假设 $\boldsymbol{B}$、$\boldsymbol{C}$ 都是 $\boldsymbol{A}$ 的逆矩阵，则由定义可知

$$\boldsymbol{AB}=\boldsymbol{BA}=\boldsymbol{I},$$
$$\boldsymbol{AC}=\boldsymbol{CA}=\boldsymbol{I},$$

则

$$\begin{aligned}\boldsymbol{B}&=\boldsymbol{IB}=(\boldsymbol{CA})\boldsymbol{B}\\&=\boldsymbol{C}(\boldsymbol{AB})\\&=\boldsymbol{CI}=\boldsymbol{C}.\end{aligned}$$

由于逆矩阵的唯一性，就把 $\boldsymbol{A}$ 的逆矩阵记为 $\boldsymbol{A}^{-1}$，即 $\boldsymbol{B}=\boldsymbol{A}^{-1}$，从而

$$\boldsymbol{AA}^{-1}=\boldsymbol{A}^{-1}\boldsymbol{A}=\boldsymbol{I}.$$

例如，设有二阶矩阵

$$\boldsymbol{A}=\begin{pmatrix}3&2\\5&3\end{pmatrix},\quad \boldsymbol{B}=\begin{pmatrix}-3&2\\5&-3\end{pmatrix},$$

则容易验证

$$\begin{aligned}\boldsymbol{AB}&=\begin{pmatrix}3&2\\5&3\end{pmatrix}\begin{pmatrix}-3&2\\5&-3\end{pmatrix}\\&=\begin{pmatrix}1&0\\0&1\end{pmatrix}=\boldsymbol{I}\\&=\begin{pmatrix}-3&2\\5&-3\end{pmatrix}\begin{pmatrix}3&2\\5&3\end{pmatrix}=\boldsymbol{BA}.\end{aligned}$$

即 $\boldsymbol{A}$、$\boldsymbol{B}$ 是可逆矩阵，$\boldsymbol{A}$、$\boldsymbol{B}$ 互为逆矩阵.

那么一般情况下,如何求出可逆矩阵的逆矩阵呢?为此先介绍矩阵的伴随矩阵的概念.

定义 2　设 $\boldsymbol{A}$ 为 n 阶方阵,即

$$\boldsymbol{A}=\begin{pmatrix} a_{11} & a_{12} & \cdots & a_{1n} \\ a_{21} & a_{22} & \cdots & a_{2n} \\ \vdots & \vdots & & \vdots \\ a_{n1} & a_{n2} & \cdots & a_{nn} \end{pmatrix},$$

由 $\boldsymbol{A}$ 的行列式 $|\boldsymbol{A}|$ 的元素 a_{ij} 的代数余子式 A_{ij} 所构成的如下的 n 阶方阵

$$\boldsymbol{A}^*=\begin{pmatrix} A_{11} & A_{21} & \cdots & A_{n1} \\ A_{12} & A_{22} & \cdots & A_{n2} \\ \vdots & \vdots & & \vdots \\ A_{1n} & A_{2n} & \cdots & A_{nn} \end{pmatrix},$$

称为 $\boldsymbol{A}$ 的**伴随矩阵**,简称**伴随阵**.

2. 逆矩阵和伴随矩阵的关系

定理 1　设 $\boldsymbol{A}$ 为 n 阶方阵,则 $\boldsymbol{A}$ 可逆当且仅当 $|\boldsymbol{A}|\neq 0$,且

$$\boldsymbol{A}^{-1}=\frac{1}{|\boldsymbol{A}|}\boldsymbol{A}^*,$$

其中 $\boldsymbol{A}^*$ 为 $\boldsymbol{A}$ 的伴随矩阵.

证　**必要性**　若 $\boldsymbol{A}$ 可逆,则有 $\boldsymbol{A}\boldsymbol{A}^{-1}=\boldsymbol{I}$,两边取行列式得 $|\boldsymbol{A}|\,|\boldsymbol{A}^{-1}|=1$,所以 $|\boldsymbol{A}|\neq 0$.

充分性　由于

$$\sum_{k=1}^{n} a_{ik}A_{jk}=\begin{cases} |\boldsymbol{A}|, & i=j, \\ 0, & i\neq j. \end{cases}$$

则

$$\boldsymbol{A}\boldsymbol{A}^*=\begin{pmatrix} a_{11} & a_{12} & \cdots & a_{1n} \\ a_{21} & a_{22} & \cdots & a_{2n} \\ \vdots & \vdots & & \vdots \\ a_{n1} & a_{n2} & \cdots & a_{nn} \end{pmatrix}\begin{pmatrix} A_{11} & A_{21} & \cdots & A_{n1} \\ A_{12} & A_{22} & \cdots & A_{n2} \\ \vdots & \vdots & & \vdots \\ A_{1n} & A_{2n} & \cdots & A_{nn} \end{pmatrix}$$

$$=\begin{pmatrix} |\boldsymbol{A}| & 0 & \cdots & 0 \\ 0 & |\boldsymbol{A}| & \cdots & 0 \\ \vdots & \vdots & & \vdots \\ 0 & 0 & \cdots & |\boldsymbol{A}| \end{pmatrix}$$

$$=|\boldsymbol{A}|\boldsymbol{I}.$$

由 $|\boldsymbol{A}|\neq 0$,得

$$\boldsymbol{A}\left(\frac{1}{|\boldsymbol{A}|}\boldsymbol{A}^*\right)=\boldsymbol{I}.$$

同理得

$$\left(\frac{1}{|\boldsymbol{A}|}\boldsymbol{A}^*\right)\boldsymbol{A}=\boldsymbol{I}.$$

所以

$$\boldsymbol{A}^{-1}=\frac{1}{|\boldsymbol{A}|}\boldsymbol{A}^*.$$

此定理不仅给出了判断矩阵是否可逆的方法，而且提供了当矩阵可逆时，逆矩阵的求法.

当$|\boldsymbol{A}|=0$时，称$\boldsymbol{A}$为**奇异矩阵**，否则称为**非奇异矩阵**. 由上面的定理可知：$\boldsymbol{A}$是可逆矩阵的充分必要条件是$|\boldsymbol{A}|\neq 0$，即可逆矩阵就是非奇异矩阵.

例 1 求二阶矩阵$\boldsymbol{A}=\begin{pmatrix} a & b \\ c & d \end{pmatrix}$的逆矩阵.

解 $$|\boldsymbol{A}|=ad-bc, \boldsymbol{A}^*=\begin{pmatrix} d & -b \\ -c & a \end{pmatrix},$$

利用逆矩阵公式

$$\boldsymbol{A}^{-1}=\frac{1}{|\boldsymbol{A}|}\boldsymbol{A}^*,$$

当$|\boldsymbol{A}|=ad-bc\neq 0$时，有

$$\boldsymbol{A}^{-1}=\frac{1}{|\boldsymbol{A}|}\boldsymbol{A}^* =\frac{1}{ad-bc}\begin{pmatrix} d & -b \\ -c & a \end{pmatrix}.$$

例 2 求方阵$\boldsymbol{A}=\begin{pmatrix} 1 & 0 & 1 \\ 2 & 1 & 0 \\ -3 & 2 & -5 \end{pmatrix}$的逆矩阵.

解 因为$|\boldsymbol{A}|=\begin{vmatrix} 1 & 0 & 1 \\ 2 & 1 & 0 \\ -3 & 2 & -5 \end{vmatrix}=2\neq 0$，所以$\boldsymbol{A}$可逆.

$$A_{11}=\begin{vmatrix} 1 & 0 \\ 2 & -5 \end{vmatrix}=-5,$$

$$A_{12}=-\begin{vmatrix} 2 & 0 \\ -3 & -5 \end{vmatrix}=10,$$

$$A_{13}=\begin{vmatrix} 2 & 1 \\ -3 & 2 \end{vmatrix}=7,$$

$$A_{21}=-\begin{vmatrix} 0 & 1 \\ 2 & -5 \end{vmatrix}=2,$$

$$A_{22}=\begin{vmatrix} 1 & 1 \\ -3 & -5 \end{vmatrix}=-2,$$

$$A_{23}=-\begin{vmatrix} 1 & 0 \\ -3 & 2 \end{vmatrix}=-2,$$

$$A_{31}=\begin{vmatrix} 0 & 1 \\ 1 & 0 \end{vmatrix}=-1,$$

$$A_{32}=-\begin{vmatrix}1 & 1\\ 2 & 0\end{vmatrix}=2,$$

$$A_{33}=\begin{vmatrix}1 & 0\\ 2 & 1\end{vmatrix}=1.$$

于是得

$$\boldsymbol{A}^{-1}=\frac{1}{|\boldsymbol{A}|}\boldsymbol{A}^{*}=\frac{1}{2}\begin{pmatrix}-5 & 2 & -1\\ 10 & -2 & 2\\ 7 & -2 & 1\end{pmatrix}=\begin{pmatrix}-\frac{5}{2} & 1 & -\frac{1}{2}\\ 5 & -1 & 1\\ \frac{7}{2} & -1 & \frac{1}{2}\end{pmatrix}.$$

例 3　设矩阵 $\boldsymbol{A}$、$\boldsymbol{B}$ 满足关系式 $\boldsymbol{AB}=2\boldsymbol{B}+\boldsymbol{A}$，且 $\boldsymbol{A}=\begin{pmatrix}3 & 0 & 1\\ 1 & 1 & 0\\ 0 & 1 & 4\end{pmatrix}$，求 $\boldsymbol{B}$.

解　由

$$\boldsymbol{AB}=2\boldsymbol{B}+\boldsymbol{A},$$

得

$$(\boldsymbol{A}-2\boldsymbol{I})\boldsymbol{B}=\boldsymbol{A}.$$

设

$$\boldsymbol{C}=\boldsymbol{A}-2\boldsymbol{I}.$$

因为

$$|\boldsymbol{C}|=|\boldsymbol{A}-2\boldsymbol{I}|=\begin{vmatrix}1 & 0 & 1\\ 1 & -1 & 0\\ 0 & 1 & 2\end{vmatrix}=-1\neq 0,$$

所以 $\boldsymbol{C}$ 可逆. 又因为

$$C_{11}=(-1)^{1+1}\begin{vmatrix}-1 & 0\\ 1 & 2\end{vmatrix}=-2,$$

$$C_{12}=(-1)^{1+2}\begin{vmatrix}1 & 0\\ 0 & 2\end{vmatrix}=-2,$$

$$C_{13}=(-1)^{1+3}\begin{vmatrix}1 & -1\\ 0 & 1\end{vmatrix}=1,$$

$$C_{21}=(-1)^{2+1}\begin{vmatrix}0 & 1\\ 1 & 2\end{vmatrix}=1,$$

$$C_{22}=(-1)^{2+2}\begin{vmatrix}1 & 1\\ 0 & 2\end{vmatrix}=2,$$

$$C_{23}=(-1)^{2+3}\begin{vmatrix}1&0\\0&1\end{vmatrix}=-1,$$

$$C_{31}=(-1)^{3+1}\begin{vmatrix}0&1\\-1&0\end{vmatrix}=1,$$

$$C_{32}=(-1)^{3+2}\begin{vmatrix}1&1\\1&0\end{vmatrix}=1,$$

$$C_{33}=(-1)^{3+3}\begin{vmatrix}1&0\\1&-1\end{vmatrix}=-1.$$

所以
$$\begin{aligned}\boldsymbol{C}^{-1}&=\frac{1}{|\boldsymbol{C}|}\boldsymbol{C}^*\\&=-\begin{pmatrix}-2&1&1\\-2&2&1\\1&-1&-1\end{pmatrix}\\&=\begin{pmatrix}2&-1&-1\\2&-2&-1\\-1&1&1\end{pmatrix}.\end{aligned}$$

从而
$$\begin{aligned}\boldsymbol{B}&=\boldsymbol{C}^{-1}\boldsymbol{A}\\&=\begin{pmatrix}2&-1&-1\\2&-2&-1\\-1&1&1\end{pmatrix}\begin{pmatrix}3&0&1\\1&1&0\\0&1&4\end{pmatrix}\\&=\begin{pmatrix}5&-2&-2\\4&-3&-2\\-2&2&3\end{pmatrix}.\end{aligned}$$

由定理 1 可得下述推论.

推论　若 $\boldsymbol{AB}=\boldsymbol{I}$(或 $\boldsymbol{BA}=\boldsymbol{I}$),则 $\boldsymbol{B}=\boldsymbol{A}^{-1}$.

证　因为
$$|\boldsymbol{A}|\cdot|\boldsymbol{B}|=|\boldsymbol{I}|=1,$$
所以 $|\boldsymbol{A}|\neq0$,因而 $\boldsymbol{A}^{-1}$ 存在,于是
$$\begin{aligned}\boldsymbol{B}&=\boldsymbol{IB}\\&=(\boldsymbol{A}^{-1}\boldsymbol{A})\boldsymbol{B}\\&=\boldsymbol{A}^{-1}(\boldsymbol{AB})\\&=\boldsymbol{A}^{-1}\boldsymbol{I}=\boldsymbol{A}^{-1}.\end{aligned}$$

注:该推论表明,若 $\boldsymbol{A}$、$\boldsymbol{B}$ 都是 n 阶方阵,且 $\boldsymbol{AB}=\boldsymbol{I}$,则 $\boldsymbol{BA}=\boldsymbol{I}$,即 $\boldsymbol{A}$、$\boldsymbol{B}$ 可交换,且 $\boldsymbol{A}$、$\boldsymbol{B}$ 互为逆矩阵.

例 4　若 n 阶方阵 $\boldsymbol{A}=\begin{pmatrix}a_1&&&\\&a_2&&\\&&\ddots&\\&&&a_n\end{pmatrix}$,其中 $a_i\neq0(i=1,2,\cdots,n)$. 验证

$$\boldsymbol{B}=\begin{pmatrix} a_1^{-1} & & & \\ & a_2^{-1} & & \\ & & \ddots & \\ & & & a_n^{-1} \end{pmatrix}$$

为 $\boldsymbol{A}$ 的逆矩阵.

证　因为

$$\boldsymbol{AB}=\begin{pmatrix} a_1 & & & \\ & a_2 & & \\ & & \ddots & \\ & & & a_n \end{pmatrix}\begin{pmatrix} a_1^{-1} & & & \\ & a_2^{-1} & & \\ & & \ddots & \\ & & & a_n^{-1} \end{pmatrix}$$

$$=\begin{pmatrix} 1 & & & \\ & 1 & & \\ & & \ddots & \\ & & & 1 \end{pmatrix}=\boldsymbol{I},$$

所以

$$\boldsymbol{A}^{-1}=\boldsymbol{B}=\begin{pmatrix} a_1^{-1} & & & \\ & a_2^{-1} & & \\ & & \ddots & \\ & & & a_n^{-1} \end{pmatrix}.$$

例 5　设 n 阶方阵 $\boldsymbol{A}$ 满足关系式 $\boldsymbol{A}^2+3\boldsymbol{A}-2\boldsymbol{I}=\boldsymbol{O}$,证明:

(1) $\boldsymbol{A}$ 可逆,并求 $\boldsymbol{A}$ 的逆矩阵;

(2) $\boldsymbol{A}+2\boldsymbol{I}$ 可逆,并求 $\boldsymbol{A}+2\boldsymbol{I}$ 的逆矩阵.

证　(1) 因为

$$\boldsymbol{A}^2+3\boldsymbol{A}=2\boldsymbol{I},$$

即

$$\boldsymbol{A}\left(\frac{\boldsymbol{A}+3\boldsymbol{I}}{2}\right)=\boldsymbol{I},$$

所以 $\boldsymbol{A}$ 可逆,且

$$\boldsymbol{A}^{-1}=\frac{\boldsymbol{A}+3\boldsymbol{I}}{2}.$$

(2) 由于 $(\boldsymbol{A}+2\boldsymbol{I})(\boldsymbol{A}+x\boldsymbol{I})=y\boldsymbol{I}$,等价于

$$\boldsymbol{A}^2+(x+2)\boldsymbol{A}+(2x-y)\boldsymbol{I}=\boldsymbol{O}.$$

与已知关系式对比可得

$$\begin{cases} x+2=3, \\ 2x-y=-2, \end{cases}$$

则

$$x=1,\quad y=4.$$

从而

$$(\boldsymbol{A}+2\boldsymbol{I})\left(\frac{1}{4}(\boldsymbol{A}+\boldsymbol{I})\right)=\boldsymbol{I},$$

所以 $\boldsymbol{A}+2\boldsymbol{I}$ 可逆,且

$$(\boldsymbol{A}+2\boldsymbol{I})^{-1}=\frac{1}{4}(\boldsymbol{A}+\boldsymbol{I}).$$

由定理1的证明还可得下面的定理.

定理2　设 $\boldsymbol{A}$ 为任意 n 阶方阵,则 $\boldsymbol{A}\boldsymbol{A}^{*}=\boldsymbol{A}^{*}\boldsymbol{A}=|\boldsymbol{A}|\boldsymbol{I}$.

3. 可逆矩阵的运算性质

可逆矩阵的运算具有如下性质.

(1) 若 $\boldsymbol{A}$ 可逆,则 $\boldsymbol{A}^{-1}$ 也可逆,且 $(\boldsymbol{A}^{-1})^{-1}=\boldsymbol{A}$.

(2) 若 $\boldsymbol{A}$ 可逆,则 $\boldsymbol{A}^{\mathrm{T}}$ 也可逆,且 $(\boldsymbol{A}^{-1})^{\mathrm{T}}=(\boldsymbol{A}^{\mathrm{T}})^{-1}$.

(3) 若 $\boldsymbol{A}$ 可逆,且数 $k\neq 0$,则 $k\boldsymbol{A}$ 也可逆,且 $(k\boldsymbol{A})^{-1}=\dfrac{1}{k}\boldsymbol{A}^{-1}$.

(4) 若 $\boldsymbol{A}$ 可逆,则 $|\boldsymbol{A}^{-1}|=\dfrac{1}{|\boldsymbol{A}|}=|\boldsymbol{A}|^{-1}$.

(5) 若 $\boldsymbol{A}$ 可逆,且 $\boldsymbol{AB}=\boldsymbol{AC}$,则 $\boldsymbol{B}=\boldsymbol{C}$.

(6) 若 $\boldsymbol{A}$、$\boldsymbol{B}$ 为同阶方阵且均可逆,则 $\boldsymbol{AB}$ 也可逆,且 $(\boldsymbol{AB})^{-1}=\boldsymbol{B}^{-1}\boldsymbol{A}^{-1}$.

性质(6)可以推广到有限个可逆矩阵乘积的情况:

$$(\boldsymbol{A}_1\boldsymbol{A}_2\cdots\boldsymbol{A}_k)^{-1}=\boldsymbol{A}_k^{-1}\cdots\boldsymbol{A}_2^{-1}\boldsymbol{A}_1^{-1},\quad k\text{ 为正整数}.$$

例6　已知方阵 $\boldsymbol{A}=\begin{pmatrix}1&4&3\\0&2&3\\0&0&1\end{pmatrix}$,求行列式 $|3\boldsymbol{A}^{-1}-2\boldsymbol{A}^{*}|$.

解　因为

$$|\boldsymbol{A}|=2,\boldsymbol{A}^{*}=|\boldsymbol{A}|\boldsymbol{A}^{-1},$$

则

$$\begin{aligned}|3\boldsymbol{A}^{-1}-2\boldsymbol{A}^{*}|&=|3\boldsymbol{A}^{-1}-2|\boldsymbol{A}|\boldsymbol{A}^{-1}|\\&=|3\boldsymbol{A}^{-1}-4\boldsymbol{A}^{-1}|\\&=|-\boldsymbol{A}^{-1}|\\&=(-1)^3\ \frac{1}{|\boldsymbol{A}|}\\&=-\frac{1}{2}.\end{aligned}$$

4. 逆矩阵的应用举例

1) 求解未知量个数和方程个数相等的线性方程组

利用逆矩阵可以简明地表示 n 个未知量、n 个方程的线性方程组的解.设 $\boldsymbol{A}$ 是 n 阶可逆矩阵,在线性方程组 $\boldsymbol{Ax}=\boldsymbol{b}$ 的两边同时左乘 $\boldsymbol{A}^{-1}$,解得 $\boldsymbol{x}=\boldsymbol{A}^{-1}\boldsymbol{b}$.

一般地,可以利用逆矩阵求解系数矩阵为可逆矩阵的矩阵方程,形如 $\boldsymbol{AX}=\boldsymbol{B}$ 或 $\boldsymbol{XA}=\boldsymbol{B}$,其中 $\boldsymbol{A}$ 为系数矩阵,$\boldsymbol{X}$ 为未知矩阵,当 $\boldsymbol{A}$ 可逆时,$\boldsymbol{X}=\boldsymbol{A}^{-1}\boldsymbol{B}$ 或 $\boldsymbol{X}=\boldsymbol{B}\boldsymbol{A}^{-1}$.

例7　用逆矩阵求线性方程组 $\begin{cases}x_1+x_2-x_3=1,\\x_1+2x_2-x_3=-2,\\-2x_1-3x_2-x_3=1\end{cases}$ 的解.

解　记

$$\boldsymbol{A}=\begin{pmatrix}1&1&-1\\1&2&-1\\-2&-3&-1\end{pmatrix},$$

$$\boldsymbol{x}=\begin{pmatrix}x_1\\x_2\\x_3\end{pmatrix},\quad \boldsymbol{b}=\begin{pmatrix}1\\-2\\1\end{pmatrix},$$

则方程组可写成矩阵形式

$$\boldsymbol{Ax}=\boldsymbol{b},$$

从而

$$\boldsymbol{x}=\boldsymbol{A}^{-1}\boldsymbol{b}.$$

容易计算出

$$|\boldsymbol{A}|=\begin{vmatrix}1&1&-1\\1&2&-1\\-2&-3&-1\end{vmatrix}=-3,$$

$$\boldsymbol{A}^*=\begin{pmatrix}-5&4&1\\3&-3&0\\1&1&1\end{pmatrix},$$

所以

$$\boldsymbol{A}^{-1}=\begin{pmatrix}\frac{5}{3}&-\frac{4}{3}&-\frac{1}{3}\\-1&1&0\\-\frac{1}{3}&-\frac{1}{3}&-\frac{1}{3}\end{pmatrix},$$

于是

$$\boldsymbol{x}=\boldsymbol{A}^{-1}\boldsymbol{b}=\begin{pmatrix}\frac{5}{3}&-\frac{4}{3}&-\frac{1}{3}\\-1&1&0\\-\frac{1}{3}&-\frac{1}{3}&-\frac{1}{3}\end{pmatrix}\begin{pmatrix}1\\-2\\1\end{pmatrix}$$

$$=\begin{pmatrix}4\\-3\\0\end{pmatrix}.$$

利用逆矩阵,求线性方程组的方法,称为**求逆求解法**.

2) 用逆矩阵进行密码的编制

在英文中有一种对信息进行保密的措施,先将26个英文字母与数字之间建立起一一对应的关系,如

a b c d e … *x y z*

1 2 3 4 5 … 24 25 26

若要发出信息"in the room",使用上述代码,则此信息的编码是9、14、20、8、5、18、15、15、13,这种编码很容易被人破译.

把编了码的信息组成一个矩阵 $\boldsymbol{B}=\begin{pmatrix}9&14&20\\8&5&18\\15&15&13\end{pmatrix}$.

可以用约定的加密矩阵 $\boldsymbol{A}$(矩阵 $\boldsymbol{A}$ 的行列式为±1,以保证 $\boldsymbol{A}^{-1}$ 的元素为整数)对信息"in the room"进行加密. 设 $\boldsymbol{A}=\begin{pmatrix}2&0&1\\5&3&2\\2&1&1\end{pmatrix}$,则

$$\boldsymbol{AB}=\begin{pmatrix}2&0&1\\5&3&2\\2&1&1\end{pmatrix}\begin{pmatrix}9&14&20\\8&5&18\\15&15&13\end{pmatrix}$$

$$=\begin{pmatrix}33&43&53\\99&115&180\\41&48&71\end{pmatrix}=\begin{pmatrix}7&17&1\\21&11&24\\15&22&19\end{pmatrix}(\text{mod}26).$$

那么按照上述编码规则,密文为"gqaukxovs",此密文破译难度大. 然而对于接收方而言,只需要用 $\boldsymbol{A}^{-1}$ 左乘以上面密文所对应的矩阵,就可以解密该密文,得到原信息了.

注:根据加密解密原理,加密矩阵 $\boldsymbol{A}$ 很重要,从事通信保密专业的工作人员一定要遵守职业规范,加强保密安全意识.

习　题　2.3

1. 用伴随矩阵法求下列矩阵的逆矩阵.

(1) $\begin{pmatrix}1&2\\2&5\end{pmatrix}$;　　(2) $\begin{pmatrix}\cos\theta&-\sin\theta\\\sin\theta&\cos\theta\end{pmatrix}$;

(3) $\begin{pmatrix}1&2&-1\\3&4&-2\\5&-4&1\end{pmatrix}$;　　(4) $\begin{pmatrix}1&2&3&4\\0&1&2&3\\0&0&1&2\\0&0&0&1\end{pmatrix}$.

2. 已知3阶方阵 $\boldsymbol{A}$ 的逆矩阵为 $\boldsymbol{A}^{-1}=\begin{pmatrix}1&1&1\\1&2&1\\1&1&3\end{pmatrix}$,试求伴随矩阵 $\boldsymbol{A}^*$ 的逆矩阵.

3. 解下列矩阵方程.

(1) $\begin{pmatrix}2&5\\5&3\end{pmatrix}\boldsymbol{X}=\begin{pmatrix}4&-6\\2&1\end{pmatrix}$;

(2) $\boldsymbol{X}\begin{pmatrix}2&1&-1\\2&1&0\\1&-1&1\end{pmatrix}=\begin{pmatrix}1&-1&3\\4&3&2\end{pmatrix}$;

(3) $\begin{pmatrix}0&1&0\\1&0&0\\0&0&1\end{pmatrix}\boldsymbol{X}\begin{pmatrix}1&0&0\\0&0&1\\0&1&0\end{pmatrix}=\begin{pmatrix}1&-4&3\\2&0&-1\\1&-2&0\end{pmatrix}$.

4. 试用求逆求解法解线性方程组$\begin{cases}2x_1-x_2-x_3=2,\\ x_1+x_2+4x_3=0,\\ 3x_1+5x_3=3.\end{cases}$

5. 设方阵 $\boldsymbol{A}$ 满足 $\boldsymbol{A}^2-\boldsymbol{A}-2\boldsymbol{I}=\boldsymbol{O}$,证明:$\boldsymbol{A}$ 及 $\boldsymbol{A}+2\boldsymbol{I}$ 可逆,并求各自的逆矩阵.

6. 设 $\boldsymbol{A}$ 为 3 阶方阵,$|\boldsymbol{A}|=\dfrac{1}{2}$,求 $|(2\boldsymbol{A})^{-1}-5\boldsymbol{A}^*|$.

2.4 分块矩阵

在处理较高阶矩阵时,为了使大矩阵的运算量减少,常常会将行数和列数较高的矩阵化为小矩阵进行运算,这种方法就是矩阵的分块法.它不仅可以利用矩阵的特点简化计算,还可以使推理和证明变得简洁.

1. 分块矩阵的介绍

定义　对于行数和列数较高的矩阵 $\boldsymbol{A}$,用若干条贯穿于矩阵的横线和纵线把矩阵 $\boldsymbol{A}$ 分成若干小块,每小块称为 $\boldsymbol{A}$ 的**子块(子矩阵)**,以子块为元素的形式上的矩阵称为矩阵 $\boldsymbol{A}$ 的**分块矩阵**.

例如,
$$\boldsymbol{A}=\begin{pmatrix}2&1&1&0&-1\\1&3&3&-2&0\\0&0&1&0&0\\0&0&0&1&0\\0&0&0&0&1\end{pmatrix},$$

若记
$$\boldsymbol{A}_1=\begin{pmatrix}2&1\\1&3\end{pmatrix},$$
$$\boldsymbol{A}_2=\begin{pmatrix}1&0&-1\\3&-2&0\end{pmatrix},$$
$$\boldsymbol{O}=\begin{pmatrix}0&0\\0&0\\0&0\end{pmatrix},\quad \boldsymbol{I}_3=\begin{pmatrix}1&0&0\\0&1&0\\0&0&1\end{pmatrix},$$

则 $\boldsymbol{A}$ 可表示为
$$\boldsymbol{A}=\begin{pmatrix}\boldsymbol{A}_1&\boldsymbol{A}_2\\\boldsymbol{O}&\boldsymbol{I}_3\end{pmatrix}.$$

这是一个由 4 个子矩阵组成的一个 2×2 的分块矩阵.

上面的例子表明,分块矩阵的元素可能不再是数,而是一些小矩阵.位于同一行(或列)的子块应具有相同的行(或列)数,且具有明显的结构特点(如以方阵、零矩阵、单位矩阵等特殊矩阵作为其子块).

下面归纳了一些矩阵 $\boldsymbol{A}$ 常用的分块形式.

1）按行分块

$$A=\begin{pmatrix} a_{11} & a_{12} & \cdots & a_{1n} \\ a_{21} & a_{22} & \cdots & a_{2n} \\ \vdots & \vdots & & \vdots \\ a_{m1} & a_{m2} & \cdots & a_{mn} \end{pmatrix}=\begin{pmatrix} \boldsymbol{\alpha}_1 \\ \boldsymbol{\alpha}_2 \\ \vdots \\ \boldsymbol{\alpha}_m \end{pmatrix},$$

其中 $\boldsymbol{\alpha}_i=(a_{i1},a_{i2},\cdots,a_{in})(i=1,2,\cdots,m)$是行矩阵，也叫行向量.

2）按列分块

$$A=\begin{pmatrix} a_{11} & a_{12} & \cdots & a_{1n} \\ a_{21} & a_{22} & \cdots & a_{2n} \\ \vdots & \vdots & & \vdots \\ a_{m1} & a_{m2} & \cdots & a_{mn} \end{pmatrix}$$

$$=(\boldsymbol{\beta}_1,\ \boldsymbol{\beta}_2,\ \cdots,\ \boldsymbol{\beta}_n),$$

其中 $\boldsymbol{\beta}_j=(a_{1j},a_{2j},\cdots,a_{mj})^{\mathrm{T}}(j=1,2,\cdots,n)$是列矩阵，也叫列向量.

3）分块对角阵

n 阶分块阵 $\boldsymbol{A}$ 的非零子块均位于主对角线上，其余的子块为零矩阵，记为

$$\boldsymbol{A}=\operatorname{diag}(\boldsymbol{A}_1,\boldsymbol{A}_2,\cdots,\boldsymbol{A}_s)$$

$$=\begin{pmatrix} \boldsymbol{A}_1 & \boldsymbol{O} & \cdots & \boldsymbol{O} \\ \boldsymbol{O} & \boldsymbol{A}_2 & & \boldsymbol{O} \\ \vdots & \vdots & & \vdots \\ \boldsymbol{O} & \boldsymbol{O} & \cdots & \boldsymbol{A}_s \end{pmatrix},$$

其中 $\boldsymbol{A}_i(i=1,2,\cdots,s)$ 分别是 r_i 阶方阵$\left(\sum_{i=1}^{s} r_i=n\right)$.

4）三角分块阵

形如如下的分块矩阵

$$\begin{pmatrix} \boldsymbol{A}_{11} & \boldsymbol{A}_{12} & \cdots & \boldsymbol{A}_{1s} \\ & \boldsymbol{A}_{22} & \cdots & \boldsymbol{A}_{2s} \\ & & \ddots & \vdots \\ & & & \boldsymbol{A}_{ss} \end{pmatrix}$$

或

$$\begin{pmatrix} \boldsymbol{A}_{11} & & & \\ \boldsymbol{A}_{21} & \boldsymbol{A}_{22} & & \\ \vdots & \vdots & \ddots & \\ \boldsymbol{A}_{s1} & \boldsymbol{A}_{s2} & \cdots & \boldsymbol{A}_{ss} \end{pmatrix}$$

分别称为**上三角分块阵**或**下三角分块阵**，其中 $\boldsymbol{A}_{ii}(i=1,2,\cdots,s)$是方阵.

2. 分块矩阵的运算

分块矩阵的运算规则与普通矩阵的运算规则相类似，分别说明如下.

1) 分块矩阵的加法

设矩阵 $\boldsymbol{A}$、$\boldsymbol{B}$ 是行数相同,列数也相同的矩阵,并且 $\boldsymbol{A}$、$\boldsymbol{B}$ 采用相同的分块法,如果

$$\boldsymbol{A}=\begin{pmatrix}\boldsymbol{A}_{11} & \cdots & \boldsymbol{A}_{1t}\\ \vdots & & \vdots\\ \boldsymbol{A}_{s1} & \cdots & \boldsymbol{A}_{st}\end{pmatrix},\quad \boldsymbol{B}=\begin{pmatrix}\boldsymbol{B}_{11} & \cdots & \boldsymbol{B}_{1t}\\ \vdots & & \vdots\\ \boldsymbol{B}_{s1} & \cdots & \boldsymbol{B}_{st}\end{pmatrix},$$

那么
$$\boldsymbol{A}+\boldsymbol{B}=\begin{pmatrix}\boldsymbol{A}_{11}+\boldsymbol{B}_{11} & \cdots & \boldsymbol{A}_{1t}+\boldsymbol{B}_{1t}\\ \vdots & & \vdots\\ \boldsymbol{A}_{s1}+\boldsymbol{B}_{s1} & \cdots & \boldsymbol{A}_{st}+\boldsymbol{B}_{st}\end{pmatrix}.$$

2) 数乘分块矩阵

如果
$$\boldsymbol{A}=\begin{pmatrix}\boldsymbol{A}_{11} & \cdots & \boldsymbol{A}_{1t}\\ \vdots & & \vdots\\ \boldsymbol{A}_{s1} & \cdots & \boldsymbol{A}_{st}\end{pmatrix},\quad k \text{ 是一个常数},$$

那么
$$k\boldsymbol{A}=\begin{pmatrix}k\boldsymbol{A}_{11} & \cdots & k\boldsymbol{A}_{1t}\\ \vdots & & \vdots\\ k\boldsymbol{A}_{s1} & \cdots & k\boldsymbol{A}_{st}\end{pmatrix}.$$

3) 分块矩阵的转置

如果
$$\boldsymbol{A}=\begin{pmatrix}\boldsymbol{A}_{11} & \cdots & \boldsymbol{A}_{1t}\\ \vdots & & \vdots\\ \boldsymbol{A}_{s1} & \cdots & \boldsymbol{A}_{st}\end{pmatrix},$$

那么
$$\boldsymbol{A}^{\mathrm{T}}=\begin{pmatrix}\boldsymbol{A}_{11}^{\mathrm{T}} & \cdots & \boldsymbol{A}_{s1}^{\mathrm{T}}\\ \vdots & & \vdots\\ \boldsymbol{A}_{1t}^{\mathrm{T}} & \cdots & \boldsymbol{A}_{st}^{\mathrm{T}}\end{pmatrix}.$$

4) 分块矩阵的乘法

设 $\boldsymbol{A}$ 是 $m\times k$ 矩阵,$\boldsymbol{B}$ 是 $k\times n$ 矩阵,对 $\boldsymbol{A}$、$\boldsymbol{B}$ 做分块,使得 $\boldsymbol{A}$ 的列分块数和 $\boldsymbol{B}$ 的行分块数相同,即

$$\boldsymbol{A}=\begin{pmatrix}\boldsymbol{A}_{11} & \boldsymbol{A}_{12} & \cdots & \boldsymbol{A}_{1s}\\ \boldsymbol{A}_{21} & \boldsymbol{A}_{22} & \cdots & \boldsymbol{A}_{2s}\\ \vdots & \vdots & & \vdots\\ \boldsymbol{A}_{r1} & \boldsymbol{A}_{r2} & \cdots & \boldsymbol{A}_{rs}\end{pmatrix},$$

$$\boldsymbol{B}=\begin{pmatrix}\boldsymbol{B}_{11} & \boldsymbol{B}_{12} & \cdots & \boldsymbol{B}_{1p}\\ \boldsymbol{B}_{21} & \boldsymbol{B}_{22} & \cdots & \boldsymbol{B}_{2p}\\ \vdots & \vdots & & \vdots\\ \boldsymbol{B}_{s1} & \boldsymbol{B}_{s2} & \cdots & \boldsymbol{B}_{sp}\end{pmatrix},$$

其中,子块 $\boldsymbol{A}_{it}$ 是 $m_i\times k_t$ 阶矩阵,$\boldsymbol{B}_{tj}$ 是 $k_t\times n_j$ 阶矩阵,

$$\sum_{i=1}^{r}m_i=m,\ \sum_{t=1}^{s}k_t=k,\ \sum_{j=1}^{p}n_j=n.$$

则
$$AB=\begin{pmatrix} C_{11} & C_{12} & \cdots & C_{1p} \\ C_{21} & C_{22} & \cdots & C_{2p} \\ \vdots & \vdots & & \vdots \\ C_{r1} & C_{r2} & \cdots & C_{rp} \end{pmatrix},$$

其中，$C_{ij} = \sum_{k=1}^{s} A_{ik}B_{kj}(i=1,2,\cdots,r;j=1,2,\cdots,p)$.

注：分块矩阵的乘法运算必须满足 A 中子块的列数等于 B 中子块的行数，A 中第 k 列各子块元素的列数等于 B 中第 k 行各子块元素的行数.

例 1　设 $A=\begin{pmatrix} 1 & 0 & 1 & 3 \\ 0 & 1 & 2 & 4 \\ 0 & 0 & -1 & 0 \\ 0 & 0 & 0 & -1 \end{pmatrix}$，$B=\begin{pmatrix} 1 & 2 & 0 & 0 \\ 2 & 0 & 0 & 0 \\ 6 & 3 & 1 & 0 \\ 0 & -2 & 0 & 1 \end{pmatrix}$. 利用分块矩阵计算 kA、$A+B$ 及 AB.

解　将矩阵分块，即

$$A=\left(\begin{array}{cc:cc} 1 & 0 & 1 & 3 \\ 0 & 1 & 2 & 4 \\ \hdashline 0 & 0 & -1 & 0 \\ 0 & 0 & 0 & -1 \end{array}\right)=\begin{pmatrix} I & C \\ O & -I \end{pmatrix},$$

$$B=\left(\begin{array}{cc:cc} 1 & 2 & 0 & 0 \\ 2 & 0 & 0 & 0 \\ \hdashline 6 & 3 & 1 & 0 \\ 0 & -2 & 0 & 1 \end{array}\right)=\begin{pmatrix} D & O \\ F & I \end{pmatrix},$$

则
$$kA=k\begin{pmatrix} I & C \\ O & -I \end{pmatrix}=\begin{pmatrix} kI & kC \\ O & -kI \end{pmatrix},$$

$$A+B=\begin{pmatrix} I & C \\ O & -I \end{pmatrix}+\begin{pmatrix} D & O \\ F & I \end{pmatrix}=\begin{pmatrix} I+D & C \\ F & O \end{pmatrix},$$

$$AB=\begin{pmatrix} I & C \\ O & -I \end{pmatrix}\begin{pmatrix} D & O \\ F & I \end{pmatrix}=\begin{pmatrix} D+CF & C \\ -F & -I \end{pmatrix},$$

然后再分别计算 kI、kC、$I+D$、$D+CF$，代入上面的三个式子，则

$$kA=\begin{pmatrix} k & 0 & k & 3k \\ 0 & k & 2k & 4k \\ 0 & 0 & -k & 0 \\ 0 & 0 & 0 & -k \end{pmatrix},$$

$$A+B=\begin{pmatrix}2 & 2 & 1 & 3\\ 2 & 1 & 2 & 4\\ 6 & 3 & 0 & 0\\ 0 & -2 & 0 & 0\end{pmatrix},$$

$$AB=\begin{pmatrix}7 & -1 & 1 & 3\\ 14 & -2 & 2 & 4\\ -6 & -3 & -1 & 0\\ 0 & 2 & 0 & -1\end{pmatrix}.$$

容易验证这个结果与直接用不分块矩阵运算得到的结果相同.

3. 分块对角矩阵的运算性质

同结构的分块对角矩阵的和、差仍是分块对角矩阵,且运算表现为对应子块的运算.即若

$$\boldsymbol{A}=\begin{pmatrix}\boldsymbol{A}_1 & & & \\ & \boldsymbol{A}_2 & & \\ & & \ddots & \\ & & & \boldsymbol{A}_s\end{pmatrix},\quad \boldsymbol{B}=\begin{pmatrix}\boldsymbol{B}_1 & & & \\ & \boldsymbol{B}_2 & & \\ & & \ddots & \\ & & & \boldsymbol{B}_s\end{pmatrix},$$

则 $\boldsymbol{A}$、$\boldsymbol{B}$ 的运算满足下列性质.

(1) $\boldsymbol{A}\pm\boldsymbol{B}=\begin{pmatrix}\boldsymbol{A}_1\pm\boldsymbol{B}_1 & & & \\ & \boldsymbol{A}_2\pm\boldsymbol{B}_2 & & \\ & & \ddots & \\ & & & \boldsymbol{A}_s\pm\boldsymbol{B}_s\end{pmatrix}$.

(2) $\lambda\boldsymbol{A}=\begin{pmatrix}\lambda\boldsymbol{A}_1 & & & \\ & \lambda\boldsymbol{A}_2 & & \\ & & \ddots & \\ & & & \lambda\boldsymbol{A}_s\end{pmatrix}$,$\lambda$ 为数.

(3) $\boldsymbol{A}\boldsymbol{B}=\begin{pmatrix}\boldsymbol{A}_1\boldsymbol{B}_1 & & & \\ & \boldsymbol{A}_2\boldsymbol{B}_2 & & \\ & & \ddots & \\ & & & \boldsymbol{A}_s\boldsymbol{B}_s\end{pmatrix}$.

(4) $|\boldsymbol{A}|=|\boldsymbol{A}_1||\boldsymbol{A}_2|\cdots|\boldsymbol{A}_s|$.

(5) $|\boldsymbol{A}|\neq 0$ 的充要条件是 $|\boldsymbol{A}_i|\neq 0\ (i=1,2,\cdots,s)$,且 $\boldsymbol{A}^{-1}=\begin{pmatrix}\boldsymbol{A}_1^{-1} & & & \\ & \boldsymbol{A}_2^{-1} & & \\ & & \ddots & \\ & & & \boldsymbol{A}_s^{-1}\end{pmatrix}$.

例 2　用分块法计算 $\boldsymbol{A}^{-1}$，其中 $\boldsymbol{A}=\begin{pmatrix}5&0&0&0\\0&3&1&0\\0&2&1&0\\0&0&0&3\end{pmatrix}$.

解　设
$$\boldsymbol{A}=\begin{pmatrix}\boldsymbol{A}_1&&\\&\boldsymbol{A}_2&\\&&\boldsymbol{A}_3\end{pmatrix},$$
$$\boldsymbol{A}_1=(5),\quad \boldsymbol{A}_2=\begin{pmatrix}3&1\\2&1\end{pmatrix},\quad \boldsymbol{A}_3=(3).$$

由于
$$\boldsymbol{A}_1^{-1}=\left(\frac{1}{5}\right),\quad \boldsymbol{A}_2^{-1}=\begin{pmatrix}1&-1\\-2&3\end{pmatrix},\quad \boldsymbol{A}_3^{-1}=\left(\frac{1}{3}\right),$$

所以
$$\boldsymbol{A}^{-1}=\begin{pmatrix}\boldsymbol{A}_1^{-1}&&\\&\boldsymbol{A}_2^{-1}&\\&&\boldsymbol{A}_3^{-1}\end{pmatrix}=\begin{pmatrix}\frac{1}{5}&0&0&0\\0&1&-1&0\\0&-2&3&0\\0&0&0&\frac{1}{3}\end{pmatrix}.$$

习　题　2.4

1. 按指定分块的方法，用分块法求下列矩阵的乘积.

(1) $\left(\begin{array}{cc|c}1&-2&0\\-1&1&1\\\hline 0&3&2\end{array}\right)\left(\begin{array}{c|c}0&1\\1&0\\\hline 0&-1\end{array}\right)$；　　(2) $\left(\begin{array}{cc|cc}a&0&0&0\\0&a&0&0\\\hline 1&0&b&0\\0&1&0&b\end{array}\right)\left(\begin{array}{cc|cc}1&0&c&0\\0&1&0&c\\\hline 0&0&d&0\\0&0&0&d\end{array}\right)$.

2. 求下列矩阵的逆矩阵.

(1) $\begin{pmatrix}1&3&0&0&0\\2&8&0&0&0\\0&0&1&0&1\\0&0&2&3&2\\0&0&3&1&1\end{pmatrix}$；　　(2) $\begin{pmatrix}1&1&0&0&0\\-1&3&0&0&0\\0&0&-2&0&0\\0&0&0&1&2\\0&0&0&0&1\end{pmatrix}$.

3. 设矩阵 $\boldsymbol{A}=\begin{pmatrix}1&1&0&0\\3&2&0&0\\0&0&3&-2\\0&0&0&-1\end{pmatrix}$，求 $|\boldsymbol{A}|$、$\boldsymbol{A}^{-1}$、$|\boldsymbol{A}^{10}|$、$\boldsymbol{A}\boldsymbol{A}^{\mathrm{T}}$.

2.5　矩阵的初等变换和初等矩阵

矩阵的初等变换源于求解线性方程组的同解变化过程，在讨论行列式的计算中曾经通过行列式的性质给出过类似的变换和处理. 把这些处理过程引入矩阵，也可对矩阵的性质进行更有效的讨论. 同时，矩阵的初等变换在求解线性方程组、求逆矩阵、求矩阵的秩以及矩阵理论的探讨中都起到重要作用. 此外，刻画初等变换最好的工具就是初等矩阵.

1. 矩阵的初等变换

定义 1　矩阵的初等行(列)变换是指对一个矩阵施行下列变换.

(1) 交换矩阵的第 i 行(列)和第 j 行(列)，记作 $r_i\leftrightarrow r_j(c_i\leftrightarrow c_j)$.

(2) 用一个非零的常数 k 乘以矩阵的第 i 行(列)，记作 $kr_i(kc_i)$.

(3) 把矩阵第 j 行(列)的各元素的 k 倍加到第 i 行(列)，记为 $r_i+kr_j(c_i+kc_j)$.

矩阵的初等行变换和初等列变换统称为矩阵的**初等变换**.

显然，三种初等变换都是可逆的，且其逆变换是同一类型的初等变换. 变换 $r_i\leftrightarrow r_j(c_i\leftrightarrow c_j)$的逆变换就是其本身；变换 $kr_i(kc_i)$的逆变换是$\frac{1}{k}r_i\left(\frac{1}{k}c_i\right)$；变换 $r_i+kr_j(c_i+kc_j)$的逆变换为 $r_i-kr_j(c_i-kc_j)$.

引例　对矩阵 $\boldsymbol{A}=\begin{pmatrix}0&1&1&3\\1&3&2&8\\3&1&-1&2\end{pmatrix}$ 作如下初等行变换：

$$\boldsymbol{A}=\begin{pmatrix}0&1&1&3\\1&3&2&8\\3&1&-1&2\end{pmatrix}\xrightarrow{r_1\leftrightarrow r_2}\begin{pmatrix}1&3&2&8\\0&1&1&3\\3&1&-1&2\end{pmatrix}\xrightarrow{r_3-3r_1}\begin{pmatrix}1&3&2&8\\0&1&1&3\\0&-8&-7&-22\end{pmatrix}\xrightarrow{r_3+8r_2}\begin{pmatrix}1&3&2&8\\0&1&1&3\\0&0&1&2\end{pmatrix}\triangleq\boldsymbol{B}$$

$$\boldsymbol{B}\xrightarrow{r_2-r_3}\begin{pmatrix}1&3&2&8\\0&1&0&1\\0&0&1&2\end{pmatrix}\xrightarrow{r_1-2r_3}\begin{pmatrix}1&3&0&4\\0&1&0&1\\0&0&1&2\end{pmatrix}\xrightarrow{r_1-3r_2}\begin{pmatrix}1&0&0&1\\0&1&0&1\\0&0&1&2\end{pmatrix}\triangleq\boldsymbol{C}$$

其中，矩阵 $\boldsymbol{B}=\begin{pmatrix}1&3&2&8\\0&1&1&3\\0&0&1&2\end{pmatrix}$ 有如下特点：可以在矩阵内部画出一条阶梯线，使得该阶梯线左下方的所有元素全都是 0，且每个台阶（即竖线的高度）只有一行，台阶数即为非零行的行数，竖线的右方第一个元素为非零元素，称为该非零行的首非零元. 具有这样特点的矩阵就是行阶梯形矩阵.

定义 2　满足下列条件的矩阵称为**行阶梯形矩阵**.

(1) 如果有零行，则零行位于矩阵的下方.

(2) 各非零行的首非零元（从左至右的第一个不为零的元素，称为**主元**）的列标随着行标的增大而增大.

例如，矩阵 $\begin{pmatrix}2&0&1&1&-5\\0&3&2&0&2\\0&0&0&0&-4\\0&0&0&0&0\end{pmatrix}$、$\begin{pmatrix}2&-1&0&0\\0&1&2&3\\0&0&1&0\end{pmatrix}$ 都是行阶梯形矩阵，而矩阵 $\begin{pmatrix}1&2&3&5\\0&2&4&-1\\0&3&2&1\\0&0&0&0\end{pmatrix}$、$\begin{pmatrix}2&3&4\\0&0&0\\0&5&0\end{pmatrix}$ 都不是行阶梯形矩阵.

引例中的矩阵 $\boldsymbol{C}=\begin{pmatrix}1&0&0&1\\0&1&0&1\\0&0&1&2\end{pmatrix}$ 也是行阶梯形矩阵，但除此之外，它还有如下特点：每个非零行的主元（首个非零元素）均为 1，且主元所在列（即主元列）的其他元素都为零. 具有这样特点的矩阵就是行最简形矩阵.

定义 3　满足下列条件的行阶梯形矩阵称为**行最简形矩阵**.

(1) 各非零行的主元都是 1.

(2) 主元所在列的其他元素都是零.

定义 4　如果一个矩阵经过初等变换,可以变成为如下形式:

$$\begin{pmatrix} 1 & & & & & \\ & \ddots & & & & \\ & & 1 & & & \\ & & & 0 & & \\ & & & & \ddots & \\ & & & & & 0 \end{pmatrix} = \begin{pmatrix} \boldsymbol{I}_r & \boldsymbol{O} \\ \boldsymbol{O} & \boldsymbol{O} \end{pmatrix},$$

则称该矩阵为**标准形矩阵**.

例 1　对矩阵 $\boldsymbol{A}$ 进行初等变换,使其化为行阶梯形矩阵、行最简形矩阵、标准形矩阵.其中

$$\boldsymbol{A}=\begin{pmatrix} 1 & 1 & 2 & 2 & 1 \\ 0 & 2 & 1 & 5 & -1 \\ 2 & 0 & 3 & -1 & 3 \\ 1 & 1 & 0 & 4 & -1 \end{pmatrix}.$$

解

$$\boldsymbol{A}=\begin{pmatrix} 1 & 1 & 2 & 2 & 1 \\ 0 & 2 & 1 & 5 & -1 \\ 2 & 0 & 3 & -1 & 3 \\ 1 & 1 & 0 & 4 & -1 \end{pmatrix}$$

$$\xrightarrow[r_4-r_1]{r_3-2r_1}\begin{pmatrix} 1 & 1 & 2 & 2 & 1 \\ 0 & 2 & 1 & 5 & -1 \\ 0 & -2 & -1 & -5 & 1 \\ 0 & 0 & -2 & 2 & -2 \end{pmatrix}$$

$$\xrightarrow[-\frac{1}{2}r_4]{r_3+r_2}\begin{pmatrix} 1 & 1 & 2 & 2 & 1 \\ 0 & 2 & 1 & 5 & -1 \\ 0 & 0 & 0 & 0 & 0 \\ 0 & 0 & 1 & -1 & 1 \end{pmatrix}$$

$$\xrightarrow{r_3\leftrightarrow r_4}\begin{pmatrix} 1 & 1 & 2 & 2 & 1 \\ 0 & 2 & 1 & 5 & -1 \\ 0 & 0 & 1 & -1 & 1 \\ 0 & 0 & 0 & 0 & 0 \end{pmatrix}\text{(行阶梯形矩阵)}$$

$$\xrightarrow[r_2-r_3]{r_1-2r_3}\begin{pmatrix} 1 & 1 & 0 & 4 & -1 \\ 0 & 2 & 0 & 6 & -2 \\ 0 & 0 & 1 & -1 & 1 \\ 0 & 0 & 0 & 0 & 0 \end{pmatrix}$$

$$\xrightarrow{\frac{1}{2}r_2}\begin{pmatrix}1&1&0&4&-1\\0&1&0&3&-1\\0&0&1&-1&1\\0&0&0&0&0\end{pmatrix}$$

$$\xrightarrow{r_1-r_2}\begin{pmatrix}1&0&0&1&0\\0&1&0&3&-1\\0&0&1&-1&1\\0&0&0&0&0\end{pmatrix}\text{（行最简形矩阵）}$$

$$\xrightarrow{c_4-c_1}\begin{pmatrix}1&0&0&0&0\\0&1&0&3&-1\\0&0&1&-1&1\\0&0&0&0&0\end{pmatrix}$$

$$\xrightarrow[c_5+c_2]{c_4-3c_2}\begin{pmatrix}1&0&0&0&0\\0&1&0&0&0\\0&0&1&-1&1\\0&0&0&0&0\end{pmatrix}$$

$$\xrightarrow[c_5-c_3]{c_4+c_3}\begin{pmatrix}1&0&0&0&0\\0&1&0&0&0\\0&0&1&0&0\\0&0&0&0&0\end{pmatrix}\text{（标准形矩阵）}.$$

定理 1　任意一个矩阵都可以只用初等行变换化为行阶梯形矩阵和行最简形矩阵，再经过初等列变换化为标准形矩阵.

一般地，一个矩阵的行阶梯形矩阵是不唯一的，而行最简形矩阵和标准形矩阵是唯一的. 在下一章中，可以发现，求解线性方程组就是要把方程组的增广矩阵化为行最简形矩阵.

定义 5　若矩阵 $\boldsymbol{A}$ 经过有限次初等变换化为矩阵 $\boldsymbol{B}$，则称矩阵 $\boldsymbol{A}$ 与 $\boldsymbol{B}$ **等价**，记为 $\boldsymbol{A}\cong\boldsymbol{B}$.

矩阵的等价关系是矩阵间的一种关系，满足以下三个性质.

(1) 自反性：$\boldsymbol{A}\cong\boldsymbol{A}$.

(2) 对称性：若 $\boldsymbol{A}\cong\boldsymbol{B}$，则 $\boldsymbol{B}\cong\boldsymbol{A}$.

(3) 传递性：若 $\boldsymbol{A}\cong\boldsymbol{B}$，$\boldsymbol{B}\cong\boldsymbol{C}$，则 $\boldsymbol{A}\cong\boldsymbol{C}$.

2. 初等矩阵

定义 6　对单位矩阵 $\boldsymbol{I}$ 施以一次初等变换得到的矩阵称为**初等矩阵**.

因此，三种初等变换分别对应着三种初等矩阵.

(1) $\boldsymbol{I}$ 的第 i，j 行（列）互换得到的矩阵，记为

$$
\boldsymbol{I}(i,j)=\begin{pmatrix}
1 &&&&&&&&\\
&\ddots &&&&&&&\\
&&1&&&&&&\\
&&&0&\cdots&1&&&\\
&&&&1&&&&\\
&&&\vdots&\ddots&\vdots&&&\\
&&&&&1&&&\\
&&&1&\cdots&0&&&\\
&&&&&&1&&\\
&&&&&&&\ddots&\\
&&&&&&&&1
\end{pmatrix}\begin{matrix}\\ \\ \\ i\text{ 行}\\ \\ \\ \\ j\text{ 行}\\ \\ \\ \\ \end{matrix}
$$

$$i\text{ 列}\qquad\qquad j\text{ 列}$$

(2) $\boldsymbol{I}$ 的第 i 行(列)乘以非零数 k 得到的矩阵记为

$$
\boldsymbol{I}((k)i)=\begin{pmatrix}
1&&&&\\
&\ddots&&&\\
&&k&&\\
&&&\ddots&\\
&&&&1
\end{pmatrix}\begin{matrix}\\ \\ i\text{ 行}\\ \\ \\ \end{matrix}
$$

$$i\text{ 列}$$

(3) $\boldsymbol{I}$ 的第 j 行乘以数 k 加到第 i 行上或 $\boldsymbol{I}$ 的第 i 列乘以数 k 加到第 j 列上得到的矩阵记为

$$
\boldsymbol{I}(i+(k)j)=\begin{pmatrix}
1&&&&&\\
&\ddots&&&&\\
&&1&\cdots&k&&\\
&&&\ddots&\vdots&&\\
&&&&1&&\\
&&&&&\ddots&\\
&&&&&&1
\end{pmatrix}\begin{matrix}\\ \\ i\text{ 行}\\ \\ j\text{ 行}\\ \\ \\ \end{matrix}
$$

$$i\text{ 列}\qquad j\text{ 列}$$

不难验证,初等矩阵具有下列性质.

(1) 初等矩阵都是可逆矩阵,它们的逆矩阵还是同类型的初等矩阵,并且

$$(\boldsymbol{I}(i,j))^{-1}=\boldsymbol{I}(i,j),$$
$$(\boldsymbol{I}((k)i))^{-1}=\boldsymbol{I}((k^{-1})i),$$
$$(\boldsymbol{I}(i+(k)j))^{-1}=\boldsymbol{I}(i+(-k)j).$$

(2)
$$|\boldsymbol{I}(i,j)|=-1,$$
$$|\boldsymbol{I}((k)i)|=k,$$

$$|\boldsymbol{I}(i+(k)j)|=1.$$

定理2 对矩阵$\boldsymbol{A}$施行一次初等行变换，相当于用同种类型的初等矩阵左乘$\boldsymbol{A}$；对矩阵$\boldsymbol{A}$施行一次初等列变换，相当于用同种类型的初等矩阵右乘$\boldsymbol{A}$.

例如，设$\boldsymbol{A}=(a_{ij})_{3\times 3}$，把$\boldsymbol{A}$的第1行乘以$k$加到第3行上去，相当于

$$\begin{pmatrix}1&0&0\\0&1&0\\k&0&1\end{pmatrix}\begin{pmatrix}a_{11}&a_{12}&a_{13}\\a_{21}&a_{22}&a_{23}\\a_{31}&a_{32}&a_{33}\end{pmatrix}=\begin{pmatrix}a_{11}&a_{12}&a_{13}\\a_{21}&a_{22}&a_{23}\\a_{31}+ka_{11}&a_{32}+ka_{12}&a_{33}+ka_{13}\end{pmatrix}.$$

$$\boldsymbol{A}_{m\times n}\xrightarrow{\text{初等变换}}\begin{pmatrix}\boldsymbol{I}_r&\boldsymbol{O}\\\boldsymbol{O}&\boldsymbol{O}\end{pmatrix},$$

由定理2知，存在初等矩阵$\boldsymbol{P}_1,\boldsymbol{P}_2,\cdots,\boldsymbol{P}_s$和$\boldsymbol{Q}_1,\boldsymbol{Q}_2,\cdots,\boldsymbol{Q}_t$，使得

$$\boldsymbol{P}_s\cdots\boldsymbol{P}_1\boldsymbol{A}\boldsymbol{Q}_1\cdots\boldsymbol{Q}_t=\begin{pmatrix}\boldsymbol{I}_r&\boldsymbol{O}\\\boldsymbol{O}&\boldsymbol{O}\end{pmatrix}.$$

若$\boldsymbol{A}$为n阶可逆方阵，则$|\boldsymbol{A}|\neq 0$，从而$\boldsymbol{A}$化为标准形矩阵后不可能有零行和零列，所以$r=n$. 即

$$\boldsymbol{P}_s\cdots\boldsymbol{P}_1\boldsymbol{A}\boldsymbol{Q}_1\cdots\boldsymbol{Q}_t=\boldsymbol{I}_n,$$

于是

$$\boldsymbol{A}=\boldsymbol{P}_1^{-1}\cdots\boldsymbol{P}_{s-1}^{-1}\boldsymbol{P}_s^{-1}\boldsymbol{Q}_t^{-1}\boldsymbol{Q}_{t-1}^{-1}\cdots\boldsymbol{Q}_1^{-1}.$$

由初等矩阵的性质知，等式右边均为初等矩阵.

定理3 可逆矩阵$\boldsymbol{A}$可以表示为有限个初等矩阵的乘积，并且可逆矩阵$\boldsymbol{A}$可以只用初等行(列)变换化为单位矩阵.

若$\boldsymbol{A}$可逆，则$\boldsymbol{A}^{-1}$可逆且可以表示为有限个初等矩阵的乘积，即

$$\boldsymbol{A}^{-1}=\boldsymbol{P}_1\cdots\boldsymbol{P}_s.$$

于是

$$\boldsymbol{P}_1\boldsymbol{P}_2\cdots\boldsymbol{P}_s\boldsymbol{A}=\boldsymbol{I} \tag{2.5.1}$$

$$\boldsymbol{P}_1\boldsymbol{P}_2\cdots\boldsymbol{P}_s\boldsymbol{I}=\boldsymbol{A}^{-1} \tag{2.5.2}$$

式(2.5.1)表明对$\boldsymbol{A}$实施若干次初等行变换化为单位矩阵$\boldsymbol{I}$，式(2.5.2)表明对$\boldsymbol{I}$实施同样的初等行变换可以化为$\boldsymbol{A}^{-1}$，$\boldsymbol{P}_1\boldsymbol{P}_2\cdots\boldsymbol{P}_s(\boldsymbol{A},\boldsymbol{I})=(\boldsymbol{I},\boldsymbol{A}^{-1})$.

所以可以得到一种求逆矩阵的方法.

对于n阶可逆矩阵$\boldsymbol{A}$，作一个$n\times 2n$的分块矩阵$(\boldsymbol{A},\boldsymbol{I})$，对其实施初等行变换，将分块矩阵$(\boldsymbol{A},\boldsymbol{I})$的子块$\boldsymbol{A}$化为$\boldsymbol{I}$，与此同时子块$\boldsymbol{I}$化为$\boldsymbol{A}^{-1}$，即

$$(\boldsymbol{A},\boldsymbol{I})\xrightarrow{\text{初等行变换}}(\boldsymbol{I},\boldsymbol{A}^{-1}).$$

这就是求逆矩阵的**初等变换法**.

类似地，也可以用初等列变换求逆矩阵，即

$$\begin{pmatrix}\boldsymbol{A}\\\boldsymbol{I}\end{pmatrix}\xrightarrow{\text{初等列变换}}\begin{pmatrix}\boldsymbol{I}\\\boldsymbol{A}^{-1}\end{pmatrix}.$$

例 2 用初等变换法求矩阵 $\boldsymbol{A}$ 的逆矩阵,其中 $\boldsymbol{A}=\begin{pmatrix}1&0&1\\2&1&0\\-3&2&-5\end{pmatrix}$.

解

$$(\boldsymbol{A},\boldsymbol{I})=\begin{pmatrix}1&0&1&1&0&0\\2&1&0&0&1&0\\-3&2&-5&0&0&1\end{pmatrix}\xrightarrow[r_3+3r_1]{r_2-2r_1}\begin{pmatrix}1&0&1&1&0&0\\0&1&-2&-2&1&0\\0&2&-2&3&0&1\end{pmatrix}$$

$$\xrightarrow{r_3-2r_2}\begin{pmatrix}1&0&1&1&0&0\\0&1&-2&-2&1&0\\0&0&2&7&-2&1\end{pmatrix}$$

$$\xrightarrow[\substack{r_1-r_3\\r_2+2r_3}]{\frac{1}{2}r_3}\begin{pmatrix}1&0&0&-\frac{5}{2}&1&-\frac{1}{2}\\0&1&0&5&-1&1\\0&0&1&\frac{7}{2}&-1&\frac{1}{2}\end{pmatrix}$$

$$=(\boldsymbol{I},\boldsymbol{A}^{-1}),$$

所以

$$\boldsymbol{A}^{-1}=\begin{pmatrix}-\frac{5}{2}&1&-\frac{1}{2}\\5&-1&1\\\frac{7}{2}&-1&\frac{1}{2}\end{pmatrix}.$$

3. 用初等变换法求解矩阵方程

设矩阵 $\boldsymbol{A}$ 可逆,则求解矩阵方程 $\boldsymbol{AX}=\boldsymbol{B}$ 等价于求矩阵 $\boldsymbol{X}=\boldsymbol{A}^{-1}\boldsymbol{B}$. 由于 $\boldsymbol{A}^{-1}$ 可以表示为一些初等矩阵的积,即

$$\boldsymbol{A}^{-1}=\boldsymbol{P}_1\boldsymbol{P}_2\cdots\boldsymbol{P}_s.$$

于是

$$\boldsymbol{P}_1\boldsymbol{P}_2\cdots\boldsymbol{P}_s\boldsymbol{A}=\boldsymbol{I},$$

$$\boldsymbol{P}_1\boldsymbol{P}_2\cdots\boldsymbol{P}_s\boldsymbol{B}=\boldsymbol{A}^{-1}\boldsymbol{B},$$

所以

$$\boldsymbol{P}_1\boldsymbol{P}_2\cdots\boldsymbol{P}_s(\boldsymbol{A},\boldsymbol{B})=(\boldsymbol{I},\boldsymbol{A}^{-1}\boldsymbol{B}).$$

与用初等行变换法求矩阵的逆矩阵类似,构造分块矩阵$(\boldsymbol{A},\boldsymbol{B})$,对其实施初等行变换将矩阵 $\boldsymbol{A}$ 化为单位矩阵 $\boldsymbol{I}$,同时将其中的矩阵 $\boldsymbol{B}$ 化为 $\boldsymbol{A}^{-1}\boldsymbol{B}$,即

$$(\boldsymbol{A},\boldsymbol{B})\xrightarrow{\text{初等行变换}}(\boldsymbol{I},\boldsymbol{A}^{-1}\boldsymbol{B}).$$

这样就给出了用初等行变换求解矩阵方程 $\boldsymbol{AX}=\boldsymbol{B}$ 的方法.

例 3 求矩阵 $\boldsymbol{X}$, 使 $\boldsymbol{AX}=\boldsymbol{B}$, 其中 $\boldsymbol{A}=\begin{pmatrix}0&1&2\\1&1&4\\2&-1&0\end{pmatrix}$, $\boldsymbol{B}=\begin{pmatrix}1&1\\0&1\\-1&0\end{pmatrix}$.

解　易知 $\boldsymbol{A}$ 可逆，则 $\boldsymbol{X}=\boldsymbol{A}^{-1}\boldsymbol{B}$.

$$(\boldsymbol{A},\boldsymbol{B})=\begin{pmatrix}0&1&2&1&1\\1&1&4&0&1\\2&-1&0&-1&0\end{pmatrix}$$

$$\xrightarrow{r_1\leftrightarrow r_2}\begin{pmatrix}1&1&4&0&1\\0&1&2&1&1\\2&-1&0&-1&0\end{pmatrix}$$

$$\xrightarrow{r_3-2r_1}\begin{pmatrix}1&1&4&0&1\\0&1&2&1&1\\0&-3&-8&-1&-2\end{pmatrix}$$

$$\xrightarrow[r_1-r_2]{r_3+3r_2}\begin{pmatrix}1&0&2&-1&0\\0&1&2&1&1\\0&0&-2&2&1\end{pmatrix}$$

$$\xrightarrow[r_3\times\left(-\frac{1}{2}\right)]{\substack{r_1+r_3\\r_2+r_3}}\begin{pmatrix}1&0&0&1&1\\0&1&0&3&2\\0&0&1&-1&-\frac{1}{2}\end{pmatrix}.$$

$$\boldsymbol{X}=\boldsymbol{A}^{-1}\boldsymbol{B}=\begin{pmatrix}1&1\\3&2\\-1&-\frac{1}{2}\end{pmatrix}.$$

同理，若矩阵 $\boldsymbol{A}$ 可逆，求解矩阵方程 $\boldsymbol{X}\boldsymbol{A}=\boldsymbol{B}$，等价于计算矩阵方程 $\boldsymbol{A}^{\mathrm{T}}\boldsymbol{X}^{\mathrm{T}}=\boldsymbol{B}^{\mathrm{T}}$，先对 $(\boldsymbol{A}^{\mathrm{T}},\boldsymbol{B}^{\mathrm{T}})\xrightarrow{\text{初等行变换}}(\boldsymbol{I},(\boldsymbol{A}^{\mathrm{T}})^{-1}\boldsymbol{B}^{\mathrm{T}})$，再对右边子块 $(\boldsymbol{A}^{\mathrm{T}})^{-1}\boldsymbol{B}^{\mathrm{T}}$ 作转置即可得到 $\boldsymbol{B}\boldsymbol{A}^{-1}$. 当然也可利用初等列变换求矩阵 $\boldsymbol{B}\boldsymbol{A}^{-1}$. 即

$$\begin{pmatrix}\boldsymbol{A}\\\boldsymbol{B}\end{pmatrix}\xrightarrow{\text{初等列变换}}\begin{pmatrix}\boldsymbol{I}\\\boldsymbol{B}\boldsymbol{A}^{-1}\end{pmatrix}.$$

例 4　求解矩阵方程 $\boldsymbol{X}\begin{pmatrix}0&2&1\\2&-1&3\\-3&3&-4\end{pmatrix}=\begin{pmatrix}1&2&3\\2&-3&1\end{pmatrix}$.

解　易知 $\boldsymbol{A}$ 可逆，则 $\boldsymbol{X}=\boldsymbol{B}\boldsymbol{A}^{-1}$.

$$(\boldsymbol{A}^{\mathrm{T}},\boldsymbol{B}^{\mathrm{T}})\xrightarrow{\text{初等行变换}}\begin{pmatrix}1&0&0&2&-4\\0&1&0&-1&7\\0&0&1&-1&4\end{pmatrix},$$

即得

$$\boldsymbol{X}^{\mathrm{T}}=(\boldsymbol{A}^{\mathrm{T}})^{-1}\boldsymbol{B}^{\mathrm{T}}=(\boldsymbol{B}\boldsymbol{A}^{-1})^{\mathrm{T}}$$

$$=\begin{pmatrix}2&-4\\-1&7\\-1&4\end{pmatrix},$$

所以
$$X=\begin{pmatrix}2&-1&-1\\-4&7&4\end{pmatrix}.$$

习　题　2.5

1. 选择题.

(1) 设有矩阵 $\boldsymbol{A},\boldsymbol{B},\boldsymbol{P}_1,\boldsymbol{P}_2$,且 $\boldsymbol{A}$ 可逆,其中

$$\boldsymbol{A}=\begin{pmatrix}a_{11}&a_{12}&a_{13}\\a_{21}&a_{22}&a_{23}\\a_{31}&a_{32}&a_{33}\end{pmatrix},\quad \boldsymbol{B}=\begin{pmatrix}a_{13}&a_{12}&a_{11}\\a_{33}&a_{32}&a_{31}\\a_{23}&a_{22}&a_{21}\end{pmatrix},$$

$$\boldsymbol{P}_1=\begin{pmatrix}0&0&1\\0&1&0\\1&0&0\end{pmatrix},\quad \boldsymbol{P}_2=\begin{pmatrix}1&0&0\\0&0&1\\0&1&0\end{pmatrix}.$$

则 $\boldsymbol{B}^{-1}$ 等于______.

(A) $\boldsymbol{P}_1\boldsymbol{A}^{-1}\boldsymbol{P}_2$　　(B) $\boldsymbol{A}^{-1}\boldsymbol{P}_1\boldsymbol{P}_2$　　(C) $\boldsymbol{P}_1\boldsymbol{P}_2\boldsymbol{A}^{-1}$　　(D) $\boldsymbol{P}_2\boldsymbol{A}^{-1}\boldsymbol{P}_1$

(2) 设有矩阵 $\boldsymbol{A}$、$\boldsymbol{B}$、$\boldsymbol{P}_1$、$\boldsymbol{P}_2$,其中

$$\boldsymbol{A}=\begin{pmatrix}a_{11}&a_{12}&a_{13}\\a_{21}&a_{22}&a_{23}\\a_{31}&a_{32}&a_{33}\end{pmatrix},\quad \boldsymbol{B}=\begin{pmatrix}a_{31}&a_{32}+ka_{31}&a_{33}\\a_{21}&a_{22}+ka_{21}&a_{23}\\a_{11}&a_{12}+ka_{11}&a_{13}\end{pmatrix},$$

$$\boldsymbol{P}_1=\begin{pmatrix}0&0&1\\0&1&0\\1&0&0\end{pmatrix},\quad \boldsymbol{P}_2=\begin{pmatrix}1&k&0\\0&1&0\\0&0&1\end{pmatrix}.$$

则 $\boldsymbol{B}$ 等于______.

(A) $\boldsymbol{P}_1\boldsymbol{P}_2\boldsymbol{A}$　　(B) $\boldsymbol{P}_1\boldsymbol{A}\boldsymbol{P}_2$　　(C) $\boldsymbol{A}\boldsymbol{P}_1\boldsymbol{P}_2$　　(D) $\boldsymbol{P}_2\boldsymbol{A}\boldsymbol{P}_1$

(3) 设有矩阵 $\boldsymbol{A}$、$\boldsymbol{B}$、$\boldsymbol{P}_1$、$\boldsymbol{P}_2$,其中

$$\boldsymbol{A}=\begin{pmatrix}a_{11}&a_{12}&a_{13}\\a_{21}&a_{22}&a_{23}\\a_{31}&a_{32}&a_{33}\end{pmatrix},\quad \boldsymbol{B}=\begin{pmatrix}a_{21}&a_{22}&a_{23}\\a_{11}&a_{12}&a_{13}\\a_{31}+2a_{11}&a_{32}+2a_{12}&a_{33}+2a_{13}\end{pmatrix},$$

$$\boldsymbol{P}_1=\begin{pmatrix}0&1&0\\1&0&0\\0&0&1\end{pmatrix},\quad \boldsymbol{P}_2=\begin{pmatrix}1&0&0\\0&1&0\\2&0&1\end{pmatrix}.$$

则 $\boldsymbol{B}$ 等于______.

(A) $\boldsymbol{P}_2\boldsymbol{A}\boldsymbol{P}_1$　　(B) $\boldsymbol{P}_1\boldsymbol{A}\boldsymbol{P}_2$　　(C) $\boldsymbol{A}\boldsymbol{P}_1\boldsymbol{P}_2$　　(D) $\boldsymbol{P}_1\boldsymbol{P}_2\boldsymbol{A}$

2. 用初等变换将下列矩阵化为标准形.

(1) $\begin{pmatrix}1 & -1\\3 & 2\end{pmatrix}$;　　(2) $\begin{pmatrix}1 & -1 & 2\\3 & -3 & 1\\-2 & 2 & -4\end{pmatrix}$;

(3) $\begin{pmatrix}1 & -1 & 2\\3 & -3 & 1\end{pmatrix}$;　　(4) $\begin{pmatrix}1 & 3\\-1 & -3\\2 & 1\end{pmatrix}$.

3. 用初等变换法求下列矩阵的逆矩阵.

(1) $\begin{pmatrix}-1 & 0 & 0\\1 & 1 & -1\\1 & 3 & -2\end{pmatrix}$;　　(2) $\begin{pmatrix}0 & 0 & 0 & 1\\0 & 0 & 1 & 0\\0 & 1 & 0 & 0\\1 & 0 & 0 & 0\end{pmatrix}$;

(3) $\begin{pmatrix}0 & 0 & 3 & 0\\0 & 2 & 0 & 0\\4 & 0 & 0 & 0\\0 & 0 & 0 & 1\end{pmatrix}$.

4. 解矩阵方程：$\begin{pmatrix}1 & 2 & 3\\3 & 1 & 2\\2 & 3 & 1\end{pmatrix}\boldsymbol{X}=\begin{pmatrix}2 & 4 & 0\\4 & 0 & 2\\0 & 2 & 4\end{pmatrix}$.

2.6 矩阵的秩

矩阵的秩是矩阵的一个重要的数字特征，是讨论向量组的线性相关性、深入研究线性方程组等问题的重要工具.

1. 矩阵的秩的概念

定义 1　在 $m\times n$ 矩阵 $\boldsymbol{A}=(a_{ij})_{m\times n}$ 中，任取 k 行 k 列 $(1\leqslant k\leqslant m,1\leqslant k\leqslant n)$，位于这些行列交叉处的 k^2 个元素，不改变它们在 $\boldsymbol{A}$ 中所处的位置次序而得到的 k 阶行列式，称为矩阵 $\boldsymbol{A}$ 的 k **阶子式**.

注：$m\times n$ 矩阵 $\boldsymbol{A}$ 的 k 阶子式共有 $C_m^k\cdot C_n^k$ 个.

例如，
$$\boldsymbol{A}=\begin{pmatrix}1 & 2 & 3\\2 & -3 & -5\\1 & 6 & 0\end{pmatrix},$$
取 1、2 行和 1、3 列相交处的元素组成 $\boldsymbol{A}$ 的一个 2 阶子式
$$\begin{vmatrix}1 & 3\\2 & -5\end{vmatrix}=-11.$$

设 $\boldsymbol{A}$ 为 $m\times n$ 矩阵，由定义 1 知，当 $\boldsymbol{A}=\boldsymbol{O}$ 时，它的任何子式都为零；当 $\boldsymbol{A}\neq\boldsymbol{O}$ 时，它至少

有一个元素不为零，即它至少有一个1阶子式不为零.这时再考察2阶子式，若$\boldsymbol{A}$中有2阶子式不为零，则往下考察3阶子式，如此进行下去，最后必达到$\boldsymbol{A}$中有r阶子式不为零，而再没有比r更高阶的不为零的子式.这个不为零的子式的最高阶数r反映了矩阵$\boldsymbol{A}$内在的重要特征，在矩阵的理论与应用中都有重要意义.

例如，
$$\boldsymbol{A}=\begin{pmatrix}1&2&3&0\\0&1&2&1\\2&4&6&0\end{pmatrix},$$
$\boldsymbol{A}$中有2阶子式$\begin{vmatrix}1&2\\0&1\end{vmatrix}=1\neq 0$，但它的任何3阶子式都为零，即$\boldsymbol{A}$不为零的子式的最高阶数$r=2$.

定义2 设矩阵$\boldsymbol{A}$为$m\times n$矩阵，如果$\boldsymbol{A}$中不为零的子式的最高阶数为r，即存在r阶子式不为零，而任何$r+1$阶子式都为零，则称r为矩阵$\boldsymbol{A}$的**秩**，记作$r(\boldsymbol{A})=r$.零矩阵的秩规定为0.

上例中，$\boldsymbol{A}=\begin{pmatrix}1&2&3&0\\0&1&2&1\\2&4&6&0\end{pmatrix}$，则有$r(\boldsymbol{A})=2$.

由矩阵秩的定义与行列式的性质易知，矩阵的秩具有如下性质.

(1) 在$\boldsymbol{A}$中当所有$r+1$阶子式全等于0时，所有高于$r+1$阶子式也全等于0，因此把r阶非零子式称为$\boldsymbol{A}$的最高阶非零子式，而$\boldsymbol{A}$的秩$r(\boldsymbol{A})$就是$\boldsymbol{A}$的非零子式的最高阶数.

(2) 若矩阵$\boldsymbol{A}$中有某个s阶子式不等于0，则$r(\boldsymbol{A})\geqslant s$；若矩阵$\boldsymbol{A}$中所有$t$阶子式全等于0，则$r(\boldsymbol{A})<t$.

(3) $0\leqslant r(\boldsymbol{A})\leqslant\min\{m,n\}$.

(4) $r(\boldsymbol{A})=r(\boldsymbol{A}^{\mathrm{T}})$，$r(\lambda\boldsymbol{A})=r(\boldsymbol{A})(\lambda\neq 0)$.

(5) 对于n阶矩阵$\boldsymbol{A}$，由于n阶子式只有一个$|\boldsymbol{A}|$，若$|\boldsymbol{A}|\neq 0$时，$r(\boldsymbol{A})=n$；若$|\boldsymbol{A}|=0$时，$r(\boldsymbol{A})<n$.所以可逆矩阵(非奇异矩阵)又叫**满秩矩阵**，不可逆矩阵(奇异矩阵)又叫**降秩矩阵**.

例1 求下列矩阵的秩：
$$\boldsymbol{A}=\begin{pmatrix}1&4&-3\\0&3&1\\0&0&2\end{pmatrix},\quad \boldsymbol{B}=\begin{pmatrix}2&-1&8&1\\1&2&-1&3\\2&2&2&4\end{pmatrix},\quad \boldsymbol{C}=\begin{pmatrix}1&7&3&2&0\\0&2&-1&6&1\\0&0&0&1&1\end{pmatrix}.$$

解 (1) 因为
$$|\boldsymbol{A}|=6\neq 0,$$
所以$\boldsymbol{A}$的不为零的子式的最高阶数是3，所以
$$r(\boldsymbol{A})=3.$$

(2) 先考察矩阵$\boldsymbol{B}$的四个3阶子式
$$\begin{vmatrix}2&-1&8\\1&2&-1\\2&2&2\end{vmatrix}=0,\quad \begin{vmatrix}2&-1&1\\1&2&3\\2&2&4\end{vmatrix}=0,$$

$$\begin{vmatrix} 2 & 8 & 1 \\ 1 & -1 & 3 \\ 2 & 2 & 4 \end{vmatrix}=0,\quad \begin{vmatrix} -1 & 8 & 1 \\ 2 & -1 & 3 \\ 2 & 2 & 4 \end{vmatrix}=0,$$

然而存在 2 阶子式

$$\begin{vmatrix} 2 & -1 \\ 1 & 2 \end{vmatrix}\neq 0,$$

所以
$$r(\boldsymbol{B})=2.$$

（3）因为 $\boldsymbol{C}$ 为 3×5 矩阵，所以其子式最高只能为 3 阶，而 1、2、4 列所构成的 3 阶子式

$$\begin{vmatrix} 1 & 7 & 2 \\ 0 & 2 & 6 \\ 0 & 0 & 1 \end{vmatrix}=2\neq 0,$$

所以
$$r(\boldsymbol{C})=3.$$

2. 利用初等变换求矩阵的秩

从上述例子可以看出，用定义 1 去求矩阵的秩时，需要从高阶到低阶去考虑矩阵的子式是否全为零，而当矩阵的行数、列数都很大时，按定义求秩显然是非常麻烦的. 不过有一些矩阵的秩却是很容易观察得到.

例 2　求矩阵 $\boldsymbol{A}$ 的秩，其中 $\boldsymbol{A}=\begin{pmatrix} 1 & 1 & 0 & 2 & 3 \\ 0 & 2 & 1 & 2 & 3 \\ 0 & 0 & 0 & 1 & -1 \\ 0 & 0 & 0 & 0 & 0 \end{pmatrix}$.

解　容易观察到 $\boldsymbol{A}$ 有一个 3 阶子式是可逆的上三角行列式，即

$$\begin{vmatrix} 1 & 1 & 2 \\ 0 & 2 & 2 \\ 0 & 0 & 1 \end{vmatrix}=2\neq 0,$$

因此
$$r(\boldsymbol{A})\geqslant 3.$$

又因为 $\boldsymbol{A}$ 是一个行阶梯形矩阵，其非零行只有三行，所以 $\boldsymbol{A}$ 的所有 4 阶子式全为零.

于是，由定义 1 知

$$r(\boldsymbol{A})=3.$$

例 2 说明，行阶梯形矩阵的秩很容易判断，就是它的非零行的个数，而任意矩阵都可以经过初等行变换化为行阶梯形矩阵. 因而可以考虑用矩阵的初等变换法来求矩阵的秩. 为此需要考虑一个矩阵经过初等变换后是否能保持矩阵的秩不变化.

定理 1　初等变换不改变矩阵的秩.

推论　设 $\boldsymbol{A}$ 为 $m\times n$ 矩阵，则 $r(\boldsymbol{A})=r$ 当且仅当存在 m 阶可逆矩阵 $\boldsymbol{P}_m$ 和 n 阶可逆矩阵 $\boldsymbol{Q}_n$，使得

$$\boldsymbol{P}_m\boldsymbol{A}\boldsymbol{Q}_n=\begin{pmatrix} \boldsymbol{I}_r & \boldsymbol{O} \\ \boldsymbol{O} & \boldsymbol{O} \end{pmatrix}.$$

由此可见，为求矩阵的秩，只要把矩阵用初等行变换化成行阶梯形矩阵，行阶梯形矩阵非零行的行数就是该矩阵的秩.

注:矩阵的秩是矩阵的本质属性，它是矩阵中真正起作用的行(或列)的个数. 后续的学习中，我们还会认识到矩阵的秩的其他表现形式.

例 3　求矩阵 $\boldsymbol{A}$ 的秩，并求 $\boldsymbol{A}$ 的一个最高非零子式. 其中

$$\boldsymbol{A}=\begin{pmatrix}1 & -1 & 2 & 1 & 0\\ 1 & -1 & 2 & -1 & 0\\ 3 & 0 & 6 & -1 & 1\\ 0 & 3 & 0 & 0 & 1\end{pmatrix}.$$

解

$$\boldsymbol{A}=\begin{pmatrix}1 & -1 & 2 & 1 & 0\\ 1 & -1 & 2 & -1 & 0\\ 3 & 0 & 6 & -1 & 1\\ 0 & 3 & 0 & 0 & 1\end{pmatrix}$$

$$\xrightarrow[r_3-3r_1]{r_2-r_1}\begin{pmatrix}1 & -1 & 2 & 1 & 0\\ 0 & 0 & 0 & -2 & 0\\ 0 & 3 & 0 & -4 & 1\\ 0 & 3 & 0 & 0 & 1\end{pmatrix}$$

$$\xrightarrow{r_2\leftrightarrow r_4}\begin{pmatrix}1 & -1 & 2 & 1 & 0\\ 0 & 3 & 0 & 0 & 1\\ 0 & 3 & 0 & -4 & 1\\ 0 & 0 & 0 & -2 & 0\end{pmatrix}$$

$$\xrightarrow{r_3-r_2}\begin{pmatrix}1 & -1 & 2 & 1 & 0\\ 0 & 3 & 0 & 0 & 1\\ 0 & 0 & 0 & -4 & 0\\ 0 & 0 & 0 & -2 & 0\end{pmatrix}$$

$$\xrightarrow{r_4-\frac{1}{2}r_3}\begin{pmatrix}1 & -1 & 2 & 1 & 0\\ 0 & 3 & 0 & 0 & 1\\ 0 & 0 & 0 & -4 & 0\\ 0 & 0 & 0 & 0 & 0\end{pmatrix}.$$

所以

$$r(\boldsymbol{A})=3.$$

$\boldsymbol{A}$ 的一个最高非零子式为 3 阶子式，可取

$$\begin{vmatrix}1 & -1 & 1\\ 1 & -1 & -1\\ 3 & 0 & -1\end{vmatrix}=6\neq 0.$$

因为初等变换不改变矩阵的秩，而可逆矩阵又可表示为若干个初等矩阵的乘积，再由本章 2.5 节定理 3 可以得出下面的定理 2.

定理 2 设 $\boldsymbol{A}$ 为 $m\times n$ 矩阵，$\boldsymbol{P}$、$\boldsymbol{Q}$ 分别为 m 阶和 n 阶可逆矩阵，则

$$r(\boldsymbol{PA})=r(\boldsymbol{A}),\quad r(\boldsymbol{AQ})=r(\boldsymbol{A}),\quad r(\boldsymbol{PAQ})-r(\boldsymbol{A}).$$

即一个矩阵左乘或右乘一个可逆矩阵，都不改变该矩阵的秩.

注：(1) $\max\{r(\boldsymbol{A}),r(\boldsymbol{B})\}\leqslant r(\boldsymbol{A},\boldsymbol{B})\leqslant r(\boldsymbol{A})+r(\boldsymbol{B})$，特别地，当 $\boldsymbol{B}=\boldsymbol{b}$ 为列向量时，则有 $r(\boldsymbol{A})\leqslant r(\boldsymbol{A},\boldsymbol{b})\leqslant r(\boldsymbol{A})+1$.

(2) $r(\boldsymbol{A}\pm\boldsymbol{B})\leqslant r(\boldsymbol{A})+r(\boldsymbol{B})$，$r(\boldsymbol{A}-\boldsymbol{B})\geqslant r(\boldsymbol{A})-r(\boldsymbol{B})$.

(3) 若 $\boldsymbol{A}$、$\boldsymbol{B}$ 分别为 $m\times n$ 和 $n\times k$ 矩阵，则 $r(\boldsymbol{A})+r(\boldsymbol{B})-n\leqslant r(\boldsymbol{AB})\leqslant\min\{r(\boldsymbol{A}),r(\boldsymbol{B})\}$.

(4) 若 $\boldsymbol{A}_{m\times n}\boldsymbol{B}_{n\times l}=\boldsymbol{O}$，则 $r(\boldsymbol{A})+r(\boldsymbol{B})\leqslant n$.

习 题 2.6

1. 判断下列矩阵是否满秩，并求各矩阵的秩.

(1) $\begin{pmatrix}1&2&3\\2&1&3\\3&4&2\end{pmatrix}$；　(2) $\begin{pmatrix}0&1&0&2\\1&-1&2&-1\\1&3&-4&4\end{pmatrix}$；

(3) $\begin{pmatrix}2&0&2&0\\0&-1&0&0\\-2&1&0&1\\0&1&0&0\end{pmatrix}$.

2. 求下列矩阵的秩.

(1) $\begin{pmatrix}1&2&3&4\\1&-2&4&5\\1&10&1&2\end{pmatrix}$；　(2) $\begin{pmatrix}0&1&1&-1&2\\0&2&2&2&0\\0&-1&-1&1&1\\1&1&0&0&-1\end{pmatrix}$；

(3) $\begin{pmatrix}1&-1&2&1&0\\2&-2&4&2&0\\3&0&6&-1&1\\0&3&0&0&1\end{pmatrix}$；　(4) $\begin{pmatrix}3&-1&3&2\\5&-3&2&3\\1&-3&-5&0\\7&-5&1&4\end{pmatrix}$.

3. 已知矩阵 $\boldsymbol{A}=\begin{pmatrix}1&1&2&a&3\\2&2&3&1&4\\1&0&1&1&5\\2&3&5&5&4\end{pmatrix}$ 的秩为3，求 a 的值.

4. 确定参数 λ，使矩阵 $\begin{pmatrix}1&1&\lambda^2&-2\\1&-2&\lambda&1\\-2&1&-2&\lambda\end{pmatrix}$ 的秩最小.

5. 设 $\boldsymbol{A}$ 为 n 阶矩阵,且 $\boldsymbol{A}^2=\boldsymbol{A}$,证明:$r(\boldsymbol{A})+r(\boldsymbol{A}-\boldsymbol{I})=n$.

6. 将矩阵 $\boldsymbol{A}=\begin{pmatrix}2&-1&3&1\\4&-2&5&4\\-4&2&-6&-2\\2&-1&4&0\end{pmatrix}$ 化为行阶梯形矩阵,并求矩阵 $\boldsymbol{A}$ 的一个最高阶非零子式.

本章小结

1. 基本概念

矩阵、转置矩阵、逆矩阵、伴随矩阵、分块矩阵、矩阵的秩、k 阶子式、行阶梯形矩阵、行最简形矩阵、矩阵的初等变换、初等矩阵.

2. 基本内容

1) 矩阵的运算及其运算律

矩阵的运算有加法、数乘、乘法、方阵的幂、转置、方阵的行列式.

注意矩阵的各种运算的前提条件、运算结果及运算性质.

2) 逆矩阵

(1) 注意逆矩阵的定义及运算性质.

(2) 矩阵可逆的判定方法.

n 阶方阵 $\boldsymbol{A}$ 可逆 $\Leftrightarrow |\boldsymbol{A}|\neq 0$;

n 阶方阵 $\boldsymbol{A}$ 可逆 $\Leftrightarrow \boldsymbol{A}$ 可以表示为一些初等矩阵的乘积;

n 阶方阵 $\boldsymbol{A}$ 可逆 $\Leftrightarrow \boldsymbol{A}$ 可经过初等变换化为单位矩阵.

(3) 逆矩阵的求法.

伴随矩阵法:$\boldsymbol{A}^{-1}=\dfrac{1}{|\boldsymbol{A}|}\boldsymbol{A}^*$ ($\boldsymbol{A}^*$ 为 $\boldsymbol{A}$ 的伴随矩阵);

初等行变换法求逆矩阵:$(\boldsymbol{A},\boldsymbol{I})\xrightarrow{\text{初等行变换}}(\boldsymbol{I},\boldsymbol{A}^{-1})$;

关系式变形:寻找矩阵 $\boldsymbol{B}$,使 $\boldsymbol{AB}=\boldsymbol{I}$,即 $\boldsymbol{A}^{-1}=\boldsymbol{B}$;

分块对角矩阵求逆:$\begin{pmatrix}\boldsymbol{A}_1&&&\\&\boldsymbol{A}_2&&\\&&\ddots&\\&&&\boldsymbol{A}_s\end{pmatrix}^{-1}=\begin{pmatrix}\boldsymbol{A}_1^{-1}&&&\\&\boldsymbol{A}_2^{-1}&&\\&&\ddots&\\&&&\boldsymbol{A}_s^{-1}\end{pmatrix}$.

3) 矩阵的秩、初等变换与初等矩阵

(1) 求矩阵秩的方法:对 $\boldsymbol{A}$ 施以初等行变换,使其化为阶梯形矩阵,这个阶梯形矩阵的非零行的行数就是该矩阵的秩.

(2) 初等变换与初等矩阵的关系:对 $\boldsymbol{A}$ 实施一次初等行(列)变换,就相当于对 $\boldsymbol{A}$ 左(右)乘一个相应的初等矩阵.

（3）注意矩阵秩的性质的相关结论.

习　题　二

1. 选择题.

（1）（**2004 年,数学一**）　设 $\boldsymbol{A}$ 为 3 阶方阵,将 $\boldsymbol{A}$ 的第一列与第二列交换得 $\boldsymbol{B}$,再把 $\boldsymbol{B}$ 的第二列加到第三列得 $\boldsymbol{C}$,则满足 $\boldsymbol{AQ}=\boldsymbol{C}$ 的可逆矩阵 $\boldsymbol{Q}$ 为______.

（A）$\begin{pmatrix}0&1&0\\1&0&0\\1&0&1\end{pmatrix}$　　（B）$\begin{pmatrix}0&1&0\\1&0&1\\0&0&1\end{pmatrix}$

（C）$\begin{pmatrix}0&1&0\\1&0&0\\0&1&1\end{pmatrix}$　　（D）$\begin{pmatrix}0&1&1\\1&0&0\\0&0&1\end{pmatrix}$

（2）（**2006 年,数学一**）　设 $\boldsymbol{A}$ 为 3 阶矩阵,将 $\boldsymbol{A}$ 的第二行加到第一行得 $\boldsymbol{B}$,再将 $\boldsymbol{B}$ 的第一列的 -1 倍加到第二列得 $\boldsymbol{C}$,记 $\boldsymbol{P}=\begin{pmatrix}1&1&0\\0&1&0\\0&0&1\end{pmatrix}$,则______.

（A）$\boldsymbol{C}=\boldsymbol{P}^{-1}\boldsymbol{AP}$　　（B）$\boldsymbol{C}=\boldsymbol{PAP}^{-1}$

（C）$\boldsymbol{C}=\boldsymbol{P}^{\mathrm{T}}\boldsymbol{AP}$　　（D）$\boldsymbol{C}=\boldsymbol{PAP}^{\mathrm{T}}$

（3）（**2011 年,数学一**）　设 $\boldsymbol{A}$ 为 3 阶矩阵,把 $\boldsymbol{A}$ 的第二列加到第一列得到矩阵 $\boldsymbol{B}$,再交换 $\boldsymbol{B}$ 的第二行与第三行得到单位矩阵 $\boldsymbol{I}$,记 $\boldsymbol{P}_1=\begin{pmatrix}1&0&0\\1&1&0\\0&0&1\end{pmatrix}$,$\boldsymbol{P}_2=\begin{pmatrix}1&0&0\\0&0&1\\0&1&0\end{pmatrix}$,则 $\boldsymbol{A}$ =______.

（A）$\boldsymbol{P}_1\boldsymbol{P}_2$　　（B）$\boldsymbol{P}_1^{-1}\boldsymbol{P}_2$

（C）$\boldsymbol{P}_2\boldsymbol{P}_1$　　（D）$\boldsymbol{P}_2\boldsymbol{P}_1^{-1}$

（4）（**2001 年,数学三**）　设 $\boldsymbol{A}=\begin{pmatrix}a_{11}&a_{12}&a_{13}&a_{14}\\a_{21}&a_{22}&a_{23}&a_{24}\\a_{31}&a_{32}&a_{33}&a_{34}\\a_{41}&a_{42}&a_{43}&a_{44}\end{pmatrix}$,$\boldsymbol{B}=\begin{pmatrix}a_{14}&a_{13}&a_{12}&a_{11}\\a_{24}&a_{23}&a_{22}&a_{21}\\a_{34}&a_{33}&a_{32}&a_{31}\\a_{44}&a_{43}&a_{42}&a_{41}\end{pmatrix}$,$\boldsymbol{P}_1=\begin{pmatrix}0&0&0&1\\0&1&0&0\\0&0&1&0\\1&0&0&0\end{pmatrix}$,$\boldsymbol{P}_2=\begin{pmatrix}1&0&0&0\\0&0&1&0\\0&1&0&0\\0&0&0&1\end{pmatrix}$,其中 $\boldsymbol{A}$ 是可逆的,则 $\boldsymbol{B}^{-1}=$______.

（A）$\boldsymbol{A}^{-1}\boldsymbol{P}_1\boldsymbol{P}_2$　　（B）$\boldsymbol{P}_1\boldsymbol{A}^{-1}\boldsymbol{P}_2$

（C）$\boldsymbol{P}_1\boldsymbol{P}_2\boldsymbol{A}^{-1}$　　（D）$\boldsymbol{P}_2\boldsymbol{A}^{-1}\boldsymbol{P}_1$

(5)(**2008 年,数学一**)　设 $\boldsymbol{A}$ 为 n 阶非零矩阵,$\boldsymbol{I}$ 为 n 阶单位矩阵. 若 $\boldsymbol{A}^3=\boldsymbol{O}$,则______.

(A) $\boldsymbol{I}-\boldsymbol{A}$ 不可逆,$\boldsymbol{I}+\boldsymbol{A}$ 不可逆　　(B) $\boldsymbol{I}-\boldsymbol{A}$ 不可逆, $\boldsymbol{I}+\boldsymbol{A}$ 可逆

(C) $\boldsymbol{I}-\boldsymbol{A}$ 可逆, $\boldsymbol{I}+\boldsymbol{A}$ 可逆　　(D) $\boldsymbol{I}-\boldsymbol{A}$ 可逆, $\boldsymbol{I}+\boldsymbol{A}$ 不可逆

(6)(**2009 年,数学一**)　设 $\boldsymbol{A}$、$\boldsymbol{B}$ 均为 2 阶矩阵, $\boldsymbol{A}^*$、$\boldsymbol{B}^*$ 分别为 $\boldsymbol{A}$、$\boldsymbol{B}$ 的伴随矩阵,若 $|\boldsymbol{A}|=2$, $|\boldsymbol{B}|=3$,则分块矩阵 $\begin{pmatrix}\boldsymbol{O} & \boldsymbol{A}\\ \boldsymbol{B} & \boldsymbol{O}\end{pmatrix}$ 的伴随矩阵为______.

(A) $\begin{pmatrix}\boldsymbol{O} & 3\boldsymbol{B}^*\\ 2\boldsymbol{A}^* & \boldsymbol{O}\end{pmatrix}$　　(B) $\begin{pmatrix}\boldsymbol{O} & 2\boldsymbol{B}^*\\ 3\boldsymbol{A}^* & \boldsymbol{O}\end{pmatrix}$

(C) $\begin{pmatrix}\boldsymbol{O} & 3\boldsymbol{A}^*\\ 2\boldsymbol{B}^* & \boldsymbol{O}\end{pmatrix}$　　(D) $\begin{pmatrix}\boldsymbol{O} & 2\boldsymbol{A}^*\\ 3\boldsymbol{B}^* & \boldsymbol{O}\end{pmatrix}$

(7)(**2012 年,数学一**)　设 $\boldsymbol{A}$ 为 3 阶矩阵,$\boldsymbol{P}$ 为 3 阶可逆矩阵,且 $\boldsymbol{P}^{-1}\boldsymbol{A}\boldsymbol{P}=\begin{pmatrix}1 & & \\ & 1 & \\ & & 2\end{pmatrix}$, $\boldsymbol{P}=(\boldsymbol{\alpha}_1,\boldsymbol{\alpha}_2,\boldsymbol{\alpha}_3)$,$\boldsymbol{Q}=(\boldsymbol{\alpha}_1+\boldsymbol{\alpha}_2,\boldsymbol{\alpha}_2,\boldsymbol{\alpha}_3)$,则 $\boldsymbol{Q}^{-1}\boldsymbol{A}\boldsymbol{Q}=$______.

(A) $\begin{pmatrix}1 & & \\ & 2 & \\ & & 1\end{pmatrix}$　　(B) $\begin{pmatrix}1 & & \\ & 1 & \\ & & 2\end{pmatrix}$

(C) $\begin{pmatrix}2 & & \\ & 1 & \\ & & 2\end{pmatrix}$　　(D) $\begin{pmatrix}2 & & \\ & 2 & \\ & & 1\end{pmatrix}$

(8)(**2003 年,数学三**)　设三阶矩阵 $\boldsymbol{A}=\begin{pmatrix}a & b & b\\ b & a & b\\ b & b & a\end{pmatrix}$,若 $\boldsymbol{A}$ 的伴随矩阵的秩为 1,则必有______.

(A) $a=b$ 或 $a+2b=0$　　(B) $a=b$ 或 $a+2b\neq 0$

(C) $a\neq b$ 且 $a+2b=0$　　(D) $a\neq b$ 且 $a+2b\neq 0$

(9)(**2010 年,数学一**)　设 $\boldsymbol{A}$ 为 $m\times n$ 型矩阵,$\boldsymbol{I}$ 为 m 阶单位矩阵,若 $\boldsymbol{AB}=\boldsymbol{I}$,则______.

(A) $r(\boldsymbol{A})=m$,$r(\boldsymbol{B})=m$　　(B) $r(\boldsymbol{A})=m$,$r(\boldsymbol{B})=n$

(C) $r(\boldsymbol{A})=n$,$r(\boldsymbol{B})=m$　　(D) $r(\boldsymbol{A})=n$,$r(\boldsymbol{B})=n$

(10)(**1994 年,数学四**)　设 $\boldsymbol{A}$、$\boldsymbol{B}$ 都是 n 阶非零矩阵,且 $\boldsymbol{AB}=\boldsymbol{O}$,则 $\boldsymbol{A}$ 和 $\boldsymbol{B}$ 的秩______.

(A) 必有一个等于 0　　(B) 都小于 n

(C) 一个小于 n,一个等于 n　　(D) 都等于 n

(11)(**1993 年,数学一**)　已知 $\boldsymbol{Q}=\begin{pmatrix}1&2&3\\2&4&t\\3&6&9\end{pmatrix}$,$\boldsymbol{P}$ 为 3 阶非零矩阵,且满足 $\boldsymbol{PQ}=\boldsymbol{O}$,则______.

(A) $t=6$ 时 $\boldsymbol{P}$ 的秩必为 1　　(B) $t=6$ 时 $\boldsymbol{P}$ 的秩必为 2

(C) $t\neq6$ 时 $\boldsymbol{P}$ 的秩必为 1　　(D) $t\neq6$ 时 $\boldsymbol{P}$ 的秩必为 2

(12)(**1998 年,数学三**)　设 $\boldsymbol{A}$ 是 $n(n\geqslant3)$ 阶方阵,$\boldsymbol{A}=\begin{pmatrix}1&a&a&\cdots&a\\a&1&a&\cdots&a\\\vdots&\vdots&\vdots&&\vdots\\a&a&a&\cdots&1\end{pmatrix}$,若矩阵 $\boldsymbol{A}$ 的秩为 $n-1$,则 $a=$______.

(A) 1　　(B) $\dfrac{1}{1-n}$

(C) -1　　(D) $\dfrac{1}{n-1}$

(13)(**1998 年,数学二**)　设 $\boldsymbol{A}$ 是 $n(n\geqslant3)$ 阶方阵,$\boldsymbol{A}^*$ 为 $\boldsymbol{A}$ 伴随矩阵,又 k 为常数,且 $k\neq0$、±1 ,则必有 $(k\boldsymbol{A})^*=$______.

(A) $k\boldsymbol{A}^*$　　(B) $k^{n-1}\boldsymbol{A}^*$

(C) $k^n\boldsymbol{A}^*$　　(D) $k^{-1}\boldsymbol{A}^*$

(14)(**1996 年,数学三**)　设 $\boldsymbol{A}$ 是 $n(n\geqslant2)$ 阶非奇异方阵,$\boldsymbol{A}^*$ 为 $\boldsymbol{A}$ 伴随矩阵,则______.

(A) $(\boldsymbol{A}^*)^*=|\boldsymbol{A}|^{n-1}\boldsymbol{A}$　　(B) $(\boldsymbol{A}^*)^*=|\boldsymbol{A}|^{n+1}\boldsymbol{A}$

(C) $(\boldsymbol{A}^*)^*=|\boldsymbol{A}|^{n-2}\boldsymbol{A}$　　(D) $(\boldsymbol{A}^*)^*=|\boldsymbol{A}|^{n+2}\boldsymbol{A}$

(15)(**1992 年,数学四**)　设 $\boldsymbol{A}$、$\boldsymbol{B}$、$\boldsymbol{A}+\boldsymbol{B}$、$\boldsymbol{A}^{-1}+\boldsymbol{B}^{-1}$ 均为 n 阶可逆矩阵,则 $(\boldsymbol{A}^{-1}+\boldsymbol{B}^{-1})^{-1}=$______.

(A) $\boldsymbol{A}^{-1}+\boldsymbol{B}^{-1}$　　(B) $\boldsymbol{A}+\boldsymbol{B}$

(C) $\boldsymbol{A}(\boldsymbol{A}+\boldsymbol{B})^{-1}\boldsymbol{B}$　　(D) $(\boldsymbol{A}+\boldsymbol{B})^{-1}$

2. 填空题.

(1)(**2006 年,数学一**)　设矩阵 $\boldsymbol{A}=\begin{pmatrix}2&1\\-1&2\end{pmatrix}$,$\boldsymbol{I}$ 为 2 阶单位矩阵,矩阵 $\boldsymbol{B}$ 满足 $\boldsymbol{BA}=\boldsymbol{B}+2\boldsymbol{I}$,则 $|\boldsymbol{B}|=$______.

(2)(**2005 年,数学一**)　设 $\boldsymbol{\alpha}_1$、$\boldsymbol{\alpha}_2$、$\boldsymbol{\alpha}_3$ 均为 3 维列向量,记矩阵 $\boldsymbol{A}=(\boldsymbol{\alpha}_1,\boldsymbol{\alpha}_2,\boldsymbol{\alpha}_3)$,$\boldsymbol{B}=(\boldsymbol{\alpha}_1+\boldsymbol{\alpha}_2+\boldsymbol{\alpha}_3,\boldsymbol{\alpha}_1+2\boldsymbol{\alpha}_2+4\boldsymbol{\alpha}_3,\boldsymbol{\alpha}_1+3\boldsymbol{\alpha}_2+9\boldsymbol{\alpha}_3)$,如果 $|\boldsymbol{A}|=1$,则 $|\boldsymbol{B}|=$______.

(3)(**2010 年,数学二**)　设 $\boldsymbol{A}$、$\boldsymbol{B}$ 为 3 阶矩阵,且 $|\boldsymbol{A}|=3$,$|\boldsymbol{B}|=2$,$|\boldsymbol{A}^{-1}+\boldsymbol{B}|=2$,则 $|\boldsymbol{A}+\boldsymbol{B}^{-1}|=$______.

(4)(**2012 年,数学二**)　设 $\boldsymbol{A}$ 为 3 阶矩阵,$|\boldsymbol{A}|=3$,$\boldsymbol{A}^*$ 为 $\boldsymbol{A}$ 伴随矩阵,若交换 $\boldsymbol{A}$ 的第一行与第二行得矩阵 $\boldsymbol{B}$,则 $|\boldsymbol{BA}^*|=$______.

(5)(**2013 年,数学一**) 设 $\boldsymbol{A}=(a_{ij})$是 3 阶非零矩阵,$|\boldsymbol{A}|$为 $\boldsymbol{A}$ 的行列式,$\boldsymbol{A}_{ij}$为 $\boldsymbol{A}$ 的代数余子式,若 $a_{ij}+\boldsymbol{A}_{ij}=0(i,j=1,2,3)$,则$|\boldsymbol{A}|=$______.

(6)(**2004 年,数学一**) 设矩阵 $\boldsymbol{A}=\begin{pmatrix}2&1&0\\1&2&0\\0&0&1\end{pmatrix}$,矩阵 $\boldsymbol{B}$ 满足 $\boldsymbol{ABA}^*=2\boldsymbol{BA}^*+\boldsymbol{I}$,其中 $\boldsymbol{A}^*$ 为 $\boldsymbol{A}$ 的伴随矩阵,$\boldsymbol{I}$ 是单位矩阵,则$|\boldsymbol{B}|=$______.

(7)(**2003 年,数学二**) 设 3 阶方阵 $\boldsymbol{A}$、$\boldsymbol{B}$ 满足关系式 $\boldsymbol{A}^2\boldsymbol{B}-\boldsymbol{A}-\boldsymbol{B}=\boldsymbol{I}$,其中 $\boldsymbol{I}$ 是 3 阶单位矩阵,若 $\boldsymbol{A}=\begin{pmatrix}1&0&1\\0&2&0\\-2&0&1\end{pmatrix}$,则$|\boldsymbol{B}|=$______.

(8)(**1998 年,数学四**) 设 $\boldsymbol{A}$、$\boldsymbol{B}$ 均为 n 阶方阵,$|\boldsymbol{A}|=2$,$|\boldsymbol{B}|=-3$,则行列式$|2\boldsymbol{A}^*\boldsymbol{B}^{-1}|=$______.

(9)(**1996 年,数学一**) 设 $\boldsymbol{A}$ 为 4×3 矩阵,且 $\boldsymbol{A}$ 的秩 $r(\boldsymbol{A})=2$,而 $\boldsymbol{B}=\begin{pmatrix}1&0&2\\0&2&0\\-1&0&3\end{pmatrix}$,则 $r(\boldsymbol{AB})=$______.

(10)(**2007 年,数学一**) 设矩阵 $\boldsymbol{A}=\begin{pmatrix}0&1&0&0\\0&0&1&0\\0&0&0&1\\0&0&0&0\end{pmatrix}$,则 $\boldsymbol{A}^3$ 的秩为______.

(11)(**1992 年,数学一**) 设 a_i、$b_i\neq0\ (i=1,2,\cdots,n)$,则矩阵 $\boldsymbol{A}=\begin{pmatrix}a_1b_1&a_1b_2&\cdots&a_1b_n\\a_2b_1&a_2b_2&\cdots&a_2b_n\\\vdots&\vdots&&\vdots\\a_nb_1&a_nb_2&\cdots&a_nb_n\end{pmatrix}$的秩 $r(\boldsymbol{A})=$______.

(12)(**1996 年,数学一**) 设有 3 阶方阵 $\boldsymbol{A}$、$\boldsymbol{B}$,它们满足关系式 $\boldsymbol{A}^{-1}\boldsymbol{BA}=6\boldsymbol{A}+\boldsymbol{BA}$,且 $\boldsymbol{A}=\begin{pmatrix}\frac{1}{3}&0&0\\0&\frac{1}{4}&0\\0&0&\frac{1}{7}\end{pmatrix}$,则 $\boldsymbol{B}=$______.

(13)(**2003 年,数学二**) 设 $\boldsymbol{\alpha}$ 为 3 维列向量,$\boldsymbol{\alpha}^{\mathrm{T}}$ 是 $\boldsymbol{\alpha}$ 的转置. 若 $\boldsymbol{\alpha\alpha}^{\mathrm{T}}=\begin{pmatrix}1&-1&1\\-1&1&-1\\1&-1&1\end{pmatrix}$,则 $\boldsymbol{\alpha}^{\mathrm{T}}\boldsymbol{\alpha}=$______.

(14)(**1994 年,数学一**)　已知 $\boldsymbol{\alpha}=(1,2,3)$,$\boldsymbol{\beta}=\left(1,\frac{1}{2},\frac{1}{3}\right)$,设 $\boldsymbol{A}=\boldsymbol{\alpha}^{\mathrm{T}}\boldsymbol{\beta}$,则 $\boldsymbol{A}^n$ =______.

(15)(**2000 年,数学四**)　设 $\boldsymbol{\alpha}=(1,0,-1)^{\mathrm{T}}$,矩阵 $\boldsymbol{A}=\boldsymbol{\alpha}\boldsymbol{\alpha}^{\mathrm{T}}$,$n$ 为正整数,则 $|a\boldsymbol{I}-\boldsymbol{A}^n|$ =______.

(16)(**2001 年,数学一**)　设 $\boldsymbol{A}^2+\boldsymbol{A}-4\boldsymbol{I}=\boldsymbol{O}$,则 $(\boldsymbol{A}-2\boldsymbol{I})^{-1}=$______.

(17)(**1991 年,数学一**)　设 $\boldsymbol{A}=\begin{pmatrix}5&2&0&0\\2&1&0&0\\0&0&1&-2\\0&0&1&1\end{pmatrix}$,则 $\boldsymbol{A}^{-1}=$______.

(18)(**1994 年,数学三**)　设 $\boldsymbol{A}=\begin{pmatrix}0&a_1&0&\cdots&0\\0&0&a_2&\cdots&0\\\vdots&\vdots&\vdots&&\vdots\\0&0&0&\cdots&a_{n-1}\\a_n&0&0&\cdots&0\end{pmatrix}$,其中 $a_i\neq0(i=1,2,\cdots,n)$,则 $\boldsymbol{A}^{-1}=$______.

(19)(**1991 年,数学一**)　设 $\boldsymbol{A}=\begin{pmatrix}1&0&0&0\\-2&3&0&0\\0&-4&5&0\\0&0&-6&7\end{pmatrix}$,$\boldsymbol{B}=(\boldsymbol{I}+\boldsymbol{A})^{-1}(\boldsymbol{I}-\boldsymbol{A})$,$\boldsymbol{I}$ 为 4 阶单位矩阵,则 $(\boldsymbol{I}+\boldsymbol{B})^{-1}=$______.

(20)(**1998 年,数学三**)　设 $\boldsymbol{A},\boldsymbol{B}$ 满足 $\boldsymbol{A}^*\boldsymbol{B}\boldsymbol{A}=2\boldsymbol{B}\boldsymbol{A}-8\boldsymbol{I}$,其中 $\boldsymbol{A}=\begin{pmatrix}1&&\\&-2&\\&&1\end{pmatrix}$,$\boldsymbol{I}$ 为单位矩阵,$\boldsymbol{A}^*$ 为 $\boldsymbol{A}$ 的伴随矩阵,则 $\boldsymbol{B}=$______.

3.(**2000 年,数学一**)　某适应性生产线每年 1 月份进行熟练工与非熟练工的人数统计,然后将 $\frac{1}{6}$ 熟练工支援其他生产部门,其缺额由招收新的非熟练工补齐. 新、老非熟练工经过培训及实践至年终考核有 $\frac{2}{5}$ 成为熟练工. 设第 n 年 1 月份统计的熟练工与非熟练工所占百分比分别为 x_n 和 y_n,记成向量 $\begin{pmatrix}x_n\\y_n\end{pmatrix}$. 求 $\begin{pmatrix}x_{n+1}\\y_{n+1}\end{pmatrix}$ 与 $\begin{pmatrix}x_n\\y_n\end{pmatrix}$ 的关系式,并写成矩阵 $\begin{pmatrix}x_{n+1}\\y_{n+1}\end{pmatrix}=\boldsymbol{A}\begin{pmatrix}x_n\\y_n\end{pmatrix}$ 的形式.

4.(**2008 年,数学一**)　设 $\boldsymbol{A}=\boldsymbol{\alpha}\boldsymbol{\alpha}^{\mathrm{T}}+\boldsymbol{\beta}\boldsymbol{\beta}^{\mathrm{T}}$,$\boldsymbol{\alpha}^{\mathrm{T}}$ 为 $\boldsymbol{\alpha}$ 的转置,$\boldsymbol{\beta}^{\mathrm{T}}$ 为 $\boldsymbol{\beta}$ 的转置. 证明:$r(\boldsymbol{A})\leqslant2$.

5.(2000 年,数学一) 设矩阵 $\boldsymbol{A}$ 的伴随矩阵 $\boldsymbol{A}^*=\begin{pmatrix}1&0&0&0\\0&1&0&0\\1&0&1&0\\0&-3&0&8\end{pmatrix}$,且 $\boldsymbol{ABA}^{-1}=\boldsymbol{BA}^{-1}+3\boldsymbol{I}$,其中 $\boldsymbol{I}$ 是 4 阶单位矩阵,求矩阵 $\boldsymbol{B}$.

6.(1997 年,数学一) 设 $\boldsymbol{A}$ 是 n 阶可逆方阵,将 $\boldsymbol{A}$ 的第 i 行和第 j 行对换后得到的矩阵记为 $\boldsymbol{B}$.

(1) 证明:$\boldsymbol{B}$ 可逆;

(2) 求 $\boldsymbol{AB}^{-1}$.

7.(1996 年,数学一) 设 $\boldsymbol{A}=\boldsymbol{I}-\boldsymbol{\xi}\boldsymbol{\xi}^{\mathrm{T}}$,其中 $\boldsymbol{I}$ 是 n 阶单位矩阵,$\boldsymbol{\xi}$ 是 n 维非零列向量,$\boldsymbol{\xi}^{\mathrm{T}}$ 是 $\boldsymbol{\xi}$ 的转置. 证明:

(1) $\boldsymbol{A}^2=\boldsymbol{A}$ 的充分条件是 $\boldsymbol{\xi}^{\mathrm{T}}\boldsymbol{\xi}=1$;

(2) 当 $\boldsymbol{\xi}^{\mathrm{T}}\boldsymbol{\xi}=1$ 时,$\boldsymbol{A}$ 是不可逆矩阵.

8.(1995 年,数学一) 设 $\boldsymbol{A}$ 是 n 阶矩阵,满足 $\boldsymbol{AA}^{\mathrm{T}}=\boldsymbol{I}$,$|\boldsymbol{A}|<0$,求 $|\boldsymbol{A}+\boldsymbol{I}|$.

9.(1994 年,数学一) 设 $\boldsymbol{A}$ 是 n 阶非零方阵,$\boldsymbol{A}^{\mathrm{T}}$ 为 $\boldsymbol{A}$ 的转置矩阵,$\boldsymbol{A}^*$ 为 $\boldsymbol{A}$ 的伴随矩阵,当 $\boldsymbol{A}^*=\boldsymbol{A}^{\mathrm{T}}$ 时,证明:$|\boldsymbol{A}|\neq 0$.

10.(1990 年,数学一) 设 4 阶矩阵 $\boldsymbol{B}=\begin{pmatrix}1&-1&0&0\\0&1&-1&0\\0&0&1&-1\\0&0&0&1\end{pmatrix}$,$\boldsymbol{C}=\begin{pmatrix}2&1&3&4\\0&2&1&3\\0&0&2&1\\0&0&0&2\end{pmatrix}$,矩阵 $\boldsymbol{A}$ 满足关系式 $\boldsymbol{A}(\boldsymbol{I}-\boldsymbol{C}^{-1}\boldsymbol{B})^{\mathrm{T}}\boldsymbol{C}^{\mathrm{T}}=\boldsymbol{I}$,其中 $\boldsymbol{I}$ 为 4 阶单位矩阵,$\boldsymbol{C}^{-1}$ 表示 $\boldsymbol{C}$ 的逆矩阵,$\boldsymbol{C}^{\mathrm{T}}$ 表示 $\boldsymbol{C}$ 的转置矩阵. 将上述关系式化简并求矩阵 $\boldsymbol{A}$.

11.(1992 年,数学四) 已知实矩阵 $\boldsymbol{A}=(a_{ij})_{3\times 3}$ 满足下列条件:

(1) $a_{ij}=A_{ij}(i,j=1,2,3)$,其中 A_{ij} 是 a_{ij} 的代数余子式;

(2) $a_{11}\neq 0$.

计算行列式 $|\boldsymbol{A}|$.

第3章 向量组与线性方程组

本章进一步讨论线性方程组的求解问题.由于科学工程技术和工商领域中的各种变量很多都是呈线性关系,或者可以通过“线性化”转化为线性关系,因此线性方程组的讨论也就显得格外的重要.线性方程组是线性代数的核心,本章使用它来引入线性代数的许多重要概念.向量组的线性相关性是为了进一步提示线性方程组的解的内在规律而引入的,它们之间的关系通过矩阵的联系而更加紧密.

本章首先介绍高斯消元法,然后讨论向量组的线性相关性和向量组秩的概念,在此基础上着重介绍线性方程组的解的存在性、线性方程组的解法与解的结构,最后介绍向量空间,并且利用向量空间的术语将矩阵的重要知识联结在一起.

学好本章的内容可以为线性代数的学习打下牢固的基础.

3.1 高斯消元法

1. 消元过程与回代过程

第1章介绍了利用行列式的性质求解 n 个未知量 n 个方程的非齐次线性方程组的克莱姆法则.但是当方程的个数与未知量的个数不同时,没有系数行列式,因此不能利用克莱姆法则来求解这种 n 个未知量 m 个方程的非齐次线性方程组.因此回过头来分析一下初等代数中是如何利用消元法求解三元一次方程组的,以便将它推广到 n 元非齐次线性方程组的求解中去.首先看一个利用高斯消元法(简称消元法)求解的简单例子.

例1 用消元法求解下列线性方程组

$$\begin{cases} 2x_1+3x_2-2x_3=2 & ① \\ x_1+x_2=3 & ② \\ x_1+x_2-x_3=-6 & ③ \end{cases} \tag{3.1.1}$$

解 将原方程组中的方程①与②交换,得

$$\begin{cases} x_1+x_2=3 & ① \\ 2x_1+3x_2-2x_3=2 & ② \\ x_1+x_2-x_3=-6 & ③ \end{cases} \tag{3.1.2}$$

再分别用(−2)与(−1)乘以方程组(3.1.2)中的方程①后加到方程②与③,可得

$$\begin{cases} x_1+x_2 \qquad\quad =3 & \text{①} \\ \qquad x_2-2x_3=-4 & \text{②} \\ \qquad\quad -\ x_3=-9 & \text{③} \end{cases} \tag{3.1.3}$$

再将方程组(3.1.3)中的方程③乘以(−1),得

$$\begin{cases} x_1+x_2 \qquad\quad =3 & \text{①} \\ \qquad x_2-2x_3=-4 & \text{②} \\ \qquad\qquad x_3=9 & \text{③} \end{cases} \tag{3.1.4}$$

通常把方程组(3.1.1)变为方程组(3.1.4)的过程称为**消元过程**,此时对应于方程组(3.1.4)的系数矩阵是一个行阶梯形矩阵,因此称方程组(3.1.4)为**行阶梯形方程组**.

从上述解题过程可知,用消元法求解线性方程组的具体做法就是对方程组反复实施下面的三种变换.

(1) 交换某两个方程的次序.

(2) 用一个非零常数乘某一个方程的两边.

(3) 将一个方程的倍数加到另一个方程上去.

以上这三种变换称为**线性方程组的初等变换**.消元法的目的就是利用方程组的初等变换将原方程组化为阶梯形方程组(3.1.4).由于方程组(3.1.4)也可用类似的初等变换还原为原方程组,因此,这个阶梯形方程组与原线性方程组同解.进一步地,对这个同解方程组继续施以初等变换,可得

$$\begin{cases} x_1+x_2 \qquad\quad =3 \\ \qquad x_2-2x_3=-4 \\ \qquad\qquad x_3=9 \end{cases} \Rightarrow \begin{cases} x_1+x_2 \qquad =3 \\ \qquad x_2 \qquad =14 \\ \qquad\qquad x_3=9 \end{cases} \Rightarrow \begin{cases} x_1=-11 \\ x_2=14 \\ x_3=9 \end{cases} \tag{3.1.5}$$

通常把上面的这一求解过程称为**回代过程**.而消元过程和回代过程合起来就称为**高斯消元法**(简称**消元法**).

从第 2 章可知,线性方程组与其增广矩阵是一一对应的,则上述对方程组的初等变换实际上等价于增广矩阵的初等行变换,详见表 3-1.

表 3-1　方程组的初等变换与增广矩阵的初等行变换

方程组的初等变换	增广矩阵的初等行变换
$\begin{cases} 2x_1+3x_2-2x_3=2 \\ x_1+x_2=3 \\ x_1+x_2-x_3=-6 \end{cases}$	$\widetilde{\boldsymbol{A}}=\begin{pmatrix} 2 & 3 & -2 & 2 \\ 1 & 1 & 0 & 3 \\ 1 & 1 & -1 & -6 \end{pmatrix}$
方程①与②交换,可得 $\begin{cases} x_1+x_2=3 & \text{①} \\ 2x_1+3x_2-2x_3=2 & \text{②} \\ x_1+x_2-x_3=-6 & \text{③} \end{cases}$	$\xrightarrow{r_2\leftrightarrow r_1}\begin{pmatrix} 1 & 1 & 0 & 3 \\ 2 & 3 & -2 & 2 \\ 1 & 1 & -1 & -6 \end{pmatrix}$

续表

方程组的初等变换	增广矩阵的初等行变换
$(-2)\times$①$+$②、$(-1)\times$①$+$③，可得 $\begin{cases} x_1+x_2=3 & ① \\ x_2-2x_3=-4 & ② \\ -x_3=-9 & ③ \end{cases}$	$\xrightarrow[r_3-r_1]{r_2-2r_1}\begin{pmatrix} 1 & 1 & 0 & 3 \\ 0 & 1 & -2 & -4 \\ 0 & 0 & -1 & -9 \end{pmatrix}$
$(-1)\times$③，可得 $\begin{cases} x_1+x_2=3 & ① \\ x_2-2x_3=-4 & ② \\ x_3=9 & ③ \end{cases}$	$\xrightarrow{r_3\times(-1)}\begin{pmatrix} 1 & 1 & 0 & 3 \\ 0 & 1 & -2 & -4 \\ 0 & 0 & 1 & 9 \end{pmatrix}$
$2\times$③$+$②，可得 $\begin{cases} x_1+x_2=3 & ① \\ x_2=14 & ② \\ x_3=9 & ③ \end{cases}$	$\xrightarrow{r_2+2r_3}\begin{pmatrix} 1 & 1 & 0 & 3 \\ 0 & 1 & 0 & 14 \\ 0 & 0 & 1 & 9 \end{pmatrix}$
$(-1)\times$②$+$①，可得 $\begin{cases} x_1=-11 \\ x_2=14 \\ x_3=9 \end{cases}$	$\xrightarrow{r_1-r_2}\begin{pmatrix} 1 & 0 & 0 & -11 \\ 0 & 1 & 0 & 14 \\ 0 & 0 & 1 & 9 \end{pmatrix}$

注：高斯消元法的思想早在我国古代数学专著《九章算术》上面就有完整的记载，这要比西方早一千多年，是值得骄傲的伟大成就.

由表 3-1 可以发现，用高斯消元法求解线性方程组(3.1.1)的过程，实际上就是把线性方程组的增广矩阵施以初等行变换的过程，实施初等行变换的目的是为了把增广矩阵化为行阶梯形矩阵，最终再化为行最简形矩阵，而行最简形矩阵代表的方程组的解即为方程组(3.1.5)的解.

注：将方程组(3.1.1)的增广矩阵化为相应的行阶梯形矩阵并不是唯一的，所以将方程组(3.1.1)化为相应的行阶梯形方程组也不是唯一的，但行最简形矩阵是唯一的.

2. 线性方程组解的讨论

通过例 1 可知，用高斯消元法解三元一次方程组的过程，相当于对该方程组的增广矩阵作初等行变换. 下面将这一方法用于求解一般线性方程组.

设有 n 个未知量 m 个方程的非齐次线性方程组

$$\begin{cases} a_{11}x_1+a_{12}x_2+\cdots+a_{1n}x_n=b_1, \\ a_{21}x_1+a_{22}x_2+\cdots+a_{2n}x_n=b_2, \\ \qquad\qquad\vdots \\ a_{m1}x_1+a_{m2}x_2+\cdots+a_{mn}x_n=b_m. \end{cases}$$

上面的线性方程组可以写成如下的**矩阵形式**

$$\boldsymbol{Ax}=\boldsymbol{b},$$

其中
$$A=\begin{pmatrix} a_{11} & a_{12} & \cdots & a_{1n} \\ a_{21} & a_{22} & \cdots & a_{2n} \\ \vdots & \vdots & & \vdots \\ a_{m1} & a_{m2} & \cdots & a_{mn} \end{pmatrix},$$
$$x=\begin{pmatrix} x_1 \\ x_2 \\ \vdots \\ x_n \end{pmatrix},\quad b=\begin{pmatrix} b_1 \\ b_2 \\ \vdots \\ b_m \end{pmatrix}.$$

相应地,方程组的增广矩阵记为
$$\widetilde{A}=(A,b)=\begin{pmatrix} a_{11} & a_{12} & \cdots & a_{1n} & b_1 \\ a_{21} & a_{22} & \cdots & a_{2n} & b_2 \\ \vdots & \vdots & & \vdots & \vdots \\ a_{m1} & a_{m2} & \cdots & a_{mn} & b_m \end{pmatrix}.$$

一般地,若线性方程组有解,则称为**相容方程组**,否则称为**不相容**或**矛盾方程组**.线性方程组有解的情况又分为两种:有唯一解和有无穷多解.

例 2 求解下列线性方程组
$$\begin{cases} 2x_1+x_2+3x_3=6, \\ 3x_1+2x_2+x_3=1, \\ 5x_1+3x_2+4x_3=27. \end{cases}$$

解
$$\widetilde{A}=(A,b)=\begin{pmatrix} 2 & 1 & 3 & 6 \\ 3 & 2 & 1 & 1 \\ 5 & 3 & 4 & 27 \end{pmatrix}$$
$$\xrightarrow{r_2-r_1}\begin{pmatrix} 2 & 1 & 3 & 6 \\ 1 & 1 & -2 & -5 \\ 5 & 3 & 4 & 27 \end{pmatrix}$$
$$\xrightarrow[r_3-5r_1]{\substack{r_1\leftrightarrow r_2 \\ r_2-2r_1}}\begin{pmatrix} 1 & 1 & -2 & -5 \\ 0 & -1 & 7 & 16 \\ 0 & -2 & 14 & 52 \end{pmatrix}$$
$$\xrightarrow[r_3+2r_2]{-r_2}\begin{pmatrix} 1 & 1 & -2 & -5 \\ 0 & 1 & -7 & -16 \\ 0 & 0 & 0 & 20 \end{pmatrix}.$$

行阶梯形矩阵最后一行对应的线性方程为:$0=20$,矛盾! 所以原线性方程组无解.

例 3 求解下列线性方程组
$$\begin{cases} x_1-x_2+2x_3=6, \\ 2x_1+x_2+x_3=3, \\ x_1+2x_2-x_3=-3. \end{cases}$$

解

$$\widetilde{\boldsymbol{A}}=\begin{pmatrix}1&-1&2&6\\2&1&1&3\\1&2&-1&-3\end{pmatrix}\xrightarrow[r_3-r_1]{r_2-2r_1}\begin{pmatrix}1&-1&2&6\\0&3&-3&-9\\0&3&-3&-9\end{pmatrix}$$

$$\xrightarrow[\frac{1}{3}r_2]{r_3-r_2}\begin{pmatrix}1&-1&2&6\\0&1&-1&-3\\0&0&0&0\end{pmatrix}\xrightarrow{r_1+r_2}\begin{pmatrix}1&0&1&3\\0&1&-1&-3\\0&0&0&0\end{pmatrix}.$$

行最简形矩阵对应的线性方程组为

$$\begin{cases}x_1 \quad\;\; +x_3=3,\\ \quad\;\; x_2-x_3=-3.\end{cases}$$

可得方程组的解为

$$\begin{cases}x_1=-x_3+3,\\ x_2=x_3-3.\end{cases}$$

发现未知量 x_1、x_2 的取值依赖于 x_3 的取值，而 x_3 的取值可以自由选取，称 x_3 为**自由未知量**，可自由取值，取 $x_3=C$(其中 C 为任意常数)，即方程组的解为

$$\begin{cases}x_1=-C+3,\\ x_2=C-3,\\ x_3=C\end{cases}\quad(\text{其中 } C \text{ 为任意常数}).$$

显然该方程组有无穷多解.

通过例 1、例 2、例 3 发现，利用方程组系数矩阵 $\boldsymbol{A}$ 的秩与增广矩阵 $\widetilde{\boldsymbol{A}}=(\boldsymbol{A},\boldsymbol{b})$ 的秩，可以方便地讨论线性方程组是否有解以及有解时解是否唯一的问题.

定理　设有 n 个未知量 m 个方程的非齐次线性方程组 $\boldsymbol{Ax}=\boldsymbol{b}$，则

(1) $\boldsymbol{Ax}=\boldsymbol{b}$ 无解 $\Leftrightarrow r(\boldsymbol{A})<r(\widetilde{\boldsymbol{A}})$.

(2) $\boldsymbol{Ax}=\boldsymbol{b}$ 有唯一解 $\Leftrightarrow r(\boldsymbol{A})=r(\widetilde{\boldsymbol{A}})=n$.

(3) $\boldsymbol{Ax}=\boldsymbol{b}$ 有无穷多解 $\Leftrightarrow r(\boldsymbol{A})=r(\widetilde{\boldsymbol{A}})<n$.

证　无需证明条件的必要性，因为上面三条结论中每一条的必要性都是另两条充分性的逆否命题. 设 $r(\boldsymbol{A})=r$，下面证明该定理充分性.

不妨设 $a_{11}\neq 0$(否则将第一个方程与另一个方程互换位置即可满足)，利用第一个方程做初等变换消去后面方程中的未知量 x_1，得到同解方程组. 这相当于对原方程组的增广矩阵作一系列初等行变换，将其化为

$$\widetilde{\boldsymbol{A}} \to \begin{pmatrix} a_{11} & a_{12} & \cdots & a_{1n} & b_1 \\ 0 & a_{22}^{(1)} & \cdots & a_{2n}^{(1)} & b_2^{(1)} \\ \vdots & \vdots & & \vdots & \vdots \\ 0 & a_{m2}^{(1)} & \cdots & a_{mn}^{(1)} & b_m^{(1)} \end{pmatrix} \triangleq \boldsymbol{B}_1.$$

再不妨设 $a_{22}^{(1)} \neq 0$，并利用第二个方程做初等变换消去后面方程中的未知量 x_2，得到同解方程组. 如此继续下去，设可将原方程组的增广矩阵化为行阶梯形矩阵

$$\boldsymbol{B}_1 \to \begin{pmatrix} c_{11} & c_{12} & \cdots & c_{1r} & c_{1,r+1} & \cdots & c_{1n} & d_1 \\ 0 & c_{22} & \cdots & c_{2r} & c_{2,r+1} & \cdots & c_{2n} & d_2 \\ \vdots & \vdots & & \vdots & \vdots & & \vdots & \vdots \\ 0 & 0 & 0 & c_{rr} & c_{r,r+1} & \cdots & c_{rn} & d_r \\ 0 & 0 & \cdots & 0 & 0 & \cdots & 0 & d_{r+1} \\ 0 & 0 & \cdots & 0 & 0 & \cdots & 0 & 0 \\ \vdots & \vdots & & \vdots & \vdots & & \vdots & \vdots \\ 0 & 0 & \cdots & 0 & 0 & \cdots & 0 & 0 \end{pmatrix} \triangleq \boldsymbol{B}_t.$$

于是，有如下证明过程.

(1) 当 $r(\boldsymbol{A}) = r < r(\widetilde{\boldsymbol{A}})$ 时，显然有 $d_{r+1} \neq 0$，$r(\widetilde{\boldsymbol{A}}) = r+1$，且 $\boldsymbol{B}_t$ 中的第 $r+1$ 行对应的方程是一个矛盾方程 $0 = d_{r+1}$，所以原方程组无解.

(2) 当 $r(\boldsymbol{A}) = r = r(\widetilde{\boldsymbol{A}}) = n$ 时，显然有 $d_{r+1} = 0$(或 d_{r+1} 不出现)，$\boldsymbol{B}_t$ 对应的同解方程组为

$$\begin{cases} c_{11}x_1 + c_{12}x_2 + \cdots + c_{1n}x_n = d_1, \\ \qquad c_{22}x_2 + \cdots + c_{2n}x_n = d_2, \\ \qquad\qquad \vdots \\ \qquad\qquad c_{nn}x_n = d_n. \end{cases}$$

由于上式左端的系数行列式等于 $c_{11}c_{22}\cdots c_{nn} \neq 0$，由克莱姆法则知，方程组有唯一解，从而原方程组也有唯一解.

(3) 当 $r(\boldsymbol{A}) = r = r(\widetilde{\boldsymbol{A}}) < n$ 时，显然也有 $d_{r+1} = 0$，$\boldsymbol{B}_t$ 对应的同解方程组为

$$\begin{cases} c_{11}x_1 + c_{12}x_2 + \cdots + c_{1r}x_r = d_1 - c_{1,r+1}x_{r+1} - \cdots - c_{1n}x_n, \\ \qquad c_{22}x_2 + \cdots + c_{2r}x_r = d_2 - c_{2,r+1}x_{r+1} - \cdots - c_{2n}x_n, \\ \qquad\qquad \vdots \\ \qquad\qquad c_{rr}x_r = d_r - c_{r,r+1}x_{r+1} - \cdots - c_{rn}x_n. \end{cases}$$

由于上式左端的系数行列式 $c_{11}c_{22}\cdots c_{rr} \neq 0$，由克莱姆法则知，对任意给定的一组值

$$x_{r+1} = k_{r+1}, x_{r+2} = k_{r+2}, \cdots, x_n = k_n,$$

方程组有唯一解

$$x_1 = k_1, x_2 = k_2, \cdots, x_r = k_r,$$

从而 $\boldsymbol{x} = (k_1, k_2, \cdots, k_n)^{\mathrm{T}}$ 就是原方程组的一组解，所以原方程组有无穷多解.

上述证明过程实际上给出了求解 n 元非齐次线性方程组 $\boldsymbol{Ax} = \boldsymbol{b}$ 的一般步骤，有以下

四步.

(1) 用初等行变换将线性方程组 $\boldsymbol{Ax}=\boldsymbol{b}$ 的增广矩阵 $\widetilde{\boldsymbol{A}}=(\boldsymbol{A},\boldsymbol{b})$ 化为行阶梯形矩阵 $\boldsymbol{B}_t$，求出 $\boldsymbol{A}$ 和 $\widetilde{\boldsymbol{A}}$ 的秩.

(2) 直接观察 $r(\boldsymbol{A})$ 与 $r(\widetilde{\boldsymbol{A}})$ 是否相等.

若 $r(\boldsymbol{A})<r(\widetilde{\boldsymbol{A}})$，则原方程组无解；

若 $r(\boldsymbol{A})=r(\widetilde{\boldsymbol{A}})=n$，则原方程组有唯一解；

若 $r(\boldsymbol{A})=r(\widetilde{\boldsymbol{A}})=r<n$，则原方程组有无穷多解.

(3) 在有解的情况下，继续对 $\widetilde{\boldsymbol{A}}$ 的行阶梯形矩阵 $\boldsymbol{B}_t$ 作初等行变换，最终化为行最简形矩阵，即

$$\boldsymbol{B}_t\rightarrow\begin{pmatrix}1 & 0 & \cdots & 0 & c'_{1,r+1} & \cdots & c'_{1n} & d'_1\\ & 1 & \cdots & 0 & c'_{2,r+1} & \cdots & c'_{2n} & d'_2\\ & & \ddots & \vdots & \vdots & & \vdots & \vdots\\ & & & 1 & c'_{r,r+1} & \cdots & c'_{m} & d'_r\\ & & & & 0 & \cdots & 0 & 0\\ & & & & \vdots & & \vdots & \vdots\\ & & & & 0 & \cdots & 0 & 0\end{pmatrix}.$$

(4) 写出原方程组的解.

若 $r(\boldsymbol{A})=r(\widetilde{\boldsymbol{A}})=n$，则原方程组有唯一解

$$\begin{cases}x_1=d'_1,\\ x_2=d'_2,\\ \quad\vdots\\ x_n=d'_n.\end{cases}$$

若 $r(\boldsymbol{A})=r(\widetilde{\boldsymbol{A}})=r<n$，则原方程组有无穷多解，取 $x_{r+1},x_{r+2},\cdots,x_n$ 为自由未知量.

$$\begin{cases}x_1=d'_1-c'_{1,r+1}x_{r+1}-\cdots-c'_{1n}x_n,\\ x_2=d'_2-c'_{2,r+1}x_{r+1}-\cdots-c'_{2n}x_n,\\ \quad\vdots\\ x_r=d'_r-c'_{r,r+1}x_{r+1}-\cdots-c'_{m}x_n.\end{cases}$$

令 $x_{r+1}=K_{r+1},x_{r+2}=K_{r+2},\cdots,x_n=K_n$，其中 $K_{r+1},K_{r+2},\cdots,K_n$ 为任意常数，则得到原方程组的全部解，也称为原方程组的**通解**，即

$$\begin{cases}x_1=d'_1-c'_{1,r+1}K_{r+1}-\cdots-c'_{1n}K_n,\\ x_2=d'_2-c'_{2,r+1}K_{r+1}-\cdots-c'_{2n}K_n,\\ \quad\vdots\\ x_r=d'_r-c'_{r,r+1}K_{r+1}-\cdots-c'_{m}K_n, & (K_{r+1},K_{r+2},\cdots,K_n\text{ 为任意常数}).\\ x_{r+1}=K_{r+1},\\ \quad\vdots\\ x_n\ =K_n.\end{cases}$$

注：当 $r(\mathbf{A})=r(\widetilde{\mathbf{A}})=r<n$ 时，方程组有无穷解时，并不是总是选 $x_{r+1},x_{r+2},\cdots,x_n$ 为自由未知量，选取哪些未知量为自由未知量是由方程组的系数矩阵 $\mathbf{A}$ 来决定的. 一般地，系数矩阵 $\mathbf{A}$ 中不为零的 r 阶子式所含的 r 个列以外的 $n-r$ 个列所对应的未知量称为**自由未知量**，因此自由未知量的选取可能不唯一. 为简单起见，一般选取与系数矩阵 $\mathbf{A}$ 等价的行最简形矩阵里面的 $n-r$ 个非主元列所对应的未知量为自由未知量.

特别地，在齐次线性方程组 $\mathbf{Ax}=\mathbf{0}$ 中，总有 $r(\mathbf{A})=r(\widetilde{\mathbf{A}})$，所以总有解存在(事实上齐次线性方程组的零解总存在).

推论 1　n 元齐次线性方程组 $\mathbf{Ax}=\mathbf{0}$ 只有零解的充分必要条件是系数矩阵 $\mathbf{A}$ 的秩等于未知量的个数 n，即 $r(\mathbf{A})=n$.

推论 2　n 元齐次线性方程组 $\mathbf{Ax}=\mathbf{0}$ 有非零解的充分必要条件是系数矩阵 $\mathbf{A}$ 的秩小于未知量的个数 n，即 $r(\mathbf{A})<n$.

例 4　求解齐次线性方程组 $\begin{cases} x_1+2x_2+2x_3+x_4=0, \\ 2x_1+x_2-2x_3-2x_4=0, \\ x_1-x_2-4x_3-3x_4=0. \end{cases}$

解　对系数矩阵 $\mathbf{A}$ 施行初等行变换，

$$\mathbf{A}=\begin{pmatrix} 1 & 2 & 2 & 1 \\ 2 & 1 & -2 & -2 \\ 1 & -1 & -4 & -3 \end{pmatrix}$$

$$\xrightarrow[r_3-r_1]{r_2-2r_1}\begin{pmatrix} 1 & 2 & 2 & 1 \\ 0 & -3 & -6 & -4 \\ 0 & -3 & -6 & -4 \end{pmatrix}$$

$$\xrightarrow[-\frac{1}{3}r_2]{r_3-r_2}\begin{pmatrix} 1 & 2 & 2 & 1 \\ 0 & 1 & 2 & \frac{4}{3} \\ 0 & 0 & 0 & 0 \end{pmatrix}$$

$$\xrightarrow{r_1-2r_2}\begin{pmatrix} 1 & 0 & -2 & -\frac{5}{3} \\ 0 & 1 & 2 & \frac{4}{3} \\ 0 & 0 & 0 & 0 \end{pmatrix}.$$

由于 $r(\mathbf{A})=2<4$，所以原齐次线性方程组有无穷解(非零解)，由行最简形矩阵即得与原方程组同解的方程组，并取 x_3,x_4 为自由未知量.

$$\begin{cases} x_1=2x_3+\frac{5}{3}x_4, \\ x_2=-2x_3-\frac{4}{3}x_4 \end{cases}\quad (x_3,x_4\text{ 可任意取值}),$$

令 $x_3=C_1,x_4=C_2(C_1,C_2$ 为任意常数)，则

$$\begin{cases} x_1 = 2C_1 + \dfrac{5}{3}C_2, \\ x_2 = -2C_1 - \dfrac{4}{3}C_2, \\ x_3 = C_1, \\ x_4 = C_2 \end{cases} \quad (C_1, C_2 \text{ 为任意常数}),$$

它表达了方程组的**全部解**，即为原齐次线性方程组的**通解**.

例 5　当 λ、μ 取何值时，线性方程组 $\begin{cases} x_1 + 2x_2 + 3x_3 = 6, \\ x_1 - x_2 + 6x_3 = 0, \\ 3x_1 - 2x_2 + \lambda x_3 = \mu \end{cases}$ 有如下的解.

(1) 无解；

(2) 唯一解；

(3) 无穷多解，并求出此时的通解.

解　对方程组增广矩阵 $\widetilde{\boldsymbol{A}} = (\boldsymbol{A}, \boldsymbol{b})$ 实施初等行变换，即

$$\widetilde{\boldsymbol{A}} = \begin{pmatrix} 1 & 2 & 3 & 6 \\ 1 & -1 & 6 & 0 \\ 3 & -2 & \lambda & \mu \end{pmatrix}$$

$$\xrightarrow[r_3 - 3r_1]{r_2 - r_1} \begin{pmatrix} 1 & 2 & 3 & 6 \\ 0 & -3 & 3 & -6 \\ 0 & -8 & \lambda - 9 & \mu - 18 \end{pmatrix}$$

$$\xrightarrow{r_3 - \frac{8}{3}r_2} \begin{pmatrix} 1 & 2 & 3 & 6 \\ 0 & -3 & 3 & -6 \\ 0 & 0 & \lambda - 17 & \mu - 2 \end{pmatrix}.$$

(1) 当 $\lambda - 17 = 0, \mu - 2 \neq 0$，即 $\lambda = 17, \mu \neq 2$ 时，

$$r(\widetilde{\boldsymbol{A}}) = 3, r(\boldsymbol{A}) = 2, r(\widetilde{\boldsymbol{A}}) \neq r(\boldsymbol{A}),$$

所以原方程组无解.

(2) 当 $\lambda - 17 \neq 0$，即 $\lambda \neq 17$ 时，

$$r(\widetilde{\boldsymbol{A}}) = r(\boldsymbol{A}) = 3,$$

所以原方程组有唯一解.

(3) 当 $\lambda - 17 = 0, \mu - 2 = 0$，即 $\lambda = 17, \mu = 2$ 时，

$$r(\widetilde{\boldsymbol{A}}) = r(\boldsymbol{A}) = 2 < 3,$$

所以原方程组有无穷多解.

此时，进一步对上述行阶梯形矩阵实施初等行变换，将其化为行最简形矩阵

$$\widetilde{\boldsymbol{A}} \to \begin{pmatrix} 1 & 2 & 3 & 6 \\ 0 & -3 & 3 & -6 \\ 0 & 0 & 0 & 0 \end{pmatrix}$$

$$\xrightarrow{-\frac{1}{3}r_2}\begin{pmatrix}1&2&3&6\\0&1&-1&2\\0&0&0&0\end{pmatrix}$$

$$\xrightarrow{r_1-2r_2}\begin{pmatrix}1&0&5&2\\0&1&-1&2\\0&0&0&0\end{pmatrix},$$

由行最简形矩阵即得与原方程组同解的方程组,并取 x_3 为自由未知量.

$$\begin{cases}x_1=2-5x_3,\\x_2=2+x_3.\end{cases}$$

令 $x_3=C$(C 为任意常数),则得原方程组的通解为

$$\begin{cases}x_1=2-5C,\\x_2=2+C,\\x_3=C\end{cases}\quad (C\text{ 为任意常数}).$$

习 题 3.1

1. 求解下列线性方程组.

(1) $\begin{cases}x_1+2x_2-x_3+2x_4=1,\\2x_1+4x_2+x_3+2x_4=5,\\-x_1-2x_2-2x_3+x_4=-4;\end{cases}$

(2) $\begin{cases}x_1+2x_3=-1,\\-x_1+x_2-3x_3=2,\\2x_1-x_2+5x_3=1;\end{cases}$

(3) $\begin{cases}x_1+2x_2-3x_3=-11,\\-x_1-x_2+x_3=7,\\2x_1-3x_2+x_3=6,\\-3x_1+x_2+2x_3=5;\end{cases}$

(4) $\begin{cases}x_1+x_2+x_3+x_4=2,\\2x_1+3x_2+3x_3+3x_4=3,\\x_2+x_3+x_4=-1,\\x_1-x_2-x_3+x_4=2;\end{cases}$

(5) $\begin{cases}x_1+2x_2+x_3=0,\\x_1+3x_2-x_3=0,\\2x_1+x_2-2x_3=0;\end{cases}$

(6) $\begin{cases}x_1-2x_2+3x_3-4x_4=0,\\x_2-x_3+x_4=0,\\x_1+3x_2-3x_4=0,\\-7x_2+3x_3+x_4=0;\end{cases}$

(7) $\begin{cases}x_1-x_2-x_3+x_4=0,\\x_1-x_2+x_3-3x_4=0,\\x_1-x_2-2x_3+3x_4=0;\end{cases}$

(8) $\begin{cases}x_1+2x_2+x_3-x_4=0,\\3x_1+6x_2-x_3-3x_4=0,\\5x_1+10x_2+x_3-5x_4=0.\end{cases}$

2. λ 取何值时,齐次线性方程组 $\begin{cases}x_1+x_2+x_3=0,\\x_1+\lambda x_2-x_3=0,\\2x_1+x_2-\lambda x_3=0\end{cases}$ 有非零解?

3. λ 取何值时，齐次线性方程组 $\begin{cases}\lambda x_1+x_2-x_3=0,\\ x_1+\lambda x_2-x_3=0,\\ 2x_1-x_2+x_3=0\end{cases}$ 仅有零解？

4. 当 λ 取何值时，线性方程组 $\begin{cases}\lambda x_1+x_2+x_3=1,\\ x_1+\lambda x_2+x_3=\lambda,\\ x_1+x_2+\lambda x_3=\lambda^2\end{cases}$ 有如下的解.

(1) 无解；

(2) 唯一解；

(3) 无穷多解.

3.2　向量组的线性相关性

在上一节里，利用高斯消元法得到了求解 n 元线性方程组的一般解法. 但是如何直接从 n 元线性方程组出发来讨论该方程组是否有解，以及 n 元线性方程组中各方程之间相互独立的方程个数是否唯一确定，这些问题都需要对 n 元线性方程组的求解作进一步的讨论. 为此，还需引入向量组的线性相关性.

1. 向量组的线性表示

在第 2 章讨论矩阵概念时已经给出过向量的概念，这里进一步表述如下.

定义 1　由 n 个有次序的数 $a_1,a_2,\cdots,a_n$ 组成的有序数组称为 n **维向量**，记为 $\boldsymbol{\alpha}$，向量 $\boldsymbol{\alpha}$ 中的第 i 个数 a_i 称为第 i 个**分量**.

根据第 2 章中关于向量的规定，分别有行向量和列向量（即行矩阵和列矩阵），因此，矩阵线性运算的规则也适用于 n 维行向量和 n 维列向量，并把 n 维行向量

$$\boldsymbol{\alpha}=\boldsymbol{\beta}^{\mathrm{T}}=(a_1,a_2,\cdots,a_n)$$

与 n 维列向量

$$\boldsymbol{\beta}=\begin{pmatrix}a_1\\a_2\\\vdots\\a_n\end{pmatrix}$$

看作两种不同的向量.

为方便起见，本书中的向量一般用小写黑体希腊字母 $\boldsymbol{\alpha}$、$\boldsymbol{\beta}$ 等表示，所讨论的向量在没有指明是复向量还是实向量时，都当作实向量.

例 1　已知四维向量 $\boldsymbol{\alpha}_1=(3,5,7,9)$，$\boldsymbol{\alpha}_2=(-1,5,2,0)$，若向量 $\boldsymbol{\alpha}_1$、$\boldsymbol{\alpha}_2$、$\boldsymbol{\beta}$ 满足方程 $3\boldsymbol{\alpha}_1-2\boldsymbol{\beta}=5\boldsymbol{\alpha}_2$，求 $\boldsymbol{\beta}$.

解　因为

$$3\boldsymbol{\alpha}_1-2\boldsymbol{\beta}=5\boldsymbol{\alpha}_2,$$

所以

$$\begin{aligned}2\boldsymbol{\beta}&=3\boldsymbol{\alpha}_1-5\boldsymbol{\alpha}_2\\&=3(3,5,7,9)-5(-1,5,2,0)\end{aligned}$$

$$=(14,-10,11,27).$$

从而
$$\boldsymbol{\beta}=\frac{1}{2}(14,-10,11,27)$$
$$=\left(7,-5,\frac{11}{2},\frac{27}{2}\right).$$

一般地,由若干个同维数的列向量(或同维数的行向量)所组成的集合称为**向量组**.例如,对于 n 元线性方程组

$$\begin{cases}a_{11}x_1+a_{12}x_2+\cdots+a_{1n}x_n=b_1,\\a_{21}x_1+a_{22}x_2+\cdots+a_{2n}x_n=b_2,\\\qquad\qquad\vdots\\a_{m1}x_1+a_{m2}x_2+\cdots+a_{mn}x_n=b_m,\end{cases}$$

给出它的**向量形式**

$$x_1\boldsymbol{\alpha}_1+x_2\boldsymbol{\alpha}_2+\cdots+x_n\boldsymbol{\alpha}_n=\boldsymbol{b},$$

其中
$$\boldsymbol{\alpha}_j=\begin{pmatrix}a_{1j}\\a_{2j}\\\vdots\\a_{mj}\end{pmatrix},\quad \boldsymbol{b}=\begin{pmatrix}b_1\\b_2\\\vdots\\b_m\end{pmatrix},$$

这里的 n 个 m 维列向量

$$\boldsymbol{\alpha}_j=\begin{pmatrix}a_{1j}\\a_{2j}\\\vdots\\a_{mj}\end{pmatrix}\quad(j=1,2,\cdots,n)$$

就组成向量组 $\boldsymbol{\alpha}_1,\boldsymbol{\alpha}_2,\cdots,\boldsymbol{\alpha}_n$,它是系数矩阵 $\boldsymbol{A}$ 的列分块,又称为 $\boldsymbol{A}$ 的列向量组.

同理,矩阵 $\boldsymbol{A}$ 的 m 个行分块所成的 n 维行向量为

$$\boldsymbol{\beta}_i=(a_{i1},a_{i2},\cdots,a_{in})\quad(i=1,2,\cdots,m),$$

它们组成的向量组 $\boldsymbol{\beta}_1,\boldsymbol{\beta}_2,\cdots,\boldsymbol{\beta}_m$ 称为 $\boldsymbol{A}$ 的行向量组.

反之,由有限个向量所组成的向量组可以构成一个矩阵.例如,m 个 n 维列向量所组成的向量组 $\boldsymbol{A}:\boldsymbol{\alpha}_1,\boldsymbol{\alpha}_2,\cdots,\boldsymbol{\alpha}_m$ 构成一个 $n\times m$ 矩阵

$$\boldsymbol{A}=(\boldsymbol{\alpha}_1,\boldsymbol{\alpha}_2,\cdots,\boldsymbol{\alpha}_m),$$

m 个 n 维行向量所组成的向量组 $\boldsymbol{B}:\boldsymbol{\beta}_1,\boldsymbol{\beta}_2,\cdots,\boldsymbol{\beta}_m$ 构成一个 $m\times n$ 矩阵

$$\boldsymbol{B}=\begin{pmatrix}\boldsymbol{\beta}_1\\\boldsymbol{\beta}_2\\\vdots\\\boldsymbol{\beta}_m\end{pmatrix}.$$

总之,含有有限个向量的有序向量组可以与矩阵一一对应,若把 n 个未知量 m 个方程的线性方程组写成矩阵形式 $\boldsymbol{Ax}=\boldsymbol{b}$,则方程组可以与它的增广矩阵 $\widetilde{\boldsymbol{A}}=(\boldsymbol{A},\boldsymbol{b})$ 一一对应,这

种对应若看成一个方程对应一个行向量，则方程组又与增广矩阵 $\widetilde{\boldsymbol{A}}$ 的行向量组对应，再根据方程组的向量形式：$x_1\boldsymbol{\alpha}_1+x_2\boldsymbol{\alpha}_2+\cdots+x_n\boldsymbol{\alpha}_n=\boldsymbol{b}$，则方程组与 $\widetilde{\boldsymbol{A}}$ 的列向量组 $\boldsymbol{\alpha}_1,\boldsymbol{\alpha}_2,\cdots,\boldsymbol{\alpha}_n,\boldsymbol{b}$ 之间也有一一对应的关系.

定义 2　设有向量组 $\boldsymbol{A}:\boldsymbol{\alpha}_1,\boldsymbol{\alpha}_2,\cdots,\boldsymbol{\alpha}_m$，若对任何一组实数 $k_1,k_2,\cdots,k_m$，由该向量组的线性运算所得的表达式 $k_1\boldsymbol{\alpha}_1+k_2\boldsymbol{\alpha}_2+\cdots+k_m\boldsymbol{\alpha}_m$ 称为向量组 $\boldsymbol{A}$ 的一个**线性组合**，$k_1,k_2,\cdots,k_m$ 称为这个线性组合的**系数**.

给定向量组 $\boldsymbol{A}:\boldsymbol{\alpha}_1,\boldsymbol{\alpha}_2,\cdots,\boldsymbol{\alpha}_m$ 和向量 $\boldsymbol{\beta}$，若至少存在一组实数 $k_1,k_2,\cdots,k_m$，使

$$\boldsymbol{\beta}=k_1\boldsymbol{\alpha}_1+k_2\boldsymbol{\alpha}_2+\cdots+k_m\boldsymbol{\alpha}_m \tag{3.2.1}$$

成立，则称向量 $\boldsymbol{\beta}$ 为向量组 $\boldsymbol{A}$ 的一个线性组合，这时称向量 $\boldsymbol{\beta}$ 可由向量组 $\boldsymbol{A}$ **线性表示**.

若一个向量组 $\boldsymbol{\beta}_1,\boldsymbol{\beta}_2,\cdots,\boldsymbol{\beta}_r$ 中的每一个向量皆可由 $\boldsymbol{A}$ 线性表示，称向量组 $\boldsymbol{\beta}_1,\boldsymbol{\beta}_2,\cdots,\boldsymbol{\beta}_r$ 可由 $\boldsymbol{A}$ **线性表示**，且有 $k_{1j},k_{2j},\cdots,k_{mj}\,(j=1,2,\cdots,r)$，使

$$\boldsymbol{\beta}_j=k_{1j}\boldsymbol{\alpha}_1+k_{2j}\boldsymbol{\alpha}_2+\cdots+k_{mj}\boldsymbol{\alpha}_m=(\boldsymbol{\alpha}_1,\boldsymbol{\alpha}_2,\cdots,\boldsymbol{\alpha}_m)\begin{pmatrix}k_{1j}\\k_{2j}\\\vdots\\k_{mj}\end{pmatrix}.$$

所以

$$(\boldsymbol{\beta}_1,\boldsymbol{\beta}_2,\cdots,\boldsymbol{\beta}_r)=(\boldsymbol{\alpha}_1,\boldsymbol{\alpha}_2,\cdots,\boldsymbol{\alpha}_m)\begin{pmatrix}k_{11}&k_{12}&\cdots&k_{1r}\\k_{21}&k_{22}&\cdots&k_{2r}\\\vdots&\vdots&&\vdots\\k_{m1}&k_{m2}&\cdots&k_{mr}\end{pmatrix},$$

其中矩阵 $\boldsymbol{K}_{m\times r}=(k_{ij})_{m\times r}$ 称为这一线性表示的**系数矩阵**.

由定义，向量 $\boldsymbol{b}$ 能由向量组 $\boldsymbol{A}$ 线性表示，也就是线性方程组 $x_1\boldsymbol{\alpha}_1+x_2\boldsymbol{\alpha}_2+\cdots+x_n\boldsymbol{\alpha}_n=\boldsymbol{b}$ 有解. 于是由上节的定理 1，可得下面的定理 1.

定理 1　给定列向量组 $\boldsymbol{A}:\boldsymbol{\alpha}_1,\boldsymbol{\alpha}_2,\cdots,\boldsymbol{\alpha}_n$ 和向量 $\boldsymbol{\beta}$，则向量 $\boldsymbol{\beta}$ 可由向量组 $\boldsymbol{A}$ 线性表示的充分必要条件是矩阵 $\boldsymbol{A}=(\boldsymbol{\alpha}_1,\boldsymbol{\alpha}_2,\cdots,\boldsymbol{\alpha}_n)$ 与 $\boldsymbol{B}=(\boldsymbol{\alpha}_1,\boldsymbol{\alpha}_2,\cdots,\boldsymbol{\alpha}_n,\boldsymbol{\beta})$ 的秩相等，即 $r(\boldsymbol{A})=r(\boldsymbol{B})$.

证　由于向量 $\boldsymbol{\beta}$ 可由向量组 $\boldsymbol{A}$ 线性表示的充分必要条件是线性方程组

$$x_1\boldsymbol{\alpha}_1+x_2\boldsymbol{\alpha}_2+\cdots+x_n\boldsymbol{\alpha}_n=\boldsymbol{\beta}$$

有解，再由该方程组有解的充分必要条件是其系数矩阵的秩等于增广矩阵的秩，因而向量 $\boldsymbol{\beta}$ 可由向量组 $\boldsymbol{A}$ 线性表示的充分必要条件是矩阵 $\boldsymbol{A}$ 的秩与矩阵 $\boldsymbol{B}$ 的秩相等.

例 2　设由四维向量组成的向量组为 $\boldsymbol{\alpha}_1=(2,-1,3,1)$，$\boldsymbol{\alpha}_2=(4,-2,5,4)$，$\boldsymbol{\alpha}_3=(2,-1,4,-1)$，求 $\boldsymbol{\alpha}_1,\boldsymbol{\alpha}_2,\boldsymbol{\alpha}_3$ 间的一个线性表示.

解　由于
$$\begin{aligned}3\boldsymbol{\alpha}_1-\boldsymbol{\alpha}_2&=3(2,-1,3,1)-(4,-2,5,4)\\&=(2,-1,4,-1)\\&=\boldsymbol{\alpha}_3\end{aligned}$$

因此 $\boldsymbol{\alpha}_3$ 可由 $\boldsymbol{\alpha}_1$、$\boldsymbol{\alpha}_2$ 线性表示，或者说 $\boldsymbol{\alpha}_3$ 为 $\boldsymbol{\alpha}_1$、$\boldsymbol{\alpha}_2$ 的一个线性组合.

例 3　任何一个 n 维向量 $\boldsymbol{\alpha}=(a_1,a_2,\cdots,a_n)$ 都可以由 **n 维单位向量组** $\boldsymbol{e}_1=(1,0,\cdots,0)$，$\boldsymbol{e}_2=(0,1,0,\cdots,0)$，$\cdots$，$\boldsymbol{e}_n=(0,0,\cdots,0,1)$ 线性表示.

事实上，有

$$\begin{aligned}\boldsymbol{\alpha}&=(a_1,a_2,\cdots,a_n)\\&=a_1\boldsymbol{e}_1+a_2\boldsymbol{e}_2+\cdots+a_n\boldsymbol{e}_n.\end{aligned}$$

例 4　证明：(1) 零向量是任何一向量组的线性组合.

(2) 向量组中的任何向量皆可由该向量组线性表示.

解　(1) 设给定任何一个向量组为 $\boldsymbol{A}:\boldsymbol{\alpha}_1,\boldsymbol{\alpha}_2,\cdots,\boldsymbol{\alpha}_m$，则有

$$\mathbf{0}=0\cdot\boldsymbol{\alpha}_1+0\cdot\boldsymbol{\alpha}_2+\cdots+0\cdot\boldsymbol{\alpha}_m.$$

(2) 给定向量组 $\boldsymbol{A}:\boldsymbol{\alpha}_1,\boldsymbol{\alpha}_2,\cdots,\boldsymbol{\alpha}_m$，若取 $\boldsymbol{\beta}=\boldsymbol{\alpha}_i$，则有

$$\boldsymbol{\alpha}_i=0\cdot\boldsymbol{\alpha}_1+\cdots+1\cdot\boldsymbol{\alpha}_i+\cdots+0\cdot\boldsymbol{\alpha}_m.$$

例 5　设有四维向量组成的向量组 $\boldsymbol{\alpha}_1=\begin{pmatrix}1\\2\\3\\4\end{pmatrix}$，$\boldsymbol{\alpha}_2=\begin{pmatrix}0\\1\\2\\3\end{pmatrix}$，$\boldsymbol{\alpha}_3=\begin{pmatrix}0\\0\\1\\2\end{pmatrix}$，$\boldsymbol{\alpha}_4=\begin{pmatrix}0\\0\\0\\1\end{pmatrix}$，$\boldsymbol{\alpha}=\begin{pmatrix}4\\3\\2\\1\end{pmatrix}$，试问：

(1) $\boldsymbol{\alpha}$ 能否由 $\boldsymbol{\alpha}_1,\boldsymbol{\alpha}_2,\boldsymbol{\alpha}_3,\boldsymbol{\alpha}_4$ 线性表示？

(2) $\boldsymbol{\alpha}_4$ 能否由 $\boldsymbol{\alpha}_1,\boldsymbol{\alpha}_2,\boldsymbol{\alpha}_3$ 线性表示？如能表示，写出其线性表示.

解　将向量组 $\boldsymbol{\alpha}_1,\boldsymbol{\alpha}_2,\boldsymbol{\alpha}_3,\boldsymbol{\alpha}_4$ 及 $\boldsymbol{\alpha}_1,\boldsymbol{\alpha}_2,\boldsymbol{\alpha}_3,\boldsymbol{\alpha}_4,\boldsymbol{\alpha}$ 分别排成 4 阶方阵 $\boldsymbol{A}$ 和 4×5 矩阵 $\boldsymbol{B}$，即

$$\boldsymbol{A}=(\boldsymbol{\alpha}_1,\boldsymbol{\alpha}_2,\boldsymbol{\alpha}_3,\boldsymbol{\alpha}_4),$$

$$\boldsymbol{B}=(\boldsymbol{\alpha}_1,\boldsymbol{\alpha}_2,\boldsymbol{\alpha}_3,\boldsymbol{\alpha}_4,\boldsymbol{\alpha})$$

并对 $\boldsymbol{B}$ 实施初等行变换化为行最简形矩阵，有

$$\begin{aligned}\boldsymbol{B}=&\begin{pmatrix}1&0&0&0&4\\2&1&0&0&3\\3&2&1&0&2\\4&3&2&1&1\end{pmatrix}\\ \to&\begin{pmatrix}1&0&0&0&4\\0&1&0&0&-5\\0&2&1&0&-10\\0&3&2&1&-15\end{pmatrix}\\ \to&\begin{pmatrix}1&0&0&0&4\\0&1&0&0&-5\\0&0&1&0&0\\0&0&2&1&0\end{pmatrix}\end{aligned}$$

$$\rightarrow \begin{pmatrix} 1 & 0 & 0 & 0 & 4 \\ 0 & 1 & 0 & 0 & -5 \\ 0 & 0 & 1 & 0 & 0 \\ 0 & 0 & 0 & 1 & 0 \end{pmatrix}$$

由此可知 $r(\boldsymbol{A})=r(\boldsymbol{B})=4.$

(1) 向量 $\boldsymbol{\alpha}$ 能由 $\boldsymbol{\alpha}_1,\boldsymbol{\alpha}_2,\boldsymbol{\alpha}_3,\boldsymbol{\alpha}_4$ 线性表示，且方程组

$$x_1\boldsymbol{\alpha}_1+x_2\boldsymbol{\alpha}_2+x_3\boldsymbol{\alpha}_3+x_4\boldsymbol{\alpha}_4=\boldsymbol{\alpha} \tag{3.2.2}$$

即

$$\begin{pmatrix} x_1 \\ 2x_1 \\ 3x_1 \\ 4x_1 \end{pmatrix}+\begin{pmatrix} 0 \\ x_2 \\ 2x_2 \\ 3x_2 \end{pmatrix}+\begin{pmatrix} 0 \\ 0 \\ x_3 \\ 2x_3 \end{pmatrix}+\begin{pmatrix} 0 \\ 0 \\ 0 \\ x_4 \end{pmatrix}=\begin{pmatrix} 4 \\ 3 \\ 2 \\ 1 \end{pmatrix} \tag{3.2.3}$$

由上面的行最简形矩阵可得方程组(3.2.2)有解，即

$$\boldsymbol{x}=\begin{pmatrix} 4 \\ -5 \\ 0 \\ 0 \end{pmatrix},$$

从而得 $\boldsymbol{\alpha}$ 的线性表示为

$$\boldsymbol{\alpha}=(\boldsymbol{\alpha}_1,\boldsymbol{\alpha}_2,\boldsymbol{\alpha}_3,\boldsymbol{\alpha}_4)\boldsymbol{x}=4\boldsymbol{\alpha}_1-5\boldsymbol{\alpha}_2+0\boldsymbol{\alpha}_3+0\boldsymbol{\alpha}_4.$$

(2) 由于

$$r(\boldsymbol{\alpha}_1,\boldsymbol{\alpha}_2,\boldsymbol{\alpha}_3,\boldsymbol{\alpha}_4)=4 \neq r(\boldsymbol{\alpha}_1,\boldsymbol{\alpha}_2,\boldsymbol{\alpha}_3)=3,$$

所以 $\boldsymbol{\alpha}_4$ 不能由 $\boldsymbol{\alpha}_1,\boldsymbol{\alpha}_2,\boldsymbol{\alpha}_3$ 线性表示.

2. 向量组的线性相关性

由例 5 的结果知道，向量 $\boldsymbol{\alpha}$ 能由 $\boldsymbol{\alpha}_1,\boldsymbol{\alpha}_2,\boldsymbol{\alpha}_3,\boldsymbol{\alpha}_4$ 线性表示，但向量 $\boldsymbol{\alpha}_4$ 不能由 $\boldsymbol{\alpha}_1,\boldsymbol{\alpha}_2,\boldsymbol{\alpha}_3$ 线性表示. 这相当于方程组(3.2.2)有解，而方程组

$$x_1\boldsymbol{\alpha}_1+x_2\boldsymbol{\alpha}_2+x_3\boldsymbol{\alpha}_3=\boldsymbol{\alpha}_4 \tag{3.2.4}$$

即

$$\begin{cases} x_1 = 0, \\ 2x_1+x_2 = 0, \\ 3x_1+2x_2+x_3=0, \\ 4x_1+3x_2+2x_3=1 \end{cases} \tag{3.2.5}$$

无解.

因而，需要进一步考察一个给定向量组 $\boldsymbol{A}:\boldsymbol{\alpha}_1,\boldsymbol{\alpha}_2,\cdots,\boldsymbol{\alpha}_m$ 之间的这种线性关系.

定义 3　设有向量组 $\boldsymbol{A}:\boldsymbol{\alpha}_1,\boldsymbol{\alpha}_2,\cdots,\boldsymbol{\alpha}_m$，若存在一组不全为零的数 $k_1,k_2,\cdots,k_m$，使

$$k_1\boldsymbol{\alpha}_1+k_2\boldsymbol{\alpha}_2+\cdots+k_m\boldsymbol{\alpha}_m=\boldsymbol{0}\quad(\text{零向量}) \tag{3.2.6}$$

则称向量组 $\boldsymbol{A}$ **线性相关**，否则称为**线性无关**.

由定义得出下面两个结论.

(1) 定义中“否则”一词的含义,这里是指“没有不全为零的数 $k_1,k_2,\cdots,k_m$ 使上式成立”,也就是只有当 $k_1,k_2,\cdots,k_m$ 全为零时,才使上式成立,即若上式成立,则 $k_1,k_2,\cdots,k_m$ 必须全为零.

(2) $m=1$ 时,向量组只含一个向量,当 $\boldsymbol{\alpha}=\mathbf{0}$ 时是线性相关的,当 $\boldsymbol{\alpha}\neq\mathbf{0}$ 时是线性无关的(含有零向量的向量组必然线性相关,反之,线性无关的向量组必然不含有零向量);

$m=2$ 时,两个向量线性相关的充分必要条件是其对应的分量成比例(平面上两个向量线性相关的几何意义是两向量共线,空间中三个向量线性相关的几何意义是三向量共面).

例 6 证明:若向量组 $\boldsymbol{\alpha}_1$、$\boldsymbol{\alpha}_2$、$\boldsymbol{\alpha}_3$ 线性无关,则向量组 $\boldsymbol{\alpha}_1+\boldsymbol{\alpha}_2,\boldsymbol{\alpha}_2+\boldsymbol{\alpha}_3,\boldsymbol{\alpha}_3+\boldsymbol{\alpha}_1$ 也线性无关.

证 设有一组数 k_1,k_2,k_3,使

$$k_1(\boldsymbol{\alpha}_1+\boldsymbol{\alpha}_2)+k_2(\boldsymbol{\alpha}_2+\boldsymbol{\alpha}_3)+k_3(\boldsymbol{\alpha}_3+\boldsymbol{\alpha}_1)=\mathbf{0} \tag{3.2.7}$$

成立,整理得

$$(k_1+k_3)\boldsymbol{\alpha}_1+(k_1+k_2)\boldsymbol{\alpha}_2+(k_2+k_3)\boldsymbol{\alpha}_3=\mathbf{0}.$$

再由题设 $\boldsymbol{\alpha}_1$、$\boldsymbol{\alpha}_2$、$\boldsymbol{\alpha}_3$ 线性无关.所以

$$\begin{cases} k_1+k_3=0, \\ k_1+k_2=0, \\ k_2+k_3=0 \end{cases} \tag{3.2.8}$$

又因为

$$\begin{vmatrix} 1 & 0 & 1 \\ 1 & 1 & 0 \\ 0 & 1 & 1 \end{vmatrix}=2\neq 0,$$

于是方程组(3.2.8)仅有零解,即只有 $k_1=k_2=k_3=0$ 时式(3.2.7)才成立.

所以向量组 $\boldsymbol{\alpha}_1+\boldsymbol{\alpha}_2,\boldsymbol{\alpha}_2+\boldsymbol{\alpha}_3,\boldsymbol{\alpha}_3+\boldsymbol{\alpha}_1$ 线性无关.

定理 2 向量组 $\boldsymbol{A}:\boldsymbol{\alpha}_1,\boldsymbol{\alpha}_2,\cdots,\boldsymbol{\alpha}_m(m\geqslant 2)$ 线性相关的充要条件是向量组 $\boldsymbol{A}$ 中至少有一个向量能由其余 $m-1$ 个向量线性表示.

证 充分性.不妨设 $\boldsymbol{\alpha}_m$ 可由 $\boldsymbol{\alpha}_1,\boldsymbol{\alpha}_2,\cdots,\boldsymbol{\alpha}_{m-1}$ 线性表示,即存在一组数 $\lambda_1,\lambda_2,\cdots,\lambda_{m-1}$,使

$$\boldsymbol{\alpha}_m=\lambda_1\boldsymbol{\alpha}_1+\lambda_2\boldsymbol{\alpha}_2+\cdots+\lambda_{m-1}\boldsymbol{\alpha}_{m-1},$$

即

$$\lambda_1\boldsymbol{\alpha}_1+\lambda_2\boldsymbol{\alpha}_2+\cdots+\lambda_{m-1}\boldsymbol{\alpha}_{m-1}+(-1)\boldsymbol{\alpha}_m=\mathbf{0}.$$

显然 $\lambda_1,\lambda_2,\cdots,\lambda_{m-1},-1$ 这 m 个数中至少有一个(-1)不为零,所以向量组 $\boldsymbol{A}$ 线性相关.

必要性.设向量组 $\boldsymbol{A}$ 线性相关,则有一组不全为零的数 $\lambda_1,\lambda_2,\cdots,\lambda_m$,使

$$\lambda_1\boldsymbol{\alpha}_1+\lambda_2\boldsymbol{\alpha}_2+\cdots+\lambda_m\boldsymbol{\alpha}_m=\mathbf{0},$$

不妨设 $\lambda_1\neq 0$,则

$$\boldsymbol{\alpha}_1=\left(-\frac{\lambda_2}{\lambda_1}\right)\boldsymbol{\alpha}_2+\left(-\frac{\lambda_3}{\lambda_1}\right)\boldsymbol{\alpha}_3+\cdots+\left(-\frac{\lambda_m}{\lambda_1}\right)\boldsymbol{\alpha}_m$$

即 $\boldsymbol{\alpha}_1$ 能由 $\boldsymbol{\alpha}_2,\boldsymbol{\alpha}_3,\cdots,\boldsymbol{\alpha}_m$ 线性表示.

注:(1) 该定理的等价命题(逆否命题)为向量组 $\boldsymbol{A}:\boldsymbol{\alpha}_1,\boldsymbol{\alpha}_2,\cdots,\boldsymbol{\alpha}_m(m\geqslant 2)$ 线性无关的充分必要条件是其中任一个向量都不能由其余向量线性表示.

(2) 此结论不能理解为"线性相关的向量组中,每一个向量都能由其余向量线性表示".例如,二维向量 $\boldsymbol{\alpha}_1=(0,1)$,$\boldsymbol{\alpha}_2=(0,-2)$,$\boldsymbol{\alpha}_3=(1,1)$是线性相关的(因为 $\boldsymbol{\alpha}_1$,$\boldsymbol{\alpha}_2$ 线性相关),但 $\boldsymbol{\alpha}_3$ 不能由 $\boldsymbol{\alpha}_1$,$\boldsymbol{\alpha}_2$ 线性表示,即对任意的 k_1,k_2,都有 $\boldsymbol{\alpha}_3\neq k_1\boldsymbol{\alpha}_1+k_2\boldsymbol{\alpha}_2$.

(3) 向量组的线性相关与线性无关的概念也可用于线性方程组的讨论中.当方程组中有某个方程是其余方程的线性组合时,这个方程就是多余的,这时称方程组(各个方程)是线性相关的;当方程组中没有多余方程,就称该方程组(各个方程)线性无关(或线性独立).

定理 3　设向量组 $\boldsymbol{A}:\boldsymbol{\alpha}_1,\boldsymbol{\alpha}_2,\cdots,\boldsymbol{\alpha}_m$ 线性无关,则向量组 $\boldsymbol{B}:\boldsymbol{\alpha}_1,\boldsymbol{\alpha}_2,\cdots,\boldsymbol{\alpha}_m,\boldsymbol{\beta}$ 线性相关的充要条件是 $\boldsymbol{\beta}$ 可由 $\boldsymbol{A}:\boldsymbol{\alpha}_1,\boldsymbol{\alpha}_2,\cdots,\boldsymbol{\alpha}_m$ 线性表示,且表示唯一.

证　充分性.设 $\boldsymbol{\beta}$ 可由 $\boldsymbol{A}:\boldsymbol{\alpha}_1,\boldsymbol{\alpha}_2,\cdots,\boldsymbol{\alpha}_m$ 线性表示,即存在一组数 $\lambda_1,\lambda_2,\cdots,\lambda_m$,使

$$\boldsymbol{\beta}=\lambda_1\boldsymbol{\alpha}_1+\lambda_2\boldsymbol{\alpha}_2+\cdots+\lambda_m\boldsymbol{\alpha}_m,$$

则

$$\lambda_1\boldsymbol{\alpha}_1+\lambda_2\boldsymbol{\alpha}_2+\cdots+\lambda_m\boldsymbol{\alpha}_m+(-1)\boldsymbol{\beta}=\mathbf{0}.$$

显然 $\lambda_1,\lambda_2,\cdots,\lambda_m,-1$ 这 $m+1$ 个数中至少有一个(-1)不为零,所以向量组 $\boldsymbol{B}$ 线性相关.

必要性.因为向量组 $\boldsymbol{B}:\boldsymbol{\alpha}_1,\boldsymbol{\alpha}_2,\cdots,\boldsymbol{\alpha}_m,\boldsymbol{\beta}$ 线性相关,所以存在一组不全为零的数 $\lambda_1,\lambda_2,\cdots,\lambda_m,\lambda$,使

$$\lambda_1\boldsymbol{\alpha}_1+\lambda_2\boldsymbol{\alpha}_2+\cdots+\lambda_m\boldsymbol{\alpha}_m+\lambda\boldsymbol{\beta}=\mathbf{0},$$

若 $\lambda=0$,则有不全为零的数 $\lambda_1,\lambda_2,\cdots,\lambda_m$,使得

$$\lambda_1\boldsymbol{\alpha}_1+\lambda_2\boldsymbol{\alpha}_2+\cdots+\lambda_m\boldsymbol{\alpha}_m=\mathbf{0}.$$

这与 $\boldsymbol{\alpha}_1,\boldsymbol{\alpha}_2,\cdots,\boldsymbol{\alpha}_m$ 线性无关矛盾,所以 $\lambda\neq0$,于是有

$$\boldsymbol{\beta}=\left(-\frac{\lambda_1}{\lambda}\right)\boldsymbol{\alpha}_1+\left(-\frac{\lambda_2}{\lambda}\right)\boldsymbol{\alpha}_2+\cdots+\left(-\frac{\lambda_m}{\lambda}\right)\boldsymbol{\alpha}_m.$$

再证明表示唯一.若存在两种表示,即

$$\boldsymbol{\beta}=\lambda_1\boldsymbol{\alpha}_1+\lambda_2\boldsymbol{\alpha}_2+\cdots+\lambda_m\boldsymbol{\alpha}_m,$$

$$\boldsymbol{\beta}=\mu_1\boldsymbol{\alpha}_1+\mu_2\boldsymbol{\alpha}_2+\cdots+\mu_m\boldsymbol{\alpha}_m,$$

则有

$$(\lambda_1-\mu_1)\boldsymbol{\alpha}_1+(\lambda_2-\mu_2)\boldsymbol{\alpha}_2+\cdots+(\lambda_m-\mu_m)\boldsymbol{\alpha}_m=\mathbf{0}.$$

又因为 $\boldsymbol{\alpha}_1,\boldsymbol{\alpha}_2,\cdots,\boldsymbol{\alpha}_m$ 线性无关,所以

$$\lambda_i-\mu_i=0(i=1,2,\cdots,m),$$

即证表示唯一.

3. 向量组线性相关性的判别

判断向量组的线性相关性往往可以归结为有关的齐次线性方程组有无非零解的讨论.因而,由定义 3 可知,若将列向量组 $\boldsymbol{\alpha}_1,\boldsymbol{\alpha}_2,\cdots,\boldsymbol{\alpha}_m$ 构成矩阵$\mathbf{A}=(\boldsymbol{\alpha}_1,\boldsymbol{\alpha}_2,\cdots,\boldsymbol{\alpha}_m)$,则向量组 $\mathbf{A}$ 线性相关就等价于齐次线性方程组

$$x_1\boldsymbol{\alpha}_1+x_2\boldsymbol{\alpha}_2+\cdots+x_m\boldsymbol{\alpha}_m=\mathbf{0},$$

即 $\mathbf{A}\boldsymbol{x}=\mathbf{0}$ 有非零解,从而列向量组 $\boldsymbol{\alpha}_1,\boldsymbol{\alpha}_2,\cdots,\boldsymbol{\alpha}_m$ 线性相关的充要条件是它所构成的矩阵 $\mathbf{A}=(\boldsymbol{\alpha}_1,\boldsymbol{\alpha}_2,\cdots,\boldsymbol{\alpha}_m)$的秩 $r(\mathbf{A})<m$,而列向量组 $\boldsymbol{\alpha}_1,\boldsymbol{\alpha}_2,\cdots,\boldsymbol{\alpha}_m$ 线性无关的充要条件是 $r(\mathbf{A})=m$.

定理 4　设 $m\leqslant n$,则 m 个 n 维列向量组 $\boldsymbol{\alpha}_1,\boldsymbol{\alpha}_2,\cdots,\boldsymbol{\alpha}_m$ 线性无关的充分必要条件是其组成的矩阵 $\mathbf{A}=(\boldsymbol{\alpha}_1,\boldsymbol{\alpha}_2,\cdots,\boldsymbol{\alpha}_m)$的秩 $r(\mathbf{A})=m$.

由定理4,若向量的分量已知时,则向量组的线性相关性可以归结为以下三个推论.

推论1　n 维列向量组 $A:\boldsymbol{\alpha}_1,\boldsymbol{\alpha}_2,\cdots,\boldsymbol{\alpha}_n$ 线性无关的充分必要条件是其组成的矩阵 $\boldsymbol{A}=(\boldsymbol{\alpha}_1,\boldsymbol{\alpha}_2,\cdots,\boldsymbol{\alpha}_n)$ 的秩 $r(\boldsymbol{A})=n$,或 $|\boldsymbol{A}|\neq 0$.

推论2　n 维列向量组 $A:\boldsymbol{\alpha}_1,\boldsymbol{\alpha}_2,\cdots,\boldsymbol{\alpha}_m$ 线性相关的充分必要条件是其组成的矩阵 $\boldsymbol{A}=(\boldsymbol{\alpha}_1,\boldsymbol{\alpha}_2,\cdots,\boldsymbol{\alpha}_m)$ 的秩 $r(\boldsymbol{A})<m$.

推论3　n 维列向量组 $A:\boldsymbol{\alpha}_1,\boldsymbol{\alpha}_2,\cdots,\boldsymbol{\alpha}_m$,若 $m>n$,则向量组 $\boldsymbol{\alpha}_1,\boldsymbol{\alpha}_2,\cdots,\boldsymbol{\alpha}_m$ 一定线性相关.

证　设
$$\boldsymbol{A}=(\boldsymbol{\alpha}_1,\boldsymbol{\alpha}_2,\cdots,\boldsymbol{\alpha}_m),$$
因为
$$r(\boldsymbol{A})\leqslant\min\{m,n\}=n<m,$$
由推论2知,向量组 $\boldsymbol{\alpha}_1,\boldsymbol{\alpha}_2,\cdots,\boldsymbol{\alpha}_m$ 线性相关.

由推论3可知,m 个 n 维向量组成的向量组,当维数 n 小于向量个数 m 时一定线性相关,特别地,$n+1$ 个 n 维向量一定线性相关.

定理5　线性无关向量组的任何一个部分组线性无关,反之,若向量组存在一个线性相关的部分组,则该向量组线性相关.

定理6　增加向量的分量保持无关性,减少分量保持相关性.即设有向量组

$$\boldsymbol{\alpha}_1=\begin{pmatrix}a_{11}\\a_{12}\\\vdots\\a_{1r}\end{pmatrix},\boldsymbol{\alpha}_2=\begin{pmatrix}a_{21}\\a_{22}\\\vdots\\a_{2r}\end{pmatrix},\cdots,\boldsymbol{\alpha}_m=\begin{pmatrix}a_{m1}\\a_{m2}\\\vdots\\a_{mr}\end{pmatrix},$$

$$\boldsymbol{\beta}_1=\begin{pmatrix}a_{11}\\\vdots\\a_{1r}\\a_{1,r+1}\\\vdots\\a_{1,n}\end{pmatrix},\boldsymbol{\beta}_2=\begin{pmatrix}a_{21}\\\vdots\\a_{2r}\\a_{2,r+1}\\\vdots\\a_{2n}\end{pmatrix},\cdots,\boldsymbol{\beta}_m=\begin{pmatrix}a_{m1}\\\vdots\\a_{mr}\\a_{m,r+1}\\\vdots\\a_{mn}\end{pmatrix},$$

则有以下两个结论.

(1) 若 $A:\boldsymbol{\alpha}_1,\boldsymbol{\alpha}_2,\cdots,\boldsymbol{\alpha}_m$ 线性无关,则 $B:\boldsymbol{\beta}_1,\boldsymbol{\beta}_2,\cdots,\boldsymbol{\beta}_m$ 也线性无关.

(2) 若 $B:\boldsymbol{\beta}_1,\boldsymbol{\beta}_2,\cdots,\boldsymbol{\beta}_m$ 线性相关,则 $A:\boldsymbol{\alpha}_1,\boldsymbol{\alpha}_2,\cdots,\boldsymbol{\alpha}_m$ 也线性相关.

证　(1) 用定义证明.令
$$x_1\boldsymbol{\beta}_1+x_2\boldsymbol{\beta}_2+\cdots+x_m\boldsymbol{\beta}_m=\boldsymbol{0},$$
即
$$\begin{cases}a_{11}x_1+a_{21}x_2+\cdots+a_{m1}x_m=0,\\ \qquad\vdots\\ a_{1r}x_1+a_{2r}x_2+\cdots+a_{mr}x_m=0,\\ a_{1,r+1}x_1+a_{2,r+1}x_2+\cdots+a_{m,r+1}x_m=0,\\ \qquad\vdots\\ a_{1n}x_1+a_{2n}x_2+\cdots+a_{mn}x_m=0\end{cases}\tag{3.2.9}$$

因为 $\boldsymbol{\alpha}_1,\boldsymbol{\alpha}_2,\cdots,\boldsymbol{\alpha}_m$ 线性无关，所以方程组(3.2.9)中的前 m 个方程也只有零解，从而方程组(3.2.9)只有零解，即证 $\boldsymbol{B}:\boldsymbol{\beta}_1,\boldsymbol{\beta}_2,\cdots,\boldsymbol{\beta}_m$ 线性无关.

(2) 因为 $\boldsymbol{B}:\boldsymbol{\beta}_1,\boldsymbol{\beta}_2,\cdots,\boldsymbol{\beta}_m$ 线性相关，即方程组(3.2.9)有非零解 $x'_1,x'_2,\cdots,x'_m$，于是 $x'_1,x'_2,\cdots,x'_m$ 也满足方程组(3.2.9)中的前 m 个方程，即证 $\boldsymbol{A}:\boldsymbol{\alpha}_1,\boldsymbol{\alpha}_2,\cdots,\boldsymbol{\alpha}_m$ 也线性相关.

换言之，可以得出以下两个结论.

(1) 一个向量组线性相关(无关)的充要条件是对应的齐次线性方程组有非零解(唯一零解).

(2) 增加(减少)向量个数，相当于增加(减少)方程组中未知量个数；增加(减少)维数，即是增加(减少)方程组中方程的个数.

例 7　试讨论 n 维单位坐标向量组的线性相关性.

解　n 维单位坐标向量构成的矩阵 $\boldsymbol{I}=(\boldsymbol{e}_1,\boldsymbol{e}_2,\cdots,\boldsymbol{e}_n)$ 是 n 阶矩阵，于是由

$$|\boldsymbol{I}|=1\neq 0\Rightarrow r(\boldsymbol{I})=n,$$

即 $r(\boldsymbol{I})$ 等于向量组中向量个数，所以该向量组是线性无关的.

例 8　已知向量组 $\boldsymbol{\alpha}_1=(1,2,3)^{\mathrm{T}},\boldsymbol{\alpha}_2=(3,2,1)^{\mathrm{T}},\boldsymbol{\alpha}_3=(1,3,1)^{\mathrm{T}}$，试讨论向量组 $\boldsymbol{\alpha}_1,\boldsymbol{\alpha}_2,\boldsymbol{\alpha}_3$ 及向量组 $\boldsymbol{\alpha}_1,\boldsymbol{\alpha}_2$ 的线性相关性.

解　**解法一**　对矩阵 $\boldsymbol{A}=(\boldsymbol{\alpha}_1,\boldsymbol{\alpha}_2,\boldsymbol{\alpha}_3)$ 施行初等行变换变成行阶梯形矩阵，即可同时看出矩阵 $\boldsymbol{\alpha}_1,\boldsymbol{\alpha}_2,\boldsymbol{\alpha}_3$ 及 $\boldsymbol{\alpha}_1,\boldsymbol{\alpha}_2$ 的秩

$$\begin{aligned}\boldsymbol{A}&=(\boldsymbol{\alpha}_1,\boldsymbol{\alpha}_2,\boldsymbol{\alpha}_3)\\&=\begin{pmatrix}1&3&1\\2&2&3\\3&1&1\end{pmatrix}\\&\rightarrow\begin{pmatrix}1&3&1\\0&-4&1\\0&-8&-2\end{pmatrix}\\&\rightarrow\begin{pmatrix}1&3&1\\0&-4&1\\0&0&-4\end{pmatrix},\end{aligned}$$

可见，
$$r(\boldsymbol{\alpha}_1,\boldsymbol{\alpha}_2,\boldsymbol{\alpha}_3)=3,$$
所以向量组 $\boldsymbol{\alpha}_1,\boldsymbol{\alpha}_2,\boldsymbol{\alpha}_3$ 线性无关.

同理，知
$$r(\boldsymbol{\alpha}_1,\boldsymbol{\alpha}_2)=2,$$
所以向量组 $\boldsymbol{\alpha}_1,\boldsymbol{\alpha}_2$ 也线性无关.

解法二　设存在一组数 x_1,x_2,x_3，使得

$$x_1\boldsymbol{\alpha}_1+x_2\boldsymbol{\alpha}_2+x_3\boldsymbol{\alpha}_3=\mathbf{0},$$

即
$$x_1\begin{pmatrix}1\\2\\3\end{pmatrix}+x_2\begin{pmatrix}3\\2\\1\end{pmatrix}+x_3\begin{pmatrix}1\\3\\1\end{pmatrix}=\mathbf{0}.$$

所以
$$\begin{cases} x_1+3x_2+x_3=0, \\ 2x_1+2x_2+3x_3=0, \\ 3x_1+x_2+x_3=0. \end{cases}$$

因为此方程只有零解,所以 $\boldsymbol{\alpha}_1,\boldsymbol{\alpha}_2,\boldsymbol{\alpha}_3$ 线性无关.

解法三　由向量 $\boldsymbol{\alpha}_1,\boldsymbol{\alpha}_2,\boldsymbol{\alpha}_3$ 作为列所组成的行列式为
$$\begin{vmatrix} 1 & 3 & 1 \\ 2 & 2 & 3 \\ 3 & 1 & 1 \end{vmatrix}=16\neq 0,$$
所以 $\boldsymbol{\alpha}_1,\boldsymbol{\alpha}_2,\boldsymbol{\alpha}_3$ 线性无关.

习　题　3.2

1. 设 $\boldsymbol{v}_1=(1,0,2)^{\mathrm{T}},\boldsymbol{v}_2=(2,1,-1)^{\mathrm{T}},\boldsymbol{v}_3=(-1,3,0)^{\mathrm{T}}$,求 $2\boldsymbol{v}_1+\boldsymbol{v}_2-3\boldsymbol{v}_3$.

2. 下列条件下 $\boldsymbol{\beta}$ 能否由 $\boldsymbol{\alpha}_1,\boldsymbol{\alpha}_2,\boldsymbol{\alpha}_3$ 线性表示?

(1) $\boldsymbol{\beta}=(-1,1,5)^{\mathrm{T}},\boldsymbol{\alpha}_1=(1,2,3)^{\mathrm{T}},\boldsymbol{\alpha}_2=(0,1,4)^{\mathrm{T}},\boldsymbol{\alpha}_3=(2,3,6)^{\mathrm{T}}$;

(2) $\boldsymbol{\beta}=(4,5,5)^{\mathrm{T}},\boldsymbol{\alpha}_1=(1,2,3)^{\mathrm{T}},\boldsymbol{\alpha}_2=(3,3,2)^{\mathrm{T}},\boldsymbol{\alpha}_3=(-1,1,4)^{\mathrm{T}}$.

3. 设向量 $\boldsymbol{\beta}=(1,2,0,a)^{\mathrm{T}},\boldsymbol{\alpha}_1=(1,0,1,1)^{\mathrm{T}},\boldsymbol{\alpha}_2=(1,2,3,3)^{\mathrm{T}},\boldsymbol{\alpha}_3=(0,1,2,1)^{\mathrm{T}}$,问 a 为何值时,$\boldsymbol{\beta}$ 可由 $\boldsymbol{\alpha}_1,\boldsymbol{\alpha}_2,\boldsymbol{\alpha}_3$ 线性表示,并写出表达式.

4. 判断下列向量组的线性相关性.

(1) $\boldsymbol{\alpha}_1=(1,0,1)^{\mathrm{T}},\boldsymbol{\alpha}_2=(2,0,0)^{\mathrm{T}},\boldsymbol{\alpha}_3=(0,1,0)^{\mathrm{T}}$;

(2) $\boldsymbol{\alpha}_1=(1,1,2)^{\mathrm{T}},\boldsymbol{\alpha}_2=(0,-1,1)^{\mathrm{T}},\boldsymbol{\alpha}_3=(2,1,5)^{\mathrm{T}}$;

(3) $\boldsymbol{\alpha}_1=(1,2,-1,4)^{\mathrm{T}},\boldsymbol{\alpha}_2=(9,10,10,4)^{\mathrm{T}},\boldsymbol{\alpha}_3=(-2,-4,2,-8)^{\mathrm{T}}$;

(4) $\boldsymbol{\alpha}_1=(1,1,3,1)^{\mathrm{T}},\boldsymbol{\alpha}_2=(4,1,-3,2)^{\mathrm{T}},\boldsymbol{\alpha}_3=(1,0,-1,2)^{\mathrm{T}}$.

5. 设向量组 $\boldsymbol{\alpha}_1,\boldsymbol{\alpha}_2,\cdots,\boldsymbol{\alpha}_n$ 线性无关,证明:向量组 $\boldsymbol{\beta}_1=\boldsymbol{\alpha}_1-\boldsymbol{\alpha}_2,\boldsymbol{\beta}_2=\boldsymbol{\alpha}_2-\boldsymbol{\alpha}_3,\cdots,\boldsymbol{\beta}_{n-1}=\boldsymbol{\alpha}_{n-1}-\boldsymbol{\alpha}_n,\boldsymbol{\beta}_n=\boldsymbol{\alpha}_n$ 也线性无关.

6. 设 $\boldsymbol{\beta}_1=\boldsymbol{\alpha}_1,\boldsymbol{\beta}_2=\boldsymbol{\alpha}_1+\boldsymbol{\alpha}_2,\cdots,\boldsymbol{\beta}_r=\boldsymbol{\alpha}_1+\boldsymbol{\alpha}_2+\cdots+\boldsymbol{\alpha}_r$,且向量组 $\boldsymbol{\alpha}_1,\boldsymbol{\alpha}_2,\cdots,\boldsymbol{\alpha}_r$ 线性无关,证明:向量组 $\boldsymbol{\beta}_1,\boldsymbol{\beta}_2,\cdots,\boldsymbol{\beta}_r$ 线性无关.

7. 设 $\boldsymbol{A}$ 为 4×3 矩阵,$\boldsymbol{B}$ 为 3×3 矩阵,且满足 $\boldsymbol{AB}=\boldsymbol{O}$,其中 $\boldsymbol{A}=\begin{pmatrix} 1 & 1 & -1 \\ 1 & 2 & 1 \\ 2 & 3 & 0 \\ 0 & 1 & 2 \end{pmatrix}$,证明:矩阵 $\boldsymbol{B}$ 的列向量线性相关.

3.3　向量组的秩

本章 3.2 节在讨论向量组的线性组合与线性相关性时,矩阵的秩起了十分重要的作用,

为使讨论进一步深入，下面将秩的概念引入向量组.

1. 向量组的极大线性无关组与秩

定义1　设向量组 $\boldsymbol{A}$ 的一个部分组 $\boldsymbol{A}_0:\boldsymbol{\alpha}_1,\boldsymbol{\alpha}_2,\cdots,\boldsymbol{\alpha}_r$ 满足下面两个条件.

(1) 向量组 $\boldsymbol{A}_0:\boldsymbol{\alpha}_1,\boldsymbol{\alpha}_2,\cdots,\boldsymbol{\alpha}_r$ 线性无关.

(2) 向量组 $\boldsymbol{A}$ 中的每一个向量都可由 $\boldsymbol{A}_0:\boldsymbol{\alpha}_1,\boldsymbol{\alpha}_2,\cdots,\boldsymbol{\alpha}_r$ 线性表示.

则称向量组 $\boldsymbol{A}_0$ 是向量组 $\boldsymbol{A}$ 的一个**极大线性无关向量组**(简称**极大无关组**).

由定义可得出下面四个结论.

(1) 只含有零向量的向量组没有极大无关组.

(2) 在极大无关组 $\boldsymbol{A}_0$ 中添加向量组 $\boldsymbol{A}$ 的任何一个向量所得的 $r+1$ 个向量必线性相关.

(3) 线性无关向量组的极大无关组是其自身.

(4) 向量组 $\boldsymbol{A}$ 的极大无关组可能不止一个.

注:极大无关组就是向量组这个集体中的核心成员.

例1　设有三维列向量组

$$\boldsymbol{\alpha}_1=(2,1,1)^{\mathrm{T}},\quad \boldsymbol{\alpha}_2=(1,2,1)^{\mathrm{T}},\quad \boldsymbol{\alpha}_3=(1,1,2)^{\mathrm{T}},\quad \boldsymbol{\alpha}_4=(0,1,1)^{\mathrm{T}}.$$

求它的一个极大无关组.

解　因为 $\boldsymbol{\alpha}_1,\boldsymbol{\alpha}_2,\boldsymbol{\alpha}_3$ 线性无关,且

$$\boldsymbol{\alpha}_4=-\frac{1}{2}\boldsymbol{\alpha}_1+\frac{1}{2}\boldsymbol{\alpha}_2+\frac{1}{2}\boldsymbol{\alpha}_3,$$

所以 $\boldsymbol{\alpha}_1,\boldsymbol{\alpha}_2,\boldsymbol{\alpha}_3$ 是所求向量组的一个极大无关组.

同理可知,$\boldsymbol{\alpha}_1,\boldsymbol{\alpha}_2,\boldsymbol{\alpha}_4$ 与 $\boldsymbol{\alpha}_1,\boldsymbol{\alpha}_3,\boldsymbol{\alpha}_4$ 及 $\boldsymbol{\alpha}_2,\boldsymbol{\alpha}_3,\boldsymbol{\alpha}_4$ 也是所求向量组的极大无关组.

上例说明,向量组的极大无关组可能不唯一,但每个极大无关组所含向量的个数是一个确定的常数.

定理1　一个向量组的任意两个极大无关组都含有相同个数的向量.

证　设 $\boldsymbol{\alpha}_1,\boldsymbol{\alpha}_2,\cdots,\boldsymbol{\alpha}_r$ 与 $\boldsymbol{\beta}_1,\boldsymbol{\beta}_2,\cdots,\boldsymbol{\beta}_s$ 是某向量组的两个极大无关组.

若 $r\neq s$,则不妨设 $r<s$.

于是由极大无关组的定义知 $\boldsymbol{\beta}_1,\boldsymbol{\beta}_2,\cdots,\boldsymbol{\beta}_r$ 线性无关,

且 $\boldsymbol{\beta}_1,\boldsymbol{\beta}_2,\cdots,\boldsymbol{\beta}_r$ 可由极大无关组 $\boldsymbol{\alpha}_1,\boldsymbol{\alpha}_2,\cdots,\boldsymbol{\alpha}_r$ 线性表示,即有

$$\begin{cases}\boldsymbol{\beta}_1=c_{11}\boldsymbol{\alpha}_1+c_{12}\boldsymbol{\alpha}_2+\cdots+c_{1r}\boldsymbol{\alpha}_r,\\ \boldsymbol{\beta}_2=c_{21}\boldsymbol{\alpha}_1+c_{22}\boldsymbol{\alpha}_2+\cdots+c_{2r}\boldsymbol{\alpha}_r,\\ \quad\vdots\\ \boldsymbol{\beta}_r=c_{r1}\boldsymbol{\alpha}_1+c_{r2}\boldsymbol{\alpha}_2+\cdots+c_{rr}\boldsymbol{\alpha}_r.\end{cases}$$

写成矩阵形式,有

$$(\boldsymbol{\beta}_1,\boldsymbol{\beta}_2,\cdots,\boldsymbol{\beta}_r)=(\boldsymbol{\alpha}_1,\boldsymbol{\alpha}_2,\cdots,\boldsymbol{\alpha}_r)\begin{pmatrix}c_{11}&c_{21}&\cdots&c_{r1}\\ c_{12}&c_{22}&\cdots&c_{r2}\\ \vdots&\vdots&&\vdots\\ c_{1r}&c_{2r}&\cdots&c_{rr}\end{pmatrix}$$

$$=(\boldsymbol{\alpha}_1,\boldsymbol{\alpha}_2,\cdots,\boldsymbol{\alpha}_r)\boldsymbol{A}.$$

则可证矩阵 $\boldsymbol{A}$ 是可逆的.

事实上,设矩阵 $\boldsymbol{A}$ 有列分块

$$\boldsymbol{A}=(\boldsymbol{d}_1,\boldsymbol{d}_2,\cdots,\boldsymbol{d}_r),$$

其中,$\boldsymbol{d}_i=(c_{i1},c_{i2},\cdots,c_{ir})^{\mathrm{T}}(i=1,2,\cdots,r)$.

设 $|\boldsymbol{A}|=0$,则存在一组不全为零的数 $\lambda_1,\lambda_2,\cdots,\lambda_r$,使得

$$\lambda_1\boldsymbol{d}_1+\lambda_2\boldsymbol{d}_2+\cdots+\lambda_r\boldsymbol{d}_r=\boldsymbol{0},$$

即

$$(\boldsymbol{d}_1,\boldsymbol{d}_2,\cdots,\boldsymbol{d}_r)\begin{pmatrix}\lambda_1\\\lambda_2\\\vdots\\\lambda_r\end{pmatrix}=\boldsymbol{A}\begin{pmatrix}\lambda_1\\\lambda_2\\\vdots\\\lambda_r\end{pmatrix}=\boldsymbol{0}.$$

于是

$$\lambda_1\boldsymbol{\beta}_1+\lambda_2\boldsymbol{\beta}_2+\cdots+\lambda_r\boldsymbol{\beta}_r=(\boldsymbol{\beta}_1,\boldsymbol{\beta}_2,\cdots,\boldsymbol{\beta}_r)\begin{pmatrix}\lambda_1\\\lambda_2\\\vdots\\\lambda_r\end{pmatrix}$$

$$=(\boldsymbol{\alpha}_1,\boldsymbol{\alpha}_2,\cdots,\boldsymbol{\alpha}_r)\boldsymbol{A}\begin{pmatrix}\lambda_1\\\lambda_2\\\vdots\\\lambda_r\end{pmatrix}=\boldsymbol{0},$$

从而 $\boldsymbol{\beta}_1,\boldsymbol{\beta}_2,\cdots,\boldsymbol{\beta}_r$ 线性相关,这与 $\boldsymbol{\beta}_1,\boldsymbol{\beta}_2,\cdots,\boldsymbol{\beta}_r$ 线性无关矛盾,即证 $|\boldsymbol{A}|\neq 0$,所以 $\boldsymbol{A}$ 可逆.

由此可得

$$(\boldsymbol{\alpha}_1,\boldsymbol{\alpha}_2,\cdots,\boldsymbol{\alpha}_r)=(\boldsymbol{\beta}_1,\boldsymbol{\beta}_2,\cdots,\boldsymbol{\beta}_r)\boldsymbol{A}^{-1}.$$

这说明 $\boldsymbol{\alpha}_1,\boldsymbol{\alpha}_2,\cdots,\boldsymbol{\alpha}_r$ 可由 $\boldsymbol{\beta}_1,\boldsymbol{\beta}_2,\cdots,\boldsymbol{\beta}_r$ 线性表示,而 $\boldsymbol{\beta}_{r+1},\boldsymbol{\beta}_{r+2},\cdots,\boldsymbol{\beta}_s$ 可由 $\boldsymbol{\alpha}_1,\boldsymbol{\alpha}_2,\cdots,\boldsymbol{\alpha}_r$ 线性表示,所以 $\boldsymbol{\beta}_{r+1},\boldsymbol{\beta}_{r+2},\cdots,\boldsymbol{\beta}_s$ 可由 $\boldsymbol{\beta}_1,\boldsymbol{\beta}_2,\cdots,\boldsymbol{\beta}_r$ 线性表示,这与 $\boldsymbol{\beta}_1,\boldsymbol{\beta}_2,\cdots,\boldsymbol{\beta}_s$ 是极大无关组相矛盾.即 $r<s$ 不成立.

反之,也有 $r>s$ 不成立,从而 $r=s$.

定义 2　向量组 $\boldsymbol{A}:\boldsymbol{\alpha}_1,\boldsymbol{\alpha}_2,\cdots,\boldsymbol{\alpha}_m$ 的极大无关组所含向量的个数称为该向量组 $\boldsymbol{A}$ 的**秩**,记为 $r(\boldsymbol{\alpha}_1,\boldsymbol{\alpha}_2,\cdots,\boldsymbol{\alpha}_m)$.

规定:由零向量组成的向量组的秩为0.

在例1中,由于向量组

$$\boldsymbol{\alpha}_1=(2,1,1)^{\mathrm{T}},\quad \boldsymbol{\alpha}_2=(1,2,1)^{\mathrm{T}},\quad \boldsymbol{\alpha}_3=(1,1,2)^{\mathrm{T}},\quad \boldsymbol{\alpha}_4=(0,1,1)^{\mathrm{T}}$$

的一个极大无关组是 $\boldsymbol{\alpha}_1,\boldsymbol{\alpha}_2,\boldsymbol{\alpha}_3$,因此该向量组的秩为 $r(\boldsymbol{\alpha}_1,\boldsymbol{\alpha}_2,\boldsymbol{\alpha}_3,\boldsymbol{\alpha}_4)=3$.

例 2　设有四维列向量组

$$\boldsymbol{\alpha}_1=(1,2,-1,1)^{\mathrm{T}},\quad \boldsymbol{\alpha}_2=(2,0,t,0)^{\mathrm{T}},$$

$$\boldsymbol{\alpha}_3=(0,-4,5,-2)^{\mathrm{T}},\quad \boldsymbol{\alpha}_4=(3,-2,t+4,-1)^{\mathrm{T}},$$

求它的一个极大无关组和秩.

解　由于向量的分量中含有参数 t,因此向量组的极大无关组和它的秩都应与 t 的取值有关.于是将所给向量组按列排成矩阵,并对其作初等行变换,有

$$(\boldsymbol{\alpha}_1,\boldsymbol{\alpha}_2,\boldsymbol{\alpha}_3,\boldsymbol{\alpha}_4)=\begin{pmatrix}1&2&0&3\\2&0&-4&-2\\-1&t&5&t+4\\1&0&-2&-1\end{pmatrix}$$

$$\to\begin{pmatrix}1&2&0&3\\0&-4&-4&-8\\0&t+2&5&t+7\\0&-2&-2&-4\end{pmatrix}$$

$$\to\begin{pmatrix}1&2&0&3\\0&1&1&2\\0&0&3-t&3-t\\0&0&0&0\end{pmatrix}.$$

所以得出下面两个结论.

(1) 当 $t=3$ 时,$\boldsymbol{\alpha}_1,\boldsymbol{\alpha}_2$ 是所求向量组的一个极大无关组,且 $r(\boldsymbol{\alpha}_1,\boldsymbol{\alpha}_2,\boldsymbol{\alpha}_3,\boldsymbol{\alpha}_4)=2$.

(2) 当 $t\neq 3$ 时,则 $\boldsymbol{\alpha}_1,\boldsymbol{\alpha}_2,\boldsymbol{\alpha}_3$ 是所求向量组的一个极大无关组,且 $r(\boldsymbol{\alpha}_1,\boldsymbol{\alpha}_2,\boldsymbol{\alpha}_3,\boldsymbol{\alpha}_4)=3$.

2. 向量组的等价性

定义 3　设有两个向量组 $\boldsymbol{A}:\boldsymbol{\alpha}_1,\boldsymbol{\alpha}_2,\cdots,\boldsymbol{\alpha}_s$ 与 $\boldsymbol{B}:\boldsymbol{\beta}_1,\boldsymbol{\beta}_2,\cdots,\boldsymbol{\beta}_t$,若向量组 $\boldsymbol{B}$ 能由向量组 $\boldsymbol{A}$ 线性表示，且向量组 $\boldsymbol{A}$ 也能由向量组 $\boldsymbol{B}$ 线性表示,则称这两个向量组**等价**.

由定义知,任意一个向量组都与它的极大无关组等价,且同一个向量组的不同极大无关组之间都相互等价.

定理 2　设有两个向量组 $\boldsymbol{A}:\boldsymbol{\alpha}_1,\boldsymbol{\alpha}_2,\cdots,\boldsymbol{\alpha}_s$ 与 $\boldsymbol{B}:\boldsymbol{\beta}_1,\boldsymbol{\beta}_2,\cdots,\boldsymbol{\beta}_t$,若它们满足下面两个条件,

(1) 向量组 $\boldsymbol{A}:\boldsymbol{\alpha}_1,\boldsymbol{\alpha}_2,\cdots,\boldsymbol{\alpha}_s$ 线性无关.

(2) 向量组 $\boldsymbol{A}$ 能由向量组 $\boldsymbol{B}$ 线性表示.

则 $s\leqslant t$.

证　由于向量组 $\boldsymbol{A}$ 能由向量组 $\boldsymbol{B}$ 线性表示,因而存在 $s\times t$ 个数 $c_{ij}\,(i=1,2,\cdots,s;j=1,2,\cdots,t)$,使得

$$\begin{cases}\boldsymbol{\alpha}_1=c_{11}\boldsymbol{\beta}_1+c_{12}\boldsymbol{\beta}_2+\cdots+c_{1t}\boldsymbol{\beta}_t,\\\boldsymbol{\alpha}_2=c_{21}\boldsymbol{\beta}_1+c_{22}\boldsymbol{\beta}_2+\cdots+c_{2t}\boldsymbol{\beta}_t,\\\quad\vdots\\\boldsymbol{\alpha}_s=c_{s1}\boldsymbol{\beta}_1+c_{s2}\boldsymbol{\beta}_2+\cdots+c_{st}\boldsymbol{\beta}_t.\end{cases}$$

写成矩阵形式,有

$$(\boldsymbol{\alpha}_1,\boldsymbol{\alpha}_2,\cdots,\boldsymbol{\alpha}_s)=(\boldsymbol{\beta}_1,\boldsymbol{\beta}_2,\cdots,\boldsymbol{\beta}_t)\begin{pmatrix}c_{11} & c_{21} & \cdots & c_{s1}\\ c_{12} & c_{22} & \cdots & c_{s2}\\ \vdots & \vdots & & \vdots\\ c_{1t} & c_{2t} & \cdots & c_{st}\end{pmatrix}$$

$$=(\boldsymbol{\beta}_1,\boldsymbol{\beta}_2,\cdots,\boldsymbol{\beta}_t)\boldsymbol{C}.$$

若 $s>t$,则矩阵 $\boldsymbol{C}$ 的 s 个 t 维列向量 $\boldsymbol{c}_1,\boldsymbol{c}_2,\cdots,\boldsymbol{c}_s$ 必线性相关.

于是必存在不全为零的数组 $k_1,k_2,\cdots,k_s$,使得

$$(\boldsymbol{c}_1,\boldsymbol{c}_2,\cdots,\boldsymbol{c}_s)\begin{pmatrix}k_1\\ k_2\\ \vdots\\ k_s\end{pmatrix}=\begin{pmatrix}c_{11} & c_{21} & \cdots & c_{s1}\\ c_{12} & c_{22} & \cdots & c_{s2}\\ \vdots & \vdots & & \vdots\\ c_{1t} & c_{2t} & \cdots & c_{st}\end{pmatrix}\begin{pmatrix}k_1\\ k_2\\ \vdots\\ k_s\end{pmatrix}=\boldsymbol{0}.$$

进而,有

$$(\boldsymbol{\alpha}_1,\boldsymbol{\alpha}_2,\cdots,\boldsymbol{\alpha}_s)\begin{pmatrix}k_1\\ k_2\\ \vdots\\ k_s\end{pmatrix}=(\boldsymbol{\beta}_1,\boldsymbol{\beta}_2,\cdots,\boldsymbol{\beta}_t)\begin{pmatrix}c_{11} & c_{21} & \cdots & c_{s1}\\ c_{12} & c_{22} & \cdots & c_{s2}\\ \vdots & \vdots & & \vdots\\ c_{1t} & c_{2t} & \cdots & c_{st}\end{pmatrix}\begin{pmatrix}k_1\\ k_2\\ \vdots\\ k_s\end{pmatrix}=\boldsymbol{0}.$$

从而 $\boldsymbol{A}:\boldsymbol{\alpha}_1,\boldsymbol{\alpha}_2,\cdots,\boldsymbol{\alpha}_s$ 线性相关,矛盾,即证 $s\leqslant t$.

由定理 2 可推得以下四个推论.

推论 1 设有两个向量组 $\boldsymbol{A}:\boldsymbol{\alpha}_1,\boldsymbol{\alpha}_2,\cdots,\boldsymbol{\alpha}_s$ 与 $\boldsymbol{B}:\boldsymbol{\beta}_1,\boldsymbol{\beta}_2,\cdots,\boldsymbol{\beta}_t$,若向量组 $\boldsymbol{B}$ 能由向量组 $\boldsymbol{A}$ 线性表示,且 $s<t$,则向量组 $\boldsymbol{B}$ 线性相关.

推论 2 设有两个向量组 $\boldsymbol{A}:\boldsymbol{\alpha}_1,\boldsymbol{\alpha}_2,\cdots,\boldsymbol{\alpha}_s$ 与 $\boldsymbol{B}:\boldsymbol{\beta}_1,\boldsymbol{\beta}_2,\cdots,\boldsymbol{\beta}_t$,若向量组 $\boldsymbol{A}$ 的秩为 r_1,向量组 $\boldsymbol{B}$ 的秩为 r_2,且向量组 $\boldsymbol{A}$ 也能由向量组 $\boldsymbol{B}$ 线性表示,则 $r_1\leqslant r_2$.

推论 3 两个等价的线性无关向量组必含有相同个数的向量.

推论 4 等价的向量组必有相同的秩.

例 3 已知两个向量组有相同的秩,且其中一个向量组可被另一个向量组线性表示,证明:两个向量组等价.

证 设这两个向量组为(Ⅰ)和(Ⅱ),它们的极大线性无关组分别为:$\boldsymbol{\alpha}_1,\boldsymbol{\alpha}_2,\cdots,\boldsymbol{\alpha}_r$ 和 $\boldsymbol{\beta}_1,\boldsymbol{\beta}_2,\cdots,\boldsymbol{\beta}_r$,并设 $\boldsymbol{\beta}_1,\boldsymbol{\beta}_2,\cdots,\boldsymbol{\beta}_r$ 可由 $\boldsymbol{\alpha}_1,\boldsymbol{\alpha}_2,\cdots,\boldsymbol{\alpha}_r$ 线性表示,由于 $\boldsymbol{\beta}_1,\boldsymbol{\beta}_2,\cdots,\boldsymbol{\beta}_r$ 线性无关,因此由方程

$$\boldsymbol{\beta}_i=\sum_{j=1}^{r}a_{ij}\boldsymbol{\alpha}_j\quad(i=1,2,\cdots,r)$$

知 $|a_{ij}|\neq 0$,从而由上式可以解出

$$\boldsymbol{\alpha}_i(i=1,2,\cdots,r),$$

即 $\boldsymbol{\alpha}_1,\boldsymbol{\alpha}_2,\cdots,\boldsymbol{\alpha}_r$ 也可由 $\boldsymbol{\beta}_1,\boldsymbol{\beta}_2,\cdots,\boldsymbol{\beta}_r$ 线性表示,从而它们等价.

再由 $\boldsymbol{\alpha}_1,\boldsymbol{\alpha}_2,\cdots,\boldsymbol{\alpha}_r$ 和 $\boldsymbol{\beta}_1,\boldsymbol{\beta}_2,\cdots,\boldsymbol{\beta}_r$ 分别与向量组(Ⅰ)和(Ⅱ)等价,所以向量组(Ⅰ)和(Ⅱ)也等价.

3. 向量组的秩与矩阵的秩的关系

定理 3　矩阵 $\boldsymbol{A}$ 的秩既等于 $\boldsymbol{A}$ 的行向量组的秩,又等于 $\boldsymbol{A}$ 的列向量组的秩.

由于对一个线性方程组的增广矩阵施以初等行变换后所得到的方程组与原方程组同解,所以有下面的定理 4.

定理 4　矩阵 $\boldsymbol{A}$ 经过初等行变换后化为矩阵 $\boldsymbol{B}$,则 $\boldsymbol{A}$ 的列向量组和 $\boldsymbol{B}$ 对应的列向量组有相同的线性组合关系.

例 4　求下列向量组 $\boldsymbol{A}$ 的秩及一个极大无关组,并将向量组中的其余向量用极大无关组线性表示出来.

$$\boldsymbol{A}:\boldsymbol{\alpha}_1=\begin{pmatrix}1\\0\\3\\4\end{pmatrix},\quad \boldsymbol{\alpha}_2=\begin{pmatrix}3\\-1\\2\\1\end{pmatrix},\quad \boldsymbol{\alpha}_3=\begin{pmatrix}-1\\1\\0\\5\end{pmatrix},\quad \boldsymbol{\alpha}_4=\begin{pmatrix}3\\0\\5\\10\end{pmatrix},\quad \boldsymbol{\alpha}_5=\begin{pmatrix}-1\\0\\1\\-2\end{pmatrix}.$$

解

$$\begin{aligned}\boldsymbol{A}&=(\boldsymbol{\alpha}_1,\boldsymbol{\alpha}_2,\boldsymbol{\alpha}_3,\boldsymbol{\alpha}_4,\boldsymbol{\alpha}_5)\\&=\begin{pmatrix}1&3&-1&3&-1\\0&-1&1&0&0\\3&2&0&5&1\\4&1&5&10&-2\end{pmatrix}\\&\to\begin{pmatrix}1&0&0&1&1\\0&1&0&1&-1\\0&0&1&1&-1\\0&0&0&0&0\end{pmatrix}\\&\triangleq\boldsymbol{B}=(\boldsymbol{\beta}_1,\boldsymbol{\beta}_2,\boldsymbol{\beta}_3,\boldsymbol{\beta}_4,\boldsymbol{\beta}_5).\end{aligned}$$

因此

$$r(\boldsymbol{A})=3.$$

$\boldsymbol{\alpha}_1,\boldsymbol{\alpha}_2,\boldsymbol{\alpha}_3$ 是一个极大无关组,且由于

$$\boldsymbol{\beta}_4=\boldsymbol{\beta}_1+\boldsymbol{\beta}_2+\boldsymbol{\beta}_3,$$
$$\boldsymbol{\beta}_5=\boldsymbol{\beta}_1-\boldsymbol{\beta}_2-\boldsymbol{\beta}_3,$$

则由定理 4 得到

$$\boldsymbol{\alpha}_4=\boldsymbol{\alpha}_1+\boldsymbol{\alpha}_2+\boldsymbol{\alpha}_3,$$
$$\boldsymbol{\alpha}_5=\boldsymbol{\alpha}_1-\boldsymbol{\alpha}_2-\boldsymbol{\alpha}_3.$$

习　题　3.3

1. 求下列向量组的秩,并求一个极大无关组.

(1) $\boldsymbol{\alpha}_1=(1,0,0,1)^{\mathrm{T}},\boldsymbol{\alpha}_2=(0,1,0,-1)^{\mathrm{T}},\boldsymbol{\alpha}_3=(0,0,1,-1)^{\mathrm{T}},\boldsymbol{\alpha}_4=(2,-1,3,0)^{\mathrm{T}}$;

(2) $\boldsymbol{\alpha}_1=(1,-1,2,4)^{\mathrm{T}},\boldsymbol{\alpha}_2=(0,3,1,2)^{\mathrm{T}},\boldsymbol{\alpha}_3=(3,0,7,14)^{\mathrm{T}},\boldsymbol{\alpha}_4=(1,-2,2,0)^{\mathrm{T}}$.

2. 求下列向量组的一个极大无关组,并将其余向量用此极大无关组线性表示.

(1) $\boldsymbol{\alpha}_1=(1,1,4,0)^{\mathrm{T}},\boldsymbol{\alpha}_2=(-1,2,5,-3)^{\mathrm{T}},\boldsymbol{\alpha}_3=(5,-1,2,6)^{\mathrm{T}},\boldsymbol{\alpha}_4=(2,0,2,-1)^{\mathrm{T}}$;

(2) $\boldsymbol{\alpha}_1=(1,0,2,1)^{\mathrm{T}}$, $\boldsymbol{\alpha}_2=(1,2,0,1)^{\mathrm{T}}$, $\boldsymbol{\alpha}_3=(2,1,3,0)^{\mathrm{T}}$, $\boldsymbol{\alpha}_4=(2,5,-1,4)^{\mathrm{T}}$, $\boldsymbol{\alpha}_5=(1,-1,3,-1)^{\mathrm{T}}$;

(3) $\boldsymbol{\alpha}_1=(2,1,4,3)^{\mathrm{T}}$, $\boldsymbol{\alpha}_2=(-1,1,-6,6)^{\mathrm{T}}$, $\boldsymbol{\alpha}_3=(-1,-2,2,-9)^{\mathrm{T}}$, $\boldsymbol{\alpha}_4=(1,1,-2,7)^{\mathrm{T}}$, $\boldsymbol{\alpha}_5=(2,4,4,9)^{\mathrm{T}}$.

3. 设向量组 $\boldsymbol{\alpha}_1=\begin{pmatrix}a\\3\\1\end{pmatrix}$, $\boldsymbol{\alpha}_2=\begin{pmatrix}2\\b\\3\end{pmatrix}$, $\boldsymbol{\alpha}_3=\begin{pmatrix}1\\2\\1\end{pmatrix}$, $\boldsymbol{\alpha}_4=\begin{pmatrix}2\\3\\1\end{pmatrix}$ 的秩为2,求 a、b.

4. 设 $\begin{cases}\boldsymbol{\beta}_1=\boldsymbol{\alpha}_2+\boldsymbol{\alpha}_3+\cdots+\boldsymbol{\alpha}_n,\\ \boldsymbol{\beta}_2=\boldsymbol{\alpha}_1+\boldsymbol{\alpha}_3+\cdots+\boldsymbol{\alpha}_n,\\ \quad\vdots\\ \boldsymbol{\beta}_n=\boldsymbol{\alpha}_1+\boldsymbol{\alpha}_2+\cdots+\boldsymbol{\alpha}_{n-1}\end{cases}$ 证明:向量组 $\boldsymbol{\beta}_1,\boldsymbol{\beta}_2,\cdots,\boldsymbol{\beta}_n$ 与 $\boldsymbol{\alpha}_1,\boldsymbol{\alpha}_2,\cdots,\boldsymbol{\alpha}_n$ 等价.

3.4 线性方程组解的结构

对于 n 个未知数的线性方程组 $\boldsymbol{Ax}=\boldsymbol{b}$,当 $r(\boldsymbol{A})=r(\widetilde{\boldsymbol{A}})=r<n$ 时,把 $\boldsymbol{A}$ 的行最简形矩阵中的 $n-r$ 个非主元列对应的未知量取作自由未知量,此时方程组有无穷多解,那么这些解之间有什么关系?全部解能用一个统一的表达式表示出来吗?这就是本节要讨论的线性方程组解的结构.下面用向量组线性相关性的理论来讨论线性方程组的解.

1. 齐次线性方程组解的结构

设有齐次线性方程组
$$\begin{cases}a_{11}x_1+a_{12}x_2+\cdots+a_{1n}x_n=0,\\ a_{21}x_1+a_{22}x_2+\cdots+a_{2n}x_n=0,\\ \quad\vdots\\ a_{m1}x_1+a_{m2}x_2+\cdots+a_{mn}x_n=0\end{cases}\tag{3.4.1}$$

记
$$\boldsymbol{A}=\begin{pmatrix}a_{11}&a_{12}&\cdots&a_{1n}\\ a_{21}&a_{22}&\cdots&a_{2n}\\ \vdots&\vdots&&\vdots\\ a_{m1}&a_{m2}&\cdots&a_{mn}\end{pmatrix},\quad \boldsymbol{x}=\begin{pmatrix}x_1\\x_2\\\vdots\\x_n\end{pmatrix},$$

则方程组(3.4.1)可写成矩阵方程
$$\boldsymbol{Ax}=\boldsymbol{0}\tag{3.4.2}$$

若 $x_1=\xi_{11},x_2=\xi_{12},\cdots,x_n=\xi_{1n}$ 为方程组(3.4.1)的解,则
$$\boldsymbol{x}=\boldsymbol{\xi}_1=\begin{pmatrix}\xi_{11}\\\xi_{12}\\\vdots\\\xi_{1n}\end{pmatrix}$$
称为方程组(3.4.1)的**解向量**,它也就是矩阵方程(3.4.2)的解.

根据矩阵方程(3.4.2)，来讨论解向量的性质.

性质 1　若 $\boldsymbol{x}=\boldsymbol{\xi}_1,\boldsymbol{x}=\boldsymbol{\xi}_2$ 为方程(3.4.2)的解，则 $\boldsymbol{x}=\boldsymbol{\xi}_1+\boldsymbol{\xi}_2$ 也是方程(3.4.2)的解.

只要验证 $\boldsymbol{x}=\boldsymbol{\xi}_1+\boldsymbol{\xi}_2$ 满足方程式 $\boldsymbol{A}(\boldsymbol{\xi}_1+\boldsymbol{\xi}_2)=\boldsymbol{A}\boldsymbol{\xi}_1+\boldsymbol{A}\boldsymbol{\xi}_2=\boldsymbol{0}+\boldsymbol{0}=\boldsymbol{0}$ 即可.

性质 2　若 $\boldsymbol{x}=\boldsymbol{\xi}_1$ 为方程(3.4.2)的解，k 为实数，则 $\boldsymbol{x}=k\boldsymbol{\xi}_1$ 也是方程(3.4.2)的解.

证
$$\boldsymbol{A}(k\boldsymbol{\xi}_1)=k(\boldsymbol{A}\boldsymbol{\xi}_1)=k\boldsymbol{0}=\boldsymbol{0}.$$

把方程(3.4.2)的全部解所组成的集合记作 S，如果能求得解集 S 的一个极大无关组 $S_0:\boldsymbol{\xi}_1,\boldsymbol{\xi}_2,\cdots,\boldsymbol{\xi}_t$，那么方程(3.4.2)的任一解都可由极大无关组 S_0 线性表示. 由上述性质 1、2 可知，极大无关组 S_0 的任何线性组合 $\boldsymbol{x}=\boldsymbol{k}_1\boldsymbol{\xi}_1+\cdots+\boldsymbol{k}_t\boldsymbol{\xi}_t$ 都是方程(3.4.2)的解，因此上式便是方程(3.4.2)的**通解**.

齐次线性方程组的解集的极大无关组称为该齐次线性方程组的**基础解系**，由上面的讨论可知，要求齐次线性方程组的解集的通解，只要求出它的基础解系即可.

上一章用初等变换的方法求线性方程组的通解，下面用同一方法求齐次线性方程组的基础解系.

设方程组(3.4.1)的系数矩阵 $\boldsymbol{A}$ 的秩为 r，并不妨设 $\boldsymbol{A}$ 的前 r 个列向量线性无关，$\boldsymbol{A}$ 的行最简形矩阵为

$$\boldsymbol{B}=\begin{pmatrix} 1 & \cdots & 0 & b_{11} & \cdots & b_{1,n-r} \\ \vdots & & \vdots & \vdots & & \vdots \\ 0 & \cdots & 1 & b_{r1} & \cdots & b_{r,n-r} \\ 0 & & & \cdots & & 0 \\ \vdots & & & & & \vdots \\ 0 & & & \cdots & & 0 \end{pmatrix},$$

与 $\boldsymbol{B}$ 对应，即有方程组

$$\begin{cases} x_1=-b_{11}x_{r+1}-\cdots-b_{1,n-r}x_n, \\ \quad\vdots \\ x_r=-b_{r1}x_{r+1}-\cdots-b_{r,n-r}x_n \end{cases} \tag{3.4.3}$$

把 $x_{r+1},\cdots,x_n$ 作为自由未知量，并令它们依次等于 $C_1,\cdots,C_{n-r}$（$C_1,\cdots,C_{n-r}$ 为任意常数），可得方程组(3.4.1)的通解

$$\begin{pmatrix} x_1 \\ \vdots \\ x_r \\ x_{r+1} \\ x_{r+2} \\ \vdots \\ x_n \end{pmatrix}=C_1\begin{pmatrix} -b_{11} \\ \vdots \\ -b_{r1} \\ 1 \\ 0 \\ \vdots \\ 0 \end{pmatrix}+C_2\begin{pmatrix} -b_{12} \\ \vdots \\ -b_{r2} \\ 0 \\ 1 \\ \vdots \\ 0 \end{pmatrix}+\cdots+C_{n-r}\begin{pmatrix} -b_{1,n-r} \\ \vdots \\ -b_{r,n-r} \\ 0 \\ 0 \\ \vdots \\ 1 \end{pmatrix}.$$

把上式记作 $\boldsymbol{x}=C_1\boldsymbol{\xi}_1+C_2\boldsymbol{\xi}_2+\cdots+C_{n-r}\boldsymbol{\xi}_{n-r}$（$C_1,\cdots,C_{n-r}$ 为任意常数）.

可知解集 S 中的任一向量 $\boldsymbol{x}$ 能由 $\boldsymbol{\xi}_1,\boldsymbol{\xi}_2,\cdots,\boldsymbol{\xi}_{n-r}$ 线性表示，又因为矩阵 $(\boldsymbol{\xi}_1,\boldsymbol{\xi}_2,\cdots,\boldsymbol{\xi}_{n-r})$ 中有 $n-r$ 阶子式 $|\boldsymbol{I}_{n-r}|\neq 0$，所以 $r(\boldsymbol{\xi}_1,\boldsymbol{\xi}_2,\cdots,\boldsymbol{\xi}_{n-r})=n-r$，所以 $\boldsymbol{\xi}_1,\boldsymbol{\xi}_2,\cdots,\boldsymbol{\xi}_{n-r}$ 线性无关，根据极大无关组的等价定义，即知 $\boldsymbol{\xi}_1,\boldsymbol{\xi}_2,\cdots,\boldsymbol{\xi}_{n-r}$ 是解集 S 的极大无关组，即 $\boldsymbol{\xi}_1,\boldsymbol{\xi}_2,\cdots,\boldsymbol{\xi}_{n-r}$ 是方程组(3.4.1)的基础解系.

在上面的讨论中，先求出齐次线性方程组的通解，将通解写成向量形式，再从通解求得基础解系，其实也可先求基础解系，再写出通解，这只要在得到方程组(3.4.3)以后，令自由未知量 $x_{r+1},x_{r+2},\cdots,x_n$ 分别取下列 $n-r$ 组数

$$\begin{pmatrix} x_{r+1} \\ x_{r+2} \\ \vdots \\ x_n \end{pmatrix}=\begin{pmatrix} 1 \\ 0 \\ \vdots \\ 0 \end{pmatrix},\begin{pmatrix} 0 \\ 1 \\ \vdots \\ 0 \end{pmatrix},\cdots,\begin{pmatrix} 0 \\ 0 \\ \vdots \\ 1 \end{pmatrix},$$

由方程组(3.4.3)依次可得

$$\begin{pmatrix} x_1 \\ \vdots \\ x_r \end{pmatrix}=\begin{pmatrix} -b_{11} \\ \vdots \\ -b_{r1} \end{pmatrix},\begin{pmatrix} -b_{12} \\ \vdots \\ -b_{r2} \end{pmatrix},\cdots,\begin{pmatrix} -b_{1,n-r} \\ \vdots \\ -b_{r,n-r} \end{pmatrix}.$$

合起来便得基础解系

$$\boldsymbol{\xi}_1=\begin{pmatrix} -b_{11} \\ \vdots \\ -b_{r1} \\ 1 \\ 0 \\ \vdots \\ 0 \end{pmatrix},\boldsymbol{\xi}_2=\begin{pmatrix} -b_{12} \\ \vdots \\ -b_{r2} \\ 0 \\ 1 \\ \vdots \\ 0 \end{pmatrix},\cdots,\boldsymbol{\xi}_{n-r}=\begin{pmatrix} -b_{1,n-r} \\ \vdots \\ -b_{r,n-r} \\ 0 \\ 0 \\ \vdots \\ 1 \end{pmatrix}.$$

依据以上的讨论，还可推得定理1.

定理1　设 $m\times n$ 矩阵 $\mathbf{A}$ 的秩 $r(\mathbf{A})=r$，则 n 元齐次线性方程组 $\mathbf{A}\boldsymbol{x}=\mathbf{0}$ 的解集 S 的秩 $r_S=n-r$.

当 $r(\mathbf{A})=n$ 时，方程组(3.4.1)只有零解，没有基础解系(此时解集 S 只含一个零向量)；当 $r(\mathbf{A})=r<n$ 时，由定理1可知方程组(3.4.1)的基础解系含 $n-r$ 个向量，因此，由极大无关组的性质可知，方程组(3.4.1)的任何 $n-r$ 个线性无关的解都可构成它的基础解系. 由此可知齐次线性方程组的基础解系并不是唯一的，它的通解的形式也不是唯一的.

例1　求齐次线性方程组

$$\begin{cases} x_1+x_2-3x_4-x_5=0, \\ x_1-x_2+2x_3-x_4=0, \\ 4x_1-2x_2+6x_3+3x_4-4x_5=0, \\ 2x_1+4x_2-2x_3+4x_4-7x_5=0 \end{cases}$$

的基础解系与通解.

解 将方程组的系数矩阵 $\boldsymbol{A}$ 化为行最简形矩阵

$$\boldsymbol{A}=\begin{pmatrix}1&1&0&-3&-1\\1&-1&2&-1&0\\4&-2&6&3&-4\\2&4&-2&4&-7\end{pmatrix}\rightarrow\begin{pmatrix}1&0&1&0&-\frac{7}{6}\\0&1&-1&0&-\frac{5}{6}\\0&0&0&1&-\frac{1}{3}\\0&0&0&0&0\end{pmatrix},$$

从而知 $r(\boldsymbol{A})=3$,所以基础解系中有 $n-r(\boldsymbol{A})=5-3=2$ 个解向量,由行最简形矩阵知

$$\begin{cases}x_1=-x_3+\frac{7}{6}x_5,\\x_2=x_3+\frac{5}{6}x_5,\\x_4=\frac{1}{3}x_5\end{cases}\tag{3.4.4}$$

令 $\begin{pmatrix}x_3\\x_5\end{pmatrix}=\begin{pmatrix}1\\0\end{pmatrix}$ 及 $\begin{pmatrix}0\\1\end{pmatrix}$,得原方程组的基础解系为

$$\boldsymbol{\xi}_1=\begin{pmatrix}-1\\1\\1\\0\\0\end{pmatrix},\quad\boldsymbol{\xi}_2=\begin{pmatrix}\frac{7}{6}\\\frac{5}{6}\\0\\\frac{1}{3}\\1\end{pmatrix}.$$

于是通解为

$$\begin{pmatrix}x_1\\x_2\\x_3\\x_4\\x_5\end{pmatrix}=C_1\begin{pmatrix}-1\\1\\1\\0\\0\end{pmatrix}+C_2\begin{pmatrix}\frac{7}{6}\\\frac{5}{6}\\0\\\frac{1}{3}\\1\end{pmatrix}\quad(C_1,C_2\text{ 为任意常数}).$$

本章 3.1 节中线性方程组的解法是从方程组(3.4.4)写出通解,将通解写成向量形式,再从通解的表达式即可得基础解系.现在从方程组(3.4.4)先取基础解系,再写出通解,两种解法其实没有多少区别.

根据方程组(3.4.4),如果取

$$\begin{pmatrix}x_3\\x_5\end{pmatrix}=\begin{pmatrix}1\\1\end{pmatrix} 及 \begin{pmatrix}1\\-1\end{pmatrix},$$

对应得
$$\begin{pmatrix}x_1\\x_2\\x_4\end{pmatrix}=\begin{pmatrix}\frac{1}{6}\\\frac{11}{6}\\\frac{1}{3}\end{pmatrix} 及 \begin{pmatrix}-\frac{13}{6}\\\frac{1}{6}\\-\frac{1}{3}\end{pmatrix},$$

即得不同的基础解系 $\boldsymbol{\eta}_1,\boldsymbol{\eta}_2$.

从而得通解

$$\boldsymbol{x}=C_1\boldsymbol{\eta}_1+C_2\boldsymbol{\eta}_2.$$

显然 $\boldsymbol{\xi}_1,\boldsymbol{\xi}_2$ 与 $\boldsymbol{\eta}_1,\boldsymbol{\eta}_2$ 是等价的,两个通解虽然形式不一样,但都含两个任意常数,且都可表示方程组的任一解.

例 2 设 $\boldsymbol{A}_{m\times n}\boldsymbol{B}_{n\times t}=\boldsymbol{O}$,证明:$r(\boldsymbol{A})+r(\boldsymbol{B})\leqslant n$.

证 记
$$\boldsymbol{B}=(\boldsymbol{b}_1,\boldsymbol{b}_2,\cdots,\boldsymbol{b}_t),$$
则
$$\boldsymbol{A}(\boldsymbol{b}_1,\boldsymbol{b}_2,\cdots,\boldsymbol{b}_t)=(\boldsymbol{0},\boldsymbol{0},\cdots,\boldsymbol{0}),$$
即
$$\boldsymbol{A}\boldsymbol{b}_i=\boldsymbol{0}(i=1,2,\cdots,t).$$

表明矩阵 $\boldsymbol{B}$ 的 t 个列向量都是齐次线性方程组 $\boldsymbol{A}\boldsymbol{x}=\boldsymbol{0}$ 的解,记方程组 $\boldsymbol{A}\boldsymbol{x}=\boldsymbol{0}$ 的解集为 S,由

$$\boldsymbol{b}_i\in S,$$
知
$$r(\boldsymbol{b}_1,\boldsymbol{b}_2,\cdots,\boldsymbol{b}_t)\leqslant r_S,$$
即
$$r(\boldsymbol{B})\leqslant r_S.$$
而由定理1有
$$r(\boldsymbol{A})+r_S=n,$$
所以
$$r(\boldsymbol{A})+r(\boldsymbol{B})\leqslant n.$$

例 3 证明:$r(\boldsymbol{A}^{\mathrm{T}}\boldsymbol{A})=r(\boldsymbol{A})$($\boldsymbol{A}$ 为实矩阵).

证 设 $\boldsymbol{A}$ 为 $m\times n$ 矩阵,$\boldsymbol{x}$ 为 n 维列向量.

若 $\boldsymbol{x}$ 满足 $\boldsymbol{A}\boldsymbol{x}=\boldsymbol{0}$,则

$$\boldsymbol{A}^{\mathrm{T}}(\boldsymbol{A}\boldsymbol{x})=\boldsymbol{0},\quad 即\quad (\boldsymbol{A}^{\mathrm{T}}\boldsymbol{A})\boldsymbol{x}=\boldsymbol{0};$$

若 $\boldsymbol{x}$ 满足 $(\boldsymbol{A}^{\mathrm{T}}\boldsymbol{A})\boldsymbol{x}=\boldsymbol{0}$,则

$$\boldsymbol{x}^{\mathrm{T}}(\boldsymbol{A}^{\mathrm{T}}\boldsymbol{A})\boldsymbol{x}=\boldsymbol{0},\quad 即\quad (\boldsymbol{A}\boldsymbol{x})^{\mathrm{T}}(\boldsymbol{A}\boldsymbol{x})=\boldsymbol{0}.$$
令
$$\boldsymbol{A}\boldsymbol{x}=(b_1,b_2,\cdots,b_m)^{\mathrm{T}},$$
于是
$$b_1^2+b_2^2+\cdots+b_m^2=0,$$
所以必有
$$b_1=b_2=\cdots=b_m=0,$$
即必有
$$\boldsymbol{A}\boldsymbol{x}=\boldsymbol{0}.$$

综上可知方程组 $\boldsymbol{A}\boldsymbol{x}=\boldsymbol{0}$ 与 $(\boldsymbol{A}^{\mathrm{T}}\boldsymbol{A})\boldsymbol{x}=\boldsymbol{0}$ 同解,因此

$$r(\boldsymbol{A}^{\mathrm{T}}\boldsymbol{A})=r(\boldsymbol{A}).$$

注：定理 1 揭示了矩阵 $\boldsymbol{A}$ 的秩与 $\boldsymbol{Ax}=\boldsymbol{0}$ 的解之间的关系，它不仅对求 $\boldsymbol{Ax}=\boldsymbol{0}$ 的解有重要的意义，而且如例 2、例 3 所表明的那样，可以通过研究线性方程组的解来讨论矩阵的秩.

2. 非齐次线性方程组解的结构

设有非齐次线性方程组

$$\begin{cases}a_{11}x_1+a_{12}x_2+\cdots+a_{1n}x_n=b_1,\\ a_{21}x_1+a_{22}x_2+\cdots+a_{2n}x_n=b_2,\\ \qquad\qquad\vdots\\ a_{m1}x_1+a_{m2}x_2+\cdots+a_{mn}x_n=b_m\end{cases}\tag{3.4.5}$$

它也可写作矩阵方程

$$\boldsymbol{Ax}=\boldsymbol{b}\tag{3.4.6}$$

矩阵方程(3.4.6)的解也就是方程组(3.4.5)的解向量，它具有如下性质.

性质 3　设 $\boldsymbol{x}=\boldsymbol{\eta}_1$ 及 $\boldsymbol{x}=\boldsymbol{\eta}_2$ 都是 $\boldsymbol{Ax}=\boldsymbol{b}$ 的解，则 $\boldsymbol{x}=\boldsymbol{\eta}_1-\boldsymbol{\eta}_2$ 为对应的齐次线性方程组 $\boldsymbol{Ax}=\boldsymbol{0}$ 的解.

证
$$\boldsymbol{A}(\boldsymbol{\eta}_1-\boldsymbol{\eta}_2)=\boldsymbol{A}\boldsymbol{\eta}_1-\boldsymbol{A}\boldsymbol{\eta}_2=\boldsymbol{b}-\boldsymbol{b}=\boldsymbol{0},$$
即 $\boldsymbol{x}=\boldsymbol{\eta}_1-\boldsymbol{\eta}_2$ 满足方程组 $\boldsymbol{Ax}=\boldsymbol{0}$.

性质 4　设 $\boldsymbol{x}=\boldsymbol{\eta}$ 是方程组 $\boldsymbol{Ax}=\boldsymbol{b}$ 的解，$\boldsymbol{x}=\boldsymbol{\xi}$ 是方程组 $\boldsymbol{Ax}=\boldsymbol{0}$ 的解，则 $\boldsymbol{x}=\boldsymbol{\xi}+\boldsymbol{\eta}$ 仍是方程组 $\boldsymbol{Ax}=\boldsymbol{b}$ 的解.

证
$$\boldsymbol{A}(\boldsymbol{\xi}+\boldsymbol{\eta})=\boldsymbol{A}\boldsymbol{\xi}+\boldsymbol{A}\boldsymbol{\eta}=\boldsymbol{0}+\boldsymbol{b}=\boldsymbol{b},$$
即 $\boldsymbol{x}=\boldsymbol{\xi}+\boldsymbol{\eta}$ 满足方程组 $\boldsymbol{Ax}=\boldsymbol{b}$.

由性质 3 可知，若求得 $\boldsymbol{Ax}=\boldsymbol{b}$ 的一个解 $\boldsymbol{\eta}^*$，则 $\boldsymbol{Ax}=\boldsymbol{b}$ 的任一解总可表示为 $\boldsymbol{x}=\boldsymbol{\xi}+\boldsymbol{\eta}^*$，其中 $\boldsymbol{x}=\boldsymbol{\xi}$ 为 $\boldsymbol{Ax}=\boldsymbol{0}$ 的解，又若 $\boldsymbol{Ax}=\boldsymbol{0}$ 的通解为

$$\boldsymbol{x}=C_1\boldsymbol{\xi}_1+C_2\boldsymbol{\xi}_2+\cdots+C_{n-r}\boldsymbol{\xi}_{n-r},$$

则 $\boldsymbol{Ax}=\boldsymbol{b}$ 的任一解总可表示为

$$\boldsymbol{x}=C_1\boldsymbol{\xi}_1+C_2\boldsymbol{\xi}_2+\cdots+C_{n-r}\boldsymbol{\xi}_{n-r}+\boldsymbol{\eta}^*.$$

而由性质 4 可知，对任意常数 $C_1,C_2,\cdots,C_{n-r}$，上式总是 $\boldsymbol{Ax}=\boldsymbol{b}$ 的解，于是方程 $\boldsymbol{Ax}=\boldsymbol{b}$ 的通解为

$$\boldsymbol{x}=C_1\boldsymbol{\xi}_1+C_2\boldsymbol{\xi}_2+\cdots+C_{n-r}\boldsymbol{\xi}_{n-r}+\boldsymbol{\eta}^*\quad(C_1,C_2,\cdots,C_{n-r}\text{为任意常数}),$$

其中 $\boldsymbol{\xi}_1,\boldsymbol{\xi}_2,\cdots,\boldsymbol{\xi}_{n-r}$ 是 $\boldsymbol{Ax}=\boldsymbol{0}$ 的基础解系.

例 4　求方程组 $\begin{cases}x_1+x_2+x_3+x_4+x_5=7,\\ 3x_1+2x_2+x_3+x_4-3x_5=-2,\\ x_2+2x_3+2x_4+6x_5=23,\\ 5x_1+4x_2-3x_3+3x_4-x_5=12\end{cases}$ 的通解.

解　对方程组的增广矩阵 $\widetilde{\boldsymbol{A}}$ 实施初等行变换，得

$$\widetilde{\boldsymbol{A}}=\begin{pmatrix}1&1&1&1&1&7\\3&2&1&1&-3&-2\\0&1&2&2&6&23\\5&4&-3&3&-1&12\end{pmatrix}$$
$$\to\begin{pmatrix}1&1&1&1&1&7\\0&1&2&2&6&23\\0&0&1&0&0&0\\0&0&0&0&0&0\end{pmatrix}$$
$$\to\begin{pmatrix}1&0&0&-1&-5&-16\\0&1&0&2&6&23\\0&0&1&0&0&0\\0&0&0&0&0&0\end{pmatrix}.$$

因为
$$r(\boldsymbol{A})=r(\widetilde{\boldsymbol{A}})=3<5,$$
所以方程组有无穷多解，且
$$\begin{cases}x_1=x_4+5x_5-16,\\x_2=-2x_4-6x_5+23,\\x_3=0.\end{cases}$$

取 $x_4=x_5=0$，则
$$x_1=-16,\quad x_2=23,$$
即得原方程组的一个特解 $\boldsymbol{\eta}^*=(-16,23,0,0,0)^{\mathrm{T}}$.

在对应的齐次线性方程组 $\begin{cases}x_1=x_4+5x_5,\\x_2=-2x_4-6x_5,\\x_3=0\end{cases}$ 中取
$$\begin{pmatrix}x_4\\x_5\end{pmatrix}=\begin{pmatrix}1\\0\end{pmatrix}\text{及}\begin{pmatrix}0\\1\end{pmatrix},$$
得齐次方程组的基础解系为
$$\boldsymbol{\xi}_1=\begin{pmatrix}1\\-2\\0\\1\\0\end{pmatrix},\quad \boldsymbol{\xi}_2=\begin{pmatrix}5\\-6\\0\\0\\1\end{pmatrix}.$$

于是原非齐次方程组的通解为
$$\begin{pmatrix}x_1\\x_2\\x_3\\x_4\\x_5\end{pmatrix}=C_1\begin{pmatrix}1\\-2\\0\\1\\0\end{pmatrix}+C_2\begin{pmatrix}5\\-6\\0\\0\\1\end{pmatrix}+\begin{pmatrix}-16\\23\\0\\0\\0\end{pmatrix}(C_1,C_2\text{ 为任意常数}).$$

例 5　设四元非齐次线性方程组 $\boldsymbol{A}\boldsymbol{x}=\boldsymbol{b}$ 的系数矩阵 $\boldsymbol{A}$ 的秩为 3，已知它的三个解向量为 $\boldsymbol{\eta}_1,\boldsymbol{\eta}_2,\boldsymbol{\eta}_3$，其中

$$\boldsymbol{\eta}_1=\begin{pmatrix}3\\4\\5\\2\end{pmatrix},\quad \boldsymbol{\eta}_2+\boldsymbol{\eta}_3=\begin{pmatrix}4\\6\\12\\0\end{pmatrix},$$

求该方程组的通解.

解　由已知得，方程组 $\boldsymbol{A}\boldsymbol{x}=\boldsymbol{b}$ 对应的齐次线性方程组 $\boldsymbol{A}\boldsymbol{x}=\boldsymbol{0}$ 的基础解系含 $4-3=1$ 个向量，所以 $\boldsymbol{A}\boldsymbol{x}=\boldsymbol{0}$ 的任何一个非零解都可作为其基础解系.

显然

$$\boldsymbol{\eta}_1-\frac{1}{2}(\boldsymbol{\eta}_2+\boldsymbol{\eta}_3)=\begin{pmatrix}1\\1\\-1\\2\end{pmatrix}\neq\boldsymbol{0}$$

是 $\boldsymbol{A}\boldsymbol{x}=\boldsymbol{0}$ 的非零解，可作为其基础解系.

所以方程组 $\boldsymbol{A}\boldsymbol{x}=\boldsymbol{b}$ 的通解为

$$\begin{aligned}\boldsymbol{x}&=\boldsymbol{\eta}_1+C\left(\boldsymbol{\eta}_1-\frac{1}{2}(\boldsymbol{\eta}_2+\boldsymbol{\eta}_3)\right)\\&=\begin{pmatrix}3\\4\\5\\2\end{pmatrix}+C\begin{pmatrix}1\\1\\-1\\2\end{pmatrix}\ (C\text{ 为任意常数}).\end{aligned}$$

习　题　3.4

1. 求下列齐次线性方程组的一个基础解系和通解.

(1) $\begin{cases}x_1-2x_2-x_3-x_4=0,\\2x_1-4x_2+5x_3+3x_4=0,\\4x_1-8x_2+17x_3+11x_4=0;\end{cases}$

(2) $\begin{cases}x_1+x_2+x_3-x_4=0,\\x_1-x_2+x_3-3x_4=0,\\x_1+3x_2+x_3+x_4=0;\end{cases}$

(3) $\begin{cases}x_1+2x_2+2x_3+x_4=0,\\2x_1+x_2-2x_3-2x_4=0,\\x_1-x_2-4x_3-3x_4=0;\end{cases}$

(4) $\begin{cases}2x_1+3x_2-x_3-7x_4=0,\\3x_1+x_2+2x_3-7x_4=0,\\4x_1+x_2-3x_3+6x_4=0,\\x_1-2x_2+5x_3-5x_4=0;\end{cases}$

(5) $\begin{cases}x_1+x_2+x_5=0,\\x_1+x_2-x_3=0,\\x_3+x_4+x_5=0.\end{cases}$

2. 求下列非齐次线性方程组的通解.

(1) $\begin{cases} x_1 + 3x_3 + x_4 = 2, \\ x_1 - 3x_2 + x_4 = -1, \\ 2x_1 + x_2 + 7x_3 + 2x_4 = 5, \\ 4x_1 + 2x_2 + 14x_3 = 6; \end{cases}$　　(2) $\begin{cases} x_1 + x_2 + x_3 + x_4 = 1, \\ 2x_1 + 2x_2 + x_3 + 3x_4 = 2, \\ x_1 + x_2 + 2x_3 = 1; \end{cases}$

(3) $\begin{cases} 2x_1 + x_2 - x_3 + x_4 = 1, \\ 4x_1 + 2x_2 - 2x_3 + x_4 = 2, \\ 2x_1 + x_2 - x_3 - x_4 = 1; \end{cases}$　　(4) $\begin{cases} x_1 + x_2 - 3x_3 - x_4 = 1, \\ 3x_1 - x_2 - 3x_3 + 4x_4 = 4, \\ x_1 + 5x_2 - 9x_3 - 8x_4 = 0; \end{cases}$

(5) $\begin{cases} 2x_1 - x_2 + 3x_3 + 2x_4 = 0, \\ 9x_1 - x_2 + 14x_3 + 2x_4 = 1, \\ 3x_1 + 2x_2 + 5x_3 - 4x_4 = 1, \\ 4x_1 + 5x_2 + 7x_3 - 10x_4 = 2. \end{cases}$

3. 设四元非齐次线性方程组 $\boldsymbol{A}\boldsymbol{x}=\boldsymbol{b}$ 的系数矩阵 $\boldsymbol{A}$ 的秩为 2,已知它的 3 个解向量为 $\boldsymbol{\eta}_1,\boldsymbol{\eta}_2,\boldsymbol{\eta}_3$,其中 $\boldsymbol{\eta}_1=\begin{pmatrix}5\\0\\4\\0\end{pmatrix}$,$\boldsymbol{\eta}_2=\begin{pmatrix}4\\0\\1\\1\end{pmatrix}$,$\boldsymbol{\eta}_3=\begin{pmatrix}3\\1\\4\\0\end{pmatrix}$,求该方程组的通解.

3.5　向量空间与向量的内积

1. 向量空间的概念

从不同的几何量和物理量中分别抽象出 1 维向量、2 维向量、3 维向量,如在几何中,它们分别对应于几何空间中的直线、平面与空间.

由空间解析几何知道 $\mathbf{R}^3=\{\boldsymbol{\alpha}\mid\boldsymbol{\alpha}=(a_1,a_2,a_3),a_i\in\mathbf{R},i=1,2,3\}$ 中的向量规定了加法运算,它符合向量的平行四边形法则,还规定了向量与数的数量乘法,这两种运算都满足一定的运算规律.为方便起见,把 $\mathbf{R}^3$ 称为 3 维向量空间.

$\mathbf{R}^2=\{\boldsymbol{\alpha}\mid\boldsymbol{\alpha}=(a_1,a_2,0),\boldsymbol{\alpha}\in\mathbf{R}^3\}$ 及 $\mathbf{R}=\{\boldsymbol{\alpha}\mid\boldsymbol{\alpha}=(a_1,0,0),\boldsymbol{\alpha}\in\mathbf{R}^3\}$,相应地称之为 2 维向量空间 $\mathbf{R}^2$ 和 1 维向量空间 $\mathbf{R}$.

同理,也可以把抽象出的 n 维向量的全体所构成的集合 $\mathbf{R}^n$ 称为 n 维向量空间.例如,当研究一飞行物在空间运行的状态时,就至少需要通过 8 维向量来刻画它,这是因为飞行物的空间位置 (x,y,z)、质量 m、时刻 t 和飞行速度 (v_x,v_y,v_z) 都需要同时确定.为此,在 $\mathbf{R}^n$ 中也类似地规定了 n 维向量的加法和数乘这两种线性运算,有关向量组的线性相关性等已经做过详细的讨论.

注:n 维向量的定义是具体空间上向量定义的高度抽象. n 维向量定义的产生过程,体现了感性认识到理性认识的飞跃.

定义 1　设 V 是数域 F 上的 n 维向量构成的非空集合,且 V 满足下面两个条件.

(1) 若 $\boldsymbol{\alpha}\in V,\boldsymbol{\beta}\in V$,则 $\boldsymbol{\alpha}+\boldsymbol{\beta}\in V$.

（2）若 $\boldsymbol{\alpha}\in V,\lambda\in F$，则 $\lambda\boldsymbol{\alpha}\in V$.

则称集合 V 为 F 上的**向量空间**.

定义中的条件(1)、(2)称为 V 对于 n 维向量的加法及数乘两种运算封闭. 本书所提到的向量空间都是实数域 $F=\mathbf{R}$ 上的向量空间. 所以，V 关于向量的线性运算封闭，V 就是一个向量空间.

例如，设 $\boldsymbol{\alpha},\boldsymbol{\beta}$ 是两个已知的 n 维向量，则集合 $L=\{\boldsymbol{x}=\lambda\boldsymbol{\alpha}+\mu\boldsymbol{\beta}\mid\lambda,\mu\in\mathbf{R}\}$ 是一个向量空间.

事实上，因为对于任意的 $\boldsymbol{x}_1=\lambda_1\boldsymbol{\alpha}+\mu_1\boldsymbol{\beta},\boldsymbol{x}_2=\lambda_2\boldsymbol{\alpha}+\mu_2\boldsymbol{\beta},k\in\mathbf{R}$，总有 $\boldsymbol{x}_1+\boldsymbol{x}_2=(\lambda_1+\lambda_2)\boldsymbol{\alpha}+(\mu_1+\mu_2)\boldsymbol{\beta}\in L,k\boldsymbol{x}_1=k\lambda_1\boldsymbol{\alpha}+k\mu_1\boldsymbol{\beta}\in L$，所以 L 是一个向量空间，称这个向量空间为由向量 $\boldsymbol{\alpha},\boldsymbol{\beta}$ 所生成的向量空间.

一般地，由向量组 $\boldsymbol{\alpha}_1,\boldsymbol{\alpha}_2,\cdots,\boldsymbol{\alpha}_m$ 所生成的向量空间记为

$$L\{\boldsymbol{\alpha}_1,\boldsymbol{\alpha}_2,\cdots,\boldsymbol{\alpha}_m\}=\{\boldsymbol{\beta}=\lambda_1\boldsymbol{\alpha}_1+\lambda_2\boldsymbol{\alpha}_2+\cdots+\lambda_m\boldsymbol{\alpha}_m\mid\lambda_1,\lambda_2,\cdots,\lambda_m\in\mathbf{R}\}.$$

又例如，齐次线性方程组的解集 $S=\{\boldsymbol{x}\mid\boldsymbol{A}\boldsymbol{x}=\boldsymbol{0}\}$ 是一个向量空间(称为齐次线性方程组的**解空间**). 由齐次线性方程组的解的性质 1、2，即知其解集 S 对向量的线性运算封闭. 但是非齐次线性方程组的解集 $S=\{x\mid\boldsymbol{A}x=\boldsymbol{b}\}$ 却不是一个向量空间.

2. 向量空间的基、维数与坐标

定义 2　设 V 是向量空间，若向量组 $\boldsymbol{\alpha}_1,\boldsymbol{\alpha}_2,\cdots,\boldsymbol{\alpha}_r\in V$，且满足下面两个条件.

（1）$\boldsymbol{\alpha}_1,\boldsymbol{\alpha}_2,\cdots,\boldsymbol{\alpha}_r$ 线性无关.

（2）V 中任一向量都可由 $\boldsymbol{\alpha}_1,\boldsymbol{\alpha}_2,\cdots,\boldsymbol{\alpha}_r$ 线性表示.

则称向量组 $\boldsymbol{\alpha}_1,\boldsymbol{\alpha}_2,\cdots,\boldsymbol{\alpha}_r$ 为向量空间 V 的**一组基**，数 r 称为向量空间 V 的**维数**，记为 $\dim V=r$，并称 V 为 r 维向量空间.

注：(1) 只含零向量的向量空间称为 0 维向量空间，它没有基.

(2) 若把向量空间 V 看作向量组，则 V 的基就是向量组的极大无关组，V 的维数就是向量组的秩.

(3) 若向量组 $\boldsymbol{\alpha}_1,\boldsymbol{\alpha}_2,\cdots,\boldsymbol{\alpha}_r$ 是向量空间 V 的一组基，则 V 就是由 $\boldsymbol{\alpha}_1,\boldsymbol{\alpha}_2,\cdots,\boldsymbol{\alpha}_r$ 所生成的向量空间.

例如，在 $\mathbf{R}^n=\{(x_1,x_2,\cdots,x_n)\mid x_i\in\mathbf{R},i=1,2,\cdots,n\}$ 中，基本单位向量组

$$\boldsymbol{e}_1=(1,0,\cdots,0),\boldsymbol{e}_2=(0,1,0,\cdots,0),\cdots,\boldsymbol{e}_n=(0,\cdots,0,1)$$

就是 $\mathbf{R}^n$ 的一组基，且 $\dim\mathbf{R}^n=n$. 一般把 $\boldsymbol{e}_1,\boldsymbol{e}_2,\cdots,\boldsymbol{e}_n$ 称为 $\mathbf{R}^n$ 的**自然基**.

例 1　证明向量组

$$\boldsymbol{\alpha}_1=(1,2,3,4)^{\mathrm{T}},\quad\boldsymbol{\alpha}_2=(0,1,-1,2)^{\mathrm{T}},\quad\boldsymbol{\alpha}_3=(0,0,2,3)^{\mathrm{T}},\quad\boldsymbol{\alpha}_4=(0,0,0,5)^{\mathrm{T}}$$

是 $\mathbf{R}^4$ 的一组基.

证　由于

$$\begin{vmatrix}1&0&0&0\\2&1&0&0\\3&-1&2&0\\4&2&3&5\end{vmatrix}=10\neq0,$$

所以 $\boldsymbol{\alpha}_1,\boldsymbol{\alpha}_2,\boldsymbol{\alpha}_3,\boldsymbol{\alpha}_4$ 线性无关,所以 $\boldsymbol{\alpha}_1,\boldsymbol{\alpha}_2,\boldsymbol{\alpha}_3,\boldsymbol{\alpha}_4$ 是 $\mathbf{R}^4$ 的一组基.

定义 3　设 $\boldsymbol{\alpha}_1,\boldsymbol{\alpha}_2,\cdots,\boldsymbol{\alpha}_r$ 是向量空间 V 的一组基,任取 $\boldsymbol{\beta}\in V$,则 $\boldsymbol{\beta}$ 可唯一表示为

$$\boldsymbol{\beta}=k_1\boldsymbol{\alpha}_1+k_2\boldsymbol{\alpha}_2+\cdots+k_r\boldsymbol{\alpha}_r=(\boldsymbol{\alpha}_1,\boldsymbol{\alpha}_2,\cdots,\boldsymbol{\alpha}_r)\begin{pmatrix}k_1\\k_2\\\vdots\\k_r\end{pmatrix} \tag{3.5.1}$$

由组合系数构成的向量 $\boldsymbol{x}=(k_1,k_2,\cdots,k_r)^{\mathrm{T}}$ 称为 $\boldsymbol{\beta}$ 关于基 $\boldsymbol{\alpha}_1,\boldsymbol{\alpha}_2,\cdots,\boldsymbol{\alpha}_r$ 的**坐标向量**,简称**坐标**.

一般坐标向量习惯性用列向量表示,实质上,式(3.5.1)只是一种形式记法,仅仅是从形式上将向量 $\boldsymbol{\beta}$ 表示为一个行向量与一个列向量之积,一般来说不具有实际意义.

例 2　设 $\boldsymbol{\alpha}_1=\begin{pmatrix}1\\1\\1\end{pmatrix},\boldsymbol{\alpha}_2=\begin{pmatrix}0\\1\\1\end{pmatrix},\boldsymbol{\alpha}_3=\begin{pmatrix}0\\0\\1\end{pmatrix},\boldsymbol{\beta}=\begin{pmatrix}5\\6\\7\end{pmatrix}$.

(1) 证明:$\boldsymbol{\alpha}_1,\boldsymbol{\alpha}_2,\boldsymbol{\alpha}_3$ 是 $\mathbf{R}^3$ 的一组基.

(2) 求 $\boldsymbol{\beta}$ 关于基 $\boldsymbol{\alpha}_1,\boldsymbol{\alpha}_2,\boldsymbol{\alpha}_3$ 的坐标.

解　(1) 由于

$$\begin{vmatrix}1&0&0\\1&1&0\\1&1&1\end{vmatrix}=1\neq0,$$

而

$$\dim\mathbf{R}^3=3,$$

所以 $\boldsymbol{\alpha}_1,\boldsymbol{\alpha}_2,\boldsymbol{\alpha}_3$ 是 $\mathbf{R}^3$ 的一组基.

(2) 由于

$$(\boldsymbol{\alpha}_1,\boldsymbol{\alpha}_2,\boldsymbol{\alpha}_3,\boldsymbol{\beta})=\begin{pmatrix}1&0&0&5\\1&1&0&6\\1&1&1&7\end{pmatrix}\to\begin{pmatrix}1&0&0&5\\0&1&0&1\\0&0&1&1\end{pmatrix},$$

得

$$\boldsymbol{\beta}=5\boldsymbol{\alpha}_1+\boldsymbol{\alpha}_2+\boldsymbol{\alpha}_3,$$

可知 $\boldsymbol{\beta}$ 关于基 $\boldsymbol{\alpha}_1,\boldsymbol{\alpha}_2,\boldsymbol{\alpha}_3$ 的坐标为 $(5,1,1)^{\mathrm{T}}$.

定义 4　设 $\boldsymbol{\alpha}_1,\boldsymbol{\alpha}_2,\cdots,\boldsymbol{\alpha}_r$ 和 $\boldsymbol{\beta}_1,\boldsymbol{\beta}_2,\cdots,\boldsymbol{\beta}_r$ 是向量空间 V 的两组基,由于 $\boldsymbol{\alpha}_1,\boldsymbol{\alpha}_2,\cdots,\boldsymbol{\alpha}_r$ 是向量空间 V 的一组基,所以存在唯一的矩阵 $\boldsymbol{C}_{r\times r}$,使 $(\boldsymbol{\beta}_1,\boldsymbol{\beta}_2,\cdots,\boldsymbol{\beta}_r)=(\boldsymbol{\alpha}_1,\boldsymbol{\alpha}_2,\cdots,\boldsymbol{\alpha}_r)\boldsymbol{C}_{r\times r}$,则把矩阵 $\boldsymbol{C}_{r\times r}$ 称为从基 $\boldsymbol{\alpha}_1,\boldsymbol{\alpha}_2,\cdots,\boldsymbol{\alpha}_r$ 到基 $\boldsymbol{\beta}_1,\boldsymbol{\beta}_2,\cdots,\boldsymbol{\beta}_r$ 的**过渡矩阵**(**基变换矩阵**).

过渡矩阵 $\boldsymbol{C}_{r\times r}$ 具有如下性质.

(1) 矩阵 $\boldsymbol{C}_{r\times r}$ 的第 i 列是向量 $\boldsymbol{\beta}_i$ 关于基 $\boldsymbol{\alpha}_1,\boldsymbol{\alpha}_2,\cdots,\boldsymbol{\alpha}_r$ 的坐标.

(2) $\boldsymbol{C}_{r\times r}$ 是可逆的,且 $(\boldsymbol{C}_{r\times r})^{-1}$ 是 $\boldsymbol{\beta}_1,\boldsymbol{\beta}_2,\cdots,\boldsymbol{\beta}_r$ 到 $\boldsymbol{\alpha}_1,\boldsymbol{\alpha}_2,\cdots,\boldsymbol{\alpha}_r$ 的过渡矩阵.

例 3　取定 $\mathbf{R}^3$ 中的一个基 $\boldsymbol{\alpha}_1,\boldsymbol{\alpha}_2,\boldsymbol{\alpha}_3$,再取一个新基 $\boldsymbol{\beta}_1,\boldsymbol{\beta}_2,\boldsymbol{\beta}_3$,设 $\boldsymbol{A}=(\boldsymbol{\alpha}_1,\boldsymbol{\alpha}_2,\boldsymbol{\alpha}_3)$,$\boldsymbol{B}=$

$(\boldsymbol{\beta}_1,\boldsymbol{\beta}_2,\boldsymbol{\beta}_3)$，求旧基 $\boldsymbol{\alpha}_1,\boldsymbol{\alpha}_2,\boldsymbol{\alpha}_3$ 到新基 $\boldsymbol{\beta}_1,\boldsymbol{\beta}_2,\boldsymbol{\beta}_3$ 的过渡矩阵，并求向量在两个基中的坐标之间的关系式(**坐标变换公式**).

解　因为

$$(\boldsymbol{\alpha}_1,\boldsymbol{\alpha}_2,\boldsymbol{\alpha}_3)=(\boldsymbol{e}_1,\boldsymbol{e}_2,\boldsymbol{e}_3)\boldsymbol{A},$$

$$(\boldsymbol{e}_1,\boldsymbol{e}_2,\boldsymbol{e}_3)=(\boldsymbol{\alpha}_1,\boldsymbol{\alpha}_2,\boldsymbol{\alpha}_3)\boldsymbol{A}^{-1},$$

其中 $\boldsymbol{e}_1,\boldsymbol{e}_2,\boldsymbol{e}_3$ 为 $\mathbf{R}^3$ 的自然基.

所以

$$\begin{aligned}(\boldsymbol{\beta}_1,\boldsymbol{\beta}_2,\boldsymbol{\beta}_3)&=(\boldsymbol{e}_1,\boldsymbol{e}_2,\boldsymbol{e}_3)\boldsymbol{B}\\&=(\boldsymbol{\alpha}_1,\boldsymbol{\alpha}_2,\boldsymbol{\alpha}_3)\boldsymbol{A}^{-1}\boldsymbol{B},\end{aligned}$$

即旧基 $\boldsymbol{\alpha}_1,\boldsymbol{\alpha}_2,\boldsymbol{\alpha}_3$ 到新基 $\boldsymbol{\beta}_1,\boldsymbol{\beta}_2,\boldsymbol{\beta}_3$ 的过渡矩阵为 $\boldsymbol{A}^{-1}\boldsymbol{B}$.

设 $\mathbf{R}^3$ 中任意一个向量为 $\boldsymbol{\alpha}$，$\boldsymbol{\alpha}$ 在旧基 $\boldsymbol{\alpha}_1,\boldsymbol{\alpha}_2,\boldsymbol{\alpha}_3$ 和新基 $\boldsymbol{\beta}_1,\boldsymbol{\beta}_2,\boldsymbol{\beta}_3$ 中的坐标分别为 $(x_1,x_2,x_3)^{\mathrm{T}}$ 和 $(y_1,y_2,y_3)^{\mathrm{T}}$，即

$$\boldsymbol{\alpha}=(\boldsymbol{\alpha}_1,\boldsymbol{\alpha}_2,\boldsymbol{\alpha}_3)\begin{pmatrix}x_1\\x_2\\x_3\end{pmatrix}=(\boldsymbol{\beta}_1,\boldsymbol{\beta}_2,\boldsymbol{\beta}_3)\begin{pmatrix}y_1\\y_2\\y_3\end{pmatrix},$$

则有

$$\boldsymbol{A}\begin{pmatrix}x_1\\x_2\\x_3\end{pmatrix}=\boldsymbol{B}\begin{pmatrix}y_1\\y_2\\y_3\end{pmatrix}\quad\Rightarrow\quad\begin{pmatrix}y_1\\y_2\\y_3\end{pmatrix}=\boldsymbol{B}^{-1}\boldsymbol{A}\begin{pmatrix}x_1\\x_2\\x_3\end{pmatrix}.$$

3. 向量的内积和正交

在前面的向量空间中，向量之间的运算只限于线性运算，而几何空间作为其具体模型，还有很多概念和性质没有得到推广，例如在空间解析几何中曾利用向量的数量积讨论过向量的垂直等几何问题. 下面在 n 维向量空间中来讨论类似的问题.

定义 5　设 n 维向量 $\boldsymbol{\alpha}=(a_1,a_2,\cdots,a_n)^{\mathrm{T}}$，$\boldsymbol{\beta}=(b_1,b_2,\cdots,b_n)^{\mathrm{T}}$，定义 $\boldsymbol{\alpha}$ 与 $\boldsymbol{\beta}$ 的**内积**为

$$\boldsymbol{\alpha}^{\mathrm{T}}\boldsymbol{\beta}=a_1b_1+a_2b_2+\cdots+a_nb_n \tag{3.5.2}$$

特别地，当内积 $\boldsymbol{\alpha}^{\mathrm{T}}\boldsymbol{\beta}=0$ 时，称 $\boldsymbol{\alpha}$ 与 $\boldsymbol{\beta}$ 是**正交**的，否则称为不正交.

例如，当 $n=3$ 时，3 维向量 $\boldsymbol{\alpha}=(a_1,a_2,a_3)^{\mathrm{T}}$，$\boldsymbol{\beta}=(b_1,b_2,b_3)^{\mathrm{T}}$ 的内积

$$\boldsymbol{\alpha}^{\mathrm{T}}\boldsymbol{\beta}=a_1b_1+a_2b_2+a_3b_3$$

就是几何空间中的数量积，$\boldsymbol{\alpha}^{\mathrm{T}}\boldsymbol{\beta}=0$ 则表示向量 $\boldsymbol{\alpha}$ 与 $\boldsymbol{\beta}$ 垂直.

易证内积具有以下性质(设 $\boldsymbol{\alpha},\boldsymbol{\beta},\boldsymbol{\gamma}\in\mathbf{R}^n$，$\lambda\in\mathbf{R}$).

(1) 对称性：$\boldsymbol{\alpha}^{\mathrm{T}}\boldsymbol{\beta}=\boldsymbol{\beta}^{\mathrm{T}}\boldsymbol{\alpha}$.

(2) 齐次性：$(\lambda\boldsymbol{\alpha}^{\mathrm{T}})\boldsymbol{\beta}=\lambda\boldsymbol{\alpha}^{\mathrm{T}}\boldsymbol{\beta}$.

(3) 可加性：$(\boldsymbol{\alpha}+\boldsymbol{\beta})^{\mathrm{T}}\boldsymbol{\gamma}=\boldsymbol{\alpha}^{\mathrm{T}}\boldsymbol{\gamma}+\boldsymbol{\beta}^{\mathrm{T}}\boldsymbol{\gamma}$.

(4) 非负规范性：$\boldsymbol{\alpha}^{\mathrm{T}}\boldsymbol{\alpha}\geqslant 0$，当且仅当 $\boldsymbol{\alpha}=\mathbf{0}$ 时，$\boldsymbol{\alpha}^{\mathrm{T}}\boldsymbol{\alpha}=0$.

利用向量内积的非负规范性，可以定义 n 维向量的长度的定义.

定义 6　设 n 维向量 $\boldsymbol{\alpha}=(a_1,a_2,\cdots,a_n)^{\mathrm{T}}$，令 $|\boldsymbol{\alpha}|=\sqrt{\boldsymbol{\alpha}^{\mathrm{T}}\boldsymbol{\alpha}}=\sqrt{a_1^2+a_2^2+\cdots+a_n^2}$，则称非负实数 $|\boldsymbol{\alpha}|$ 为向量 $\boldsymbol{\alpha}$ 的**长度**. 当 $|\boldsymbol{\alpha}|=1$ 时，称 $\boldsymbol{\alpha}$ 是 n 维**单位向量**.

一般地，当非零向量 $\boldsymbol{\alpha}$ 不是单位向量时，可令 $\boldsymbol{\beta}=\dfrac{1}{|\boldsymbol{\alpha}|}\boldsymbol{\alpha}$，使 $|\boldsymbol{\beta}|=1$，此过程称为把非零

向量 $\boldsymbol{\alpha}$ **单位化**.

n 维向量的长度具有以下性质(设 $\boldsymbol{\alpha},\boldsymbol{\beta}\in\mathbf{R}^n,k\in\mathbf{R}$).

(1) 非负性:$|\boldsymbol{\alpha}|\geqslant 0$,当且仅当 $\boldsymbol{\alpha}=\mathbf{0}$ 时 $|\boldsymbol{\alpha}|=0$.

(2) 齐次性:$|k\boldsymbol{\alpha}|=|k|\,|\boldsymbol{\alpha}|$.

(3) 三角不等式:$|\boldsymbol{\alpha}+\boldsymbol{\beta}|\leqslant|\boldsymbol{\alpha}|+|\boldsymbol{\beta}|$.

(4) 柯西-施瓦茨不等式:$|\boldsymbol{\alpha}^{\mathrm{T}}\boldsymbol{\beta}|\leqslant|\boldsymbol{\alpha}|\,|\boldsymbol{\beta}|$,且等号成立的充要条件是 $\boldsymbol{\alpha}$ 与 $\boldsymbol{\beta}$ 线性相关.

由柯西-施瓦茨不等式,有以下定义.

定义 7　设 n 维向量 $\boldsymbol{\alpha}$ 与 $\boldsymbol{\beta}$ 满足 $|\boldsymbol{\alpha}|\neq 0,|\boldsymbol{\beta}|\neq 0$,则 $\theta=\arccos\dfrac{\boldsymbol{\alpha}^{\mathrm{T}}\boldsymbol{\beta}}{|\boldsymbol{\alpha}|\,|\boldsymbol{\beta}|}$ $(0\leqslant\theta\leqslant\pi)$称为 n 维向量 $\boldsymbol{\alpha}$ 与 $\boldsymbol{\beta}$ 的**夹角**.

由定义 7 知,当 n 维向量 $\boldsymbol{\alpha}$ 与 $\boldsymbol{\beta}$ 正交时,它们的夹角 $\theta=\dfrac{\pi}{2}$.

定义 8　若向量组 $\boldsymbol{\alpha}_1,\boldsymbol{\alpha}_2,\cdots,\boldsymbol{\alpha}_s$ 中的向量两两正交,则称该向量组是一个**正交向量组**;若向量组 $\boldsymbol{\alpha}_1,\boldsymbol{\alpha}_2,\cdots,\boldsymbol{\alpha}_s$ 中的任一向量与向量组 $\boldsymbol{\beta}_1,\boldsymbol{\beta}_2,\cdots,\boldsymbol{\beta}_t$ 中的任一向量两两正交,则称两向量组是**相互正交的**.

例 4　试证 n 维行向量组 $\boldsymbol{e}_1=(1,0,\cdots,0),\boldsymbol{e}_2=(0,1,0,\cdots,0),\cdots,\boldsymbol{e}_n=(0,\cdots,0,1)$是一个正交向量组.

证　因为 $\boldsymbol{e}_i$ 中除了第 i 个分量为 1 外其余分量都是零,所以

$$\boldsymbol{e}_i^{\mathrm{T}}\boldsymbol{e}_j=0\ (i\neq j,i,j=1,2,\cdots,n),$$

所以向量组 $\boldsymbol{e}_1,\boldsymbol{e}_2,\cdots,\boldsymbol{e}_n$ 两两正交.

例 5　设 $m\times n$ 矩阵 $\boldsymbol{A}=\begin{pmatrix}\boldsymbol{\alpha}_1\\\boldsymbol{\alpha}_2\\\vdots\\\boldsymbol{\alpha}_m\end{pmatrix}$,其中 n 维向量 $\boldsymbol{\alpha}_1,\boldsymbol{\alpha}_2,\cdots,\boldsymbol{\alpha}_m$ 为矩阵 $\boldsymbol{A}$ 的行向量组,若 $r(\boldsymbol{A})=r$,且列向量组 $\boldsymbol{\beta}_1,\boldsymbol{\beta}_2,\cdots,\boldsymbol{\beta}_{n-r}$为齐次方程组 $\boldsymbol{Ax}=\mathbf{0}$ 的基础解系,则向量组 $\boldsymbol{\alpha}_1,\boldsymbol{\alpha}_2,\cdots,\boldsymbol{\alpha}_m$ 与 $\boldsymbol{\beta}_1,\boldsymbol{\beta}_2,\cdots,\boldsymbol{\beta}_{n-r}$是相互正交的.

证　因为 $\boldsymbol{\beta}_1,\boldsymbol{\beta}_2,\cdots,\boldsymbol{\beta}_{n-r}$为齐次方程组 $\boldsymbol{Ax}=\mathbf{0}$ 的基础解系,所以

$$\boldsymbol{A\beta}_j=\mathbf{0}\quad(j=1,2,\cdots,n-r)$$

于是 $\boldsymbol{\alpha}_i\boldsymbol{\beta}_j=0\ (i=1,2,\cdots,m;j=1,2,\cdots,n-r)$,所以向量组 $\boldsymbol{\alpha}_1,\boldsymbol{\alpha}_2,\cdots,\boldsymbol{\alpha}_m$ 与 $\boldsymbol{\beta}_1,\boldsymbol{\beta}_2,\cdots,\boldsymbol{\beta}_{n-r}$ 是相互正交的.

定理 1　非零的正交向量组一定线性无关.

证　设 $\boldsymbol{\alpha}_1,\boldsymbol{\alpha}_2,\cdots,\boldsymbol{\alpha}_s$ 为给定的正交向量组,假设存在一组数 $k_1,k_2,\cdots,k_s$ 使得下式成立

$$k_1\boldsymbol{\alpha}_1+k_2\boldsymbol{\alpha}_2+\cdots+k_s\boldsymbol{\alpha}_s=\mathbf{0}.$$

若用 $\boldsymbol{\alpha}_i^{\mathrm{T}}(i=1,2,\cdots,s)$与上式作内积,有

$$0=\boldsymbol{\alpha}_i^{\mathrm{T}}\mathbf{0}=\boldsymbol{\alpha}_i^{\mathrm{T}}(k_1\boldsymbol{\alpha}_1+k_2\boldsymbol{\alpha}_2+\cdots+k_s\boldsymbol{\alpha}_s)=k_i\boldsymbol{\alpha}_i^{\mathrm{T}}\boldsymbol{\alpha}_i,$$

因为

$$\boldsymbol{\alpha}_i\neq\mathbf{0},$$

所以
$$\boldsymbol{\alpha}_i^{\mathrm{T}}\boldsymbol{\alpha}_i \neq 0,$$
从而必有
$$k_i = 0 \quad (i=1,2,\cdots,s),$$
即证正交向量组 $\boldsymbol{\alpha}_1,\boldsymbol{\alpha}_2,\cdots,\boldsymbol{\alpha}_s$ 线性无关.

4. 标准正交基与正交矩阵

定义 9　设 $V\subseteq\mathbf{R}^n$ 是一个向量空间,若 $\boldsymbol{\alpha}_1,\boldsymbol{\alpha}_2,\cdots,\boldsymbol{\alpha}_s$ 是向量空间 V 的一个基.

(1) 若 $\boldsymbol{\alpha}_1,\boldsymbol{\alpha}_2,\cdots,\boldsymbol{\alpha}_s$ 是一个正交向量组,则称 $\boldsymbol{\alpha}_1,\boldsymbol{\alpha}_2,\cdots,\boldsymbol{\alpha}_s$ 是向量空间 V 的**正交基**.

(2) 若正交基 $\boldsymbol{\alpha}_1,\boldsymbol{\alpha}_2,\cdots,\boldsymbol{\alpha}_s$ 中的每一个向量都是单位向量,则称 $\boldsymbol{\alpha}_1,\boldsymbol{\alpha}_2,\cdots,\boldsymbol{\alpha}_s$ 是向量空间 V 的**标准正交基**.

下面进一步讨论如何把 n 维向量空间的一个线性无关向量组转化为一个正交向量组,进而求向量空间的一个标准正交基.

定理 2　(施密特正交化方法)设 $\boldsymbol{\alpha}_1,\boldsymbol{\alpha}_2,\cdots,\boldsymbol{\alpha}_m$ 是一个 n 维的线性无关的向量组,则由下述公式

$$\begin{cases}\boldsymbol{\beta}_1 = \boldsymbol{\alpha}_1, \\ \boldsymbol{\beta}_k = \boldsymbol{\alpha}_k - \displaystyle\sum_{i=1}^{k-1}\frac{\boldsymbol{\alpha}_k^{\mathrm{T}}\boldsymbol{\beta}_i}{\boldsymbol{\beta}_i^{\mathrm{T}}\boldsymbol{\beta}_i}\boldsymbol{\beta}_i \quad (k=2,3,\cdots,m)\end{cases} \tag{3.5.3}$$

所得向量组 $\boldsymbol{\beta}_1,\boldsymbol{\beta}_2,\cdots,\boldsymbol{\beta}_m$ 是一个相互正交的向量组.

证明略.

例 6　已知 $\boldsymbol{\alpha}_1=(1,1,0,0),\boldsymbol{\alpha}_2=(-1,0,0,1),\boldsymbol{\alpha}_3=(1,0,1,0),\boldsymbol{\alpha}_4=(1,-1,-1,1)$是一个四维的线性无关向量组,将其化为一个相互正交的单位向量组.

解　先由式(3.5.3)将向量组 $\boldsymbol{\alpha}_1,\boldsymbol{\alpha}_2,\boldsymbol{\alpha}_3,\boldsymbol{\alpha}_4$ 正交化,得

$$\boldsymbol{\beta}_1=\boldsymbol{\alpha}_1=(1,1,0,0),$$

$$\boldsymbol{\beta}_2=\boldsymbol{\alpha}_2-\frac{\boldsymbol{\alpha}_2^{\mathrm{T}}\boldsymbol{\beta}_1}{\boldsymbol{\beta}_1^{\mathrm{T}}\boldsymbol{\beta}_1}\boldsymbol{\beta}_1=\left(\frac{1}{2},-\frac{1}{2},1,0\right),$$

$$\boldsymbol{\beta}_3=\boldsymbol{\alpha}_3-\frac{\boldsymbol{\alpha}_3^{\mathrm{T}}\boldsymbol{\beta}_1}{\boldsymbol{\beta}_1^{\mathrm{T}}\boldsymbol{\beta}_1}\boldsymbol{\beta}_1-\frac{\boldsymbol{\alpha}_3^{\mathrm{T}}\boldsymbol{\beta}_2}{\boldsymbol{\beta}_2^{\mathrm{T}}\boldsymbol{\beta}_2}\boldsymbol{\beta}_2=\left(\frac{1}{3},-\frac{1}{3},\frac{1}{3},1\right),$$

$$\boldsymbol{\beta}_4=\boldsymbol{\alpha}_4-\frac{\boldsymbol{\alpha}_4^{\mathrm{T}}\boldsymbol{\beta}_1}{\boldsymbol{\beta}_1^{\mathrm{T}}\boldsymbol{\beta}_1}\boldsymbol{\beta}_1-\frac{\boldsymbol{\alpha}_4^{\mathrm{T}}\boldsymbol{\beta}_2}{\boldsymbol{\beta}_2^{\mathrm{T}}\boldsymbol{\beta}_2}\boldsymbol{\beta}_2-\frac{\boldsymbol{\alpha}_4^{\mathrm{T}}\boldsymbol{\beta}_3}{\boldsymbol{\beta}_3^{\mathrm{T}}\boldsymbol{\beta}_3}\boldsymbol{\beta}_3=(1,-1,-1,1).$$

再将正交向量组 $\boldsymbol{\beta}_1,\boldsymbol{\beta}_2,\boldsymbol{\beta}_3,\boldsymbol{\beta}_4$ 单位化,得

$$\boldsymbol{\varepsilon}_1=\frac{1}{\sqrt{\boldsymbol{\beta}_1^{\mathrm{T}}\boldsymbol{\beta}_1}}\boldsymbol{\beta}_1=\left(\frac{1}{\sqrt{2}},\frac{1}{\sqrt{2}},0,0\right),$$

$$\boldsymbol{\varepsilon}_2=\frac{1}{\sqrt{\boldsymbol{\beta}_2^{\mathrm{T}}\boldsymbol{\beta}_2}}\boldsymbol{\beta}_2=\left(\frac{1}{\sqrt{6}},-\frac{1}{\sqrt{6}},\frac{2}{\sqrt{6}},0\right),$$

$$\boldsymbol{\varepsilon}_3=\frac{1}{\sqrt{\boldsymbol{\beta}_3^{\mathrm{T}}\boldsymbol{\beta}_3}}\boldsymbol{\beta}_3=\left(-\frac{1}{\sqrt{12}},\frac{1}{\sqrt{12}},\frac{1}{\sqrt{12}},\frac{3}{\sqrt{12}}\right),$$

$$\boldsymbol{\varepsilon}_4=\frac{1}{\sqrt{\boldsymbol{\beta}_4^{\mathrm{T}}\boldsymbol{\beta}_4}}\boldsymbol{\beta}_4=\left(\frac{1}{\sqrt{2}},-\frac{1}{\sqrt{2}},-\frac{1}{\sqrt{2}},\frac{1}{\sqrt{2}}\right).$$

则向量组 $\boldsymbol{\varepsilon}_1,\boldsymbol{\varepsilon}_2,\boldsymbol{\varepsilon}_3,\boldsymbol{\varepsilon}_4$ 即为所求的相互正交的单位向量组.

定义 10 设 $\boldsymbol{A}$ 为 n 阶矩阵，若 $\boldsymbol{A}^{\mathrm{T}}\boldsymbol{A}=\boldsymbol{I}$，则称 $\boldsymbol{A}$ 为 n 阶**正交矩阵**，简称**正交阵**.

例如，矩阵 $\begin{pmatrix}1 & 0\\ 0 & -1\end{pmatrix}$，$\begin{pmatrix}\cos\theta & -\sin\theta\\ \sin\theta & \cos\theta\end{pmatrix}$，$\begin{pmatrix}1 & 0 & 0\\ 0 & \frac{1}{\sqrt{2}} & \frac{1}{\sqrt{2}}\\ 0 & \frac{1}{\sqrt{2}} & -\frac{1}{\sqrt{2}}\end{pmatrix}$ 都是正交矩阵.

正交矩阵 $\boldsymbol{A}$ 具有以下性质.

(1) $\boldsymbol{A}^{\mathrm{T}}=\boldsymbol{A}^{-1}$ 以及 $\boldsymbol{A}$ 的伴随矩阵 $\boldsymbol{A}^{*}$ 都为正交阵.

(2) $|\boldsymbol{A}|=\pm1$.

(3) n 阶矩阵 $\boldsymbol{A}=(a_{ij})_{n\times n}$ 为正交阵的充要条件是 $\boldsymbol{A}$ 的列向量为 $\mathbf{R}^n$ 的一个标准正交基，即 $\boldsymbol{A}=(\boldsymbol{\alpha}_1,\boldsymbol{\alpha}_2,\cdots,\boldsymbol{\alpha}_n)$ 为正交阵的充要条件是

$$\boldsymbol{\alpha}_i^{\mathrm{T}}\boldsymbol{\alpha}_j=\begin{cases}1, i=j\\ 0, i\neq j\end{cases}\quad (i,j=1,2,\cdots,n).$$

(4) n 阶矩阵 $\boldsymbol{A}=(a_{ij})_{n\times n}$ 为正交阵的充要条件是 $\boldsymbol{A}$ 的行向量为 $\mathbf{R}^n$ 的一个标准正交基，即 $\boldsymbol{A}=\begin{pmatrix}\boldsymbol{\beta}_1\\ \boldsymbol{\beta}_2\\ \vdots\\ \boldsymbol{\beta}_n\end{pmatrix}$ 为正交阵的充要条件是

$$\boldsymbol{\beta}_i^{\mathrm{T}}\boldsymbol{\beta}_j=\begin{cases}1, i=j\\ 0, i\neq j\end{cases}\quad (i,j=1,2,\cdots,n).$$

(5) 若 $\boldsymbol{A}$、$\boldsymbol{B}$ 为 n 阶正交阵，则 $\boldsymbol{AB}$、$\boldsymbol{BA}$ 也是 n 阶正交阵.

习 题 3.5

1. 判断下列命题是否正确：

(1) 由 r 个向量 $\boldsymbol{\alpha}_1,\boldsymbol{\alpha}_2,\cdots,\boldsymbol{\alpha}_r$ 所生成的向量空间 $L\{\boldsymbol{\alpha}_1,\boldsymbol{\alpha}_2,\cdots,\boldsymbol{\alpha}_r\}$ 的维数为 r；

(2) 若向量空间 V 的维数为 r，则 V 的任意 r 个向量都可以做 V 的基；

(3) 若向量空间 V 的维数为 r，则 V 的任意 r 个线性无关的向量都可以做 V 的基.

2. 指出下列向量集合中，哪一些是向量空间.

(1) $V_1=\{\boldsymbol{x}=(x_1,x_2,\cdots,x_n)^{\mathrm{T}}\mid x_1+x_2+\cdots+x_n=0\}$；

(2) $V_2=\{\boldsymbol{x}=(x_1,x_2,\cdots,x_n)^{\mathrm{T}}\mid x_1+x_2+\cdots+x_n=1\}$；

(3) $V_3=\{\boldsymbol{x}=(x_1,x_2,\cdots,x_n)^{\mathrm{T}}\mid x_1,x_2,\cdots,x_n$ 都为奇数$\}$；

(4) $V_4=\{\boldsymbol{x}=(x_1,x_2,\cdots,x_n)^{\mathrm{T}}\mid x_1=x_2\}$.

3. 已知 $\boldsymbol{\alpha}_1,\boldsymbol{\alpha}_2,\boldsymbol{\alpha}_3$ 是向量空间 $\mathbf{R}^3$ 的一组基，又已知

$$\boldsymbol{\beta}_1=\boldsymbol{\alpha}_1+\boldsymbol{\alpha}_2+2\boldsymbol{\alpha}_3,\quad \boldsymbol{\beta}_2=\boldsymbol{\alpha}_1-\boldsymbol{\alpha}_2-\boldsymbol{\alpha}_3,\quad \boldsymbol{\beta}_3=\boldsymbol{\alpha}_1+\boldsymbol{\alpha}_3.$$

(1) 证明：向量组 $\boldsymbol{\beta}_1,\boldsymbol{\beta}_2,\boldsymbol{\beta}_3$ 也是向量空间 $\mathbf{R}^3$ 的一组基；

(2) 求 $\boldsymbol{\beta}_1,\boldsymbol{\beta}_2,\boldsymbol{\beta}_3$ 到 $\boldsymbol{\alpha}_1,\boldsymbol{\alpha}_2,\boldsymbol{\alpha}_3$ 的过渡矩阵.

4. 设 3 维向量空间的一组基为：$\boldsymbol{\alpha}_1=(1,1,0)^{\mathrm{T}},\boldsymbol{\alpha}_2=(1,0,1)^{\mathrm{T}},\boldsymbol{\alpha}_3=(0,1,1)^{\mathrm{T}}$，求向量 $\boldsymbol{\beta}=(2,0,0)^{\mathrm{T}}$ 在此基下的坐标.

5. 已知 $\boldsymbol{\alpha}=(1,2,-1,1)^{\mathrm{T}},\boldsymbol{\beta}=(2,3,1,-1)^{\mathrm{T}}$，求内积 $\boldsymbol{\alpha}^{\mathrm{T}}\boldsymbol{\beta},(3\boldsymbol{\alpha}-2\boldsymbol{\beta})^{\mathrm{T}}(2\boldsymbol{\alpha}-3\boldsymbol{\beta})$，$\boldsymbol{\alpha}$、$\boldsymbol{\beta}$ 之间的夹角，长度 $|\boldsymbol{\alpha}|$、$|\boldsymbol{\beta}|$.

6. 用施密特正交化方法把下列向量组化为标准正交向量组.

(1) $\boldsymbol{\alpha}_1=(0,0,1)^{\mathrm{T}},\boldsymbol{\alpha}_2=(1,1,-1)^{\mathrm{T}},\boldsymbol{\alpha}_3=(1,2,1)^{\mathrm{T}}$；

(2) $\boldsymbol{\alpha}_1=(1,0,1)^{\mathrm{T}},\boldsymbol{\alpha}_2=(1,1,0)^{\mathrm{T}},\boldsymbol{\alpha}_3=(0,1,1)^{\mathrm{T}}$；

(3) $\boldsymbol{\alpha}_1=(1,1,0,0)^{\mathrm{T}},\boldsymbol{\alpha}_2=(0,0,1,1)^{\mathrm{T}},\boldsymbol{\alpha}_3=(1,0,0,-1)^{\mathrm{T}},\boldsymbol{\alpha}_4=(-1,1,1,-1)^{\mathrm{T}}$.

7. 将齐次线性方程组 $\begin{cases}3x_1-x_2-x_3+x_4=0\\ x_1+2x_2-x_3-x_4=0\end{cases}$ 的基础解系正交化单位化.

8. 证明下列矩阵是正交矩阵.

(1) $\boldsymbol{A}=\begin{pmatrix}1&0&0\\0&0&-1\\0&1&0\end{pmatrix}$；　　(2) $\boldsymbol{A}=\begin{pmatrix}\frac{1}{\sqrt{3}}&\frac{1}{\sqrt{3}}&\frac{1}{\sqrt{3}}\\ \frac{1}{\sqrt{2}}&-\frac{1}{\sqrt{2}}&0\\ \frac{1}{\sqrt{6}}&\frac{1}{\sqrt{6}}&-\frac{2}{\sqrt{6}}\end{pmatrix}$.

本章小结

1. 基本概念

(非)齐次线性方程组及其矩阵形式、系数矩阵、增广矩阵、消元法、n 维向量、线性组合、线性表示、(非)齐次线性方程组的向量形式、线性相关、线性无关、向量组等价、极大无关组、向量组的秩、基础解系、方程组的通解、向量空间、向量空间的基和维数、向量的坐标、向量的内积、向量的长度、向量间的夹角、标准正交基、正交矩阵.

2. 基本内容

1) 求解线性方程组的消元法

首先写出线性方程组的增广矩阵 $(\boldsymbol{A},\boldsymbol{b})$（如果是齐次的方程组，可以只写出系数矩阵 $\boldsymbol{A}$），用初等行变换将其化为行阶梯形矩阵，然后根据线性方程组的解的判定定理判断方程组是否有解，在有解的情况下，进一步把行阶梯形矩阵化为行最简形矩阵，若有唯一解，解可直接写出来，若有无穷解，则找到自由未知量（行最简形矩阵中非主元列对应的未知量可以取为自由未知量），写出通解. 这是求解线性方程组一个系统的方法，这个算法在全书的计算中都会用到.

2) 线性方程组的向量形式

从向量角度，线性方程组 $\boldsymbol{Ax}=\boldsymbol{b}$ 等价于一个向量方程 $x_1\boldsymbol{\alpha}_1+x_2\boldsymbol{\alpha}_2+\cdots+x_n\boldsymbol{\alpha}_n=\boldsymbol{b}$，其中

$\boldsymbol{A}=(\boldsymbol{\alpha}_1,\boldsymbol{\alpha}_2,\cdots,\boldsymbol{\alpha}_n)$，这种等价性把向量的线性组合问题转化为线性方程组的问题。例如，向量 $\boldsymbol{\beta}$ 可由向量组 $\boldsymbol{\alpha}_1,\boldsymbol{\alpha}_2,\cdots,\boldsymbol{\alpha}_n$ 线性表示的充分必要条件是以 $(\boldsymbol{\alpha}_1,\boldsymbol{\alpha}_2,\cdots,\boldsymbol{\alpha}_n)=\boldsymbol{A}$ 为系数矩阵、以 $\boldsymbol{\beta}$ 为常数项的线性方程组 $\boldsymbol{Ax}=\boldsymbol{\beta}$ 有解，且方程组的一组解就是该线性组合的表示系数. 同样地，研究向量组重要的概念——线性相关、线性无关、极大无关组、秩等，它们在全书中起着关键作用. 最终向量组与矩阵是等价的，因此线性代数中很多重要概念有着紧密联系.

3) 向量组的线性相关性的判定方法

线性相关的向量组和线性无关的向量组的本质区别可从以下几个方面来判定.

(1) 从线性组合来判定.

① 向量组 $\boldsymbol{\alpha}_1,\boldsymbol{\alpha}_2,\cdots,\boldsymbol{\alpha}_m(m\geqslant 1)$ 线性相关 $\Leftrightarrow$ 它们有系数不全为零的线性组合等于零向量.

② 向量组 $\boldsymbol{\alpha}_1,\boldsymbol{\alpha}_2,\cdots,\boldsymbol{\alpha}_m(m\geqslant 1)$ 线性无关 $\Leftrightarrow$ 只有系数全为零的线性组合才等于零向量.

(2) 从线性表示来判定.

① 向量组 $\boldsymbol{\alpha}_1,\boldsymbol{\alpha}_2,\cdots,\boldsymbol{\alpha}_m(m\geqslant 2)$ 线性相关 $\Leftrightarrow$ 其中至少有一个向量可以由其余向量线性表示.

② 向量组 $\boldsymbol{\alpha}_1,\boldsymbol{\alpha}_2,\cdots,\boldsymbol{\alpha}_m(m\geqslant 2)$ 线性无关 $\Leftrightarrow$ 其中每一个向量都不能由其余向量线性表示.

(3) 从齐次方程组的解来判定.

① 向量组 $\boldsymbol{\alpha}_1,\boldsymbol{\alpha}_2,\cdots,\boldsymbol{\alpha}_m$ 线性相关 $\Leftrightarrow m$ 元齐次线性方程组 $x_1\boldsymbol{\alpha}_1+x_2\boldsymbol{\alpha}_2+\cdots+x_m\boldsymbol{\alpha}_m=\boldsymbol{0}$ 有非零解.

② 向量组 $\boldsymbol{\alpha}_1,\boldsymbol{\alpha}_2,\cdots,\boldsymbol{\alpha}_m$ 线性无关 $\Leftrightarrow m$ 元齐次线性方程组 $x_1\boldsymbol{\alpha}_1+x_2\boldsymbol{\alpha}_2+\cdots+x_m\boldsymbol{\alpha}_m=\boldsymbol{0}$ 只有零解.

(4) 从矩阵的秩来判定(注意若 $m>n$ 时，$\boldsymbol{\alpha}_1,\boldsymbol{\alpha}_2,\cdots,\boldsymbol{\alpha}_m$ 必线性相关).

① m 个 n 维向量组 $\boldsymbol{\alpha}_1,\boldsymbol{\alpha}_2,\cdots,\boldsymbol{\alpha}_m$ 线性相关 $\Leftrightarrow r(\boldsymbol{A})<m$，其中 $\boldsymbol{A}=(\boldsymbol{\alpha}_1,\boldsymbol{\alpha}_2,\cdots,\boldsymbol{\alpha}_m)$.

② m 个 n 维向量组 $\boldsymbol{\alpha}_1,\boldsymbol{\alpha}_2,\cdots,\boldsymbol{\alpha}_m$ 线性无关 $\Leftrightarrow r(\boldsymbol{A})=m\leqslant n$，其中 $\boldsymbol{A}=(\boldsymbol{\alpha}_1,\boldsymbol{\alpha}_2,\cdots,\boldsymbol{\alpha}_m)$.

(5) 从行列式来判定(仅针对向量个数等于向量维数的情况).

① n 个 n 维向量组 $\boldsymbol{\alpha}_1,\boldsymbol{\alpha}_2,\cdots,\boldsymbol{\alpha}_n$ 线性相关 $\Leftrightarrow|\boldsymbol{A}|=0$，其中 $\boldsymbol{A}=(\boldsymbol{\alpha}_1,\boldsymbol{\alpha}_2,\cdots,\boldsymbol{\alpha}_n)$.

② n 个 n 维向量组 $\boldsymbol{\alpha}_1,\boldsymbol{\alpha}_2,\cdots,\boldsymbol{\alpha}_n$ 线性无关 $\Leftrightarrow|\boldsymbol{A}|\neq 0$，其中 $\boldsymbol{A}=(\boldsymbol{\alpha}_1,\boldsymbol{\alpha}_2,\cdots,\boldsymbol{\alpha}_n)$.

4) 向量组的极大无关组和向量的秩的求法

把向量组的每一个向量作为矩阵的列构成一个矩阵，用初等行变换将其化为行阶梯形矩阵，则非零行的行数(即矩阵的秩)就是向量组的秩，主元列对应的原向量组中的向量就是一个极大无关组. 如果还需要把其他向量用极大无关组线性表示出来，就需要进一步用初等行变换把行阶梯形矩阵化为行最简形矩阵，则行最简形矩阵中向量的线性组合关系与对应的原向量组中的向量的线性组合关系是一样的.

5) 求 n 元非齐次线性方程组 $\boldsymbol{Ax}=\boldsymbol{b}$ 的通解和对应的齐次方程组 $\boldsymbol{Ax}=\boldsymbol{0}$ 的基础解系

将非齐次线性方程组 $\boldsymbol{Ax}=\boldsymbol{b}$ 的增广矩阵 $(\boldsymbol{A},\boldsymbol{b})$ 用初等行变换化为行最简形矩阵，在这个行最简形矩阵中不看最后一列，即为 $\boldsymbol{A}$ 的行最简形矩阵，从而求出 $\boldsymbol{A}$ 的秩 r，可知基础解

系中含有 $n-r$ 个向量. 由 $\boldsymbol{A}$ 的行最简形矩阵的非主元列确定出自由未知量，将自由未知量取成一组线性无关的向量组，得到 $\boldsymbol{Ax}=\boldsymbol{0}$ 的 $n-r$ 个解，即为 $\boldsymbol{Ax}=\boldsymbol{0}$ 的一个基础解系 $\boldsymbol{\xi}_1,\boldsymbol{\xi}_2,\cdots,\boldsymbol{\xi}_{n-r}$.

在增广矩阵 $(\boldsymbol{A},\boldsymbol{b})$ 的行最简形矩阵中，将自由未知量取为特殊值，得到 $\boldsymbol{Ax}=\boldsymbol{b}$ 的一个特解 $\boldsymbol{\eta}^*$，则 $\boldsymbol{Ax}=\boldsymbol{b}$ 的通解为

$$\boldsymbol{x}=C_1\boldsymbol{\xi}_1+C_2\boldsymbol{\xi}_2+\cdots+C_{n-r}\boldsymbol{\xi}_{n-r}+\boldsymbol{\eta}^*\ (C_1,C_2,\cdots,C_{n-r}\in\mathbf{R}).$$

6）将线性无关向量组 $\boldsymbol{\alpha}_1,\boldsymbol{\alpha}_2,\cdots,\boldsymbol{\alpha}_m$ 化为标准正交向量组的施密特正交化方法

$$\begin{cases}\boldsymbol{\beta}_1=\boldsymbol{\alpha}_1,\\ \boldsymbol{\beta}_k=\boldsymbol{\alpha}_k-\sum\limits_{i=1}^{k-1}\dfrac{\boldsymbol{\alpha}_k^{\mathrm{T}}\boldsymbol{\beta}_i}{\boldsymbol{\beta}_i^{\mathrm{T}}\boldsymbol{\beta}_i}\boldsymbol{\beta}_i\quad(k=2,3,\cdots,m).\end{cases}$$

所得向量组 $\boldsymbol{\beta}_1,\boldsymbol{\beta}_2,\cdots,\boldsymbol{\beta}_m$ 是一个相互正交的向量组，再将其单位化 $\boldsymbol{\varepsilon}_i=\dfrac{1}{|\boldsymbol{\beta}_i|}\boldsymbol{\beta}_i\,(i=1,2,\cdots,m)$，即得标准正交向量组 $\boldsymbol{\varepsilon}_1,\boldsymbol{\varepsilon}_2,\cdots,\boldsymbol{\varepsilon}_m$.

7）正交矩阵的定义、性质和判定方法

$\boldsymbol{A}$ 为 n 阶正交矩阵 $\Leftrightarrow\boldsymbol{A}^{\mathrm{T}}\boldsymbol{A}=\boldsymbol{I}\Leftrightarrow\boldsymbol{A}^{-1}=\boldsymbol{A}^{\mathrm{T}}$

$$\Leftrightarrow\boldsymbol{\alpha}_i^{\mathrm{T}}\boldsymbol{\alpha}_j=\begin{cases}1,i=j\\0,i\neq j\end{cases}\quad(i,j=1,2,\cdots,n),\quad \boldsymbol{A}=(\boldsymbol{\alpha}_1,\boldsymbol{\alpha}_2,\cdots,\boldsymbol{\alpha}_n)$$

$$\Leftrightarrow\boldsymbol{\beta}_i^{\mathrm{T}}\boldsymbol{\beta}_j=\begin{cases}1,i=j\\0,i\neq j\end{cases}\quad(i,j=1,2,\cdots,n),\quad \boldsymbol{A}=\begin{pmatrix}\boldsymbol{\beta}_1\\\boldsymbol{\beta}_2\\\vdots\\\boldsymbol{\beta}_n\end{pmatrix}.$$

习　题　三

1. 选择题.

(1)（**2000 年，数学三**）　设 $\boldsymbol{\alpha}_1,\boldsymbol{\alpha}_2,\boldsymbol{\alpha}_3$ 是四元非齐次线性方程组 $\boldsymbol{Ax}=\boldsymbol{b}$ 的三个解向量，且 $r(\boldsymbol{A})=3$，$\boldsymbol{\alpha}_1=(1,2,3,4)^{\mathrm{T}}$，$\boldsymbol{\alpha}_2+\boldsymbol{\alpha}_3=(0,1,2,3)^{\mathrm{T}}$，$C$ 表示任意常数，则线性方程组 $\boldsymbol{Ax}=\boldsymbol{b}$ 的通解 $\boldsymbol{x}=$______.

(A) $\begin{pmatrix}1\\2\\3\\4\end{pmatrix}+C\begin{pmatrix}1\\1\\1\\1\end{pmatrix}$　　(B) $\begin{pmatrix}1\\2\\3\\4\end{pmatrix}+C\begin{pmatrix}0\\1\\2\\3\end{pmatrix}$

(C) $\begin{pmatrix}1\\2\\3\\4\end{pmatrix}+C\begin{pmatrix}2\\3\\4\\5\end{pmatrix}$　　(D) $\begin{pmatrix}1\\2\\3\\4\end{pmatrix}+C\begin{pmatrix}3\\4\\5\\6\end{pmatrix}$

(2)(**2000 年,数学三**) 设 $\boldsymbol{A}$ 为 n 阶实矩阵,$\boldsymbol{A}^{\mathrm{T}}$ 是 $\boldsymbol{A}$ 的转置矩阵,则对线性方程组(Ⅰ):$\boldsymbol{Ax}=\boldsymbol{0}$ 和(Ⅱ):$\boldsymbol{A}^{\mathrm{T}}\boldsymbol{Ax}=\boldsymbol{0}$,必有______.

(A) (Ⅱ)的解是(Ⅰ)的解,(Ⅰ)的解也是(Ⅱ)的解

(B) (Ⅱ)的解是(Ⅰ)的解,但(Ⅰ)的解不是(Ⅱ)的解

(C) (Ⅰ)的解不是(Ⅱ)的解,(Ⅱ)的解也不是(Ⅰ)的解

(D) (Ⅰ)的解是(Ⅱ)的解,但(Ⅱ)的解不是(Ⅱ)的解

(3)(**2001 年,数学三**) 设 $\boldsymbol{A}$ 是 n 阶矩阵,$\boldsymbol{\alpha}$ 是 n 维列向量,若 $r\begin{pmatrix}\boldsymbol{A} & \boldsymbol{\alpha}\\ \boldsymbol{\alpha}^{\mathrm{T}} & 0\end{pmatrix}=r(\boldsymbol{A})$,则线性方程组______.

(A) $\boldsymbol{Ax}=\boldsymbol{\alpha}$ 必有无穷多解　　(B) $\boldsymbol{Ax}=\boldsymbol{\alpha}$ 必有唯一解

(C) $\begin{pmatrix}\boldsymbol{A} & \boldsymbol{\alpha}\\ \boldsymbol{\alpha}^{\mathrm{T}} & 0\end{pmatrix}\begin{pmatrix}\boldsymbol{x}\\ y\end{pmatrix}=\boldsymbol{0}$ 仅有零解　　(D) $\begin{pmatrix}\boldsymbol{A} & \boldsymbol{\alpha}\\ \boldsymbol{\alpha}^{\mathrm{T}} & 0\end{pmatrix}\begin{pmatrix}\boldsymbol{x}\\ y\end{pmatrix}=\boldsymbol{0}$ 必有非零解

(4)(**2004 年,数学三**) 设 n 阶矩阵 $\boldsymbol{A}$ 的伴随矩阵 $\boldsymbol{A}^*\neq\boldsymbol{O}$,若 ξ_1,ξ_2,ξ_3,ξ_4 是非齐次线性方程组 $\boldsymbol{Ax}=\boldsymbol{b}$ 的互不相等的解,则对应的齐次线性方程组 $\boldsymbol{Ax}=\boldsymbol{0}$ 的基础解系______.

(A) 不存在　　(B) 仅含一个非零解向量

(C) 含有两个线性无关的解向量　　(D) 含有三个线性无关的解向量

(5)(**2015 年,数学一**) 设矩阵 $\boldsymbol{A}=\begin{pmatrix}1 & 1 & 1\\ 1 & 2 & a\\ 1 & 4 & a^2\end{pmatrix}$,$\boldsymbol{b}=\begin{pmatrix}1\\ d\\ d^2\end{pmatrix}$,若集合 $\Omega=\{1,2\}$,则线性方程组 $\boldsymbol{Ax}=\boldsymbol{b}$ 有无穷多解的充分必要条件为______.

(A) $a\notin\Omega,d\notin\Omega$　　(B) $a\notin\Omega,d\in\Omega$

(C) $a\in\Omega,d\notin\Omega$　　(D) $a\in\Omega,d\in\Omega$

(6)(**2013 年,数学一**) 设 $\boldsymbol{A},\boldsymbol{B},\boldsymbol{C}$ 均为 n 阶矩阵,若 $\boldsymbol{AB}=\boldsymbol{C}$ 且 $\boldsymbol{B}$ 可逆,则______.

(A) 矩阵 $\boldsymbol{C}$ 的行向量组与矩阵 $\boldsymbol{A}$ 的行向量组等价

(B) 矩阵 $\boldsymbol{C}$ 的列向量组与矩阵 $\boldsymbol{A}$ 的列向量组等价

(C) 矩阵 $\boldsymbol{C}$ 的行向量组与矩阵 $\boldsymbol{B}$ 的行向量组等价

(D) 矩阵 $\boldsymbol{C}$ 的列向量组与矩阵 $\boldsymbol{B}$ 的列向量组等价

(7)(**2004 年,数学一**) 设 $\boldsymbol{A},\boldsymbol{B}$ 为满足 $\boldsymbol{AB}=\boldsymbol{O}$ 的任意两个非零矩阵,则必有______.

(A) $\boldsymbol{A}$ 的列向量组线性相关,$\boldsymbol{B}$ 的行向量组线性相关

(B) $\boldsymbol{A}$ 的列向量组线性相关,$\boldsymbol{B}$ 的列向量组线性相关

(C) $\boldsymbol{A}$ 的行向量组线性相关,$\boldsymbol{B}$ 的行向量组线性相关

(D) $\boldsymbol{A}$ 的行向量组线性相关,$\boldsymbol{B}$ 的列向量组线性相关

(8)(**2014 年,数学一**) 设 $\boldsymbol{\alpha}_1,\boldsymbol{\alpha}_2,\boldsymbol{\alpha}_3$ 均为 3 维向量,则对任意常数 k,l,向量组 $\boldsymbol{\alpha}_1+k\boldsymbol{\alpha}_3,\boldsymbol{\alpha}_2+l\boldsymbol{\alpha}_3$,线性无关是向量组 $\boldsymbol{B}=(\boldsymbol{\alpha}_1,\boldsymbol{\alpha}_2,\boldsymbol{\alpha}_3)$线性无关的______.

(A) 必要非充分条件　　(B) 充分非必要条件

(C) 充分必要条件　　(D) 既非充分也非必要条件

(9)(**2010 年,数学二**)　设向量组Ⅰ:$\boldsymbol{\alpha}_1,\boldsymbol{\alpha}_2,\cdots,\boldsymbol{\alpha}_r$ 可由向量组Ⅱ:$\boldsymbol{\beta}_1,\boldsymbol{\beta}_2,\cdots,\boldsymbol{\beta}_s$ 线性表示,则下列命题正确的是______.

(A) 若向量组Ⅰ线性无关,则 $r\leqslant s$　　(B) 若向量组Ⅰ线性相关,则 $r>s$

(C) 若向量组Ⅱ线性无关,则 $r\leqslant s$　　(D) 若向量组Ⅱ线性相关,则 $r>s$

(10)(**2012 年,数学一**)　设有向量 $\boldsymbol{\alpha}_1=(0,0,C_1)^{\mathrm{T}}$, $\boldsymbol{\alpha}_2=(0,1,C_2)^{\mathrm{T}}$, $\boldsymbol{\alpha}_3=(1,-1,C_3)^{\mathrm{T}}$, $\boldsymbol{\alpha}_4=(-1,1,C_4)^{\mathrm{T}}$,其中 C_1,C_2,C_3,C_4 为任意常数,则下列向量组线性相关的是______.

(A) $\boldsymbol{\alpha}_1,\boldsymbol{\alpha}_2,\boldsymbol{\alpha}_3$　　(B) $\boldsymbol{\alpha}_1,\boldsymbol{\alpha}_2,\boldsymbol{\alpha}_4$

(C) $\boldsymbol{\alpha}_1,\boldsymbol{\alpha}_3,\boldsymbol{\alpha}_4$　　(D) $\boldsymbol{\alpha}_2,\boldsymbol{\alpha}_3,\boldsymbol{\alpha}_4$

(11)(**2003 年,数学三**)　设 $\boldsymbol{\alpha}_1,\boldsymbol{\alpha}_2,\cdots,\boldsymbol{\alpha}_s$ 均为 n 维向量,下列结论不正确的是______.

(A) 若对于任意一组不全为零的数 $k_1,k_2,\cdots,k_s$,都有 $k_1\boldsymbol{\alpha}_1+k_2\boldsymbol{\alpha}_2+\cdots+k_s\boldsymbol{\alpha}_s\neq\mathbf{0}$,则 $\boldsymbol{\alpha}_1,\boldsymbol{\alpha}_2,\cdots,\boldsymbol{\alpha}_s$ 线性无关

(B) 若 $\boldsymbol{\alpha}_1,\boldsymbol{\alpha}_2,\cdots,\boldsymbol{\alpha}_s$ 线性相关,则对于任意一组不全为零的数 $k_1,k_2,\cdots,k_s$,有 $k_1\boldsymbol{\alpha}_1+k_2\boldsymbol{\alpha}_2+\cdots+k_s\boldsymbol{\alpha}_s=\mathbf{0}$

(C) $\boldsymbol{\alpha}_1,\boldsymbol{\alpha}_2,\cdots,\boldsymbol{\alpha}_s$ 线性无关的充分必要条件是此向量组的秩为 s

(D) $\boldsymbol{\alpha}_1,\boldsymbol{\alpha}_2,\cdots,\boldsymbol{\alpha}_s$ 线性无关的必要条件是其中任意两个向量线性无关

(12)(**2007 年,数学一**)　设向量组 $\boldsymbol{\alpha}_1,\boldsymbol{\alpha}_2,\boldsymbol{\alpha}_3$ 线性无关,则下列向量组线形相关的是______.

(A) $\boldsymbol{\alpha}_1-\boldsymbol{\alpha}_2,\boldsymbol{\alpha}_2-\boldsymbol{\alpha}_3,\boldsymbol{\alpha}_3-\boldsymbol{\alpha}_1$　　(B) $\boldsymbol{\alpha}_1+\boldsymbol{\alpha}_2,\boldsymbol{\alpha}_2+\boldsymbol{\alpha}_3,\boldsymbol{\alpha}_3+\boldsymbol{\alpha}_1$

(C) $\boldsymbol{\alpha}_1-2\boldsymbol{\alpha}_2,\boldsymbol{\alpha}_2-2\boldsymbol{\alpha}_3,\boldsymbol{\alpha}_3-2\boldsymbol{\alpha}_1$　　(D) $\boldsymbol{\alpha}_1+2\boldsymbol{\alpha}_2,\boldsymbol{\alpha}_2+2\boldsymbol{\alpha}_3,\boldsymbol{\alpha}_3+2\boldsymbol{\alpha}_1$

(13)(**2006 年,数学一**)　设 $\boldsymbol{\alpha}_1,\boldsymbol{\alpha}_2,\cdots,\boldsymbol{\alpha}_s$ 均为 n 维列向量,$\boldsymbol{A}$ 是 $m\times n$ 矩阵,下列选项正确的是______.

(A) 若 $\boldsymbol{\alpha}_1,\boldsymbol{\alpha}_2,\cdots,\boldsymbol{\alpha}_s$ 线性相关,则 $\boldsymbol{A}\boldsymbol{\alpha}_1,\boldsymbol{A}\boldsymbol{\alpha}_2,\cdots,\boldsymbol{A}\boldsymbol{\alpha}_s$ 线性相关

(B) 若 $\boldsymbol{\alpha}_1,\boldsymbol{\alpha}_2,\cdots,\boldsymbol{\alpha}_s$ 线性相关,则 $\boldsymbol{A}\boldsymbol{\alpha}_1,\boldsymbol{A}\boldsymbol{\alpha}_2,\cdots,\boldsymbol{A}\boldsymbol{\alpha}_s$ 线性无关

(C) 若 $\boldsymbol{\alpha}_1,\boldsymbol{\alpha}_2,\cdots,\boldsymbol{\alpha}_s$ 线性无关,则 $\boldsymbol{A}\boldsymbol{\alpha}_1,\boldsymbol{A}\boldsymbol{\alpha}_2,\cdots,\boldsymbol{A}\boldsymbol{\alpha}_s$ 线性相关

(D) 若 $\boldsymbol{\alpha}_1,\boldsymbol{\alpha}_2,\cdots,\boldsymbol{\alpha}_s$ 线性无关,则 $\boldsymbol{A}\boldsymbol{\alpha}_1,\boldsymbol{A}\boldsymbol{\alpha}_2,\cdots,\boldsymbol{A}\boldsymbol{\alpha}_s$ 线性无关

(14)(**1998 年,数学一**)　设矩阵 $\begin{pmatrix} a_1 & b_1 & c_1 \\ a_2 & b_2 & c_2 \\ a_3 & b_3 & c_3 \end{pmatrix}$ 是满秩的,则直线 $\dfrac{x-a_3}{a_1-a_2}=\dfrac{y-b_3}{b_1-b_2}=\dfrac{z-c_3}{c_1-c_2}$ 与直线 $\dfrac{x-a_1}{a_2-a_3}=\dfrac{y-b_1}{b_2-b_3}=\dfrac{z-c_1}{c_2-c_3}$______.

(A) 相交于一点　　(B) 重合

(C) 平行但不重合　　(D) 异面

(15)(**2009 年,数学一**)　设 $\boldsymbol{\alpha}_1,\boldsymbol{\alpha}_2,\boldsymbol{\alpha}_3$ 是 3 维向量空间 $\mathbf{R}^3$ 的一组基,则由基 $\boldsymbol{\alpha}_1,\dfrac{1}{2}\boldsymbol{\alpha}_2,\dfrac{1}{3}\boldsymbol{\alpha}_3$ 到基 $\boldsymbol{\alpha}_1+\boldsymbol{\alpha}_2,\boldsymbol{\alpha}_2+\boldsymbol{\alpha}_3,\boldsymbol{\alpha}_3+\boldsymbol{\alpha}_1$ 的过渡矩阵为______.

(A) $\begin{pmatrix}1&0&1\\2&2&0\\0&3&3\end{pmatrix}$　　(B) $\begin{pmatrix}1&2&0\\0&2&3\\1&0&3\end{pmatrix}$

(C) $\begin{pmatrix}\frac{1}{2}&\frac{1}{4}&-\frac{1}{6}\\-\frac{1}{2}&\frac{1}{4}&\frac{1}{6}\\\frac{1}{2}&-\frac{1}{4}&\frac{1}{6}\end{pmatrix}$　　(D) $\begin{pmatrix}\frac{1}{2}&-\frac{1}{2}&\frac{1}{2}\\\frac{1}{4}&\frac{1}{4}&-\frac{1}{4}\\-\frac{1}{6}&\frac{1}{6}&\frac{1}{6}\end{pmatrix}$

2. 填空题.

(1)(**2000年,数学一**)　若方程组 $\begin{pmatrix}1&2&1\\2&3&a+2\\1&a&-2\end{pmatrix}\begin{pmatrix}x_1\\x_2\\x_3\end{pmatrix}=\begin{pmatrix}1\\3\\0\end{pmatrix}$ 无解,则 $a=$______.

(2)(**2001年,数学二**)　若方程组 $\begin{pmatrix}a&1&1\\1&a&1\\1&1&a\end{pmatrix}\begin{pmatrix}x_1\\x_2\\x_3\end{pmatrix}=\begin{pmatrix}1\\1\\-2\end{pmatrix}$ 有无穷多解,则 $a=$______.

(3)(**1993年,数学一**)　设 n 阶矩阵 $\boldsymbol{A}$ 的各行元素之和均为零,且 $\boldsymbol{A}$ 的秩为 $n-1$,则线性方程组 $\boldsymbol{Ax}=\boldsymbol{0}$ 的通解为______.

(4)(**2017年,数学一**)　设矩阵 $\boldsymbol{A}=\begin{pmatrix}1&0&1\\1&1&2\\0&1&1\end{pmatrix}$,$\boldsymbol{\alpha}_1,\boldsymbol{\alpha}_2,\boldsymbol{\alpha}_3$ 为线性无关的3维列向量,则向量组 $\boldsymbol{A\alpha}_1,\boldsymbol{A\alpha}_2,\boldsymbol{A\alpha}_3$ 的秩为______.

(5)(**1990年,数学一**)　已知向量组 $\boldsymbol{\alpha}_1=(1,2,3,4)$,$\boldsymbol{\alpha}_2=(2,3,4,5)$,$\boldsymbol{\alpha}_3=(3,4,5,6)$,$\boldsymbol{\alpha}_4=(4,5,6,7)$,则该向量组的秩是______.

(6)(**2002年,数学四**)　设向量组 $\boldsymbol{\alpha}_1=(a,0,c)$,$\boldsymbol{\alpha}_2=(b,c,0)$,$\boldsymbol{\alpha}_3=(0,a,b)$ 线性无关,则 a,b,c 必满足关系式______.

(7)(**2005年,数学三**)　设行向量组 $(2,1,1,1)$,$(2,1,a,a)$,$(3,2,1,a)$,$(4,3,2,1)$ 线性相关,且 $a\neq1$,则 $a=$______.

(8)(**2002年,数学三**)　设3阶矩阵 $\boldsymbol{A}=\begin{pmatrix}1&2&-2\\2&1&2\\3&0&4\end{pmatrix}$,3维列向量 $\boldsymbol{\alpha}=(a,1,1)^{\mathrm{T}}$. 已知 $\boldsymbol{A\alpha}$ 与 $\boldsymbol{\alpha}$ 线性相关,则 $a=$______.

(9)(**1997,数学一**)　设 $\boldsymbol{A}=\begin{pmatrix}1&2&-2\\4&t&3\\3&-1&1\end{pmatrix}$,$\boldsymbol{B}$ 为3阶非零矩阵,且 $\boldsymbol{AB}=\boldsymbol{O}$,则 $t=$______.

(10)(**2010 年,数学一**)　设 $\boldsymbol{\alpha}_1=(1,2,-1,0)^{\mathrm{T}}$,$\boldsymbol{\alpha}_2=(1,1,0,2)^{\mathrm{T}}$,$\boldsymbol{\alpha}_3=(2,1,1,a)^{\mathrm{T}}$,若由 $\boldsymbol{\alpha}_1,\boldsymbol{\alpha}_2,\boldsymbol{\alpha}_3$ 形成的向量空间的维数是 2,则 $a=$______.

(11)(**2003 年,数学一**)　从 $\mathbf{R}^2$ 的基 $\boldsymbol{\alpha}_1=\begin{pmatrix}1\\0\end{pmatrix}$,$\boldsymbol{\alpha}_2=\begin{pmatrix}1\\-1\end{pmatrix}$ 到基 $\boldsymbol{\beta}_1=\begin{pmatrix}1\\1\end{pmatrix}$,$\boldsymbol{\beta}_2=\begin{pmatrix}1\\2\end{pmatrix}$ 的过渡矩阵为______.

3.(**2000 年,数学二**)　设 $\boldsymbol{\alpha}=(1,2,1)^{\mathrm{T}}$,$\boldsymbol{\beta}=\left(1,\dfrac{1}{2},0\right)^{\mathrm{T}}$,$\boldsymbol{\gamma}=(0,0,8)^{\mathrm{T}}$,$\boldsymbol{A}=\boldsymbol{\alpha}\boldsymbol{\beta}^{\mathrm{T}}$,$\boldsymbol{B}=\boldsymbol{\beta}^{\mathrm{T}}\boldsymbol{\alpha}$,求解方程 $2\boldsymbol{B}^2\boldsymbol{A}^2\boldsymbol{x}=\boldsymbol{A}^4\boldsymbol{x}+\boldsymbol{B}^4\boldsymbol{x}+\boldsymbol{\gamma}$.

4.(**1992 年,数学四**)　设线性方程组 $\begin{cases}x_1+2x_2-2x_3=0,\\2x_1-x_2+\lambda x_3=0,\\3x_1+x_2-x_3=0\end{cases}$ 的系数矩阵为 $\boldsymbol{A}$,3 阶矩阵 $\boldsymbol{B}\neq\boldsymbol{O}$,且 $\boldsymbol{AB}=\boldsymbol{O}$,试求 λ 的值,并求出方程组的解.

5.(**1995 年,数学四**)　对于线性方程组 $\begin{cases}\lambda x_1+x_2+x_3=\lambda-3,\\x_1+\lambda x_2+x_3=-2,\\x_1+x_2+\lambda x_3=-2,\end{cases}$ 讨论 λ 取何值时,方程组无解、有唯一解和有无穷多解.在方程组有无穷多解时,试用基础解系表示全部解.

6.(**2010 年,数学一**)　设 $\boldsymbol{A}=\begin{pmatrix}\lambda&1&1\\0&\lambda-1&0\\1&1&\lambda\end{pmatrix}$,$\boldsymbol{b}=\begin{pmatrix}a\\1\\1\end{pmatrix}$,已知线性方程组 $\boldsymbol{Ax}=\boldsymbol{b}$ 存在两个不同的解.

(1) 求 λ,a 的值;

(2) 求方程组 $\boldsymbol{Ax}=\boldsymbol{b}$ 的通解.

7.(**2012 年,数学一**)　设 $\boldsymbol{A}=\begin{pmatrix}1&a&0&0\\0&1&a&0\\0&0&1&a\\a&0&0&1\end{pmatrix}$,$\boldsymbol{b}=\begin{pmatrix}1\\-1\\0\\0\end{pmatrix}$,已知线性方程组 $\boldsymbol{Ax}=\boldsymbol{b}$ 有无穷多解,求 a,并求 $\boldsymbol{Ax}=\boldsymbol{b}$ 的通解.

8.(**2006 年,数学一**)　已知非齐次线性方程组 $\begin{cases}x_1+x_2+x_3+x_4=-1,\\4x_1+3x_2+5x_3-x_4=-1,\\ax_1+x_2+3x_3+bx_4=1\end{cases}$ 有 3 个线性无关的解.

(1) 证明:方程组系数矩阵 $\boldsymbol{A}$ 的秩 $r(\boldsymbol{A})=2$;

(2) 求 a,b 的值及方程组的通解.

9.(**2014 年,数学一**)　设 $\boldsymbol{A}=\begin{pmatrix}1&-2&3&-4\\0&1&-1&1\\1&2&0&-3\end{pmatrix}$,$\boldsymbol{I}$ 为 3 阶单位矩阵.

(1) 求方程组 $\boldsymbol{Ax}=\boldsymbol{0}$ 的一个基础解系；

(2) 求满足 $\boldsymbol{AB}=\boldsymbol{I}$ 的所有矩阵 $\boldsymbol{B}$.

10.(2016年,数学一) 设矩阵 $\boldsymbol{A}=\begin{pmatrix}1&-1&-1\\2&a&1\\-1&1&a\end{pmatrix}$，$\boldsymbol{B}=\begin{pmatrix}2&2\\1&a\\-a-1&-2\end{pmatrix}$，当 a 为何值时，方程 $\boldsymbol{Ax}=\boldsymbol{B}$ 无解、有唯一解，有无穷多解？在有解时，求此方程.

11.(2018年,数学一) 已知 a 是常数，且矩阵 $\boldsymbol{A}=\begin{pmatrix}1&2&a\\1&3&0\\2&7&-a\end{pmatrix}$ 可经初等变换化为矩阵 $\boldsymbol{B}=\begin{pmatrix}1&a&2\\0&1&1\\-1&1&1\end{pmatrix}$.

(1) 求 a；

(2) 求满足 $\boldsymbol{AP}=\boldsymbol{B}$ 的可逆矩阵 $\boldsymbol{P}$.

12.(2002年,数学三) 设齐次线性方程组 $\begin{cases}ax_1+bx_2+bx_3+\cdots+bx_n=0,\\bx_1+ax_2+bx_3+\cdots+bx_n=0,\\\qquad\qquad\vdots\\bx_1+bx_2+bx_3+\cdots+ax_n=0\end{cases}$ 其中 $a\neq0$，$b\neq0$，$n\geqslant2$. 试讨论 a,b 为何值时，方程组仅有零解、有无穷多解？在有无穷多解时，求出全部解，并用基础解系表示全部解.

13.(2007年,数学一) 设方程组 $\begin{cases}x_1+x_2+x_3=0,\\x_1+2x_2+ax_3=0,\\x_1+4x_2+a^2x_3=0\end{cases}$ 与方程 $x_1+2x_2+x_3=a-1$ 有公共解，求 a 的值及所有公共解.

14.(2008年,数学一) 设矩阵 $\boldsymbol{A}=\begin{pmatrix}2a&1&&\\a^2&2a&\ddots&\\&\ddots&\ddots&1\\&&a^2&2a\end{pmatrix}_{n\times n}$，现矩阵 $\boldsymbol{A}$ 满足方程 $\boldsymbol{Ax}=\boldsymbol{b}$，其中 $\boldsymbol{x}=(x_1,x_2,\cdots,x_n)^{\mathrm{T}}$，$\boldsymbol{b}=(1,0,\cdots,0)^{\mathrm{T}}$.

(1) 求证 $|\boldsymbol{A}|=(n+1)a^n$；

(2) a 为何值，方程组有唯一解，求 x_1；

(3) a 为何值，方程组有无穷多解，求通解.

15.(2002年,数学一) 已知4阶方阵 $\boldsymbol{A}=(\boldsymbol{\alpha}_1,\boldsymbol{\alpha}_2,\boldsymbol{\alpha}_3,\boldsymbol{\alpha}_4)$，$\boldsymbol{\alpha}_1,\boldsymbol{\alpha}_2,\boldsymbol{\alpha}_3,\boldsymbol{\alpha}_4$ 均为4维列向量，其中 $\boldsymbol{\alpha}_2,\boldsymbol{\alpha}_3,\boldsymbol{\alpha}_4$ 线性无关，$\boldsymbol{\alpha}_1=2\boldsymbol{\alpha}_2-\boldsymbol{\alpha}_3$，若 $\boldsymbol{\beta}=\boldsymbol{\alpha}_1+\boldsymbol{\alpha}_2+\boldsymbol{\alpha}_3+\boldsymbol{\alpha}_4$，求线性方程组 $\boldsymbol{Ax}=\boldsymbol{\beta}$ 的通解.

16.（1992 年，数学三） 已知 3 阶矩阵 $\boldsymbol{B}\neq\boldsymbol{O}$，且 $\boldsymbol{B}$ 的每一个列向量都是以下方程组的解.

$$\begin{cases} x_1+2x_2-2x_3=0, \\ 2x_1-x_2+\lambda x_3=0, \\ 3x_1+x_2-x_3=0. \end{cases}$$

(1) 求 λ 的值；

(2) 证明：$|\boldsymbol{B}|=0$.

17.（2011 年，数学二） 设向量组 $\boldsymbol{\alpha}_1=(1,0,1)^{\mathrm{T}}$，$\boldsymbol{\alpha}_2=(0,1,1)^{\mathrm{T}}$，$\boldsymbol{\alpha}_3=(1,3,5)^{\mathrm{T}}$，不能由向量组 $\boldsymbol{\beta}_1=(1,1,1)^{\mathrm{T}}$，$\boldsymbol{\beta}_2=(1,2,3)^{\mathrm{T}}$，$\boldsymbol{\beta}_3=(3,4,a)^{\mathrm{T}}$ 线性表示.

(1) 求 a 的值；

(2) 将 $\boldsymbol{\beta}_1,\boldsymbol{\beta}_2,\boldsymbol{\beta}_3$ 由 $\boldsymbol{\alpha}_1,\boldsymbol{\alpha}_2,\boldsymbol{\alpha}_3$ 线性表示.

18.（2004 年，数学三） 设 $\boldsymbol{\alpha}_1=(1,2,0)^{\mathrm{T}}$，$\boldsymbol{\alpha}_2=(1,a+2,-3a)^{\mathrm{T}}$，$\boldsymbol{\alpha}_3=(-1,-b-2,a+2b)^{\mathrm{T}}$，$\boldsymbol{\beta}=(1,3,-3)^{\mathrm{T}}$. 试讨论当 a,b 为何值时，

(1) $\boldsymbol{\beta}$ 不能由 $\boldsymbol{\alpha}_1,\boldsymbol{\alpha}_2,\boldsymbol{\alpha}_3$ 线性表示；

(2) $\boldsymbol{\beta}$ 可由 $\boldsymbol{\alpha}_1,\boldsymbol{\alpha}_2,\boldsymbol{\alpha}_3$ 唯一地线性表示，并求出表示式；

(3) $\boldsymbol{\beta}$ 可由 $\boldsymbol{\alpha}_1,\boldsymbol{\alpha}_2,\boldsymbol{\alpha}_3$ 线性表示，但表示式不唯一，并求出表示式.

19.（2006 年，数学三） 设 4 维向量组 $\boldsymbol{\alpha}_1=(1+a,1,1,1)^{\mathrm{T}}$，$\boldsymbol{\alpha}_2=(2,2+a,2,2)^{\mathrm{T}}$，$\boldsymbol{\alpha}_3=(3,3,3+a,3)^{\mathrm{T}}$，$\boldsymbol{\alpha}_4=(4,4,4,4+a)^{\mathrm{T}}$，问 a 为何值时，$\boldsymbol{\alpha}_1,\boldsymbol{\alpha}_2,\boldsymbol{\alpha}_3,\boldsymbol{\alpha}_4$ 线性相关？当 $\boldsymbol{\alpha}_1,\boldsymbol{\alpha}_2,\boldsymbol{\alpha}_3,\boldsymbol{\alpha}_4$ 线性相关时，求其一个极大线性无关组，并将其余向量用该极大线性无关组线性表示出来.

20.（2009 年，数学一） 设 $\boldsymbol{A}=\begin{pmatrix} 1 & -1 & -1 \\ -1 & 1 & 1 \\ 0 & -4 & -2 \end{pmatrix}$，$\boldsymbol{\xi}_1=\begin{pmatrix} -1 \\ 1 \\ -2 \end{pmatrix}$.

(1) 求满足 $\boldsymbol{A}\boldsymbol{\xi}_2=\boldsymbol{\xi}_1$，$\boldsymbol{A}^2\boldsymbol{\xi}_3=\boldsymbol{\xi}_1$ 的所有向量 $\boldsymbol{\xi}_2,\boldsymbol{\xi}_3$；

(2) 对(1)中的任一向量 $\boldsymbol{\xi}_2,\boldsymbol{\xi}_3$，证明：$\boldsymbol{\xi}_1,\boldsymbol{\xi}_2,\boldsymbol{\xi}_3$ 线性无关.

21.（2008 年，数学一） 设 $\boldsymbol{A}=\boldsymbol{\alpha}\boldsymbol{\alpha}^{\mathrm{T}}+\boldsymbol{\beta}\boldsymbol{\beta}^{\mathrm{T}}$，$\boldsymbol{\alpha}^{\mathrm{T}}$ 为 $\boldsymbol{\alpha}$ 的转置，$\boldsymbol{\beta}^{\mathrm{T}}$ 为 $\boldsymbol{\beta}$ 的转置. 证明：若 $\boldsymbol{\alpha},\boldsymbol{\beta}$ 线性相关，则 $r(\boldsymbol{A})<2$.

22.（1998 年，数学一） 设 $\boldsymbol{A}$ 是 n 阶矩阵，若存在正整数 k，使线性方程组 $\boldsymbol{A}^k\boldsymbol{x}=\boldsymbol{0}$ 有解，向量 $\boldsymbol{\alpha}$，且 $\boldsymbol{A}^{k-1}\boldsymbol{\alpha}\neq\boldsymbol{0}$. 证明：向量组 $\boldsymbol{\alpha},\boldsymbol{A}\boldsymbol{\alpha},\cdots,\boldsymbol{A}^{k-1}\boldsymbol{\alpha}$ 是线性无关的.

23.（1993 年，数学一） 设 $\boldsymbol{A}$ 是 $m\times n$ 矩阵，$\boldsymbol{B}$ 是 $n\times m$ 矩阵，$\boldsymbol{I}$ 是 n 阶单位矩阵，已知 $\boldsymbol{B}\boldsymbol{A}=\boldsymbol{I}$，试判断 $\boldsymbol{A}$ 的列向量组是否线性相关？为什么？

24.（1994 年，数学四） 设 $\boldsymbol{\alpha}_1,\boldsymbol{\alpha}_2,\boldsymbol{\alpha}_3$ 是齐次线性方程组 $\boldsymbol{A}\boldsymbol{x}=\boldsymbol{0}$ 的一个基础解系，证明：$\boldsymbol{\alpha}_1+\boldsymbol{\alpha}_2,\boldsymbol{\alpha}_2+\boldsymbol{\alpha}_3,\boldsymbol{\alpha}_3+\boldsymbol{\alpha}_1$ 也是该方程组的一个基础解系.

25.（2015 年，数学一） 设向量组 $\boldsymbol{\alpha}_1,\boldsymbol{\alpha}_2,\boldsymbol{\alpha}_3$ 是 $\mathbf{R}^3$ 的一个基，$\boldsymbol{\beta}_1=2\boldsymbol{\alpha}_1+2k\boldsymbol{\alpha}_3$，$\boldsymbol{\beta}_2=2\boldsymbol{\alpha}_2$，$\boldsymbol{\beta}_3=\boldsymbol{\alpha}_1+(k+1)\boldsymbol{\alpha}_3$.

(1) 证明:向量组 $\boldsymbol{\beta}_1,\boldsymbol{\beta}_2,\boldsymbol{\beta}_3$ 为 $\mathbf{R}^3$ 的一个基;

(2) 当 k 为何值时,存在非零向量 $\boldsymbol{\xi}$ 在基 $\boldsymbol{\alpha}_1,\boldsymbol{\alpha}_2,\boldsymbol{\alpha}_3$ 与 $\boldsymbol{\beta}_1,\boldsymbol{\beta}_2,\boldsymbol{\beta}_3$ 下的坐标相同,并求所有的 $\boldsymbol{\xi}$.

26.(1993年,数学二) 已知 $\mathbf{R}^3$ 的两组基:$\boldsymbol{\alpha}_1=\begin{pmatrix}1\\1\\1\end{pmatrix},\boldsymbol{\alpha}_2=\begin{pmatrix}1\\0\\-1\end{pmatrix},\boldsymbol{\alpha}_3=\begin{pmatrix}1\\0\\1\end{pmatrix}$ 和 $\boldsymbol{\beta}_1=\begin{pmatrix}1\\2\\1\end{pmatrix}$, $\boldsymbol{\beta}_2=\begin{pmatrix}2\\3\\4\end{pmatrix},\boldsymbol{\beta}_3=\begin{pmatrix}3\\4\\5\end{pmatrix}$. 求由 $\boldsymbol{\alpha}_1,\boldsymbol{\alpha}_2,\boldsymbol{\alpha}_3$ 到 $\boldsymbol{\beta}_1,\boldsymbol{\beta}_2,\boldsymbol{\beta}_3$ 的过渡矩阵.

27.(1997年,数学一) 设 $\boldsymbol{B}$ 是秩为 2 的 5×4 矩阵. $\boldsymbol{\alpha}_1=(1,1,2,3)^{\mathrm{T}}$, $\boldsymbol{\alpha}_2=(-1,1,4,-1)^{\mathrm{T}}$, $\boldsymbol{\alpha}_3=(5,-1,-8,9)^{\mathrm{T}}$ 是齐次线性方程组 $\boldsymbol{Bx}=\mathbf{0}$ 的解向量,求 $\boldsymbol{Bx}=\mathbf{0}$ 的解空间的一个标准正交基.

第 4 章　特征值与特征向量

在理论研究和实际应用中往往会遇到一些问题，如振动问题和稳定性问题，常常归结为求解一个方阵的特征值和特征向量的问题，还有数学中求方阵的幂、解微分方程等问题，也要用到特征值和特征向量的理论. 本章将给出方阵的特征值和特征向量的定义及性质，重点讨论矩阵的相似对角化及实对称矩阵的正交相似对角化.

4.1　特征值与特征向量

本节介绍方阵的特征值与特征向量的概念、求解方法和主要性质.

1. 特征值与特征向量的概念

引例　由方阵 $\boldsymbol{A}=\begin{pmatrix}3 & -1\\ -1 & 3\end{pmatrix}$，$\boldsymbol{\alpha}=\begin{pmatrix}1\\1\end{pmatrix}$，$\boldsymbol{\beta}=\begin{pmatrix}1\\-1\end{pmatrix}$，$\boldsymbol{\gamma}=\begin{pmatrix}1\\0\end{pmatrix}$，可以得到

$$\boldsymbol{A\alpha}=\begin{pmatrix}2\\2\end{pmatrix}=2\begin{pmatrix}1\\1\end{pmatrix}=2\boldsymbol{\alpha},$$

$$\boldsymbol{A\beta}=\begin{pmatrix}4\\-4\end{pmatrix}=4\begin{pmatrix}1\\-1\end{pmatrix}=4\boldsymbol{\beta},$$

$$\boldsymbol{A\gamma}=\begin{pmatrix}3\\-1\end{pmatrix}\neq k\boldsymbol{\gamma},\quad \forall\, k\in\mathbf{R}.$$

尽管变换 $\boldsymbol{\xi}\to\boldsymbol{A\xi}$ 有可能使向量往各个方向移动，但通常会存在某些特殊的向量，$\boldsymbol{A}$ 对这些向量的作用是很简单的. 这一节，将研究形如 $\boldsymbol{A\xi}=2\boldsymbol{\xi}$ 或 $\boldsymbol{A\xi}=-4\boldsymbol{\xi}$ 的等式，去寻找那些被 $\boldsymbol{A}$ 变换成自身数量倍的向量.

定义　设 $\boldsymbol{A}$ 为 n 阶方阵，若存在数 λ 和非零列向量 $\boldsymbol{\xi}$，使得等式

$$\boldsymbol{A\xi}=\lambda\boldsymbol{\xi} \tag{4.1.1}$$

成立，则有以下两个定义.

(1) 数 λ 是方阵 $\boldsymbol{A}$ 的一个**特征值**.

(2) 非零向量 $\boldsymbol{\xi}$ 为方阵 $\boldsymbol{A}$ 的对应于特征值 λ 的一个**特征向量**.

对于给定矩阵 $\boldsymbol{A}$，则有

λ 是 $\boldsymbol{A}$ 的特征值⇔存在 $\boldsymbol{\alpha}\neq\boldsymbol{0}$，使 $\boldsymbol{A\alpha}=\lambda\boldsymbol{\alpha}$.

$\boldsymbol{\alpha}$ 是 $\boldsymbol{A}$ 的特征向量⇔$\boldsymbol{\alpha}\neq\boldsymbol{0}$ 且 $\boldsymbol{A\alpha}=\lambda\boldsymbol{\alpha}$，对某个数 λ 成立.

将式(4.1.1)变形为

$$(\lambda \boldsymbol{I}-\boldsymbol{A})\boldsymbol{\xi}=\boldsymbol{0}, \tag{4.1.2}$$

而式(4.1.2)有非零解的充分必要条件是

$$|\lambda \boldsymbol{I}-\boldsymbol{A}|=0.$$

记

$$f_{\boldsymbol{A}}(\lambda)=|\lambda \boldsymbol{I}-\boldsymbol{A}|=\begin{vmatrix} \lambda-a_{11} & -a_{12} & \cdots & -a_{1n} \\ -a_{21} & \lambda-a_{22} & \cdots & -a_{2n} \\ \vdots & \vdots & & \vdots \\ -a_{n1} & -a_{n2} & \cdots & \lambda-a_{nn} \end{vmatrix}$$

$$=\lambda^n+b_{n-1}\lambda^{n-1}+\cdots+b_1\lambda+b_0,$$

称 $f_{\boldsymbol{A}}(\lambda)=|\lambda \boldsymbol{I}-\boldsymbol{A}|$ 为方阵 $\boldsymbol{A}$ 的**特征多项式**. λ 是方阵 $\boldsymbol{A}$ 的一个特征值,等价于 $f_{\boldsymbol{A}}(\lambda)=0$.

比如,

$$f_{\boldsymbol{A}}(\lambda)=|\lambda \boldsymbol{I}-\boldsymbol{A}|=(\lambda-1)(\lambda-2)^4,$$

则 $\lambda=1$ 是方阵 $\boldsymbol{A}$ 的单特征值,$\lambda=2$ 是方阵 $\boldsymbol{A}$ 的 4 重特征值.

2. 特征值与特征向量的求解方法

根据上述定义,可以得出 n 阶矩阵 $\boldsymbol{A}$ 的特征值和特征向量的求法.

(1) 计算 $\boldsymbol{A}$ 的特征多项式 $|\lambda \boldsymbol{I}-\boldsymbol{A}|$,求出特征方程 $|\lambda \boldsymbol{I}-\boldsymbol{A}|=0$ 的全部根,即 $\boldsymbol{A}$ 的全部特征值.

(2) 对每个求出的特征值 λ_i,求齐次线性方程组 $(\lambda_i \boldsymbol{I}-\boldsymbol{A})\boldsymbol{x}=\boldsymbol{0}$ $(i=1,2,\cdots,n)$ 的一组基础解系 $\boldsymbol{\xi}_1,\boldsymbol{\xi}_2,\cdots,\boldsymbol{\xi}_s$,则 $k_1\boldsymbol{\xi}_1+k_2\boldsymbol{\xi}_2+\cdots+k_s\boldsymbol{\xi}_s$ ($k_1,k_2,\cdots,k_s$ 不同时为 0)是矩阵 $\boldsymbol{A}$ 的属于特征值 λ_i 的全部特征向量.

例 1 求方阵 $\boldsymbol{A}$ 的特征值和特征向量,其中 $\boldsymbol{A}=\begin{pmatrix} 1 & 1 & -1 \\ 1 & 0 & -1 \\ 1 & 0 & -1 \end{pmatrix}$.

解 由于

$$|\lambda \boldsymbol{I}-\boldsymbol{A}|=\begin{vmatrix} \lambda-1 & -1 & 1 \\ -1 & \lambda & 1 \\ -1 & 0 & \lambda+1 \end{vmatrix}$$

$$=\lambda(\lambda+1)(\lambda-1).$$

令 $|\lambda \boldsymbol{I}-\boldsymbol{A}|=0$,可以得到方阵 $\boldsymbol{A}$ 的特征值为

$$\lambda_1=0,\quad \lambda_2=-1,\quad \lambda_3=1.$$

将 $\lambda_1=0$ 代入 $(\lambda \boldsymbol{I}-\boldsymbol{A})\boldsymbol{x}=\boldsymbol{0}$ 中,可以得到齐次方程组

$$\begin{pmatrix} -1 & -1 & 1 \\ -1 & 0 & 1 \\ -1 & 0 & 1 \end{pmatrix}\begin{pmatrix} x_1 \\ x_2 \\ x_3 \end{pmatrix}=\boldsymbol{0},$$

解方程组得到特征值 $\lambda_1=0$ 的一个非零解

$$\boldsymbol{\xi}_1=(1,0,1)^{\mathrm{T}},$$

令 k_1 是一个不为零的任意常数,那么 $k_1\boldsymbol{\xi}_1$ 就是对应于特征值 $\lambda_1=0$ 的全部的特征向量.

同理，将 $\lambda_2=-1$ 代入 $(\lambda\boldsymbol{I}-\boldsymbol{A})\boldsymbol{x}=\boldsymbol{0}$ 中，可以得到齐次方程组

$$\begin{pmatrix}-2&-1&1\\-1&-1&1\\-1&0&0\end{pmatrix}\begin{pmatrix}x_1\\x_2\\x_3\end{pmatrix}=\boldsymbol{0},$$

解方程组得到特征值 $\lambda_2=-1$ 的一个非零解

$$\boldsymbol{\xi}_2=(0,1,1)^{\mathrm{T}},$$

令 k_2 是一个不为零的任意常数，那么 $k_2\boldsymbol{\xi}_2$ 就是对应于特征值 $\lambda_2=-1$ 的全部的特征向量.

类似地，将 $\lambda_3=1$ 代入 $(\lambda\boldsymbol{I}-\boldsymbol{A})\boldsymbol{x}=\boldsymbol{0}$ 中，可以得到齐次方程组

$$\begin{pmatrix}0&-1&1\\-1&1&1\\-1&0&2\end{pmatrix}\begin{pmatrix}x_1\\x_2\\x_3\end{pmatrix}=\boldsymbol{0},$$

解方程组得到特征值 $\lambda_3=1$ 的一个非零解

$$\boldsymbol{\xi}_3=(2,1,1)^{\mathrm{T}},$$

令 k_3 是一个不为零的任意常数，那么 $k_3\boldsymbol{\xi}_3$ 就是对应于特征值 $\lambda_3=1$ 的全部特征向量.

例 2 设 $\boldsymbol{A}=\begin{pmatrix}1&-2&2\\-2&-2&4\\2&4&-2\end{pmatrix}$，求 $\boldsymbol{A}$ 的特征值与特征向量.

解

$$\begin{aligned}|\lambda\boldsymbol{I}-\boldsymbol{A}|&=\begin{vmatrix}\lambda-1&2&-2\\2&\lambda+2&-4\\-2&-4&\lambda+2\end{vmatrix}\\&=\begin{vmatrix}\lambda-1&2&-2\\2&\lambda+2&-4\\0&\lambda-2&\lambda-2\end{vmatrix}\\&=\begin{vmatrix}\lambda-1&4&-2\\2&\lambda+6&-4\\0&0&\lambda-2\end{vmatrix}\\&=(\lambda-2)\begin{vmatrix}\lambda-1&4\\2&\lambda+6\end{vmatrix}\\&=(\lambda-2)(\lambda^2+5\lambda-14)\\&=(\lambda-2)^2(\lambda+7).\end{aligned}$$

令 $|\lambda\boldsymbol{I}-\boldsymbol{A}|=0$，可以得到方阵 $\boldsymbol{A}$ 的特征值为

$$\lambda_1=\lambda_2=2,\quad \lambda_3=-7$$

将 $\lambda_1=\lambda_2=2$ 代入 $(\lambda\boldsymbol{I}-\boldsymbol{A})\boldsymbol{x}=\boldsymbol{0}$ 中，可以得到齐次方程组

$$\begin{pmatrix}1&2&-2\\2&4&-4\\-2&-4&4\end{pmatrix}\begin{pmatrix}x_1\\x_2\\x_3\end{pmatrix}=\boldsymbol{0},$$

解方程组得到特征值 $\lambda_1=\lambda_2=2$ 的一基础解系为

$$\boldsymbol{\xi}_1=(-2,1,0)^{\mathrm{T}},\quad \boldsymbol{\xi}_2=(2,0,1)^{\mathrm{T}},$$

令 k_1,k_2 是两个不全为零的任意常数，那么 $k_1\boldsymbol{\xi}_1+k_2\boldsymbol{\xi}_2$ 就是对应于特征值 $\lambda_1=\lambda_2=2$ 的全部特征向量.

将 $\lambda_3=-7$ 代入 $(\lambda\boldsymbol{I}-\boldsymbol{A})\boldsymbol{x}=\boldsymbol{0}$ 中，可以得到齐次方程组

$$\begin{pmatrix}-8&2&-2\\2&-5&-4\\-2&-4&-5\end{pmatrix}\begin{pmatrix}x_1\\x_2\\x_3\end{pmatrix}=\boldsymbol{0},$$

解方程组得到特征值 $\lambda_3=-7$ 的一个非零解

$$\boldsymbol{\xi}_3=(1,2,-2)^{\mathrm{T}}.$$

令 k_3 是一个不为零的任意常数，那么 $k_3\boldsymbol{\xi}_3$ 就是对应于特征值 $\lambda_3=1$ 的全部特征向量.

对于方阵 $\boldsymbol{A}$，它的特征值和矩阵 $\boldsymbol{A}$ 有下列关系.

定理 1　设 n 阶方阵 $\boldsymbol{A}$ 的 n 个特征值为 $\lambda_1,\lambda_2,\cdots,\lambda_n$，则有下列两个等式成立.

(1) $\lambda_1+\lambda_2+\cdots+\lambda_n=a_{11}+a_{22}+\cdots+a_{nn}$.

(2) $\lambda_1\lambda_2\cdots\lambda_n=|\boldsymbol{A}|$.

证　(1) 将 $\boldsymbol{A}$ 的特征多项式

$$f_{\boldsymbol{A}}(\lambda)=|\lambda\boldsymbol{I}-\boldsymbol{A}|=\begin{vmatrix}\lambda-a_{11}&-a_{12}&\cdots&-a_{1n}\\-a_{21}&\lambda-a_{22}&\cdots&-a_{2n}\\\vdots&\vdots&&\vdots\\-a_{n1}&-a_{n2}&\cdots&\lambda-a_{nn}\end{vmatrix},$$

按 n 阶行列式的定义，除了主对角线 n 个元素的乘积 $(\lambda-a_{11})(\lambda-a_{22})\cdots(\lambda-a_{nn})$ 以外，其他各项均不含有 λ^n 与 λ^{n-1}，而当 $\lambda=0$ 时即得到 $f(\lambda)$ 的常数项，则

$$f_{\boldsymbol{A}}(\lambda)=\lambda^n-(a_{11}+a_{22}+\cdots+a_{nn})\lambda^{n-1}+\cdots+(-1)^n|\boldsymbol{A}| \tag{4.1.3}$$

又因为

$$\begin{aligned}f_{\boldsymbol{A}}(\lambda)&=(\lambda-\lambda_1)(\lambda-\lambda_2)\cdots(\lambda-\lambda_n)\\&=\lambda^n-(\lambda_1+\lambda_2+\cdots+\lambda_n)\lambda^{n-1}+\cdots+(-1)^n\lambda_1\lambda_2\cdots\lambda_n.\end{aligned} \tag{4.1.4}$$

比较式(4.1.3)与式(4.1.4)可知

$$\lambda_1+\lambda_2+\cdots+\lambda_n=a_{11}+a_{22}+\cdots+a_{nn}.$$

该式称为矩阵 $\boldsymbol{A}$ 的**迹**，记作 $\mathrm{tr}\,\boldsymbol{A}$，即

$$\begin{aligned}\mathrm{tr}\,\boldsymbol{A}&=\lambda_1+\lambda_2+\cdots+\lambda_n\\&=a_{11}+a_{22}+\cdots+a_{nn}.\end{aligned}$$

(2) 令 $\lambda=0$，比较式(4.1.3)与式(4.1.4)可知

$$|-\boldsymbol{A}|=(-1)^n\lambda_1\lambda_2\cdots\lambda_n,$$

则有

$$\lambda_1\lambda_2\cdots\lambda_n=|\boldsymbol{A}|.$$

即矩阵 $\boldsymbol{A}$ 的 n 个特征值的和等于 $\boldsymbol{A}$ 的主对角线 n 个元素的和，n 个特征值的乘积等于 $\boldsymbol{A}$ 的行列式.

推论　设 $\boldsymbol{A}$ 为 n 阶方阵，则它可逆当且仅当它的任一特征值都不为零.

例 3　求矩阵 $\boldsymbol{A}=\begin{pmatrix}-2 & 1 & 1\\ 0 & 2 & 0\\ -4 & 1 & 3\end{pmatrix}$ 的迹 $\operatorname{tr}\boldsymbol{A}$ 与 $|\boldsymbol{A}|$.

解　由
$$|\lambda\boldsymbol{I}-\boldsymbol{A}|=\begin{vmatrix}\lambda+2 & -1 & -1\\ 0 & \lambda-2 & 0\\ 4 & -1 & \lambda-3\end{vmatrix}=(\lambda+1)(\lambda-2)^2=0$$

可知 $\boldsymbol{A}$ 的特征值为
$$\lambda_1=-1,\quad \lambda_2=\lambda_3=2.$$

则有
$$\operatorname{tr}\boldsymbol{A}=\lambda_1+\lambda_2+\lambda_3=-1+2+2=3,$$

或者
$$\operatorname{tr}\boldsymbol{A}=-2+2+3=3,$$
$$|\boldsymbol{A}|=\lambda_1\lambda_2\lambda_3=-1\times2\times2=-4.$$

3. 特征值与特征向量的性质

性质 1　n 阶矩阵 $\boldsymbol{A}$ 与它的转置矩阵 $\boldsymbol{A}^{\mathrm{T}}$ 的特征值相同.

证明略.

性质 2　对于特征值的判定，设给定 n 阶矩阵 $\boldsymbol{A}$，则有
$$\begin{aligned}\lambda\text{ 是 }\boldsymbol{A}\text{ 的特征值}&\Leftrightarrow\text{存在 }\boldsymbol{\alpha}\neq\boldsymbol{0}\text{，使 }\boldsymbol{A\alpha}=\lambda\boldsymbol{\alpha}\\ &\Leftrightarrow(\lambda\boldsymbol{I}-\boldsymbol{A})\boldsymbol{x}=\boldsymbol{0}\text{ 有非零解 }\boldsymbol{\alpha}\\ &\Leftrightarrow|\lambda\boldsymbol{I}-\boldsymbol{A}|=0\\ &\Leftrightarrow r(\lambda\boldsymbol{I}-\boldsymbol{A})<n.\end{aligned}$$

证明略.

性质 3　设 λ 是 n 阶矩阵 $\boldsymbol{A}$ 的特征值，则 λ^2 是 $\boldsymbol{A}^2$ 的特征值. 当 $\boldsymbol{A}$ 可逆时，λ^{-1} 是 $\boldsymbol{A}^{-1}$ 的特征值.

证　因为 λ 是 $\boldsymbol{A}$ 的特征值，则存在非零列向量 $\boldsymbol{\alpha}$，使得 $\boldsymbol{A\alpha}=\lambda\boldsymbol{\alpha}$，则有
$$\boldsymbol{A}^2\boldsymbol{\alpha}=\boldsymbol{A}(\boldsymbol{A\alpha})=\boldsymbol{A}(\lambda\boldsymbol{\alpha})=\lambda\boldsymbol{A\alpha}=\lambda^2\boldsymbol{\alpha}.$$

所以 λ^2 是 $\boldsymbol{A}^2$ 的特征值.

当 $\boldsymbol{A}$ 可逆时，根据 $\boldsymbol{A\alpha}=\lambda\boldsymbol{\alpha}$，可知 $\boldsymbol{\alpha}=\lambda\boldsymbol{A}^{-1}\boldsymbol{\alpha}$，又 $\boldsymbol{A}$ 可逆，所以有 $\lambda\neq0$，那么就有
$$\boldsymbol{A}^{-1}\boldsymbol{\alpha}=\lambda^{-1}\boldsymbol{\alpha},$$

所以有 λ^{-1} 是 $\boldsymbol{A}^{-1}$ 的特征值.

推论　设 λ 是 $\boldsymbol{A}$ 的特征值，则有 λ^m 是 $\boldsymbol{A}^m$ 的特征值（$m\in\mathbf{Z}^+$）.

定理 2　设 $\xi_1,\xi_2,\cdots,\xi_m$ 是方阵 $\boldsymbol{A}$ 的互不相等的特征值所对应的特征向量,则 $\xi_1,\xi_2,\cdots,\xi_m$ 线性无关.

注:每个特征值就是其特征向量所共有的本质属性.

证　用数学归纳法证明.

当 $m=2$ 时,设 ξ_1,ξ_2 是 $\boldsymbol{A}$ 的对应于特征值 λ_1,λ_2 的两个特征向量,即

$$\boldsymbol{A}\boldsymbol{\xi}_1=\lambda_1\boldsymbol{\xi}_1,\quad \boldsymbol{A}\boldsymbol{\xi}_2=\lambda_2\boldsymbol{\xi}_2,\quad \lambda_1\neq\lambda_2.$$

令

$$k_1\boldsymbol{\xi}_1+k_2\boldsymbol{\xi}_2=\boldsymbol{0} \tag{4.1.5}$$

则有

$$\begin{aligned}\boldsymbol{A}(k_1\boldsymbol{\xi}_1+k_2\boldsymbol{\xi}_2)&=k_1(\boldsymbol{A}\boldsymbol{\xi}_1)+k_2(\boldsymbol{A}\boldsymbol{\xi}_2)\\&=k_1\lambda_1\boldsymbol{\xi}_1+k_2\lambda_2\boldsymbol{\xi}_2\\&=\boldsymbol{0},\end{aligned}$$

即

$$k_1\lambda_1\boldsymbol{\xi}_1+k_2\lambda_2\boldsymbol{\xi}_2=\boldsymbol{0} \tag{4.1.6}$$

λ_2 乘以式(4.1.5)再减去式(4.1.6)可知

$$k_1(\lambda_2-\lambda_1)\boldsymbol{\xi}_1=\boldsymbol{0},$$

由于

$$\lambda_1-\lambda_2\neq 0,\quad \boldsymbol{\xi}_1\neq\boldsymbol{0},$$

所以

$$k_1=0.$$

类似可证

$$k_2=0.$$

所以 ξ_1,ξ_2 线性无关.

假定 $\xi_1,\xi_2,\cdots,\xi_{m-1}$ 线性无关,若

$$k_1\boldsymbol{\xi}_1+k_2\boldsymbol{\xi}_2+\cdots+k_m\boldsymbol{\xi}_m=\boldsymbol{0} \tag{4.1.7}$$

用 $\boldsymbol{A}$ 左乘式(4.1.7),有

$$k_1\lambda_1\boldsymbol{\xi}_1+k_2\lambda_2\boldsymbol{\xi}_2+\cdots+k_m\lambda_m\boldsymbol{\xi}_m=\boldsymbol{0} \tag{4.1.8}$$

λ_m 乘以式(4.1.7)再减去式(4.1.8),可知

$$k_1(\lambda_m-\lambda_1)\boldsymbol{\xi}_1+k_2(\lambda_m-\lambda_2)\boldsymbol{\xi}_2+\cdots+k_{m-1}(\lambda_m-\lambda_{m-1})\boldsymbol{\xi}_{m-1}=\boldsymbol{0},$$

由归纳假设 $\xi_1,\xi_2,\cdots,\xi_{m-1}$ 线性无关,知

$$k_1(\lambda_m-\lambda_1)=k_2(\lambda_m-\lambda_2)=\cdots=k_{m-1}(\lambda_m-\lambda_{m-1})=0.$$

由于 $\lambda_1,\lambda_2,\cdots,\lambda_m$ 互不相同,所以

$$k_1=k_2=\cdots=k_{m-1}=0,$$

代入式(4.1.8)即得

$$k_m=0.$$

所以 $\xi_1,\xi_2,\cdots,\xi_m$ 线性无关.

定理 3　矩阵 $\boldsymbol{A}$ 的 r 个不同的特征值所对应的 r 组各自线性无关的特征向量并在一起仍是线性无关.

证明略.

习　题　4.1

1. 求下列矩阵 $\boldsymbol{A}$ 的特征值及对应的特征向量.

(1) $\boldsymbol{A}=\begin{pmatrix}-2&1&1\\0&2&0\\-4&1&3\end{pmatrix}$；　(2) $\boldsymbol{A}=\begin{pmatrix}1&1&0\\1&1&2\\0&0&2\end{pmatrix}$；　(3) $\boldsymbol{A}=\begin{pmatrix}2&0&0\\1&2&1\\0&0&2\end{pmatrix}$.

2. 已知 $\lambda_1=0$ 是 3 阶矩阵 $\boldsymbol{A}=\begin{pmatrix}1&0&1\\0&2&0\\1&0&a\end{pmatrix}$ 的特征值，求 a 及特征值 λ_2,λ_3.

3. 设 1,2,−3 是 3 阶方阵 $\boldsymbol{A}$ 的特征值，求 $|\boldsymbol{A}^*+3\boldsymbol{A}+2\boldsymbol{I}|$.

4. 已知 3 阶方阵 $\boldsymbol{A}$ 有三个特征值 1,−1,2，设 $\boldsymbol{B}=\boldsymbol{A}^3-5\boldsymbol{A}^2$，求 $\boldsymbol{B}$ 的特征值.

4.2　矩阵的相似与对角化

1. 矩阵相似的概念

引例　设矩阵 $\boldsymbol{A}=\begin{pmatrix}4&6&0\\-3&-5&0\\-3&-6&1\end{pmatrix}$，计算 $\boldsymbol{A}^{10}$.

解

$$\boldsymbol{A}=\underbrace{\begin{pmatrix}-1&-2&0\\1&1&0\\1&0&1\end{pmatrix}}_{\boldsymbol{P}}\underbrace{\begin{pmatrix}-2&0&0\\0&1&0\\0&0&1\end{pmatrix}}_{\boldsymbol{\Lambda}}\underbrace{\begin{pmatrix}1&2&0\\-1&-1&0\\-1&-2&1\end{pmatrix}}_{\boldsymbol{P}^{-1}}$$

$$\begin{aligned}\boldsymbol{A}^{10}&=\boldsymbol{P\Lambda P}^{-1}\boldsymbol{P\Lambda P}^{-1}\cdots\boldsymbol{P\Lambda P}^{-1}\boldsymbol{P\Lambda P}^{-1}\\&=\boldsymbol{P\Lambda}^{10}\boldsymbol{P}^{-1}\\&=\begin{pmatrix}-1&-2&0\\1&1&0\\1&0&1\end{pmatrix}\begin{pmatrix}(-2)^{10}&0&0\\0&1&0\\0&0&1\end{pmatrix}\begin{pmatrix}1&2&0\\-1&-1&0\\-1&-2&1\end{pmatrix}\end{aligned}$$

思考：对什么样的矩阵 $\boldsymbol{A}$ 有这样的 $\boldsymbol{P}$ 与 $\boldsymbol{\Lambda}$？该如何找出这样的 $\boldsymbol{P}$ 与 $\boldsymbol{\Lambda}$？

定义 1　若 $\boldsymbol{A},\boldsymbol{B}$ 是 n 阶矩阵，如果存在可逆矩阵 $\boldsymbol{P}$，使 $\boldsymbol{P}^{-1}\boldsymbol{AP}=\boldsymbol{B}$，则称 $\boldsymbol{A}$ 与 $\boldsymbol{B}$ **相似**，或 $\boldsymbol{A}$ 相似于 $\boldsymbol{B}$，记为 $\boldsymbol{A}\sim\boldsymbol{B}$.

矩阵相似的性质有以下三方面.

(1) 反身性：对任意 n 阶矩阵 $\boldsymbol{A}$，有 $\boldsymbol{A}\sim\boldsymbol{A}$.

(2) 对称性：若 $\boldsymbol{A}\sim\boldsymbol{B}$，则 $\boldsymbol{B}\sim\boldsymbol{A}$.

(3) 传递性：若 $\boldsymbol{A}\sim\boldsymbol{B}$，$\boldsymbol{B}\sim\boldsymbol{C}$，则 $\boldsymbol{A}\sim\boldsymbol{C}$.

定理 1　相似矩阵有相同的特征值.

证　设 $\boldsymbol{B}=\boldsymbol{P}^{-1}\boldsymbol{AP}$，则

$$\begin{aligned}|\lambda\boldsymbol{I}-\boldsymbol{B}|&=|\lambda\boldsymbol{P}^{-1}\boldsymbol{P}-\boldsymbol{P}^{-1}\boldsymbol{AP}|\\&=|\boldsymbol{P}^{-1}(\lambda\boldsymbol{I}-\boldsymbol{A})\boldsymbol{P}|\\&=|\boldsymbol{P}^{-1}|\,|\lambda\boldsymbol{I}-\boldsymbol{A}|\,|\boldsymbol{P}|\end{aligned}$$

$$=|\lambda \boldsymbol{I}-\boldsymbol{A}|.$$

思考:相似矩阵是否有相同的行列式或秩？反之如何？

定理 2 $\boldsymbol{A}\sim\boldsymbol{\Lambda}=\begin{pmatrix}\lambda_1 & & & \\ & \lambda_2 & & \\ & & \ddots & \\ & & & \lambda_n\end{pmatrix}$,则 $\lambda_1,\lambda_2,\cdots,\lambda_n$ 是矩阵 $\boldsymbol{A}$ 的全部特征值.

证
$$|\lambda \boldsymbol{I}-\boldsymbol{\Lambda}|=\begin{vmatrix}\lambda-\lambda_1 & & & \\ & \lambda-\lambda_2 & & \\ & & \ddots & \\ & & & \lambda-\lambda_n\end{vmatrix}$$
$$=(\lambda-\lambda_1)\cdots(\lambda-\lambda_n),$$
则 $\boldsymbol{\Lambda}$ 的全部特征值是 $\lambda_1,\lambda_2,\cdots,\lambda_n$,再结合定理 1 可知,$\boldsymbol{A}$ 的全部特征值是 $\lambda_1,\lambda_2,\cdots,\lambda_n$.

2. 矩阵的对角化

定义 2 设 $\boldsymbol{A}$ 是 n 阶矩阵,如果存在可逆矩阵 $\boldsymbol{P}$,使得

$$\boldsymbol{P}^{-1}\boldsymbol{A}\boldsymbol{P}=\begin{pmatrix}\lambda_1 & & & \\ & \lambda_2 & & \\ & & \ddots & \\ & & & \lambda_n\end{pmatrix},$$

则称 $\boldsymbol{A}$ 相似于对角矩阵,也称矩阵 $\boldsymbol{A}$ 可以**对角化**.

定理 3 n 阶方阵 $\boldsymbol{A}$ 可以对角化的充分必要条件是 $\boldsymbol{A}$ 有 n 个线性无关的特征向量.

证 充分性 设 $\boldsymbol{A}$ 有 n 个线性无关的特征向量 $\boldsymbol{P}_1,\boldsymbol{P}_2,\cdots,\boldsymbol{P}_n$,则有

$$\boldsymbol{A}\boldsymbol{P}_1=\lambda_1\boldsymbol{P}_1,\boldsymbol{A}\boldsymbol{P}_2=\lambda_2\boldsymbol{P}_2,\cdots,\boldsymbol{A}\boldsymbol{P}_n=\lambda_n\boldsymbol{P}_n.$$

所以有
$$\begin{aligned}\boldsymbol{A}(\boldsymbol{P}_1,\boldsymbol{P}_2,\cdots,\boldsymbol{P}_n)&=(\boldsymbol{A}\boldsymbol{P}_1,\boldsymbol{A}\boldsymbol{P}_2,\cdots,\boldsymbol{A}\boldsymbol{P}_n)\\&=(\lambda_1\boldsymbol{P}_1,\lambda_2\boldsymbol{P}_2,\cdots,\lambda_n\boldsymbol{P}_n)\\&=\underbrace{(\boldsymbol{P}_1,\boldsymbol{P}_2,\cdots,\boldsymbol{P}_n)}_{\boldsymbol{P}}\underbrace{\begin{pmatrix}\lambda_1 & & & \\ & \lambda_2 & & \\ & & \ddots & \\ & & & \lambda_n\end{pmatrix}}_{\boldsymbol{\Lambda}}.\end{aligned}$$

因为 $\boldsymbol{P}_1,\boldsymbol{P}_2,\cdots,\boldsymbol{P}_n$ 线性无关,则 $\boldsymbol{P}$ 是可逆矩阵,进而可以推出

$$\boldsymbol{A}\boldsymbol{P}=\boldsymbol{P}\boldsymbol{\Lambda},\quad \boldsymbol{P}^{-1}\boldsymbol{A}\boldsymbol{P}=\boldsymbol{\Lambda}.$$

所以有
$$\boldsymbol{A}\sim\boldsymbol{\Lambda}=\begin{pmatrix}\lambda_1 & & & \\ & \lambda_2 & & \\ & & \ddots & \\ & & & \lambda_n\end{pmatrix}.$$

必要性 如果 $\boldsymbol{A}$ 可以对角化,即存在可逆矩阵 $\boldsymbol{P}$,使得

$$P^{-1}AP=\Lambda=\begin{pmatrix}\lambda_1 & & & \\ & \lambda_2 & & \\ & & \ddots & \\ & & & \lambda_n\end{pmatrix},$$

上式变为

$$AP=P\Lambda,$$

设

$$P=(P_1,P_2\cdots,P_n),$$

则有

$$A(P_1,P_2,\cdots,P_n)=(P_1,P_2,\cdots,P_n)\begin{pmatrix}\lambda_1 & & & \\ & \lambda_2 & & \\ & & \ddots & \\ & & & \lambda_n\end{pmatrix}$$

$$=(\lambda_1P_1,\lambda_2P_2,\cdots,\lambda_nP_n).$$

所以有

$$AP_1=\lambda_1P_1,AP_2=\lambda_2P_2,\cdots,AP_n=\lambda_nP_n.$$

再加上 P 是可逆矩阵，可知 $P_1,P_2,\cdots,P_n$ 线性无关，进而可以推出 $P_1,P_2,\cdots,P_n$ 是 A 的 n 个线性无关的特征向量.

以上推导说明，对一个可以对角化的矩阵 A，只要求出 A 的 n 个线性无关的特征向量 $P_1,P_2,\cdots,P_n$，然后令 $P=(P_1,P_2,\cdots,P_n)$，则 $P^{-1}AP$ 就是对角矩阵，而对角线上的元素恰好是 $P_1,P_2,\cdots,P_n$ 所对应的特征值.

推论 1　若 n 阶矩阵 A 的特征值互异，则矩阵 A 可与一个对角矩阵相似.

由 4.1 节定理 3 知，如果设 $\lambda_1,\lambda_2,\cdots,\lambda_k$ 是矩阵 A 的不同特征值，$\alpha_{i1},\alpha_{i2},\cdots,\alpha_{ir_i}$ 是对应于特征值 λ_i 的线性无关的特征向量，那么 $\alpha_{11},\alpha_{12},\cdots,\alpha_{1r_1},\cdots,\alpha_{k1},\alpha_{k2},\cdots,\alpha_{kr_k}$ 线性无关.

所以 n 阶矩阵 A 可以对角化的充要条件是，矩阵 A 的每一个 k_i 重特征值 λ_i 都有 k_i 个线性无关的特征向量，也就是齐次方程组 $(\lambda_iI-A)x=0$ 的解空间的维数 $n-r(\lambda_iI-A)$ 等于 k_i（一般称齐次方程组 $(\lambda_iI-A)x=0$ 的解空间的维数为特征值 λ_i 的**几何重数**）.

推论 2　n 阶矩阵 A 可以对角化 $\Leftrightarrow$ 任一特征值的代数重数 = 几何重数

$\Leftrightarrow$ 若 λ_i 是 A 的 k_i 重特征值，则 $(\lambda_iI-A)x=0$ 的基础解系由 k_i 个解向量组成

$\Leftrightarrow r(\lambda_iI-A)=n-k_i$.

例 1　设 A 是 3 阶矩阵且 $I+A,3I-A,I-3A$ 均不可逆. 证明：

(1) A 可逆；

(2) A 与对角矩阵相似.

证　(1) 由 $I+A$ 不可逆，可知 $|I+A|=0$，所以有

$$|-I-A|=(-1)^3|I+A|$$
$$=0$$

则 $\lambda_1=-1$ 是 A 的特征值.

同理,由 $3\boldsymbol{I}-\boldsymbol{A},\boldsymbol{I}-3\boldsymbol{A}$ 不可逆可知 $\lambda_2=3$ 和 $\lambda_3=\dfrac{1}{3}$ 也是 $\boldsymbol{A}$ 的特征值.

由于 $\boldsymbol{A}$ 的特征值均非零,所以 $\boldsymbol{A}$ 可逆.

(2) 由于3阶矩阵 $\boldsymbol{A}$ 有3个互异的特征值,所以 $\boldsymbol{A}$ 与对角矩阵相似,并且有

$$\boldsymbol{A}\sim\boldsymbol{\Lambda}=\begin{pmatrix}-1&&\\&3&\\&&\dfrac{1}{3}\end{pmatrix}.$$

例2　下列矩阵能否与对角矩阵相似?

$$\boldsymbol{A}=\begin{pmatrix}1&2&2\\2&1&-2\\-2&-2&1\end{pmatrix},\quad\boldsymbol{B}=\begin{pmatrix}3&-1&-2\\2&0&-2\\2&-1&-1\end{pmatrix},\quad\boldsymbol{C}=\begin{pmatrix}3&1&0\\-4&-1&0\\4&-8&-2\end{pmatrix}.$$

解　由

$$|\lambda\boldsymbol{I}-\boldsymbol{A}|=\begin{vmatrix}\lambda-1&-2&-2\\-2&\lambda-1&2\\2&2&\lambda-1\end{vmatrix}=(\lambda-1)(\lambda+1)(\lambda-3)$$

可知,$\boldsymbol{A}\sim\mathrm{diag}(1,-1,3)$.

同理,由

$$|\lambda\boldsymbol{I}-\boldsymbol{B}|=\begin{vmatrix}\lambda-3&1&2\\-2&\lambda&2\\-2&1&\lambda+1\end{vmatrix}=\lambda(\lambda-1)^2=0$$

可知,$\lambda_1=0,\lambda_2=\lambda_3=1$.

由

$$\lambda_2\boldsymbol{I}-\boldsymbol{B}=\begin{pmatrix}-2&1&2\\-2&1&2\\-2&1&2\end{pmatrix}\to\begin{pmatrix}1&-\dfrac{1}{2}&-1\\0&0&0\\0&0&0\end{pmatrix}$$

可知

$$r(\lambda_2\boldsymbol{I}-\boldsymbol{B})=1,$$

所以有 $\boldsymbol{B}\sim\mathrm{diag}(0,1,1)$.

由

$$|\lambda\boldsymbol{I}-\boldsymbol{C}|=\begin{vmatrix}\lambda-3&-1&0\\4&\lambda+1&0\\-4&8&\lambda+2\end{vmatrix}=(\lambda-1)^2(\lambda+2)=0$$

可知，

$$\lambda_1=\lambda_2=1,\quad \lambda_3=-2,$$

则有

$$r(\lambda_1\boldsymbol{I}-\boldsymbol{C})=2,$$

所以有 $\boldsymbol{C}$ 不能与对角矩阵相似.

例 3　设 $\boldsymbol{A}=\begin{pmatrix}0&0&1\\x&1&y\\1&0&0\end{pmatrix}\sim\boldsymbol{\Lambda}$(对角阵)，求 x 与 y 应满足的条件.

解　由

$$|\lambda\boldsymbol{I}-\boldsymbol{A}|=\begin{vmatrix}\lambda&0&-1\\-x&\lambda-1&-y\\-1&0&\lambda\end{vmatrix}=(\lambda-1)^2(\lambda+1)=0$$

可知，$\lambda_1=\lambda_2=1$，$\lambda_3=-2$，则

$$\boldsymbol{A}\sim\boldsymbol{\Lambda}\Leftrightarrow r(\lambda_1\boldsymbol{I}-\boldsymbol{A})=1.$$

而

$$\lambda_1\boldsymbol{I}-\boldsymbol{A}=\begin{pmatrix}1&0&-1\\-x&0&-y\\-1&0&1\end{pmatrix}\rightarrow\begin{pmatrix}1&0&-1\\0&0&-x-y\\0&0&0\end{pmatrix},$$

则有

$$r(\lambda_1\boldsymbol{I}-\boldsymbol{A})=1\Leftrightarrow -x-y=0\Leftrightarrow x+y=0.$$

例 4　判断矩阵 $\boldsymbol{A}$ 是否可以对角化，如果可以则求出可逆矩阵 $\boldsymbol{P}$，使 $\boldsymbol{P}^{-1}\boldsymbol{AP}$ 为对角阵.其中

$$\boldsymbol{A}=\begin{pmatrix}3&1&0\\1&3&0\\0&0&1\end{pmatrix}.$$

解　由

$$|\lambda\boldsymbol{I}-\boldsymbol{A}|=\begin{vmatrix}\lambda-3&-1&0\\-1&\lambda-3&0\\0&0&\lambda-1\end{vmatrix}=(\lambda-1)(\lambda-2)(\lambda-4)=0,$$

得 $\lambda_1=1$，$\lambda_2=2$，$\lambda_3=4$.

由于 $\boldsymbol{A}$ 的特征值互不相同，所以 $\boldsymbol{A}$ 可以对角化.

当 $\lambda_1=1$ 时，

$$I-A=\begin{pmatrix}-2&-1&0\\-1&-2&0\\0&0&0\end{pmatrix}\to\begin{pmatrix}1&0&0\\0&1&0\\0&0&0\end{pmatrix},$$

所以 $\lambda_1=1$ 的一个特征向量为

$$\boldsymbol{\xi}_1=(0,0,1)^{\mathrm{T}}.$$

当 $\lambda_2=2$ 时,

$$2I-A=\begin{pmatrix}-1&-1&0\\-1&-1&0\\0&0&1\end{pmatrix}\to\begin{pmatrix}1&1&0\\0&0&1\\0&0&0\end{pmatrix},$$

所以 $\lambda_2=2$ 的一个特征向量为 $\boldsymbol{\xi}_2=(1,-1,0)^{\mathrm{T}}$.

当 $\lambda_3=4$ 时,

$$4I-A=\begin{pmatrix}1&-1&0\\-1&1&0\\0&0&3\end{pmatrix}\to\begin{pmatrix}1&-1&0\\0&0&1\\0&0&0\end{pmatrix},$$

所以 $\lambda_3=4$ 的一个特征向量为

$$\boldsymbol{\xi}_3=(1,1,0)^{\mathrm{T}}.$$

令

$$P=(\boldsymbol{\xi}_1\quad\boldsymbol{\xi}_2\quad\boldsymbol{\xi}_3)=\begin{pmatrix}0&1&1\\0&-1&1\\1&0&0\end{pmatrix},$$

求得

$$P^{-1}=\frac{1}{2}\begin{pmatrix}0&0&2\\1&-1&0\\1&1&0\end{pmatrix}.$$

所以有

$$P^{-1}AP=\begin{pmatrix}1&0&0\\0&2&0\\0&0&4\end{pmatrix}.$$

例 5 求解微分方程组 $\begin{cases}\dfrac{\mathrm{d}x_1}{\mathrm{d}t}=x_1-2x_2,\\[2mm]\dfrac{\mathrm{d}x_2}{\mathrm{d}t}=x_1+4x_2.\end{cases}$

解 记

$$\boldsymbol{x}=\begin{pmatrix}x_1\\x_2\end{pmatrix},A=\begin{pmatrix}1&-2\\1&4\end{pmatrix},$$

此方程组可化为$\dfrac{\mathrm{d}\boldsymbol{x}}{\mathrm{d}t}=\boldsymbol{A}\boldsymbol{x}$.

先化 $\boldsymbol{A}$ 为对角矩阵,为此要找出 $\boldsymbol{P}$,使 $\boldsymbol{P}^{-1}\boldsymbol{A}\boldsymbol{P}=\boldsymbol{\Lambda}$,求得

$$\boldsymbol{P}=\begin{pmatrix}2&1\\-1&-1\end{pmatrix},\quad \boldsymbol{P}^{-1}=\begin{pmatrix}1&1\\-1&-2\end{pmatrix},\quad \boldsymbol{\Lambda}=\begin{pmatrix}2&0\\0&3\end{pmatrix}.$$

再作代换 $\boldsymbol{x}=\boldsymbol{P}\boldsymbol{y},\boldsymbol{y}=\begin{pmatrix}y_1\\y_2\end{pmatrix}$,化方程组为

$$\boldsymbol{P}\frac{\mathrm{d}\boldsymbol{y}}{\mathrm{d}t}=\boldsymbol{A}\boldsymbol{P}\boldsymbol{y},$$

$$\frac{\mathrm{d}\boldsymbol{y}}{\mathrm{d}t}=\boldsymbol{P}^{-1}\boldsymbol{A}\boldsymbol{P}\boldsymbol{y}=\boldsymbol{\Lambda}\boldsymbol{y},$$

即

$$\begin{cases}\dfrac{\mathrm{d}y_1}{\mathrm{d}t}=2y_1,\\[2mm]\dfrac{\mathrm{d}y_2}{\mathrm{d}t}=3y_2.\end{cases}$$

解得

$$y_1=c_1\mathrm{e}^{2t},\quad y_2=c_2\mathrm{e}^{3t}.$$

最后由 $\boldsymbol{x}=\boldsymbol{P}\boldsymbol{y}$,即

$$\begin{pmatrix}x_1\\x_2\end{pmatrix}=\begin{pmatrix}2&1\\-1&-1\end{pmatrix}\begin{pmatrix}y_1\\y_2\end{pmatrix},$$

得方程组的通解为

$$\begin{cases}x_1=2y_1+y_2=2c_1\mathrm{e}^{2t}+c_2\mathrm{e}^{3t},\\x_2=-y_1-y_2=-c_1\mathrm{e}^{2t}-c_2\mathrm{e}^{3t}.\end{cases}$$

说明　这里介绍求 $\boldsymbol{P}$ 的步骤如下.

(1) 先求 $\boldsymbol{A}$ 的特征值. 由

$$\begin{aligned}|\lambda\boldsymbol{I}-\boldsymbol{A}|&=\begin{vmatrix}\lambda-1&2\\-1&\lambda-4\end{vmatrix}\\&=(\lambda-4)(\lambda-1)+2\\&=\lambda^2-5\lambda+6=(\lambda-2)(\lambda-3)\\&=0,\end{aligned}$$

得

$$\lambda_1=2,\quad \lambda_2=3.$$

(2) 再求特征向量.

将 $\lambda_1=2$ 代入得

$$(2\boldsymbol{I}-\boldsymbol{A})\boldsymbol{x}=\boldsymbol{0},$$

$$2\boldsymbol{I}-\boldsymbol{A}=\begin{pmatrix}1&2\\-1&-2\end{pmatrix}\xrightarrow{r_2+r_1}\begin{pmatrix}1&2\\0&0\end{pmatrix},$$

这时同解方程组为 $x_1+2x_2=0$,求得 $\lambda_1=2$ 对应的特征向量为

$$\boldsymbol{\xi}_1=(2,-1)^{\mathrm{T}}.$$

将 $\lambda_2=3$ 代入得

$$(3\boldsymbol{I}-\boldsymbol{A})\boldsymbol{x}=\boldsymbol{0},$$

$$3\boldsymbol{I}-\boldsymbol{A}=\begin{pmatrix}2&2\\-1&-1\end{pmatrix}\xrightarrow{-r_2}\begin{pmatrix}2&2\\1&1\end{pmatrix}\xrightarrow{r_1\leftrightarrow r_2}\begin{pmatrix}1&1\\2&2\end{pmatrix}\xrightarrow{r_2-2r_1}\begin{pmatrix}1&1\\0&0\end{pmatrix},$$

这时同解方程组为 $x_1+x_2=0$,求得 $\lambda_2=3$ 对应的特征向量为

$$\boldsymbol{\xi}_2=(1,-1)^{\mathrm{T}}.$$

(3) 最后求矩阵 $\boldsymbol{P}$.

所以

$$\boldsymbol{P}=(\boldsymbol{\xi}_1,\boldsymbol{\xi}_2)=\begin{pmatrix}2&1\\-1&-1\end{pmatrix}.$$

习 题 4.2

1. 判断下列矩阵能否相似对角化,试说明理由.

(1) $\boldsymbol{A}=\begin{pmatrix}1&2&1\\0&3&0\\0&0&0\end{pmatrix}$; (2) $\boldsymbol{B}=\begin{pmatrix}1&2&1\\0&1&0\\0&0&3\end{pmatrix}$;

(3) $\boldsymbol{C}=\begin{pmatrix}1&1&1\\2&2&2\\3&3&3\end{pmatrix}$.

2. 已知 $\boldsymbol{\xi}=\begin{pmatrix}1\\1\\-1\end{pmatrix}$ 是矩阵 $\boldsymbol{A}=\begin{pmatrix}2&-1&2\\5&a&3\\-1&b&-2\end{pmatrix}$ 的一个特征向量.

(1) 试确定参数 a,b 及特征向量 $\boldsymbol{\xi}$ 所对应的特征值;

(2) 向量 $\boldsymbol{A}$ 能否相似于对角矩阵? 说明理由.

3. 设矩阵 $\boldsymbol{A}$ 与 $\boldsymbol{B}$ 相似,其中 $\boldsymbol{A}=\begin{pmatrix}-2&0&0\\2&x&2\\3&1&1\end{pmatrix}$,$\boldsymbol{B}=\begin{pmatrix}-1&0&0\\0&2&0\\0&0&y\end{pmatrix}$,求:

(1) x 和 y 的值;

(2) 可逆矩阵 $\boldsymbol{P}$,使 $\boldsymbol{P}^{-1}\boldsymbol{A}\boldsymbol{P}=\boldsymbol{B}$.

4. 用相似对角化法求矩阵 $\boldsymbol{A}=\begin{pmatrix}2 & 1\\ 2 & 3\end{pmatrix}$ 的 $\boldsymbol{A}^k$.

5. 求解微分方程组 $\begin{cases}\dfrac{\mathrm{d}x_1}{\mathrm{d}t}= x_1+2x_2,\\ \dfrac{\mathrm{d}x_2}{\mathrm{d}t}=4x_1+3x_2.\end{cases}$

4.3 实对称矩阵的对角化

1. 实对称矩阵的性质

由本章 4.2 节可知,不是所有的矩阵都相似于对角矩阵,本节则说明对称矩阵必定可相似于对角矩阵,因为这一类矩阵具有某些特殊的性质,下面就来谈谈这些特殊的性质.

性质 1 对称矩阵 $\boldsymbol{A}$ 的特征值为实数,其特征向量可取实向量.

性质 2 对称矩阵 $\boldsymbol{A}$ 的 k 重特征值必有 k 个线性无关的特征向量.

性质 3 对称矩阵 $\boldsymbol{A}$ 的秩 $r(\boldsymbol{A})=r$,则 $\lambda=0$ 是 $\boldsymbol{A}$ 的 $n-r$ 重特征值.

性质 4 对称矩阵 $\boldsymbol{A}$ 不同特征值的特征向量必正交.

性质 5 对称矩阵 $\boldsymbol{A}$ 一定可对角化,即存在矩阵 $\boldsymbol{P}$,使 $\boldsymbol{P}^{-1}\boldsymbol{A}\boldsymbol{P}=\boldsymbol{\Lambda}$,$\boldsymbol{\Lambda}$ 为对角矩阵.

性质 6 对称矩阵 $\boldsymbol{A}$ 可用正交矩阵对角化,即存在正交矩阵 $\boldsymbol{Q}$,使 $\boldsymbol{Q}^{-1}\boldsymbol{A}\boldsymbol{Q}=\boldsymbol{Q}^{\mathrm{T}}\boldsymbol{A}\boldsymbol{Q}=\boldsymbol{\Lambda}$.

下面仅证明性质 4 和性质 6.

证 对于性质 4,因为

$$\boldsymbol{A}\boldsymbol{\xi}_1=\lambda_1\boldsymbol{\xi}_1,\quad \boldsymbol{A}\boldsymbol{\xi}_2=\lambda_2\boldsymbol{\xi}_2,\quad \boldsymbol{A}^{\mathrm{T}}=\boldsymbol{A},$$

则

$$\begin{aligned}\lambda_1\boldsymbol{\xi}_2^{\mathrm{T}}\boldsymbol{\xi}_1&=\boldsymbol{\xi}_2^{\mathrm{T}}\lambda_1\boldsymbol{\xi}_1=\boldsymbol{\xi}_2^{\mathrm{T}}\boldsymbol{A}\boldsymbol{\xi}_1\\&=\boldsymbol{\xi}_2^{\mathrm{T}}\boldsymbol{A}^{\mathrm{T}}\boldsymbol{\xi}_1=(\boldsymbol{A}\boldsymbol{\xi}_2)^{\mathrm{T}}\boldsymbol{\xi}_1\\&=(\lambda_2\boldsymbol{\xi}_2)^{\mathrm{T}}\boldsymbol{\xi}_1=\lambda_2\boldsymbol{\xi}_2^{\mathrm{T}}\boldsymbol{\xi}_1,\end{aligned}$$

即

$$(\lambda_1-\lambda_2)\boldsymbol{\xi}_2^{\mathrm{T}}\boldsymbol{\xi}_1=0,$$

而 $\lambda_1\neq\lambda_2$,所以

$$\boldsymbol{\xi}_2^{\mathrm{T}}\boldsymbol{\xi}_1=0,$$

所以有 $\boldsymbol{\xi}_1$ 与 $\boldsymbol{\xi}_2$ 正交.

对于性质 6,设 $\boldsymbol{A}$ 的互不相同的特征值为 $\lambda_1,\lambda_2,\cdots,\lambda_s$,它们的重数依次为 $n_1,n_2,\cdots,n_s$,并且

$$n_1+n_2+\cdots+n_s=n,$$

由性质 2 可知,对应特征值 $\lambda_i(i=1,2,\cdots,s)$ 恰好有 n_i 个线性无关的特征向量,把它们正交化并单位化,即得 n_i 个单位正交的特征向量,由

$$n_1+n_2+\cdots+n_s=n,$$

可知这样的特征向量共 n 个.

由性质 4 可知,对应不同特征值的特征向量必正交,所以这 n 个单位特征向量两两正交,于是以它们为列的向量构成正交矩阵 $\boldsymbol{Q}$,并有

$$\boldsymbol{Q}^{-1}\boldsymbol{A}\boldsymbol{Q}=\boldsymbol{Q}^{\mathrm{T}}\boldsymbol{A}\boldsymbol{Q}=\boldsymbol{\Lambda}.$$

其中,对角矩阵 $\boldsymbol{\Lambda}$ 的主对角线上的元素含 n_1 个 λ_1,n_2 个 λ_2,…,n_s 个 λ_s,恰好是 $\boldsymbol{A}$ 的 n 个特征值.

2. 实对称矩阵的对角化方法

下面介绍化对称矩阵为对角矩阵的步骤.

(1) 求 $|\lambda\boldsymbol{I}-\boldsymbol{A}|=0$ 的根.

(2) 求特征向量,即求 $(\lambda\boldsymbol{I}-\boldsymbol{A})\boldsymbol{x}=\boldsymbol{0}$ 的基础解系.

(3) 将所求的特征向量正交化、单位化.

(4) 作矩阵 $\boldsymbol{Q}$,即将上述正交单位化后的特征向量作为矩阵的列,构成正交矩阵 $\boldsymbol{Q}$,使 $\boldsymbol{Q}^{-1}\boldsymbol{A}\boldsymbol{Q}=\boldsymbol{Q}^{\mathrm{T}}\boldsymbol{A}\boldsymbol{Q}=\boldsymbol{\Lambda}$.

例 1 求正交相似矩阵 $\boldsymbol{Q}$,将下列对称矩阵化为对角矩阵.

$$(1)\ \boldsymbol{A}=\begin{pmatrix}2&-2&0\\-2&1&-2\\0&-2&0\end{pmatrix};\qquad (2)\ \boldsymbol{B}=\begin{pmatrix}0&\frac{1}{2}&\frac{1}{2}\\\frac{1}{2}&0&\frac{1}{2}\\\frac{1}{2}&\frac{1}{2}&0\end{pmatrix}.$$

解 (1) 矩阵 $\boldsymbol{A}$ 的特征方程为

$$|\lambda\boldsymbol{I}-\boldsymbol{A}|=\begin{vmatrix}\lambda-2&2&0\\2&\lambda-1&2\\0&2&\lambda\end{vmatrix}=(\lambda+2)(\lambda-1)(\lambda-4)=0,$$

求得 $\boldsymbol{A}$ 的特征值为

$$\lambda_1=-2,\quad \lambda_2=1,\quad \lambda_3=4.$$

因为特征值互不相等,所以它们所对应的特征向量正交.

对应于 $\lambda_1=-2$ 的特征向量为 $\boldsymbol{\xi}_1=(1,2,2)^{\mathrm{T}}$,单位化得 $\boldsymbol{q}_1=\frac{1}{3}(1,2,2)^{\mathrm{T}}$;

对应于 $\lambda_2=1$ 的特征向量为 $\boldsymbol{\xi}_2=(2,1,-2)^{\mathrm{T}}$,单位化得 $\boldsymbol{q}_2=\frac{1}{3}(2,1,-2)^{\mathrm{T}}$;

对应于 $\lambda_3=4$ 的特征向量为 $\boldsymbol{\xi}_3=(2,-2,1)^{\mathrm{T}}$,单位化得 $\boldsymbol{q}_3=\frac{1}{3}(2,-2,1)^{\mathrm{T}}$.

于是

$$\boldsymbol{Q}=(\boldsymbol{q}_1,\boldsymbol{q}_2,\boldsymbol{q}_3)=\frac{1}{3}\begin{pmatrix}1&2&2\\2&1&-2\\2&-2&1\end{pmatrix},$$

可验证　　$Q^{-1}AQ=Q^{\mathrm{T}}AQ$

$$=\frac{1}{3}\begin{pmatrix}1&2&2\\2&1&-2\\2&-2&1\end{pmatrix}\begin{pmatrix}2&-2&0\\-2&1&-2\\0&-2&0\end{pmatrix}\cdot\frac{1}{3}\begin{pmatrix}1&2&2\\2&1&-2\\2&-2&1\end{pmatrix}$$

$$=\begin{pmatrix}-2&&\\&1&\\&&4\end{pmatrix}.$$

(2) 矩阵 $\boldsymbol{B}$ 的特征方程为

$$|\lambda\boldsymbol{I}-\boldsymbol{B}|=\begin{vmatrix}\lambda&-\frac{1}{2}&-\frac{1}{2}\\-\frac{1}{2}&\lambda&-\frac{1}{2}\\-\frac{1}{2}&-\frac{1}{2}&\lambda\end{vmatrix}$$

$$=\left(\lambda+\frac{1}{2}\right)^2(\lambda-1)$$

$$=0,$$

求得 $\boldsymbol{B}$ 的特征值为 $\lambda_1=1,\lambda_2=\lambda_3=-\frac{1}{2}$.

对应于 $\lambda_1=1$ 的特征向量为 $\boldsymbol{\xi}_1=(1,1,1)^{\mathrm{T}}$;

对应于 $\lambda_2=\lambda_3=-\frac{1}{2}$,由

$$\left(-\frac{1}{2}\boldsymbol{I}-\boldsymbol{B}\right)\boldsymbol{x}=\boldsymbol{0},$$

即

$$\left(\frac{1}{2}\boldsymbol{I}+\boldsymbol{B}\right)\boldsymbol{x}=\boldsymbol{0}$$

得

$$\begin{pmatrix}\frac{1}{2}&\frac{1}{2}&\frac{1}{2}\\\frac{1}{2}&\frac{1}{2}&\frac{1}{2}\\\frac{1}{2}&\frac{1}{2}&\frac{1}{2}\end{pmatrix}\begin{pmatrix}x_1\\x_2\\x_3\end{pmatrix}=\begin{pmatrix}0\\0\\0\end{pmatrix},$$

解得基础解系为 $\boldsymbol{\xi}_2=(1,0,-1)^{\mathrm{T}},\boldsymbol{\xi}_3=(1,-1,0)^{\mathrm{T}}$,这就是所求的特征向量.

$$\boldsymbol{\alpha}_1=\boldsymbol{\xi}_1,\quad \boldsymbol{\alpha}_2=\boldsymbol{\xi}_2,$$

正交化

$$\boldsymbol{\alpha}_3=\boldsymbol{\xi}_3-\frac{\boldsymbol{\alpha}_1^{\mathrm{T}}\boldsymbol{\xi}_3}{\boldsymbol{\alpha}_1^{\mathrm{T}}\boldsymbol{\alpha}_1}\boldsymbol{\alpha}_1-\left(\frac{\boldsymbol{\alpha}_2^{\mathrm{T}}\boldsymbol{\xi}_3}{\boldsymbol{\alpha}_2^{\mathrm{T}}\boldsymbol{\alpha}_2}\right)\boldsymbol{\alpha}_2$$

$$=\begin{pmatrix}1\\-1\\0\end{pmatrix}-\begin{pmatrix}0\\0\\0\end{pmatrix}-\frac{1}{2}\begin{pmatrix}1\\0\\-1\end{pmatrix}$$

$$=\begin{pmatrix}\frac{1}{2}\\-1\\\frac{1}{2}\end{pmatrix},$$

单位化

$$q_1=\frac{\alpha_1}{|\alpha_1|}=\begin{pmatrix}\frac{1}{\sqrt{3}}\\\frac{1}{\sqrt{3}}\\\frac{1}{\sqrt{3}}\end{pmatrix},$$

$$q_2=\frac{\alpha_2}{|\alpha_2|}=\begin{pmatrix}\frac{1}{\sqrt{2}}\\0\\-\frac{1}{\sqrt{2}}\end{pmatrix},$$

$$q_3=\frac{\alpha_3}{|\alpha_3|}=\begin{pmatrix}\frac{1}{\sqrt{6}}\\-\frac{2}{\sqrt{6}}\\\frac{1}{\sqrt{6}}\end{pmatrix}.$$

于是求得正交矩阵

$$Q=(q_1,q_2,q_3)=\begin{pmatrix}\frac{1}{\sqrt{3}}&\frac{1}{\sqrt{2}}&\frac{1}{\sqrt{6}}\\\frac{1}{\sqrt{3}}&0&-\frac{2}{\sqrt{6}}\\\frac{1}{\sqrt{3}}&-\frac{1}{\sqrt{2}}&\frac{1}{\sqrt{6}}\end{pmatrix},$$

可验证

$$Q^{-1}AQ=Q^{\mathrm{T}}AQ=\begin{pmatrix}1&&\\&-\frac{1}{2}&\\&&-\frac{1}{2}\end{pmatrix}.$$

例 2 设 $A=\begin{pmatrix}3&2&4\\2&0&2\\4&2&a\end{pmatrix}$,存在正交矩阵 Q 使得 $Q^{\mathrm{T}}AQ$ 为对角矩阵 $\begin{pmatrix}-1&&\\&-1&\\&&b\end{pmatrix}$,求

$a,b,\boldsymbol{Q}$.

解　由于矩阵 $\boldsymbol{A}$ 相似于对角阵 $\begin{pmatrix}-1 & & \\ & -1 & \\ & & b\end{pmatrix}$，因此 $\boldsymbol{A}$ 的特征值为

$$\lambda_1=\lambda_2=-1,\quad \lambda_3=b,$$

所以 $\boldsymbol{A}$ 的特征方程 $|\lambda\boldsymbol{I}-\boldsymbol{A}|=0$ 必有根

$$\lambda_1=\lambda_2=-1,\quad \lambda_3=b,$$

而

$$|\lambda\boldsymbol{I}-\boldsymbol{A}|=\begin{vmatrix}\lambda-3 & -2 & -4\\ -2 & \lambda & -2\\ -4 & -2 & \lambda-a\end{vmatrix}=(\lambda+1)[\lambda^2-(a+4)\lambda+4a-20],$$

可见 -1 必是方程 $\lambda^2-(a+4)\lambda+4a-20=0$ 的根，可得

$$a=3.$$

当 $a=3$ 时，

$$|\lambda\boldsymbol{I}-\boldsymbol{A}|=(\lambda+1)^2(\lambda-8).$$

令

$$|\lambda\boldsymbol{I}-\boldsymbol{A}|=0,$$

解得

$$\lambda_1=\lambda_2=-1,\quad \lambda_3=8.$$

由此可知

$$b=8.$$

对应于 $\lambda_1=\lambda_2=-1$，求解齐次线性方程组 $(-\boldsymbol{I}-\boldsymbol{A})\boldsymbol{x}=\boldsymbol{0}$，得基础解系

$$\boldsymbol{\xi}_1=(-1,2,0)^{\mathrm{T}},\quad \boldsymbol{\xi}_2=(-1,0,1)^{\mathrm{T}}$$

对应于 $\lambda_3=8$，求得特征向量

$$\boldsymbol{\xi}_3=(2,1,2)^{\mathrm{T}}.$$

因为对称矩阵不同特征值所对应的特征向量已正交，所以只需将 $\boldsymbol{\xi}_1,\boldsymbol{\xi}_2$ 正交化，即

$$\boldsymbol{\alpha}_1=\boldsymbol{\xi}_1=(-1,2,0)^{\mathrm{T}},$$

$$\begin{aligned}\boldsymbol{\alpha}_2&=\boldsymbol{\xi}_2-\frac{\boldsymbol{\alpha}_1^{\mathrm{T}}\boldsymbol{\xi}_2}{\boldsymbol{\alpha}_1^{\mathrm{T}}\boldsymbol{\alpha}_1}\boldsymbol{\alpha}_1\\&=(-1,0,1)^{\mathrm{T}}-\frac{1}{5}(-1,2,0)^{\mathrm{T}}\\&=\left(-\frac{4}{5},-\frac{2}{5},1\right)^{\mathrm{T}}.\end{aligned}$$

再将 $\boldsymbol{\alpha}_1,\boldsymbol{\alpha}_2,\boldsymbol{\xi}_3$ 单位化

$$\boldsymbol{q}_1=\frac{\boldsymbol{\alpha}_1}{|\boldsymbol{\alpha}_1|}=\frac{1}{\sqrt{5}}(-1,2,0)^{\mathrm{T}},$$

$$\boldsymbol{q}_2=\frac{\boldsymbol{\alpha}_2}{|\boldsymbol{\alpha}_2|}=\frac{1}{\sqrt{45}}(-4,-2,5)^{\mathrm{T}},$$

$$\boldsymbol{q}_3=\frac{\boldsymbol{\xi}_3}{|\boldsymbol{\xi}_3|}=\frac{1}{3}(2,1,2)^{\mathrm{T}}.$$

所以
$$Q=(q_1,q_2,q_3)=\begin{pmatrix}-\frac{1}{\sqrt{5}} & -\frac{4}{\sqrt{45}} & \frac{2}{3}\\ \frac{2}{\sqrt{5}} & -\frac{2}{\sqrt{45}} & \frac{1}{3}\\ 0 & \frac{5}{\sqrt{45}} & \frac{2}{3}\end{pmatrix}.$$

例 3　设矩阵 $\boldsymbol{A}=\begin{pmatrix}1&1&a\\1&a&1\\a&1&1\end{pmatrix}$，$\boldsymbol{\beta}=\begin{pmatrix}1\\1\\-2\end{pmatrix}$，已知线性方程组 $\boldsymbol{Ax}=\boldsymbol{\beta}$ 有解但不唯一，试求：

(1) a 的值；

(2) 正交矩阵 $\boldsymbol{Q}$，使 $\boldsymbol{Q}^{-1}\boldsymbol{AQ}$ 为对角矩阵.

解　(1)
$$\widetilde{\boldsymbol{A}}=\begin{pmatrix}1&1&a&1\\1&a&1&1\\a&1&1&-2\end{pmatrix}$$
$$\xrightarrow[r_3-ar_1]{r_2-r_1}\begin{pmatrix}1&1&a&1\\0&a-1&1-a&0\\0&1-a&1-a^2&-a-2\end{pmatrix}$$
$$\xrightarrow{\substack{r_3+r_2\\-r_3}}\begin{pmatrix}1&1&a&1\\0&a-1&1-a&0\\0&0&(a-1)(a+2)&a+2\end{pmatrix}.$$

由线性方程有解但不唯一可知，线性方程组 $\boldsymbol{Ax}=\boldsymbol{\beta}$ 有无穷多解，则
$$r(\boldsymbol{A})=r(\widetilde{\boldsymbol{A}})<3,$$
求出
$$a=-2.$$

(2)
$$|\lambda\boldsymbol{I}-\boldsymbol{A}|=\begin{vmatrix}\lambda-1&-1&2\\-1&\lambda+2&-1\\2&-1&\lambda-1\end{vmatrix}$$
$$=\lambda(\lambda-3)(\lambda+3)$$
$$=0,$$
解得 $\boldsymbol{A}$ 有特征值
$$\lambda_1=3,\quad \lambda_2=-3,\quad \lambda_3=0.$$

求得对应的特征向量分别为
$$\boldsymbol{\xi}_1=(-1,0,1)^{\mathrm{T}},$$
$$\boldsymbol{\xi}_2=(1,-2,1)^{\mathrm{T}},$$
$$\boldsymbol{\xi}_3=(1,1,1)^{\mathrm{T}}.$$
因为对称矩阵不同特征值对应的特征向量已正交，所以只需单位化，即
$$\boldsymbol{q}_1=\frac{1}{\sqrt{2}}(-1,0,1)^{\mathrm{T}},$$

$$\boldsymbol{q}_2=\frac{1}{\sqrt{6}}(1,-2,1)^{\mathrm{T}},$$

$$\boldsymbol{q}_3=\frac{1}{\sqrt{3}}(1,1,1)^{\mathrm{T}},$$

所以 $\boldsymbol{Q}=(\boldsymbol{q}_1,\boldsymbol{q}_2,\boldsymbol{q}_3)$，可验证

$$\boldsymbol{Q}^{-1}\boldsymbol{A}\boldsymbol{Q}=\boldsymbol{Q}^{\mathrm{T}}\boldsymbol{A}\boldsymbol{Q}=\boldsymbol{\Lambda}=\begin{pmatrix}3&&\\&-3&\\&&0\end{pmatrix}.$$

例 4　设三阶实对称矩阵 $\boldsymbol{A}$ 的各行元素之和均为 3，并且已知向量 $\boldsymbol{\alpha}_1=(-1,2,-1)^{\mathrm{T}}$，$\boldsymbol{\alpha}_2=(0,-1,1)^{\mathrm{T}}$ 是线性方程组 $\boldsymbol{Ax}=\boldsymbol{0}$ 的两个解.

(1) 求 $\boldsymbol{A}$ 的特征值与特征向量.

(2)求 $\boldsymbol{A}$.

解　(1) 由题意知，

$$\boldsymbol{A}\boldsymbol{\alpha}_1=\boldsymbol{0},\quad \boldsymbol{A}\boldsymbol{\alpha}_2=\boldsymbol{0},$$

即

$$\boldsymbol{A}\boldsymbol{\alpha}_1=0\boldsymbol{\alpha}_1\quad(\boldsymbol{\alpha}_1\neq\boldsymbol{0}),$$

$$\boldsymbol{A}\boldsymbol{\alpha}_2=0\boldsymbol{\alpha}_2\quad(\boldsymbol{\alpha}_2\neq\boldsymbol{0})$$

所以矩阵 $\boldsymbol{A}$ 有二重特征值 $\lambda_1=\lambda_2=0$，对应的线性无关的特征向量为 $\boldsymbol{\alpha}_1,\boldsymbol{\alpha}_2$. 因此 $\boldsymbol{A}$ 的对应于特征值 0 的全部特征向量为 $k_1\boldsymbol{\alpha}_1+k_2\boldsymbol{\alpha}_2$，其中 k_1,k_2 为不全为零的任意常数.

又因为 $\boldsymbol{A}$ 的各行元素之和均为 3，所以

$$\boldsymbol{A}\begin{pmatrix}1\\1\\1\end{pmatrix}=\begin{pmatrix}3\\3\\3\end{pmatrix}=3\begin{pmatrix}1\\1\\1\end{pmatrix}$$

由此可知，$\boldsymbol{A}$ 有特征值 $\lambda_3=3$，对应的特征向量为 $\boldsymbol{\alpha}_3=(1,1,1)^{\mathrm{T}}$，所以对应于特征值 3 的全部特征向量为 $k_3\boldsymbol{\alpha}_3$，其中 k_3 为非零的任意常数.

(2) 用施密特正交化方法将 $\boldsymbol{\alpha}_1,\boldsymbol{\alpha}_2$ 正交化，即

$$\boldsymbol{\beta}_1=\boldsymbol{\alpha}_1=(-1,2,-1)^{\mathrm{T}},$$

$$\boldsymbol{\beta}_2=\boldsymbol{\alpha}_2-\frac{\boldsymbol{\beta}_1^{\mathrm{T}}\boldsymbol{\alpha}_2}{\boldsymbol{\beta}_1^{\mathrm{T}}\boldsymbol{\beta}_1}\boldsymbol{\beta}_1=\boldsymbol{\alpha}_2+\frac{1}{2}\boldsymbol{\beta}_1=\left(-\frac{1}{2},0,\frac{1}{2}\right)^{\mathrm{T}}.$$

再将 $\boldsymbol{\beta}_1,\boldsymbol{\beta}_2,\boldsymbol{\alpha}_3$ 单位化

$$q_1=\frac{\boldsymbol{\beta}_1}{|\boldsymbol{\beta}_1|}=\frac{1}{\sqrt{6}}(-1,2,-1)^{\mathrm{T}},$$

$$q_2=\frac{\boldsymbol{\beta}_2}{|\boldsymbol{\beta}_2|}=\frac{1}{\sqrt{2}}(-1,0,1)^{\mathrm{T}},$$

$$q_3=\frac{\boldsymbol{\alpha}_3}{|\boldsymbol{\alpha}_3|}=\frac{1}{\sqrt{3}}(1,1,1)^{\mathrm{T}},$$

所以有矩阵

$$\boldsymbol{Q}=(q_1,q_2,q_3)=\begin{pmatrix}-\frac{1}{\sqrt{6}} & -\frac{1}{\sqrt{2}} & \frac{1}{\sqrt{3}}\\ \frac{2}{\sqrt{6}} & 0 & \frac{1}{\sqrt{3}}\\ -\frac{1}{\sqrt{6}} & \frac{1}{\sqrt{2}} & \frac{1}{\sqrt{3}}\end{pmatrix},$$

使得

$$\boldsymbol{Q}^{-1}\boldsymbol{A}\boldsymbol{Q}=\boldsymbol{Q}^{\mathrm{T}}\boldsymbol{A}\boldsymbol{Q}=\boldsymbol{\Lambda}=\begin{pmatrix}0 & & \\ & 0 & \\ & & 3\end{pmatrix}$$

于是

$$\boldsymbol{A}=\boldsymbol{Q}\boldsymbol{\Lambda}\boldsymbol{Q}^{\mathrm{T}}=\begin{pmatrix}1 & 1 & 1\\ 1 & 1 & 1\\ 1 & 1 & 1\end{pmatrix}.$$

习　题　4.3

1. 设 3 阶对称矩阵 $\boldsymbol{A}$ 的特征值为 $\lambda_1=1,\lambda_2=-1,\lambda_3=0$,对应 λ_1,λ_2 的特征向量依次为 $\boldsymbol{\xi}_1=(1,2,2)^{\mathrm{T}},\boldsymbol{\xi}_2=(2,1,-2)^{\mathrm{T}}$,求 $\boldsymbol{A}$.

2. 已知 3 阶对称矩阵 $\boldsymbol{A}$ 的一个特征值 $\lambda=2$,对应的特征向量 $\boldsymbol{\alpha}=(1,2,-1)^{\mathrm{T}}$,且 $\boldsymbol{A}$ 的主对角线上元素全为零,求 $\boldsymbol{A}$.

3. 求一个正交相似变换矩阵,将下列对称矩阵化为对角矩阵,

$$\begin{pmatrix}2 & 2 & -2\\ 2 & 5 & -4\\ -2 & -4 & 5\end{pmatrix}.$$

4. 设对称矩阵 $\boldsymbol{A}=\begin{pmatrix}1 & 0 & 1\\ 0 & 2 & 0\\ 1 & 0 & 1\end{pmatrix}$,求一个正交矩阵 $\boldsymbol{Q}$,使 $\boldsymbol{Q}^{-1}\boldsymbol{A}\boldsymbol{Q}$ 为对角矩阵,并求 $\boldsymbol{A}^k$.

本 章 小 结

1. 基本概念

特征值、特征向量、特征多项式、相似矩阵、矩阵的对角化、实对称矩阵的对角化.

2. 基本内容

1) 求矩阵的特征值与特征向量的方法

(1) 求矩阵 $\boldsymbol{A}$ 的特征值.

计算 $\boldsymbol{A}$ 的特征多项式 $|\lambda\boldsymbol{I}-\boldsymbol{A}|$，求出特征方程 $|\lambda\boldsymbol{I}-\boldsymbol{A}|=0$ 的全部根.

(2) 求每个特征值对应的特征向量.

对于特征值 λ_i，求齐次线性方程组

$$(\lambda_i\boldsymbol{I}-\boldsymbol{A})\boldsymbol{x}=\boldsymbol{0}\quad(i=1,2,\cdots,n)$$

的一组基础解系 $\boldsymbol{\xi}_1,\boldsymbol{\xi}_2,\cdots,\boldsymbol{\xi}_s$，则

$$k_1\boldsymbol{\xi}_1+k_2\boldsymbol{\xi}_2\cdots+k_s\boldsymbol{\xi}_s\quad(k_1,k_2,\cdots,k_s\text{ 不同时为 }0)$$

是矩阵 $\boldsymbol{A}$ 的属于特征值 λ_i 的全部特征向量.

2) 矩阵 $\boldsymbol{A}$ 对角化的方法

(1) 计算 $\boldsymbol{A}$ 的所有特征值.

(2) 求出 $\boldsymbol{A}$ 的 n 个线性无关的特征向量 $\boldsymbol{P}_1,\boldsymbol{P}_2,\cdots,\boldsymbol{P}_n$.

(3) 构造矩阵 $\boldsymbol{P}=(\boldsymbol{P}_1,\boldsymbol{P}_2,\cdots,\boldsymbol{P}_n)$，则 $\boldsymbol{P}^{-1}\boldsymbol{A}\boldsymbol{P}$ 就是对角矩阵，而对角线上的元素恰好是 $\boldsymbol{P}_1,\boldsymbol{P}_2,\cdots,\boldsymbol{P}_n$ 所对应的特征值.

3) 实对称矩阵对角化的方法

(1) 计算矩阵的所有特征值.

(2) 求出 n 个线性无关的特征向量 $\boldsymbol{P}_1,\boldsymbol{P}_2,\cdots,\boldsymbol{P}_n$.

(3) 将所求特征向量正交化、单位化.

(4) 作矩阵 $\boldsymbol{Q}$，即将上述正交单位化后的特征向量作为矩阵的列，构成正交矩阵 $\boldsymbol{Q}$，使 $\boldsymbol{Q}^{-1}\boldsymbol{A}\boldsymbol{Q}=\boldsymbol{Q}^{\mathrm{T}}\boldsymbol{A}\boldsymbol{Q}=\boldsymbol{\Lambda}$.

习　题　四

1. 选择题.

(1)(**2005 年，数学一**)　设 λ_1,λ_2 是矩阵 $\boldsymbol{A}$ 的两个不同的特征值，对应的特征向量分别为 $\boldsymbol{\alpha}_1,\boldsymbol{\alpha}_2$，则 $\boldsymbol{\alpha}_1,\boldsymbol{A}(\boldsymbol{\alpha}_1+\boldsymbol{\alpha}_2)$ 线性无关的充分必要条件是______.

(A) $\lambda_1\neq0$　　(B) $\lambda_2\neq0$　　(C) $\lambda_1=0$　　(D) $\lambda_2=0$

(2)(**2013 年，数学一**)　矩阵 $\begin{pmatrix}1&a&1\\a&b&a\\1&a&1\end{pmatrix}$ 与 $\begin{pmatrix}2&0&0\\0&b&0\\0&0&0\end{pmatrix}$ 相似的充分必要条件为______.

(A) $a=0,b=2$　　(B) $a=0$，b 为任意常数

(C) $a=2,b=0$　　(D) $a=2$，b 为任意常数

(3)(**2016 年，数学一**)　设 $\boldsymbol{A},\boldsymbol{B}$ 是可逆矩阵，且 $\boldsymbol{A}\sim\boldsymbol{B}$，则下列结论错误的是______.

(A) $\boldsymbol{A}^{\mathrm{T}}$ 与 $\boldsymbol{B}^{\mathrm{T}}$ 相似　　(B) $\boldsymbol{A}^{-1}$ 与 $\boldsymbol{B}^{-1}$ 相似

(C) $\boldsymbol{A}+\boldsymbol{A}^{\mathrm{T}}$ 与 $\boldsymbol{B}+\boldsymbol{B}^{\mathrm{T}}$ 相似　　(D) $\boldsymbol{A}+\boldsymbol{A}^{-1}$ 与 $\boldsymbol{B}+\boldsymbol{B}^{-1}$ 相似

(4)(**2012 年，数学一**)　设 $\boldsymbol{A}$ 为 3 阶矩阵，$\boldsymbol{P}$ 为 3 阶可逆矩阵，且 $\boldsymbol{P}^{-1}\boldsymbol{A}\boldsymbol{P}=\begin{pmatrix}1&&\\&1&\\&&2\end{pmatrix}$，

$\boldsymbol{P}=(\boldsymbol{\alpha}_1,\boldsymbol{\alpha}_2,\boldsymbol{\alpha}_3)$，$\boldsymbol{Q}=(\boldsymbol{\alpha}_1+\boldsymbol{\alpha}_2,\boldsymbol{\alpha}_2,\boldsymbol{\alpha}_3)$，则 $\boldsymbol{Q}^{-1}\boldsymbol{A}\boldsymbol{Q}$ 为______.

(A) $\begin{pmatrix}1&&\\&2&\\&&1\end{pmatrix}$　　(B) $\begin{pmatrix}1&&\\&1&\\&&2\end{pmatrix}$

(C) $\begin{pmatrix}2&&\\&1&\\&&2\end{pmatrix}$　　(D) $\begin{pmatrix}2&&\\&2&\\&&1\end{pmatrix}$

(5)(**2010 年，数学一**)　设 $\boldsymbol{A}$ 为 4 阶实对称矩阵，且 $\boldsymbol{A}^2+\boldsymbol{A}=\boldsymbol{O}$，若 $\boldsymbol{A}$ 的秩为 3，则 $\boldsymbol{A}$ 相似于______.

(A) $\begin{pmatrix}1&&&\\&1&&\\&&1&\\&&&0\end{pmatrix}$　　(B) $\begin{pmatrix}1&&&\\&1&&\\&&-1&\\&&&0\end{pmatrix}$

(C) $\begin{pmatrix}1&&&\\&-1&&\\&&-1&\\&&&0\end{pmatrix}$　　(D) $\begin{pmatrix}-1&&&\\&-1&&\\&&-1&\\&&&0\end{pmatrix}$

(6)(**2017 年，数学一**)　设矩阵 $\boldsymbol{A}=\begin{pmatrix}2&0&0\\0&2&1\\0&0&1\end{pmatrix}$，$\boldsymbol{B}=\begin{pmatrix}2&1&0\\0&2&0\\0&0&1\end{pmatrix}$，$\boldsymbol{C}=\begin{pmatrix}1&0&0\\0&2&0\\0&0&2\end{pmatrix}$，则______.

(A) $\boldsymbol{A}$ 与 $\boldsymbol{C}$ 相似，$\boldsymbol{B}$ 与 $\boldsymbol{C}$ 相似　　(B) $\boldsymbol{A}$ 与 $\boldsymbol{C}$ 相似，$\boldsymbol{B}$ 与 $\boldsymbol{C}$ 不相似

(C) $\boldsymbol{A}$ 与 $\boldsymbol{C}$ 不相似，$\boldsymbol{B}$ 与 $\boldsymbol{C}$ 相似　　(D) $\boldsymbol{A}$ 与 $\boldsymbol{C}$ 不相似，$\boldsymbol{B}$ 与 $\boldsymbol{C}$ 不相似

(7)(**2018 年，数学一**)　下列矩阵中，与矩阵 $\begin{pmatrix}1&1&0\\0&1&1\\0&0&1\end{pmatrix}$ 相似的是______.

(A) $\begin{pmatrix}1&1&-1\\0&1&1\\0&0&1\end{pmatrix}$　　(B) $\begin{pmatrix}1&0&-1\\0&1&1\\0&0&1\end{pmatrix}$

(C) $\begin{pmatrix}1&1&-1\\0&1&0\\0&0&1\end{pmatrix}$　　(D) $\begin{pmatrix}1&0&-1\\0&1&0\\0&0&1\end{pmatrix}$

2. 填空题.

(1)(**2008 年，数学一**)　设 $\boldsymbol{A}$ 为 2 阶矩阵，$\boldsymbol{\alpha}_1,\boldsymbol{\alpha}_2$ 为线性无关的二维列向量，$\boldsymbol{A}\boldsymbol{\alpha}_1=\boldsymbol{0}$，$\boldsymbol{A}\boldsymbol{\alpha}_2=2\boldsymbol{\alpha}_1+\boldsymbol{\alpha}_2$，则 $\boldsymbol{A}$ 的非零特征值为______.

(2)(**2009 年，数学一**)　若 3 维列向量 $\boldsymbol{\alpha},\boldsymbol{\beta}$ 满足 $\boldsymbol{\alpha}^{\mathrm{T}}\boldsymbol{\beta}=2$，其中 $\boldsymbol{\alpha}^{\mathrm{T}}$ 为 $\boldsymbol{\alpha}$ 的转置，则矩阵

$\beta\alpha^{T}$ 的非零特征值为______.

(3)（**2018 年,数学一**）　设 2 阶矩阵 $\boldsymbol{A}$ 有两个不同的特征值,$\boldsymbol{\alpha}_1,\boldsymbol{\alpha}_2$ 为线性无关的 2 维列向量,$\boldsymbol{A}^2(\boldsymbol{\alpha}_1+\boldsymbol{\alpha}_2)=\boldsymbol{\alpha}_1+\boldsymbol{\alpha}_2$,则$|\boldsymbol{A}|$为______.

(4)（**2018 年,数学二**）　设 3 阶矩阵 $\boldsymbol{A}$,$\boldsymbol{\alpha}_1,\boldsymbol{\alpha}_2,\boldsymbol{\alpha}_3$ 为线性无关的向量组,若 $\boldsymbol{A}\boldsymbol{\alpha}_1=2\boldsymbol{\alpha}_1+\boldsymbol{\alpha}_2+\boldsymbol{\alpha}_3$,$\boldsymbol{A}\boldsymbol{\alpha}_2=\boldsymbol{\alpha}_2+2\boldsymbol{\alpha}_3$,$\boldsymbol{A}\boldsymbol{\alpha}_3=-\boldsymbol{\alpha}_2+\boldsymbol{\alpha}_3$ 则 $\boldsymbol{A}$ 的实特征值为______.

(5)（**2017 年,数学二**）　设矩阵 $\boldsymbol{A}=\begin{pmatrix}4&1&-2\\1&2&a\\3&1&-1\end{pmatrix}$ 的一个特征向量为 $\begin{pmatrix}1\\1\\2\end{pmatrix}$,则 a 为______.

(6)（**2015 年,数学二**）　设 3 阶矩阵 $\boldsymbol{A}$ 的特征值为 $2,-2,1$,$\boldsymbol{B}=\boldsymbol{A}^2-\boldsymbol{A}+\boldsymbol{I}$,其中 $\boldsymbol{I}$ 为 3 阶单位矩阵,则行列式$|\boldsymbol{B}|=$______.

(7)（**2009 年,数学二**）　设 $\boldsymbol{\alpha},\boldsymbol{\beta}$ 为 3 维列向量,$\boldsymbol{\beta}^{T}$ 为 $\boldsymbol{\beta}$ 的转置,若矩阵 $\boldsymbol{\alpha}\boldsymbol{\beta}^{T}$ 相似于 $\begin{pmatrix}2&0&0\\0&0&0\\0&0&0\end{pmatrix}$,则 $\boldsymbol{\beta}^{T}\boldsymbol{\alpha}=$______.

3.（2002 年,数学一）　设 $\boldsymbol{A},\boldsymbol{B}$ 为同阶方阵,

(1) 若 $\boldsymbol{A},\boldsymbol{B}$ 相似,证明:$\boldsymbol{A},\boldsymbol{B}$ 的特征多项式相等;

(2) 举一个 2 阶方阵的例子说明(1)的逆命题不成立;

(3) 当 $\boldsymbol{A},\boldsymbol{B}$ 为实对称矩阵时,证明(1)的逆命题成立.

4.（2003 年,数学一）　设矩阵 $\boldsymbol{A}=\begin{pmatrix}3&2&2\\2&3&2\\2&2&3\end{pmatrix}$,$\boldsymbol{P}=\begin{pmatrix}0&1&0\\1&0&1\\0&0&1\end{pmatrix}$,$\boldsymbol{B}=\boldsymbol{P}^{-1}\boldsymbol{A}^*\boldsymbol{P}$,求 $\boldsymbol{B}+2\boldsymbol{I}$ 的特征值与特征向量,其中 $\boldsymbol{A}^*$ 为 $\boldsymbol{A}$ 的伴随矩阵,$\boldsymbol{I}$ 为 3 阶单位矩阵.

5.（2007 年,数学一）　设 3 阶实对称矩阵 $\boldsymbol{A}$ 的特征值 $\lambda_1=1,\lambda_2=2,\lambda_3=-2$,$\boldsymbol{\alpha}_1=(1,-1,1)^{T}$ 是 $\boldsymbol{A}$ 的属于特征值 $\lambda_1=1$ 的一个特征向量,记 $\boldsymbol{B}=\boldsymbol{A}^5-4\boldsymbol{A}^3+\boldsymbol{I}$,其中 $\boldsymbol{I}$ 为 3 阶单位矩阵.

(1) 验证 $\boldsymbol{\alpha}_1$ 是矩阵 $\boldsymbol{B}$ 的特征向量,并求 $\boldsymbol{B}$ 的全部特征值与特征向量;

(2) 求矩阵 $\boldsymbol{B}$.

6.（2011 年,数学一）　设 $\boldsymbol{A}$ 为 3 阶实对称矩阵,$\boldsymbol{A}$ 的秩为 2,且 $\boldsymbol{A}\begin{pmatrix}1&1\\0&0\\-1&1\end{pmatrix}=\begin{pmatrix}-1&1\\0&0\\1&1\end{pmatrix}$,求:

(1) $\boldsymbol{A}$ 的特征值与特征向量;

(2) 矩阵 $\boldsymbol{A}$.

7.（2000年,数学一） 某生产线每年1月份进行熟练工与非熟练工的人数统计,然后将$\frac{1}{6}$熟练工支援其他生产部门,其缺额由招收新的非熟练工补齐.新、老非熟练工经过培训及实践至年终考核有$\frac{2}{5}$成为熟练工.设第n年1月份统计的熟练工与非熟练工所占百分比分别为x_n和y_n,记成向量$\begin{pmatrix} x_n \\ y_n \end{pmatrix}$.

(1) 求$\begin{pmatrix} x_{n+1} \\ y_{n+1} \end{pmatrix}$与$\begin{pmatrix} x_n \\ y_n \end{pmatrix}$的关系式并写成矩阵$\begin{pmatrix} x_{n+1} \\ y_{n+1} \end{pmatrix}=\boldsymbol{A}\begin{pmatrix} x_n \\ y_n \end{pmatrix}$的形式.

(2) 验证$\boldsymbol{\eta}_1=\begin{pmatrix} 4 \\ 1 \end{pmatrix}$,$\boldsymbol{\eta}_2=\begin{pmatrix} -1 \\ 1 \end{pmatrix}$是$\boldsymbol{A}$的两个线性无关的特征向量,并求出相应的特征值.

(3) 当$\begin{pmatrix} x_1 \\ y_1 \end{pmatrix}=\begin{pmatrix} \frac{1}{2} \\ \frac{1}{2} \end{pmatrix}$时,求$\begin{pmatrix} x_{n+1} \\ y_{n+1} \end{pmatrix}$.

8.（2014年,数学一） 证明:n阶矩阵$\begin{pmatrix} 1 & 1 & \cdots & 1 \\ 1 & 1 & \cdots & 1 \\ \vdots & \vdots & & \vdots \\ 1 & 1 & \cdots & 1 \end{pmatrix}$与$\begin{pmatrix} 0 & \cdots & 0 & 1 \\ 0 & \cdots & 0 & 2 \\ \vdots & & \vdots & \vdots \\ 0 & \cdots & 0 & n \end{pmatrix}$相似.

9.（2003年,数学二） 若矩阵$\boldsymbol{A}=\begin{pmatrix} 2 & 2 & 0 \\ 8 & 2 & a \\ 0 & 0 & 6 \end{pmatrix}$相似于对角阵$\boldsymbol{\Lambda}$,试确定常数$a$的值,并求可逆矩阵$\boldsymbol{P}$使$\boldsymbol{P}^{-1}\boldsymbol{AP}=\boldsymbol{\Lambda}$.

10.（2004年,数学一） 设矩阵$\boldsymbol{A}=\begin{pmatrix} 1 & 2 & -3 \\ -1 & 4 & -3 \\ 1 & a & 5 \end{pmatrix}$的特征方程有一个二重根,求$a$的值,并讨论$\boldsymbol{A}$是否可相似对角化.

11.（2008年,数学二） 设$\boldsymbol{A}$为3阶矩阵,$\boldsymbol{\alpha}_1$,$\boldsymbol{\alpha}_2$为$\boldsymbol{A}$的分别属于特征值-1,1的特征向量,向量$\boldsymbol{\alpha}_3$满足$\boldsymbol{A\alpha}_3=\boldsymbol{\alpha}_2+\boldsymbol{\alpha}_3$.

(1) 证明:$\boldsymbol{\alpha}_1$,$\boldsymbol{\alpha}_2$,$\boldsymbol{\alpha}_3$线性无关;

(2) 令$\boldsymbol{P}=(\boldsymbol{\alpha}_1,\boldsymbol{\alpha}_2,\boldsymbol{\alpha}_3)$,求$\boldsymbol{P}^{-1}\boldsymbol{AP}$.

12.（2015年,数学一） 设矩阵$\boldsymbol{A}=\begin{pmatrix} 0 & 2 & -3 \\ -1 & 3 & -3 \\ 1 & -2 & a \end{pmatrix}$相似于矩阵$\boldsymbol{B}=\begin{pmatrix} 1 & -2 & 0 \\ 0 & b & 0 \\ 0 & 3 & 1 \end{pmatrix}$.

(1) 求a,b的值;

(2) 求可逆矩阵$\boldsymbol{P}$,使$\boldsymbol{P}^{-1}\boldsymbol{AP}$为对角矩阵.

13.（2016 年，数学一） 已知矩阵 $\boldsymbol{A}=\begin{pmatrix}0 & -1 & 1\\ 2 & -3 & 0\\ 0 & 0 & 0\end{pmatrix}$，求 $\boldsymbol{A}^{99}$.

14.（2006 年，数学一） 设 3 阶实对称矩阵 $\boldsymbol{A}$ 的各行元素之和均为 3，向量 $\boldsymbol{\alpha}_1=(-1,2,-1)^{\mathrm{T}}$，$\boldsymbol{\alpha}_2=(0,-1,1)^{\mathrm{T}}$ 是线性方程组 $\boldsymbol{Ax}=\boldsymbol{0}$ 的两个解.

（1）求 $\boldsymbol{A}$ 的特征值与特征向量；

（2）求正交矩阵 $\boldsymbol{Q}$ 和对角矩阵 $\boldsymbol{\Lambda}$，使得 $\boldsymbol{Q}^{\mathrm{T}}\boldsymbol{AQ}=\boldsymbol{\Lambda}$.

15.（2010 年，数学二） 设 $\boldsymbol{A}=\begin{pmatrix}0 & -1 & 4\\ -1 & 3 & a\\ 4 & a & 0\end{pmatrix}$，正交矩阵 $\boldsymbol{Q}$ 使得 $\boldsymbol{Q}^{\mathrm{T}}\boldsymbol{AQ}$ 为对角矩阵，若 $\boldsymbol{Q}$ 的第一列为 $\frac{1}{\sqrt{6}}(1,2,1)^{\mathrm{T}}$，求 a、$\boldsymbol{Q}$.

第5章 二 次 型

二次型不仅在几何问题方面，而且在数理统计、物理学和网络理论等方面都有着重要的应用. 本章将讨论二次型的基本概念和基本方法，给出了二次型及其矩阵、标准形、规范形，以及合同矩阵、正定矩阵的定义，也介绍了几种化二次型为标准形和判定矩阵(或二次型)为正定的方法. 在解析几何中，经常要将二次曲线或二次曲面的方程化为只含平方项的标准形，便于识别其类型并研究其性质.

5.1 二次型及其标准形

1. 二次型的标准形

引例 在解析几何中，二次曲线

$$ax^2+by^2+cxy=1 \tag{5.1.1}$$

经过坐标变换

$$\begin{cases}x=x'\cos\theta-y'\sin\theta,\\ y=x'\sin\theta+y'\cos\theta,\end{cases}$$

可将方程(5.1.1)在新坐标系 $Ox'y'$ 下表示为标准形

$$mx'^2+ny'^2=1.$$

由此更方便地研究图形的形状、性质. 方程(5.1.1)的左边是一个二次齐次多项式，从代数学的观点看，化标准形的过程就是通过变量的线性变换化简为一个二次齐次多项式，使它只含平方项. 这类问题，在许多理论问题或者实际问题中经常会遇到. 现在把这类问题一般化，讨论 n 个变量的二次齐次多项式的化简问题.

定义1 含有 n 元(即 n 个变量) $x_1,x_2,\cdots,x_n$ 的二次齐次函数

$$\begin{aligned}f(x_1,x_2,\cdots,x_n)=&a_{11}x_1^2+a_{22}x_2^2+\cdots+a_{nn}x_n^2+2a_{12}x_1x_2+2a_{13}x_1x_3+\cdots\\&+2a_{1n}x_1x_n+2a_{23}x_2x_3+2a_{24}x_2x_4+\cdots+2a_{2n}x_2x_n+\cdots\\&+2a_{n-1,n}x_{n-1}x_n\end{aligned} \tag{5.1.2}$$

称为**二次型**. 当 a_{ij} 为复数时，f 称为**复二次型**；当 a_{ij} 为实数时，f 称为**实二次型**.

例如，$f(x_1,x_2,x_3)=x_1^2+4x_1x_2+4x_2^2+2x_1x_3+x_3^2+4x_2x_3$ 为实二次型，而 $f(x,y)=x^2+iy^2$ 是一个复二次型.

在本书中只讨论实二次型.

当 $j>i$ 时，取 $a_{ji}=a_{ij}$，则

$$2a_{ij}x_ix_j=a_{ij}x_ix_j+a_{ji}x_jx_i,$$

于是式(5.1.2)可化为

$$\begin{aligned}f(x_1,x_2,\cdots,x_n) &= a_{11}x_1^2+a_{12}x_1x_2+\cdots+a_{1n}x_1x_n+a_{21}x_2x_1+a_{22}x_2^2+\cdots+a_{2n}x_2x_n \\ &\quad +\cdots+a_{n1}x_nx_1+a_{n2}x_nx_2+\cdots+a_{nn}x_n^2 \\ &= \sum_{i,j=1}^{n}a_{ij}x_ix_j \end{aligned} \tag{5.1.3}$$

对于式(5.1.3),利用矩阵,二次型可转化为

$$f=(x_1,x_2,\cdots,x_n)\begin{pmatrix}a_{11}&a_{12}&\cdots&a_{1n}\\a_{21}&a_{22}&\cdots&a_{2n}\\\vdots&\vdots&&\vdots\\a_{n1}&a_{n2}&\cdots&a_{nn}\end{pmatrix}\begin{pmatrix}x_1\\x_2\\\vdots\\x_n\end{pmatrix} \tag{5.1.4}$$

记

$$\boldsymbol{A}=\begin{pmatrix}a_{11}&a_{12}&\cdots&a_{1n}\\a_{21}&a_{22}&\cdots&a_{2n}\\\vdots&\vdots&&\vdots\\a_{n1}&a_{n2}&\cdots&a_{nn}\end{pmatrix},\quad \boldsymbol{x}=\begin{pmatrix}x_1\\x_2\\\vdots\\x_n\end{pmatrix},$$

则二次型可记为

$$f=\boldsymbol{x}^{\mathrm{T}}\boldsymbol{A}\boldsymbol{x} \tag{5.1.5}$$

式(5.1.5)称为二次型的**矩阵形式**,其中 $\boldsymbol{A}=(a_{ij})_{n\times n}$ 为对称矩阵,也称为**二次型的矩阵**.由此可见,二次型与二次型的矩阵 $\boldsymbol{A}$ 是一一对应的.

例 1　求下列二次型的矩阵形式.

(1) $f(x_1,x_2,x_3)=x_1^2+4x_1x_2+4x_2^2+2x_1x_3+x_3^2+4x_2x_3$;

(2) $f(x_1,x_2,x_3)=2x_1x_2+2x_2x_3-2x_1x_3$.

解　(1) $f(x_1,x_2,x_3)=(x_1,x_2,x_3)\begin{pmatrix}1&2&1\\2&4&2\\1&2&1\end{pmatrix}\begin{pmatrix}x_1\\x_2\\x_3\end{pmatrix}$;

(2) $f(x_1,x_2,x_3)=(x_1,x_2,x_3)\begin{pmatrix}0&1&-1\\1&0&1\\-1&1&0\end{pmatrix}\begin{pmatrix}x_1\\x_2\\x_3\end{pmatrix}$.

定义 2　对称矩阵 $\boldsymbol{A}$ 的秩 $r(\boldsymbol{A})$ 称为**二次型 f 的秩**,记为 $r(f)$.

例 2　求上述例 1 中二次型 $f(x_1,x_2,x_3)=x_1^2+4x_1x_2+4x_2^2+2x_1x_3+x_3^2+4x_2x_3$ 的秩.

解　因为

$$\boldsymbol{A}=\begin{pmatrix}1&2&1\\2&4&2\\1&2&1\end{pmatrix}\xrightarrow[r_3-r_1]{r_2-2r_1}\begin{pmatrix}1&2&1\\0&0&0\\0&0&0\end{pmatrix},$$

所以

$$r(\boldsymbol{A})=1,\quad r(f)=1.$$

2. 合同矩阵

与几何一样,在处理许多问题时经常通过变量之间的变换来简化有关的二次型.为此,引入如下定义.

定义 3　设 $x_1,x_2,\cdots,x_n$ 和 $y_1,y_2,\cdots,y_n$ 是两组变量,它们的一组关系式

$$\begin{cases} x_1 = c_{11}y_1 + c_{12}y_2 + \cdots + c_{1n}y_n, \\ x_2 = c_{21}y_1 + c_{22}y_2 + \cdots + c_{2n}y_n, \\ \quad\vdots \\ x_n = c_{n1}y_1 + c_{n2}y_2 + \cdots + c_{nn}y_n \end{cases}$$

称为由变量 $x_1,x_2,\cdots,x_n$ 到变量 $y_1,y_2,\cdots,y_n$ 的**线性变换**,并简记为 $\boldsymbol{x}=\boldsymbol{C}\boldsymbol{y}$. 系数矩阵

$$\boldsymbol{C}=\begin{pmatrix} c_{11} & c_{12} & \cdots & c_{1n} \\ c_{21} & c_{22} & \cdots & c_{2n} \\ \vdots & \vdots & & \vdots \\ c_{n1} & c_{n2} & \cdots & c_{nn} \end{pmatrix}$$

称为**线性变换矩阵**. 如果 $\boldsymbol{C}$ 可逆,则称该线性变换是**可逆的**或者**非退化的**.

显然,非退化线性变换有下面的性质.

(1) 非退化线性变换的逆变换还是非退化线性变换.

(2) 连续两次施行非退化线性变换的结果还是非退化线性变换,它的系数矩阵等于原来两个非退化线性变换的矩阵的乘积.

定义 4　只含平方项的二次型

$$f(x_1,x_2,\cdots,x_n)=a_1x_1^2+a_2x_2^2+\cdots+a_nx_n^2$$

称为**二次型的标准形**. 形如

$$f(x_1,x_2,\cdots,x_n)=x_1^2+x_2^2+\cdots+x_p^2-x_{p+1}^2-x_{p+2}^2-\cdots-x_{p+q}^2,\ p+q\leqslant n,$$

的二次型称为**二次型的规范形**.

对于一般二次型 $f(\boldsymbol{x})=\boldsymbol{x}^{\mathrm{T}}\boldsymbol{A}\boldsymbol{x}$,寻求可逆的线性变换 $\boldsymbol{x}=\boldsymbol{C}\boldsymbol{y}$ 将二次型化为标准形. 将其代入得

$$f(\boldsymbol{x})=\boldsymbol{x}^{\mathrm{T}}\boldsymbol{A}\boldsymbol{x}=(\boldsymbol{C}\boldsymbol{y})^{\mathrm{T}}\boldsymbol{A}(\boldsymbol{C}\boldsymbol{y})=\boldsymbol{y}^{\mathrm{T}}(\boldsymbol{C}^{\mathrm{T}}\boldsymbol{A}\boldsymbol{C})\boldsymbol{y}.$$

其中,$\boldsymbol{y}^{\mathrm{T}}(\boldsymbol{C}^{\mathrm{T}}\boldsymbol{A}\boldsymbol{C})\boldsymbol{y}$ 是关于 $y_1,y_2,\cdots,y_n$ 的二次型,对应的矩阵 $\boldsymbol{C}^{\mathrm{T}}\boldsymbol{A}\boldsymbol{C}$ 应为对角矩阵.

关于 $\boldsymbol{A}$ 与 $\boldsymbol{C}^{\mathrm{T}}\boldsymbol{A}\boldsymbol{C}$ 的关系,给出下列定义.

定义 5　设 $\boldsymbol{A},\boldsymbol{B}$ 为两个 n 阶方阵,如果存在 n 阶可逆矩阵 $\boldsymbol{C}$,使得 $\boldsymbol{C}^{\mathrm{T}}\boldsymbol{A}\boldsymbol{C}=\boldsymbol{B}$,则称**矩阵 $\boldsymbol{A}$ 合同于矩阵 $\boldsymbol{B}$**,或称 **$\boldsymbol{A}$ 与 $\boldsymbol{B}$ 合同**. 记为 $\boldsymbol{A}\backsimeq\boldsymbol{B}$.

矩阵的合同关系是一种等价关系,它具有如下基本性质.

(1) 自反性:对任意方阵 $\boldsymbol{A}$,有 $\boldsymbol{A}\backsimeq\boldsymbol{A}$.

(2) 对称性:若 $\boldsymbol{A}\backsimeq\boldsymbol{B}$,则 $\boldsymbol{B}\backsimeq\boldsymbol{A}$.

(3) 传递性:若 $\boldsymbol{A}\backsimeq\boldsymbol{B}$,$\boldsymbol{B}\backsimeq\boldsymbol{C}$,则 $\boldsymbol{A}\backsimeq\boldsymbol{C}$.

证　(1) $\boldsymbol{I}^{\mathrm{T}}\boldsymbol{A}\boldsymbol{I}=\boldsymbol{A}$.

(2) 若
$$C^{T}AC=B,$$
则
$$(C^{-1})^{T}BC^{-1}=A.$$
(3) 若
$$C_1^{T}AC_1=B,\quad C_2^{T}BC_2=C,$$
则
$$(C_1C_2)^{T}A(C_1C_2)=C.$$

特别地,若 A 为对称阵,则 $B=C^{T}AC$ 也为对称阵,且 $r(B)=r(A)$.

事实上,$B^{T}=(C^{T}AC)^{T}=C^{T}A^{T}C=C^{T}AC=B$,即 B 为对称矩阵. 又因为 $B=C^{T}AC$,而 C 可逆,从而 C^{T} 也可逆. 由矩阵秩的性质可知,$r(B)=r(A)$.

由此可见,二次型 $f(x)=x^{T}Ax(A^{T}=A)$ 的矩阵 A 与经过可逆线性变换 $x=Cy$ 得到的二次型矩阵 $B=C^{T}AC$ 是合同的,且二次型的秩不变.

定理 任何一个实对称矩阵 A 都合同于对角矩阵,即存在可逆矩阵 C,使得
$$C^{T}AC=\begin{pmatrix} d_1 & & & \\ & d_2 & & \\ & & \ddots & \\ & & & d_n \end{pmatrix},$$
从而任何一个二次型 $f(x)=x^{T}Ax$ 都可用可逆的线性变换 $x=Cy$ 化为标准形. 证明略.

下面介绍几个基本性质.

(1) 变量 $x=(x_1,x_2,\cdots,x_n)^{T}$ 的 n 元二次型 $x^{T}Ax$ 经坐标变换
$$x=Cy\quad(|C|\neq 0)$$
后,成为变量 $y=(y_1,y_2,\cdots,y_n)^{T}$ 的 n 元二次型 $y^{T}By$,其中,$B=C^{T}AC$,则 A 和 B 是合同的.

(2) 二次型矩阵 A 经坐标变换
$$x=Cy\ (|C|\neq 0)$$
变成二次型矩阵 B,则 B 为对称矩阵.

(3) 若 $x=Cy$ 是正交变换(C 为正交矩阵),则有
$$B=C^{T}AC=C^{-1}AC,$$
即经正交变换,二次型矩阵不仅合同而且相似.

这里仅证明性质(2).

证 由于
$$\begin{aligned} x^{T}Ax &=(Cy)^{T}A(Cy)\\ &=y^{T}C^{T}ACy\\ &=y^{T}By, \end{aligned}$$
而
$$\begin{aligned} B^{T} &=(C^{T}AC)^{T}\\ &=C^{T}A^{T}(C^{T})^{T}\\ &=C^{T}AC\\ &=B, \end{aligned}$$
所以 B 为对称矩阵.

习 题 5.1

1. 写出下列二次型对应的矩阵.

(1) $f(x_1,x_2,x_3)=x_1^2+2x_2^2-2x_3^2-4x_1x_2-4x_2x_3$;

(2) $f(x_1,x_2,x_3)=x_1^2-2x_2^2+6x_3^2-4x_1x_2+3x_2x_3+2x_1x_3$;

(3) $f(x_1,x_2,x_3)=2x_3^2-4x_1x_2+2x_1x_3$.

2. 写出下列各对称矩阵所对应的二次型.

(1) $\boldsymbol{A}=\begin{pmatrix}2&-2&0\\-2&3&1\\0&1&1\end{pmatrix}$; (2) $\boldsymbol{A}=\begin{pmatrix}1&-1&-3&1\\-1&0&-2&\frac{1}{2}\\-3&-2&\frac{1}{3}&-\frac{3}{2}\\1&\frac{1}{2}&-\frac{3}{2}&0\end{pmatrix}$.

3. 证明:$\begin{pmatrix}d_1&&\\&d_2&\\&&d_3\end{pmatrix}$和$\begin{pmatrix}d_1&&\\&d_3&\\&&d_2\end{pmatrix}$合同.

5.2 用正交变换化二次型为标准形

在第4章,对于一个实对称矩阵$\boldsymbol{A}$,已经给出了具体计算正交矩阵$\boldsymbol{P}$的方法. 因此,可以利用求得的$\boldsymbol{P}$,构造变换将二次型$f(x_1,x_2,\cdots,x_n)=\boldsymbol{x}^{\mathrm{T}}\boldsymbol{A}\boldsymbol{x}$化成标准形,这种方法称为**正交变换法**.

定义1 设$\boldsymbol{P}$为正交矩阵,称线性变换$\boldsymbol{x}=\boldsymbol{P}\boldsymbol{y}$为**正交变换**.

对于任何n阶实对称矩阵$\boldsymbol{A}$,总可以找到一个正交矩阵$\boldsymbol{P}$,使得

$$\boldsymbol{P}^{-1}\boldsymbol{A}\boldsymbol{P}=\boldsymbol{P}^{\mathrm{T}}\boldsymbol{A}\boldsymbol{P}=\begin{pmatrix}\lambda_1&&&\\&\lambda_2&&\\&&\ddots&\\&&&\lambda_n\end{pmatrix},$$

其中,$\lambda_1,\lambda_2,\cdots,\lambda_n$是$\boldsymbol{A}$的$n$个特征值.

于是可以得到下面定理.

定理 任给二次型$f(x_1,x_2,\cdots,x_n)=\boldsymbol{x}^{\mathrm{T}}\boldsymbol{A}\boldsymbol{x}$,其中$\boldsymbol{A}$是实对称矩阵,一定有正交变换$\boldsymbol{x}=\boldsymbol{P}\boldsymbol{y}$,使

$$f(y_1,y_2,\cdots,y_n)=\lambda_1y_1^2+\lambda_2y_2^2+\cdots+\lambda_ny_n^2,$$

其中,$\lambda_1,\lambda_2,\cdots,\lambda_n$是$\boldsymbol{A}$的$n$个特征值,而$\boldsymbol{P}$的列向量就是对应于$\lambda_1,\lambda_2,\cdots,\lambda_n$的两两正交的单位特征向量.

推论 任给 n 元二次型 $f(\boldsymbol{x})=\boldsymbol{x}^{\mathrm{T}}\boldsymbol{A}\boldsymbol{x}$，其中 $\boldsymbol{A}$ 是实对称矩阵，总有可逆变换 $\boldsymbol{x}=\boldsymbol{C}\boldsymbol{z}$，使 $f(\boldsymbol{x})=f(\boldsymbol{C}\boldsymbol{z})$ 为规范形.

用正交变换化二次型为标准形的一般步骤如下.

(1) 将二次型变成矩阵形式 $f(\boldsymbol{x})=\boldsymbol{x}^{\mathrm{T}}\boldsymbol{A}\boldsymbol{x}$，求出 $\boldsymbol{A}$.

(2) 求出 $\boldsymbol{A}$ 的所有特征值 $\lambda_1,\lambda_2,\cdots,\lambda_n$，及其对应的特征向量 $\boldsymbol{\xi}_1,\boldsymbol{\xi}_2,\cdots,\boldsymbol{\xi}_n$.

(3) 将特征向量 $\boldsymbol{\xi}_1,\boldsymbol{\xi}_2,\cdots,\boldsymbol{\xi}_n$ 正交化、单位化，得 $\boldsymbol{\eta}_1,\boldsymbol{\eta}_2,\cdots,\boldsymbol{\eta}_n$，记

$$\boldsymbol{P}=(\boldsymbol{\eta}_1,\boldsymbol{\eta}_2,\cdots,\boldsymbol{\eta}_n).$$

(4) 作正交变换 $\boldsymbol{x}=\boldsymbol{P}\boldsymbol{y}$，则得 $\boldsymbol{x}^{\mathrm{T}}\boldsymbol{A}\boldsymbol{x}$ 的标准形

$$f=\lambda_1 y_1^2+\lambda_2 y_2^2+\cdots+\lambda_n y_n^2.$$

例 1 设二次型为 $f(x)=2x_1x_2+2x_1x_3-2x_1x_4-2x_2x_3+2x_2x_4+2x_3x_4$，求一个正交变换 $\boldsymbol{x}=\boldsymbol{P}\boldsymbol{y}$，将该二次型化为标准形.

解 二次型的矩阵为

$$\boldsymbol{A}=\begin{pmatrix} 0 & 1 & 1 & -1 \\ 1 & 0 & -1 & 1 \\ 1 & -1 & 0 & 1 \\ -1 & 1 & 1 & 0 \end{pmatrix},$$

其特征多项式为

$$|\lambda\boldsymbol{I}-\boldsymbol{A}|=\begin{vmatrix} \lambda & -1 & -1 & 1 \\ -1 & \lambda & 1 & -1 \\ -1 & 1 & \lambda & -1 \\ 1 & -1 & -1 & \lambda \end{vmatrix}$$

$$=(\lambda-1)\begin{vmatrix} 1 & -1 & -1 & 1 \\ 1 & \lambda & 1 & -1 \\ 1 & 1 & \lambda & -1 \\ 1 & -1 & -1 & \lambda \end{vmatrix}$$

$$=(\lambda-1)\begin{vmatrix} 1 & -1 & -1 & 1 \\ 0 & \lambda+1 & 2 & -2 \\ 0 & 2 & \lambda+1 & -2 \\ 0 & 0 & 0 & \lambda-1 \end{vmatrix}$$

$$=(\lambda-1)^2\begin{vmatrix} \lambda+1 & 2 \\ 2 & \lambda+1 \end{vmatrix}$$

$$=(\lambda-1)^2(\lambda^2+2\lambda-3)$$

$$=(\lambda+3)(\lambda-1)^3.$$

所以 $\boldsymbol{A}$ 的特征值

$$\lambda_1=-3,\quad \lambda_2=\lambda_3=\lambda_4=1.$$

当 $\lambda_1=-3$ 时，解方程 $(-3\boldsymbol{I}-\boldsymbol{A})\boldsymbol{x}=\boldsymbol{0}$，得基础解系

$$\boldsymbol{\xi}_1=\begin{pmatrix}1\\-1\\-1\\1\end{pmatrix}.$$

当 $\lambda_2=\lambda_3=\lambda_4=1$ 时,解方程 $(\boldsymbol{I}-\boldsymbol{A})\boldsymbol{x}=\boldsymbol{0}$,可得正交的基础解系

$$\boldsymbol{\xi}_2=\begin{pmatrix}1\\1\\0\\0\end{pmatrix},\quad \boldsymbol{\xi}_3=\begin{pmatrix}0\\0\\1\\1\end{pmatrix},\quad \boldsymbol{\xi}_4=\begin{pmatrix}1\\-1\\1\\-1\end{pmatrix}.$$

单位化得

$$\boldsymbol{\eta}_1=\frac{1}{2}\begin{pmatrix}1\\-1\\-1\\1\end{pmatrix},\quad \boldsymbol{\eta}_2=\begin{pmatrix}\frac{1}{\sqrt{2}}\\\frac{1}{\sqrt{2}}\\0\\0\end{pmatrix},\quad \boldsymbol{\eta}_3=\begin{pmatrix}0\\0\\\frac{1}{\sqrt{2}}\\\frac{1}{\sqrt{2}}\end{pmatrix},\quad \boldsymbol{\eta}_4=\begin{pmatrix}\frac{1}{2}\\-\frac{1}{2}\\\frac{1}{2}\\-\frac{1}{2}\end{pmatrix}.$$

于是所求正交变换为

$$\begin{pmatrix}x_1\\x_2\\x_3\\x_4\end{pmatrix}=\begin{pmatrix}\frac{1}{2}&\frac{1}{\sqrt{2}}&0&\frac{1}{2}\\-\frac{1}{2}&\frac{1}{\sqrt{2}}&0&-\frac{1}{2}\\-\frac{1}{2}&0&\frac{1}{\sqrt{2}}&\frac{1}{2}\\\frac{1}{2}&0&\frac{1}{\sqrt{2}}&-\frac{1}{2}\end{pmatrix}\begin{pmatrix}y_1\\y_2\\y_3\\y_4\end{pmatrix},$$

在此变换下原二次型化为标准形

$$f=-3y_1^2+y_2^2+y_3^2+y_4^2.$$

如果要把二次型 f 化成规范形,只需令

$$\begin{cases}y_1=\frac{1}{\sqrt{3}}z_1,\\y_2=z_2,\\y_3=z_3,\\y_4=z_4,\end{cases}$$

即得 f 的规范形

$$f=-z_1^2+z_2^2+z_3^2+z_4^2.$$

例 2　设在直角坐标下,曲面方程为 $2x_1x_2+2x_1x_3+2x_2x_3=-1$,试将此曲面方程化为标准形.

解　设

$$f(x_1,x_2,x_3)=2x_1x_2+2x_1x_3+2x_2x_3,$$

则该二次型矩阵为

$$\boldsymbol{A}=\begin{pmatrix}0&1&1\\1&0&1\\1&1&0\end{pmatrix},$$

由

$$|\lambda\boldsymbol{I}-\boldsymbol{A}|=\begin{vmatrix}\lambda&-1&-1\\-1&\lambda&-1\\-1&-1&\lambda\end{vmatrix}=(\lambda+1)^2(\lambda-2),$$

得

$$\lambda_1=\lambda_2=-1,\quad \lambda_3=2.$$

将 $\lambda_1=\lambda_2=-1$ 代入 $(\lambda\boldsymbol{I}-\boldsymbol{A})\boldsymbol{x}=\boldsymbol{0}$，得基础解系

$$\boldsymbol{\xi}_1=(-1,1,0)^{\mathrm{T}},\quad \boldsymbol{\xi}_2=(-1,0,1)^{\mathrm{T}}.$$

将 $\lambda_3=2$ 代入 $(\lambda\boldsymbol{I}-\boldsymbol{A})\boldsymbol{x}=\boldsymbol{0}$ 得基础解系

$$\boldsymbol{\xi}_3=(1,1,1)^{\mathrm{T}}.$$

将特征向量正交化、单位化得

$$\boldsymbol{\eta}_1=\begin{pmatrix}-\frac{1}{\sqrt{2}}\\\frac{1}{\sqrt{2}}\\0\end{pmatrix},\quad \boldsymbol{\eta}_2=\begin{pmatrix}-\frac{1}{\sqrt{6}}\\-\frac{1}{\sqrt{6}}\\\frac{2}{\sqrt{6}}\end{pmatrix},\quad \boldsymbol{\eta}_3=\begin{pmatrix}\frac{1}{\sqrt{3}}\\\frac{1}{\sqrt{3}}\\\frac{1}{\sqrt{3}}\end{pmatrix}.$$

作正交矩阵

$$\boldsymbol{P}=\begin{pmatrix}-\frac{1}{\sqrt{2}}&-\frac{1}{\sqrt{6}}&\frac{1}{\sqrt{3}}\\\frac{1}{\sqrt{2}}&-\frac{1}{\sqrt{6}}&\frac{1}{\sqrt{3}}\\0&\frac{2}{\sqrt{6}}&\frac{1}{\sqrt{3}}\end{pmatrix}.$$

则 $\boldsymbol{P}$ 是正交矩阵，且

$$\boldsymbol{P}^{\mathrm{T}}\boldsymbol{A}\boldsymbol{P}=\boldsymbol{P}^{-1}\boldsymbol{A}\boldsymbol{P}=\begin{pmatrix}-1&0&0\\0&-1&0\\0&0&2\end{pmatrix}.$$

作正交变换 $\boldsymbol{x}=\boldsymbol{P}\boldsymbol{y}$，在此变换下原二次型化为标准形

$$f(x_1,x_2,x_3)=-y_1^2-y_2^2+2y_3^2.$$

原曲面 $2x_1x_2+2x_1x_3+2x_2x_3=-1$ 可化为

$$y_1^2+y_2^2-2y_3^2=1.$$

说明 在第5.5节中将能判断出该曲面的形状为单叶双曲面.

习 题 5.2

1. 用正交变换法化二次型为标准形,并求所用的正交矩阵.

(1) $f(x_1,x_2,x_3)=-2x_1x_2+2x_1x_3+2x_2x_3$;

(2) $f(x_1,x_2,x_3)=x_1^2+4x_2^2+4x_3^2-4x_1x_2+4x_1x_3-8x_2x_3$;

(3) $f(x_1,x_2,x_3,x_4)=6x_1^2+5x_2^2+7x_3^2-4x_1x_2+4x_1x_3$.

2. 设二次型为 $f=\boldsymbol{x}^{\mathrm{T}}\boldsymbol{A}\boldsymbol{x}=5x_1^2+2x_2^2+4x_1x_2$,求一个正交变换 $\boldsymbol{x}=\boldsymbol{P}\boldsymbol{y}$,将该二次型化为标准形.

3. 已知二次型 $f(x_1,x_2,x_3)=a(x_1^2+x_2^2+x_3^2)+4x_1x_2+4x_1x_3+4x_2x_3$ 经过正交变换 $\boldsymbol{x}=\boldsymbol{P}\boldsymbol{y}$ 可化成标准形 $f=6y_1^2$,求 a.

4. 求一个正交变换把二次曲面的方程 $3x^2+5y^2+5z^2+4xy-4xz-10yz=1$ 化成标准方程.

5.3 用配方法化二次型为标准形

用正交变换化二次型成标准形,具有保持几何形状不变的优点.如果不限于用正交变换,那么还可以有多种方法把二次型化为标准形.这里只介绍拉格朗日配方法,下面举例说明这种方法.

例1 用配方法化二次型

$$f(x_1,x_2,x_3)=x_1^2-3x_2^2+2x_3^2-2x_1x_2+2x_1x_3-6x_2x_3$$

为标准形,并写出对应的可逆变换.

解 由于 f 中含变量 x_1 的平方项,所以先将含有 x_1 的项归并起来,配方可得

$$\begin{aligned}f(x_1,x_2,x_3)&=[x_1^2-2x_1(x_2-x_3)]-3x_2^2-6x_2x_3+2x_3^2\\&=(x_1-x_2+x_3)^2-(x_2-x_3)^2-3x_2^2-6x_2x_3+2x_3^2\\&=(x_1-x_2+x_3)^2-4x_2^2-4x_2x_3+x_3^2.\end{aligned}$$

再将含有 x_2 的各项归并在一起,继续配方得

$$\begin{aligned}f(x_1,x_2,x_3)&=(x_1-x_2+x_3)^2-4(x_2^2+x_2x_3)+x_3^2\\&=(x_1-x_2+x_3)^2-4\left(x_2+\frac{x_3}{2}\right)^2+2x_3^2.\end{aligned}$$

令
$$\begin{cases}y_1=x_1-x_2+x_3,\\y_2=x_2+\dfrac{1}{2}x_3,\\y_3=x_3.\end{cases}$$

解得
$$\begin{cases} x_1 = y_1 + y_2 - \frac{3}{2}y_3, \\ x_2 = y_2 - \frac{1}{2}y_3, \\ x_3 = y_3. \end{cases}$$

所用可逆线性变换

$$x = Py = \begin{pmatrix} 1 & 1 & -\frac{3}{2} \\ 0 & 1 & -\frac{1}{2} \\ 0 & 0 & 1 \end{pmatrix} y \quad (|P| = 1 \neq 0),$$

把原二次型化为标准形

$$f(y_1, y_2, y_3) = y_1^2 - 4y_2^2 + 2y_3^2.$$

例 2 用配方法化 $f = 2x_1x_2 + 2x_1x_3 - 6x_2x_3$ 为规范形，并求所用的变换矩阵.

解 由于 f 中不含平方项，含有 x_1x_2 乘积项，所以令

$$\begin{cases} x_1 = y_1 + y_2, \\ x_2 = y_1 - y_2, \\ x_3 = y_3. \end{cases}$$

代入可得
$$f = 2y_1^2 - 2y_2^2 - 4y_1y_3 + 8y_2y_3.$$
再配方，得
$$f = 2(y_1 - y_3)^2 - 2(y_2 - 2y_3)^2 + 6y_3^2.$$

令
$$\begin{cases} z_1 = \sqrt{2}(y_1 - y_3), \\ z_2 = \sqrt{2}(y_2 - 2y_3), \\ z_3 = \sqrt{6}y_3. \end{cases}$$

解得
$$\begin{cases} y_1 = \frac{1}{\sqrt{2}}z_1 + \frac{1}{\sqrt{6}}z_3, \\ y_2 = \frac{1}{\sqrt{2}}z_2 + \frac{2}{\sqrt{6}}z_3, \\ y_3 = \frac{1}{\sqrt{6}}z_3. \end{cases}$$

把 f 化成规范形

$$f = z_1^2 - z_2^2 + z_3^2.$$

所用变换矩阵为

$$P = \begin{pmatrix} 1 & 1 & 0 \\ 1 & -1 & 0 \\ 0 & 0 & 1 \end{pmatrix} \begin{pmatrix} \frac{1}{\sqrt{2}} & 0 & \frac{1}{\sqrt{6}} \\ 0 & \frac{1}{\sqrt{2}} & \frac{2}{\sqrt{6}} \\ 0 & 0 & \frac{1}{\sqrt{6}} \end{pmatrix} = \begin{pmatrix} \frac{1}{\sqrt{2}} & \frac{1}{\sqrt{2}} & \frac{3}{\sqrt{6}} \\ \frac{1}{\sqrt{2}} & -\frac{1}{\sqrt{2}} & -\frac{1}{\sqrt{6}} \\ 0 & 0 & \frac{1}{\sqrt{6}} \end{pmatrix} \left(|P| = -\frac{1}{\sqrt{6}} \neq 0\right).$$

一般地,任何一个二次型都可以通过配方法化为标准形(或规范形),并且当线性变换 $\boldsymbol{x}=\boldsymbol{C}\boldsymbol{y}$ 是可逆变换时,可以得到 $\boldsymbol{y}=\boldsymbol{C}^{-1}\boldsymbol{x}$,这也是一个可逆变换,它可以把所有的标准形还原. 这样就可以从标准形的性质推出原二次型的性质.

习 题 5.3

1. 用配方法化二次型为标准形,并求所用的可逆变换矩阵.

(1) $f(x_1,x_2,x_3)=2x_1x_2+2x_2x_3$;

(2) $f(x_1,x_2,x_3)=x_1^2-3x_2^2-2x_1x_2+2x_1x_3-6x_2x_3$;

(3) $f(x_1,x_2,x_3)=2x_1^2+2x_2^2+x_3^2+2x_1x_3+2x_2x_3$.

2. 用配方法化二次型 $f(x_1,x_2,x_3)=x_1^2+5x_2^2-4x_3^2+2x_1x_2-4x_1x_3$ 为规范形,并求所用的可逆变换矩阵.

5.4 正定二次型

二次型的标准形不是唯一的,但标准形中系数不为零的完全平方项的项数是唯一确定的,它等于二次型的秩. 不仅如此,在限定变换为实变换时,标准形中正系数的个数与负系数的个数也是唯一确定的.

1. 正定二次型

定理 1　实二次型 $f(x_1,x_2,\cdots,x_n)=\boldsymbol{x}^{\mathrm{T}}\boldsymbol{A}\boldsymbol{x}$ 经过可逆的线性变换化为标准形时,所含正平方项的项数和负平方项的项数是唯一确定的,它们的和等于矩阵 $\boldsymbol{A}$ 的秩.

这个定理称为**惯性定理**,这里不予证明.

定义 1　实二次型 $f(x_1,x_2,\cdots,x_n)$ 的标准形中正平方项的项数 p 称为二次型 $f(x_1,x_2,\cdots,x_n)$ 的**正惯性指数**,负平方项的项数 q 称为二次型 $f(x_1,x_2,\cdots,x_n)$ 的**负惯性指数**,它们的差 $p-q=p-(r-p)=2p-r$ 称为该二次型的**符号差**. 其中,r 为二次型的矩阵的秩,且 $p+q=r$.

定理 2　任何实二次型 $f(x_1,x_2,\cdots,x_n)$ 总可以经过适当的可逆的线性变换化为规范形,且规范形是唯一的,从而任何实对称矩阵必合同于如下形式的对角矩阵

$$\begin{pmatrix}1&&&&&&&&\\&\ddots&&&&&&&\\&&1&&&&&&\\&&&-1&&&&&\\&&&&\ddots&&&&\\&&&&&-1&&&\\&&&&&&0&&\\&&&&&&&\ddots&\\&&&&&&&&0\end{pmatrix}.$$

由定理 2 可知，若二次型 f 的正惯性指数为 p，秩为 r，则 f 的规范型便可确定为

$$f=y_1^2+y_2^2+\cdots+y_p^2-y_{p+1}^2-\cdots-y_r^2.$$

科学技术上用得较多的二次型是正惯性指数为 n 或负惯性指数为 n 的 n 元二次型，有下述定义.

定义 2 设实二次型 $f(\boldsymbol{x})=\boldsymbol{x}^{\mathrm{T}}\boldsymbol{A}\boldsymbol{x}$，如果对于任何 $\boldsymbol{x}\neq\boldsymbol{0}$，都有 $f(x)>0$ ($f(x)<0$)，则称该二次型为**正(负)定二次型**，矩阵 $\boldsymbol{A}$ 称为**正(负)定矩阵**.

如果对于任何 $\boldsymbol{x}\neq\boldsymbol{0}$，恒有 $f\geqslant 0$，则称二次型 f 为**半正定二次型**，并称对称矩阵 $\boldsymbol{A}$ 为**半正定矩阵**.

如果对于任何 $\boldsymbol{x}\neq\boldsymbol{0}$，恒有 $f\leqslant 0$，则称二次型 f 为**半负定二次型**，并称对称矩阵 $\boldsymbol{A}$ 为**半负定矩阵**.

如果 f 既不是半正定，也不是半负定，则称二次型 f 为**不定二次型**，并称对称矩阵 $\boldsymbol{A}$ 为**不定矩阵**.

例 1 用定义判断下列二次型是否是正定的.

(1) $f(x_1,x_2,x_3,x_4)=x_1^2+2x_2^2+x_3^2+3x_4^2$；

(2) $f(x_1,x_2,x_3)=x_1^2-2x_2^2+x_3^2$.

解(1) 因为任意

$$\boldsymbol{x}=(x_1,x_2,x_3,x_4)^{\mathrm{T}}\neq\boldsymbol{0},$$

至少有一个分量 $x_i\neq 0$，从而

$$f(x_1,x_2,x_3,x_4)\geqslant k_ix_i^2>0, k_i>0,$$

所以该二次型是正定的.

(2) 取 $$\boldsymbol{x}=(x_1,x_2,x_3)^{\mathrm{T}}=(0,1,0)^{\mathrm{T}}\neq\boldsymbol{0},$$

但 $$f(x_1,x_2,x_3)=-2<0,$$

所以二次型不是正定的.

可以从定义来判断一个二次型是否正定，但是很麻烦. 下面给出几个判断二次型是正定的充分必要条件.

定理 3 n 元实二次型是正定的充分必要条件是正惯性指数 p 等于 n.

证 设 $f=\boldsymbol{x}^{\mathrm{T}}\boldsymbol{A}\boldsymbol{x}$ 经可逆变换 $\boldsymbol{x}=\boldsymbol{C}\boldsymbol{y}$ 可化为标准形

$$f=k_1y_1^2+k_2y_2^2+\cdots+k_ny_n^2,$$

充分性 当 $p=n$ 时，可知

$$k_i>0 \quad (i=1,2,\cdots,n),$$

任给 $$\boldsymbol{x}\neq\boldsymbol{0},$$

则 $$\boldsymbol{y}=\boldsymbol{C}^{-1}\boldsymbol{x}\neq\boldsymbol{0},$$

即 $\boldsymbol{y}$ 的分量 $y_1,y_2,\cdots,y_n$ 不全为零，由此可知

$$f=k_1y_1^2+k_2y_2^2+\cdots+k_ny_n^2>0,$$

据定义可知 f 是正定的.

必要性(用反证法) 设某个 $k_i \leqslant 0$,则取 $y_i=1$,其余 $y_j=0\ (i \neq j)$,即

$$\boldsymbol{y}=\boldsymbol{e}_i \neq \boldsymbol{0},$$

对应的 $\boldsymbol{x}=\boldsymbol{C}\boldsymbol{y} \neq \boldsymbol{0}$,

但
$$f=k_1 y_1^2+k_2 y_2^2+\cdots+k_i y_i^2+\cdots+k_n y_n^2 \leqslant 0,$$

这与 f 是正定的相矛盾,所以 f 为正定,必须所有

$$k_i>0 \quad (i=1,2,\cdots,n),$$

即
$$p=n.$$

定理4 n 元实二次型是正定的充分必要条件是 $\boldsymbol{A}$ 的所有特征值都为正数.

证 由二次型可知,经正交变换 $\boldsymbol{x}=\boldsymbol{P}\boldsymbol{y}$,将有

$$f=\boldsymbol{x}^{\mathrm{T}}\boldsymbol{A}\boldsymbol{x}=\lambda_1 y_1^2+\lambda_2 y_2^2+\cdots+\lambda_n y_n^2,$$

其中,$\lambda_i(i=1,2,\cdots,n)$是 $\boldsymbol{A}$ 的特征值,所以由定理3可知该结论成立,即

$$\lambda_i>0 \quad (i=1,2,\cdots,n).$$

定理5 实对称矩阵 $\boldsymbol{A}$ 正定的充分必要条件是存在可逆矩阵 $\boldsymbol{C}$,使

$$\boldsymbol{C}^{\mathrm{T}}\boldsymbol{A}\boldsymbol{C}=\boldsymbol{I}.$$

推论 正定矩阵的行列式大于零.

定义3 设 $\boldsymbol{A}$ 为 n 阶实对称矩阵,顺序取 $\boldsymbol{A}$ 的前 k 行与前 k 列交叉处的元素构成的矩阵

$$\boldsymbol{A}_k=\begin{pmatrix} a_{11} & \cdots & a_{1k} \\ \vdots & & \vdots \\ a_{k1} & \cdots & a_{kk} \end{pmatrix} \quad (k=1,2,\cdots,n)$$

称为 $\boldsymbol{A}$ 的 **k 阶顺序主子矩阵**,它的行列式 $|\boldsymbol{A}_k|$ 称为 $\boldsymbol{A}$ 的 **k 阶顺序主子式**,记作 Δ_k.

定理6(Sylvester 定理) n 阶实对称矩阵 $\boldsymbol{A}=(a_{ij})$ 为正定矩阵的充分必要条件是 $\boldsymbol{A}$ 的各阶顺序主子式都大于0,即

$$a_{11}>0,\begin{vmatrix} a_{11} & a_{12} \\ a_{21} & a_{22} \end{vmatrix}>0,\cdots,\begin{vmatrix} a_{11} & \cdots & a_{1n} \\ \vdots & & \vdots \\ a_{n1} & \cdots & a_{nn} \end{vmatrix}>0.$$

定理7 对于 n 元实二次型 $f(\boldsymbol{x})=\boldsymbol{x}^{\mathrm{T}}\boldsymbol{A}\boldsymbol{x}$,下列条件等价.

(1) $f(\boldsymbol{x})$是负定的.

(2) $f(\boldsymbol{x})$的负惯性指数为 n.

(3) 存在可逆矩阵 $\boldsymbol{C}$,使 $\boldsymbol{C}^{-1}\boldsymbol{A}\boldsymbol{C}=-\boldsymbol{I}$.

(4) $\boldsymbol{A}$ 的奇数阶顺序主子式都小于零,$\boldsymbol{A}$ 的偶数阶顺序主子式都大于零,即

$$a_{11}<0,\begin{vmatrix} a_{11} & a_{12} \\ a_{21} & a_{22} \end{vmatrix}>0,\cdots,(-1)^r\begin{vmatrix} a_{11} & \cdots & a_{1r} \\ \vdots & & \vdots \\ a_{r1} & \cdots & a_{rr} \end{vmatrix}>0 \quad (r=1,2,\cdots,n).$$

例2 判断二次型 $f(x_1,x_2,x_3)=x_1^2+2x_2^2+3x_3^2+2x_1x_2+2x_2x_3+2x_1x_3$ 是否正定.

解 二次型的矩阵为

$$A=\begin{pmatrix}1&1&1\\1&2&1\\1&1&3\end{pmatrix},$$

它的3个顺序主子式

$$\Delta_1=|1|=1>0,$$

$$\Delta_2=\begin{vmatrix}1&1\\1&2\end{vmatrix}=1>0,$$

$$\Delta_3=\begin{vmatrix}1&1&1\\1&2&1\\1&1&3\end{vmatrix}=2>0.$$

所以该二次型是正定的.

例3 判断二次型 $f=-2x_1^2-6x_2^2-4x_3^2+2x_1x_2+2x_2x_3$ 的正定性.

解 二次型的矩阵为

$$A=\begin{pmatrix}-2&1&1\\1&-6&0\\1&0&-4\end{pmatrix},$$

各阶顺序主子式为

$$\Delta_1=|a_{11}|=-2<0,$$

$$\Delta_2=\begin{vmatrix}a_{11}&a_{12}\\a_{21}&a_{22}\end{vmatrix}=\begin{vmatrix}-2&1\\1&-6\end{vmatrix}=11>0,$$

$$\Delta_3=\begin{vmatrix}-2&1&1\\1&-6&0\\1&0&-4\end{vmatrix}\xlongequal[r_2-r_3]{r_1+2r_3}\begin{vmatrix}0&1&-7\\0&-6&4\\1&0&-4\end{vmatrix}=\begin{vmatrix}1&-7\\-6&4\end{vmatrix}=-38<0,$$

所以二次型 f 是负定的.

例4 若二次型 $f=2x_1^2+x_2^2+x_3^2+2x_1x_2+tx_2x_3$ 是正定的,求 t 的取值范围.

解 **解法一** 二次型 f 所对应的矩阵

$$\boldsymbol{A}=\begin{pmatrix}2 & 1 & 0\\ 1 & 1 & \frac{t}{2}\\ 0 & \frac{t}{2} & 1\end{pmatrix},$$

f 为正定的充要条件是 $\boldsymbol{A}$ 的顺序主子式 $\Delta_i(i=1,2,3)$ 全大于 0，

$$\Delta_1=2,$$

$$\Delta_2=\begin{vmatrix}2 & 1\\ 1 & 1\end{vmatrix}=1,$$

$$\Delta_3=|\boldsymbol{A}|\xlongequal{r_1-2r_2}\begin{vmatrix}0 & -1 & -t\\ 1 & 1 & \frac{t}{2}\\ 0 & \frac{t}{2} & 1\end{vmatrix}$$

$$=1\times(-1)\begin{vmatrix}-1 & -t\\ \frac{t}{2} & 1\end{vmatrix}=1-\frac{t^2}{2}>0,$$

得

$$-\sqrt{2}<t<\sqrt{2}.$$

解法二 用配方法得

$$f=2\left(x_1+\frac{1}{2}x_2\right)^2+\frac{1}{2}(x_2+tx_3)^2+\left(1-\frac{t^2}{2}\right)x_3^2$$

$$=2y_1^2+\frac{1}{2}y_2^2+\left(1-\frac{t^2}{2}\right)y_3^2,$$

由 f 为正定的充要条件是正惯性指数 $p=3$，得

$$\left(1-\frac{t^2}{2}\right)>0,$$

从而有

$$-\sqrt{2}<t<\sqrt{2}.$$

下面介绍两个正定矩阵的性质.

(1) 若 $\boldsymbol{A}$ 为正定矩阵，则 $\boldsymbol{A}^{\mathrm{T}},\boldsymbol{A}^{-1},\boldsymbol{A}^*,k\boldsymbol{A}$($k$ 为大于 0 的常数)，$\boldsymbol{A}^n$(n 为整数)亦为正定矩阵.

(2) 若 $\boldsymbol{A},\boldsymbol{B}$ 均为正定矩阵，则 $\boldsymbol{A}+\boldsymbol{B}$ 为正定矩阵.

例 5 已知齐次方程组 $\begin{cases}(a+3)x_1+x_2+2x_3=0,\\ 2ax_1+(a-1)x_2+x_3=0,\\ (a-3)x_1-3x_2+ax_3=0\end{cases}$ 有非零解，且 $\boldsymbol{A}=\begin{pmatrix}2 & 0 & 2\\ 0 & a & 0\\ 2 & 0 & 9\end{pmatrix}$ 为正定，求 a，并确定当 $\boldsymbol{x}^{\mathrm{T}}\boldsymbol{x}=2$ 时 $f=\boldsymbol{x}^{\mathrm{T}}\boldsymbol{A}\boldsymbol{x}$ 的最大值.

解 由齐次方程组有非零解，得

$$\begin{vmatrix}a+3 & 1 & 2\\ 2a & a-1 & 1\\ a-3 & -3 & a\end{vmatrix}\xlongequal[r_3-ar_2]{r_1-2r_2}\begin{vmatrix}3-3a & 3-2a & 0\\ 2a & a-1 & 1\\ -2a^2+a-3 & -a^2+a-3 & 0\end{vmatrix}$$

$$=(-1)[(-a^2+a-3)(3-3a)-(-2a^2+a-3)(3-2a)]$$
$$=-(-a^3+2a^2+3a)$$
$$=a^3-2a^2-3a$$
$$=a(a+1)(a-3).$$

解得
$$a=0,\quad a=-1,\quad a=3,$$
又由 $\boldsymbol{A}$ 的正定性知 $a_{ii}>0$，可排除 $a=0,a=-1$，所以取
$$a=3.$$

当 $a=3$ 时，解得
$$\lambda_1=3,\quad \lambda_{2,3}=\frac{11\pm\sqrt{65}}{2},$$
$\boldsymbol{A}$ 的特征值全为正，知 $\boldsymbol{A}$ 为正定，即 $a=3$ 为所求.

因为 $\boldsymbol{A}$ 为对称矩阵，必存在正交变换 $\boldsymbol{x}=\boldsymbol{P}\boldsymbol{y}$（$\boldsymbol{P}$ 为正交矩阵），化二次型为标准形
$$\boldsymbol{x}^{\mathrm{T}}\boldsymbol{A}\boldsymbol{x}=3y_1^2+\frac{11+\sqrt{65}}{2}y_2^2+\frac{11-\sqrt{65}}{2}y_3^2.$$

由
$$\boldsymbol{y}^{\mathrm{T}}\boldsymbol{y}=\boldsymbol{y}^{\mathrm{T}}\boldsymbol{P}^{\mathrm{T}}\boldsymbol{P}\boldsymbol{y}=(\boldsymbol{P}\boldsymbol{y})^{\mathrm{T}}(\boldsymbol{P}\boldsymbol{y})=\boldsymbol{x}^{\mathrm{T}}\boldsymbol{x}=2$$
可知，
$$\boldsymbol{x}^{\mathrm{T}}\boldsymbol{A}\boldsymbol{x}\leqslant 10(y_1^2+y_2^2+y_3^2)=10\boldsymbol{y}^{\mathrm{T}}\boldsymbol{y}=20,$$
因此当 $\boldsymbol{x}^{\mathrm{T}}\boldsymbol{x}=2$ 时，$\boldsymbol{x}^{\mathrm{T}}\boldsymbol{A}\boldsymbol{x}$ 的最大值是 20.

2. 矩阵的等价、相似与合同

第 2 章、第 4 章和本章分别介绍了矩阵的等价、相似和合同，三者有下面的关系.

(1) $\boldsymbol{A}$ 与 $\boldsymbol{B}$ 等价的充分必要条件是 $\boldsymbol{A}$ 经过初等变换得到 $\boldsymbol{B}$.

(2) $\boldsymbol{A}$ 与 $\boldsymbol{B}$ 等价的充分必要条件是存在可逆矩阵 $\boldsymbol{P},\boldsymbol{Q}$，使 $\boldsymbol{PAQ}=\boldsymbol{B}$.

(3) $\boldsymbol{A}$ 与 $\boldsymbol{B}$ 等价的充分必要条件是 $\boldsymbol{A},\boldsymbol{B}$ 为同型矩阵，且 $r(\boldsymbol{A})=r(\boldsymbol{B})$.

(4) $\boldsymbol{A}$ 与 $\boldsymbol{B}$ 相似的充分必要条件是存在可逆矩阵 $\boldsymbol{P}$，使 $\boldsymbol{P}^{-1}\boldsymbol{AP}=\boldsymbol{B}$.

(5) $\boldsymbol{A}$ 与 $\boldsymbol{B}$ 合同的充分必要条件是存在可逆矩阵 $\boldsymbol{C}$，使 $\boldsymbol{C}^{\mathrm{T}}\boldsymbol{AC}=\boldsymbol{B}$.

(6) $\boldsymbol{A}$ 与 $\boldsymbol{B}$ 合同的充分必要条件是 $\boldsymbol{x}^{\mathrm{T}}\boldsymbol{A}\boldsymbol{x}$ 与 $\boldsymbol{x}^{\mathrm{T}}\boldsymbol{B}\boldsymbol{x}$ 有相同的正、负惯性指数.

注：矩阵的等价、相似、合同虽然都是矩阵之间初等变换的关系，但三者各有其自身的特点，要认真研究它们之间的区别与联系.

例 6 矩阵 $\boldsymbol{A}=\begin{pmatrix}1&0\\0&2\end{pmatrix},\boldsymbol{B}=\begin{pmatrix}1&0\\0&4\end{pmatrix}$ 是否等价、相似、合同？

解 因为
$$r(\boldsymbol{A})=r(\boldsymbol{B})=2,$$
且 $\boldsymbol{A},\boldsymbol{B}$ 为同型矩阵，所以矩阵 $\boldsymbol{A}$ 与 $\boldsymbol{B}$ 等价.

又矩阵 $\boldsymbol{A}$ 与 $\boldsymbol{B}$ 的特征值不同，所以矩阵 $\boldsymbol{A}$ 与 $\boldsymbol{B}$ 不相似.

由于
$$\boldsymbol{x}^{\mathrm{T}}\boldsymbol{A}\boldsymbol{x}=x_1^2+2x_2^2$$
与
$$\boldsymbol{x}^{\mathrm{T}}\boldsymbol{B}\boldsymbol{x}=x_1^2+4x_2^2$$
有相同的正、负惯性指数（即正惯性指数为 2，负惯性指数为 0），所以矩阵 $\boldsymbol{A}$ 与 $\boldsymbol{B}$ 合同，或由

$$\begin{pmatrix}1&\\&\sqrt{2}\end{pmatrix}^{\mathrm{T}}\begin{pmatrix}1&\\&2\end{pmatrix}\begin{pmatrix}1&\\&\sqrt{2}\end{pmatrix}=\begin{pmatrix}1&\\&4\end{pmatrix},$$

知,矩阵 $\boldsymbol{A}$ 与 $\boldsymbol{B}$ 合同.

例 7　矩阵 $\boldsymbol{A}=\begin{pmatrix}1&1&1\\1&1&1\\1&1&1\end{pmatrix}$,$\boldsymbol{B}=\begin{pmatrix}3&0&0\\0&0&0\\0&0&0\end{pmatrix}$是否等价、相似、合同?

解　因为

$$r(\boldsymbol{A})=r(\boldsymbol{B})=1,$$

且 $\boldsymbol{A},\boldsymbol{B}$ 为同型矩阵,所以矩阵 $\boldsymbol{A}$ 与 $\boldsymbol{B}$ 等价.

由

$$|\lambda\boldsymbol{I}-\boldsymbol{A}|=\lambda^2(\lambda-3)$$

得 $\boldsymbol{A}$ 的特征值为 3,0,0,因 $\boldsymbol{A}$ 为对称矩阵,所以矩阵 $\boldsymbol{A}$ 必能相似对角化,且

$$\boldsymbol{A}\sim\begin{pmatrix}3&&\\&0&\\&&0\end{pmatrix},$$

即矩阵 $\boldsymbol{A}\sim\boldsymbol{B}$.

又因 $\boldsymbol{A},\boldsymbol{B}$ 为对称矩阵,所以 $\boldsymbol{A}$ 与 $\boldsymbol{B}$ 合同.

综上可知,矩阵 $\boldsymbol{A}$ 与 $\boldsymbol{B}$ 等价、相似、合同.

说明　对称矩阵 $\boldsymbol{A}$ 相似于 $\boldsymbol{B}$,可推出 $\boldsymbol{A}$ 合同于 $\boldsymbol{B}$,但 $\boldsymbol{A}$ 合同于 $\boldsymbol{B}$ 不一定能推出 $\boldsymbol{A}$ 与 $\boldsymbol{B}$ 相似.

习　题　5.4

1. 判断下列二次型的正定性:

(1) $f(x_1,x_2,x_3)=-x_1^2-2x_2^2-3x_3^2+2x_1x_2+2x_1x_3$;

(2) $f(x_1,x_2,x_3,x_4)=x_1^2+3x_2^2+9x_3^2+19x_4^2-2x_1x_2+4x_1x_3+2x_1x_4-6x_2x_4-12x_3x_4$;

(3) $f(x_1,x_2,x_3)=x_1^2+3x_2^2+9x_3^2-2x_1x_2+4x_1x_3$.

2. 设二次型 $f=x_1^2+2x_2^2+5x_3^2+2x_1x_2+2x_1x_3+6x_2x_3$,求 f 的正、负惯性指数.

3. 已知矩阵 $\boldsymbol{A}=\begin{pmatrix}1&a&1\\a&2&0\\1&0&1-a\end{pmatrix}$为正定矩阵,求 a 的取值范围.

4. 已知 $\boldsymbol{A}$ 为反对称矩阵(即 $\boldsymbol{A}^{\mathrm{T}}=-\boldsymbol{A}$),求证 $\boldsymbol{I}-\boldsymbol{A}^2$ 为正定矩阵,其中 $\boldsymbol{I}$ 为单位矩阵.

5. 证明:二次型 $f=\boldsymbol{x}^{\mathrm{T}}\boldsymbol{A}\boldsymbol{x}$ 在 $|\boldsymbol{x}|=1$ 时的最大值为矩阵 $\boldsymbol{A}$ 的最大特征值.

6. 举例说明两矩阵合同但不一定相似.

*5.5　二次型的几何应用

二次型的应用很广泛,特别是实对称矩阵的正定性及有定性的判别,在数学的各分支和微

观经济分析等许多问题中具有广泛的应用. 本节仅介绍二次型在几何曲面分类上的应用.

1. 二次曲面的标准形

在平面解析几何中,一般的二次曲线

$$ax^2+bxy+cy^2+dx+ey+f=0 \quad (a,b,c\text{ 不全为零})$$

利用旋转、平移变换可以化简,从而划分为椭圆、双曲线和抛物线三种类型,这一结论可以推广到一般的 n 维向量空间中.

一般地,在 $\mathbf{R}^n$ 中由二次方程

$$\sum_{i=1}^{n}\sum_{j=1}^{n}a_{ij}x_ix_j+2\sum_{j=1}^{n}a_jx_j+a=0$$

确定的点 $\boldsymbol{x}=(x_1,x_2,\cdots,x_n)^{\mathrm{T}}\in\mathbf{R}^n$ 的集合称为**二次超平面**.

如果 $$a_{ij}=a_{ji} \quad (i,j=1,2,\cdots,n),$$

则二次超曲面可以改写为

$$\boldsymbol{x}^{\mathrm{T}}\boldsymbol{A}\boldsymbol{x}+2\boldsymbol{\alpha}^{\mathrm{T}}\boldsymbol{x}+a=0,$$

其中,$\boldsymbol{A}=(a_{ij})_{n\times n}$为实对称矩阵,$\boldsymbol{x}=(x_1,x_2,\cdots,x_n)^{\mathrm{T}}$,$\boldsymbol{\alpha}=(a_1,a_2,\cdots,a_n)^{\mathrm{T}}$.

二次超曲面的化简、分类具有重要的理论意义和广泛应用. n 元二次函数 $f(\boldsymbol{x})=\boldsymbol{x}^{\mathrm{T}}\boldsymbol{A}\boldsymbol{x}+2\boldsymbol{\alpha}^{\mathrm{T}}\boldsymbol{x}+a$ 是经济学中生产函数、成本函数的常见形式之一. 在最优化理论中,也经常遇到该二次函数的极值问题.

为了化简二次超曲面,先引入仿射变换的概念.

定义 设 $\boldsymbol{x}=(x_1,x_2,\cdots,x_n)^{\mathrm{T}}\in\mathbf{R}^n$, 称

$$\boldsymbol{\sigma}(\boldsymbol{x})=\boldsymbol{B}\boldsymbol{x}+\boldsymbol{\beta}$$

为 $\mathbf{R}^n$ 中的**仿射变换**,其中 $\boldsymbol{B}=(b_{ij})_{n\times n}$,$\det(\boldsymbol{B})\neq 0$,$\boldsymbol{\beta}=(b_1,b_2,\cdots,b_n)^{\mathrm{T}}\in\mathbf{R}^n$.

不难看出,这一变换将 n 维向量 $\boldsymbol{x}$ 变换为 n 维向量 $\boldsymbol{\sigma}(\boldsymbol{x})$.

引理 $\mathbf{R}^n$ 中的仿射变换 $\boldsymbol{\sigma}$ 保持任意两个向量 $\boldsymbol{x},\boldsymbol{y}\in\mathbf{R}^n$ 的距离不变的充分必要条件是 $\boldsymbol{B}$ 为正交矩阵.

注:矩阵 $\boldsymbol{B}$ 为正交矩阵时,仿射变换也称为**等距变换**.

定理 设 $\mathbf{R}^n$ 中的二次超曲面为 $f(\boldsymbol{x})=\boldsymbol{x}^{\mathrm{T}}\boldsymbol{A}\boldsymbol{x}+2\boldsymbol{\alpha}^{\mathrm{T}}\boldsymbol{x}+a=0$,实对称矩阵 $\boldsymbol{A}$ 的非零特征根为 $\lambda_1,\lambda_2,\cdots,\lambda_r$. 设 r 为矩阵 $\boldsymbol{A}$ 的秩,r^* 为矩阵 $\begin{pmatrix}\boldsymbol{A} & \boldsymbol{\alpha}\\ \boldsymbol{\alpha}^{\mathrm{T}} & a\end{pmatrix}$ 的秩,则该曲面可经等距变换化为下列情形之一.

(1) 当 $r=r^*$ 时,$f=\lambda_1z_1^2+\lambda_2z_2^2+\cdots+\lambda_rz_r^2=0$.

(2) 当 $r=r^*-1$ 时,$f=\lambda_1z_1^2+\lambda_2z_2^2+\cdots+\lambda_rz_r^2-c=0$.

(3) 当 $r=r^*-2$ 时,$f=\lambda_1z_1^2+\lambda_2z_2^2+\cdots+\lambda_rz_r^2+2bz_n=0$.

此定理证明略.

利用该定理,可以把二次超曲面标准化为三种情形之一,从而进行分类.

例 1 在 $\mathbf{R}^3$ 中化简二次方程 $2x_1^2+x_2^2-4x_1x_2-4x_2x_3+6x_1-3x_3+1=0$,并判断其曲面形状.

解　设

$$A=\begin{pmatrix}2&-2&0\\-2&1&-2\\0&-2&0\end{pmatrix},\quad \alpha=\begin{pmatrix}3\\0\\-\frac{3}{2}\end{pmatrix},\quad x=\begin{pmatrix}x_1\\x_2\\x_3\end{pmatrix},$$

则该二次方程记为

$$x^{T}Ax+2\alpha^{T}x+1=0.$$

由 $\det(\lambda I-A)=0$，可得 A 的特征值和对应的特征向量为

$$\lambda_1=1,\quad \xi_1=(-2,-1,2)^{T};$$

$$\lambda_2=1,\quad \xi_2=(2,-2,1)^{T};$$

$$\lambda_3=-2,\quad \xi_3=(1,2,2)^{T}.$$

将 ξ_1,ξ_2,ξ_3 单位化，得

$$\eta_1=\frac{1}{3}(-2,-1,2)^{T},$$

$$\eta_2=\frac{1}{3}(2,-2,1)^{T},$$

$$\eta_3=\frac{1}{3}(1,2,2)^{T}.$$

取正交矩阵

$$B=\begin{pmatrix}-\frac{2}{3}&\frac{2}{3}&\frac{1}{3}\\\frac{1}{3}&-\frac{2}{3}&\frac{2}{3}\\\frac{2}{3}&\frac{1}{3}&\frac{2}{3}\end{pmatrix},$$

则

$$B^{T}AB=\mathrm{diag}(1,4,-2).$$

设 $x=By$，其中 $y=(y_1,y_2,y_3)^{T}$. 原二次方程可化为

$$y^{T}B^{T}ABy+2\alpha^{T}By+1=0,$$

即

$$y_1^2+4y_2^2-2y_3^2-2y_1+5y_2+4y_3-1=0.$$

令

$$z_1=y_1-1,\quad z_2=y_2+\frac{5}{8},\quad z_3=y_3-1,$$

即

$$Z=(z_1,z_2,z_3)^{T}=(y_1,y_2,y_3)^{T}+\left(-1,\frac{5}{8},-1\right)^{T},$$

得原二次曲面的标准形为

$$z_1^2+4z_2^2-z_3^2=\frac{25}{64}.$$

用平面 $z_3=c$ (c 为常数)截此曲面，截痕为椭圆；用平面 $z_1=a$ (a 为常数)截此曲面，截痕为双曲线；用平面 $z_2=b$ (b 为常数)截此曲面，截痕为双曲线. 由此可知，此曲面如图 5-1 所示，一般称为**单叶双曲面**.

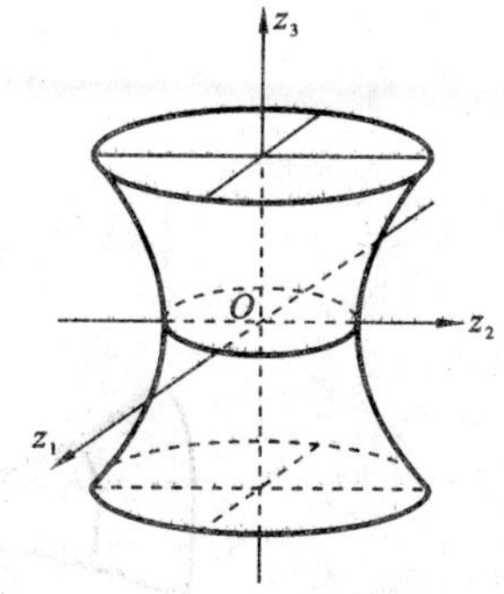

图 5-1 二次曲面截痕图

2. 二次曲面的分类

在 $\mathbf{R}^3$ 中，一般的二次曲面方程都可以利用定理 1 化成标准形，从而对二次曲面进行分类. 其中常见的曲面有以下七种.

1）球面

在某个空间直角坐标系中，如果二次曲面可化为

$$x^2+y^2+z^2=r^2,$$

则此曲面是以原点为球心，r 为半径的**球面**.

2）椭球面

在某个空间直角坐标系中，如果二次曲面可化为

$$\frac{x^2}{a^2}+\frac{y^2}{b^2}+\frac{z^2}{c^2}=1 \quad (a\geqslant b>c>0),$$

则此曲面称为**椭球面**.

3）单叶双曲面

在某个空间直角坐标系中，如果二次曲面可化为

$$\frac{x^2}{a^2}+\frac{y^2}{b^2}-\frac{z^2}{c^2}=1 \quad (a\geqslant b>0,c>0),$$

则此曲面称为**单叶双曲面**(如本节例题).

4）双叶双曲面

在某个空间直角坐标系中，如果二次曲面可化为

$$\frac{z^2}{c^2}-\frac{x^2}{a^2}-\frac{y^2}{b^2}=1 \quad (a\geqslant b>0,c>0),$$

则此曲面为**双叶双曲面**(见图 5-2).

5）双曲抛物面

在某个空间直角坐标系中，如果二次曲面可化为

$$\frac{x^2}{a^2}-\frac{y^2}{b^2}=z,$$

则此曲面称为**双曲抛物面**，亦称**鞍面**(见图 5-3).

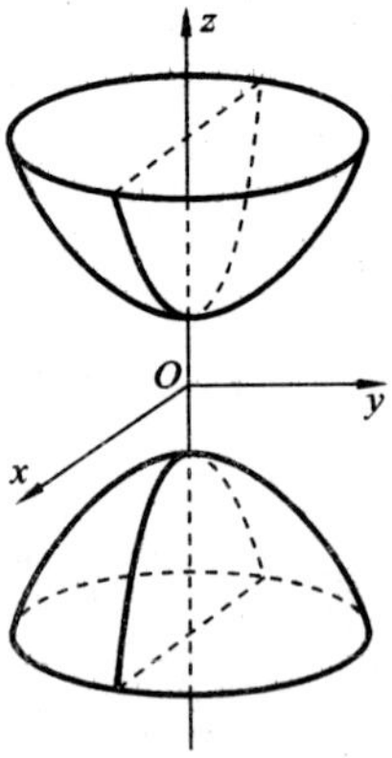

图 5-2　双叶双曲面

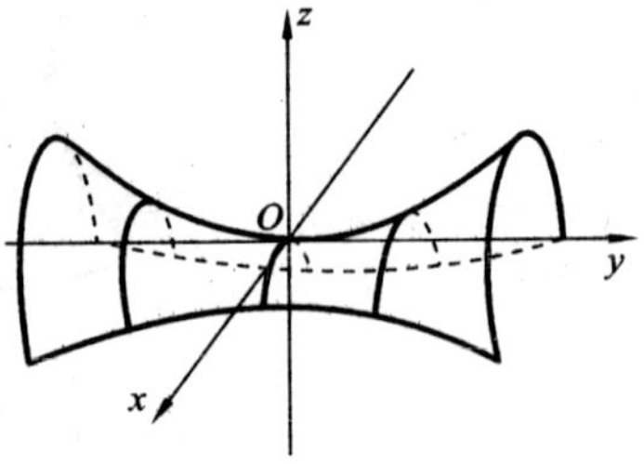

图 5-3　双曲抛物面

6）椭圆抛物面

在某个空间直角坐标系中，如果二次曲面可化为

$$\frac{x^2}{a^2}+\frac{y^2}{b^2}=z,$$

则此曲面称为**椭圆抛物面**(见图 5-4).

7）锥面

在某个空间直角坐标系中，如果二次曲面可化为

$$\frac{x^2}{a^2}+\frac{y^2}{b^2}-\frac{z^2}{c^2}=0\quad(a\geqslant b>0,c>0),$$

则称此曲面为**二次锥面**(见图 5-5).

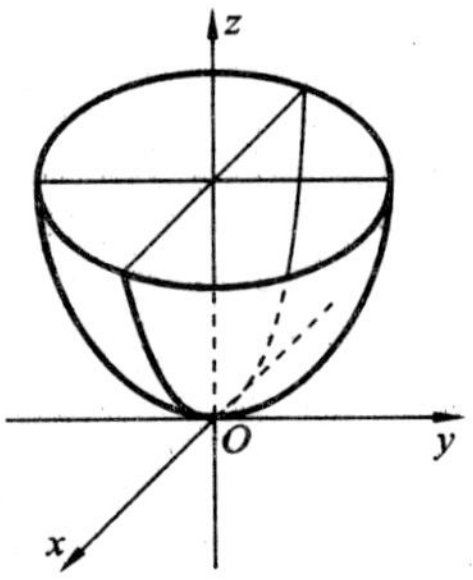

图 5-4　椭圆抛物面

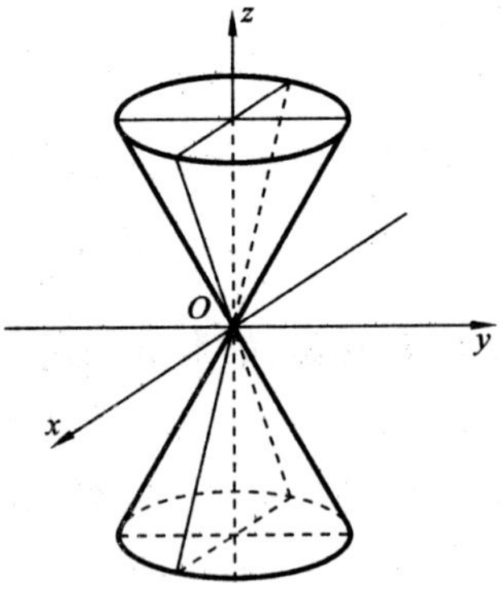

图 5-5　二次锥面

习　题　5.5

1. 在 $\mathbf{R}^3$ 中，将下述二次方程化为标准型，并判断曲面类型.

(1) $x^2+2y^2+4z^2-4xz+6\sqrt{5}x-4y-2\sqrt{5}z+27=0$;

(2) $4x^2-6y^2-6z^2-4yz-4x+4y+4z-5=0$.

2. 求 k 的值，使得二次曲面 $2x^2+y^2+z^2+2xy+kyz=1$ 表示椭球面.

本章小结

1. 基本概念

二次型、二次型的标准形及其规范形、合同矩阵、正交变换、正(负)惯性指数、正(负)定二次型、正(负)定矩阵.

2. 基本内容

1) 二次型及其各种形式

一般形式

$$f(x_1,x_2,\cdots,x_n)=a_{11}x_1^2+a_{22}x_2^2+\cdots+a_{nn}x_n^2+2a_{12}x_1x_2+2a_{13}x_1x_3+\cdots+2a_{1n}x_1x_n+2a_{23}x_2x_3+2a_{24}x_2x_4+\cdots+2a_{2n}x_2x_n+\cdots+2a_{n-1,n}x_{n-1}x_n$$

二次型的标准形

$$f(x_1,x_2,\cdots,x_n)=a_1x_1^2+a_2x_2^2+\cdots+a_nx_n^2$$

二次型的规范形

$$f(x_1,x_2,\cdots,x_n)=x_1^2+x_2^2+\cdots+x_p^2-x_{p+1}^2-x_{p+2}^2-\cdots-x_{p+q}^2,\quad p+q\leqslant n.$$

2) 二次型化标准形的方法

(1) 正交变换法.

用正交变换化二次型为标准形的步骤一般如下：

① 将二次型化成矩阵形式 $f(\boldsymbol{x})=\boldsymbol{x}^{\mathrm{T}}\boldsymbol{A}\boldsymbol{x}$，求出 $\boldsymbol{A}$；

② 求出 $\boldsymbol{A}$ 的所有特征值 $\lambda_1,\lambda_2,\cdots,\lambda_n$，及其对应的特征向量 $\boldsymbol{\xi}_1,\boldsymbol{\xi}_2,\cdots,\boldsymbol{\xi}_n$；

③ 将特征向量 $\boldsymbol{\xi}_1,\boldsymbol{\xi}_2,\cdots,\boldsymbol{\xi}_n$ 正交化、单位化，得 $\boldsymbol{\eta}_1,\boldsymbol{\eta}_2,\cdots,\boldsymbol{\eta}_n$，记

$$\boldsymbol{P}=(\boldsymbol{\eta}_1,\boldsymbol{\eta}_2,\cdots,\boldsymbol{\eta}_n);$$

④ 作正交变换 $\boldsymbol{x}=\boldsymbol{P}\boldsymbol{y}$，则得 $\boldsymbol{x}^{\mathrm{T}}\boldsymbol{A}\boldsymbol{x}$ 的标准形，为

$$f=\lambda_1y_1^2+\lambda_2y_2^2+\cdots+\lambda_ny_n^2.$$

(2) 配方法.

3) 判断正定二次型的方法

(1) 定义法.

(2) n 元实二次型正定 $\Leftrightarrow$ 正惯性指数 p 等于 n.

(3) n 元实二次型正定 $\Leftrightarrow$ $\boldsymbol{A}$ 的所有特征值都为正数.

(4) n 阶实对称矩阵 $\boldsymbol{A}=(a_{ij})$ 为正定矩阵 $\Leftrightarrow$ $\boldsymbol{A}$ 的各阶顺序主子式都大于 0.

4) 矩阵等价、合同和相似的关系

对称矩阵 $\boldsymbol{A}$ 相似于 $\boldsymbol{B}$，可推出 $\boldsymbol{A}$ 合同于 $\boldsymbol{B}$，但 $\boldsymbol{A}$ 合同于 $\boldsymbol{B}$ 不一定能推出 $\boldsymbol{A}$ 与 $\boldsymbol{B}$ 相似.

5）二次型的几何应用

（1）化二次曲面为标准形的方法：等距变换.

（2）二次曲面的分类：球面、椭球面、单（双）叶双曲面、双曲抛物面、椭圆抛物面、锥面.

习　题　五

1. 选择题.

（1）（**2007 年，数学二**）　设矩阵 $\boldsymbol{A}=\begin{pmatrix}2&-1&-1\\-1&2&-1\\-1&-1&2\end{pmatrix}$，$\boldsymbol{B}=\begin{pmatrix}1&0&0\\0&1&0\\0&0&0\end{pmatrix}$，则 $\boldsymbol{A}$ 与 $\boldsymbol{B}$ ______.

（A）合同且相似　　（B）合同，但不相似

（C）不合同，但相似　　（D）既不合同也不相似

（2）（**2008 年，数学二**）　设 $A=\begin{pmatrix}1&2\\2&1\end{pmatrix}$，则在实数域上与 $\boldsymbol{A}$ 合同的矩阵为______.

（A）$\begin{pmatrix}-2&1\\1&-2\end{pmatrix}$　（B）$\begin{pmatrix}2&-1\\-1&2\end{pmatrix}$　（C）$\begin{pmatrix}2&1\\1&2\end{pmatrix}$　（D）$\begin{pmatrix}1&-2\\-2&1\end{pmatrix}$

（3）（**2001 年，数学一**）　设 $\boldsymbol{A}=\begin{pmatrix}1&1&1&1\\1&1&1&1\\1&1&1&1\\1&1&1&1\end{pmatrix}$，$\boldsymbol{B}=\begin{pmatrix}4&0&0&0\\0&0&0&0\\0&0&0&0\\0&0&0&0\end{pmatrix}$，则 $\boldsymbol{A}$ 与 $\boldsymbol{B}$ ______.

（A）合同且相似　　（B）合同但不相似

（C）不合同但相似　　（D）不合同且不相似

（4）（**2015 年，数学一**）　设二次型 $f(x_1,x_2,x_3)$ 在正交变换为 $\boldsymbol{x}=\boldsymbol{P}\boldsymbol{y}$ 下的标准形为 $2y_1^2+y_2^2-y_3^2$，其中 $\boldsymbol{P}=(e_1,e_2,e_3)$，若 $\boldsymbol{Q}=(e_1,-e_3,e_2)$，则 $f(x_1,x_2,x_3)$ 在正交变换 $\boldsymbol{x}=\boldsymbol{Q}\boldsymbol{y}$ 下的标准形为______.

（A）$2y_1^2-y_2^2+y_3^2$　　（B）$2y_1^2+y_2^2-y_3^2$

（C）$2y_1^2-y_2^2-y_3^2$　　（D）$2y_1^2+y_2^2+y_3^2$

（5）（**2016 年，数学一**）　设二次型 $f(x_1,x_2,x_3)=x_1^2+x_2^2+x_3^2+4x_1x_2+4x_1x_3+4x_2x_3$，则 $f(x_1,x_2,x_3)=2$ 在空间直角坐标下表示的二次曲面为______.

（A）单叶双曲面　　（B）双叶双曲面

（C）椭球面　　（D）柱面

（6）（**2008 年，数学一**）　设 $\boldsymbol{A}$ 为 3 阶实对称矩阵，如果二次曲面方程 $(x,y,z)\boldsymbol{A}\begin{pmatrix}x\\y\\z\end{pmatrix}=1$ 在正交变换下的标准方程的图形如图所示，则 $\boldsymbol{A}$ 的正特征值个数为______.

（A）0　（B）1　（C）2　（D）3

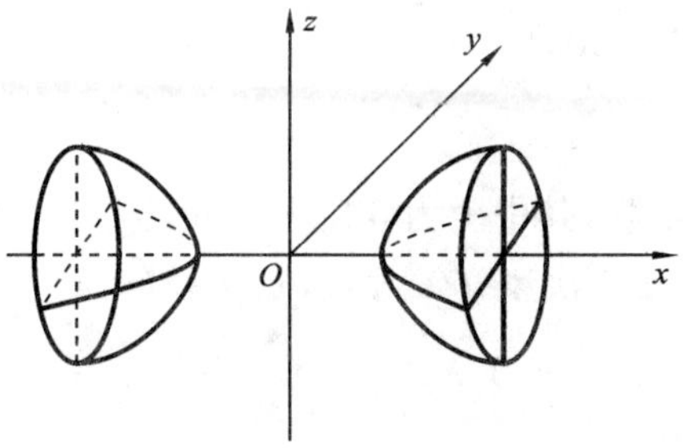

第 1(6) 题图

2. 填空题.

(1) (**2011 年,数学二**) 二次型 $f(x_1,x_2,x_3)=x_1^2+3x_2^2+x_3^2+2x_1x_2+2x_1x_3+2x_2x_3$,则 f 的正惯性指数为______.

(2) (**2002 年,数学一**) 实二次型 $f(x_1,x_2,x_3)=a(x_1^2+x_2^2+x_3^2)+4x_1x_2+4x_1x_3+4x_2x_3$ 经正交变换可化为标准形 $f=6y_1^2$,则 $a=$______.

(3) (**2011 年,数学一**) 若二次曲面的方程 $x^2+3y^2+z^2+2axy+2xz+2yz=4$ 经正交变换可化为 $y_1^2+4z_1^2=4$,则 $a=$______.

(4) (**2014 年,数学一**) 设二次型 $f(x_1,x_2,x_3)=x_1^2-x_2^2+2ax_1x_3+4x_2x_3$ 的负惯性指数是 1,则 a 的取值范围是______.

3. (**2005 年,数学一**) 已知二次型

$$f(x_1,x_2,x_3)=(1-a)x_1^2+(1-a)x_2^2+2x_3^2+2(1+a)x_1x_2$$

的秩为 2.

(1) 求 a 的值;

(2) 求正交变换 $\boldsymbol{x}=\boldsymbol{Q}\boldsymbol{y}$,把 $f(x_1,x_2,x_3)$ 化成标准型;

(3) 求方程 $f(x_1,x_2,x_3)=0$ 的解.

4. (**2012 年,数学二**) 已知 $\boldsymbol{A}=\begin{pmatrix}1&0&1\\0&1&1\\-1&0&a\\0&a&-1\end{pmatrix}$,二次型 $f(x_1,x_2,x_3)=\boldsymbol{x}^{\mathrm{T}}(\boldsymbol{A}^{\mathrm{T}}\boldsymbol{A})\boldsymbol{x}$ 的秩为 2.

(1) 求实数 a 的值;

(2) 求正交变换 $\boldsymbol{x}=\boldsymbol{Q}\boldsymbol{y}$ 将 f 化为标准形.

5. (**2009 年,数学一**) 设二次型 $f(x_1,x_2,x_3)=ax_1^2+ax_2^2+(a-1)x_3^2+2x_1x_3-2x_2x_3$.

(1) 求二次型 f 的矩阵的所有特征值;

(2) 若二次型 f 的规范形为 $y_1^2+y_2^2$,求 a 的值.

6. (**2010 年,数学一**) 设二次型 $f(x_1,x_2,x_3)=\boldsymbol{x}^{\mathrm{T}}\boldsymbol{A}\boldsymbol{x}^{\mathrm{T}}$ 在正交变换 $\boldsymbol{x}=\boldsymbol{Q}\boldsymbol{y}$ 下的标准形

为 $y_1^2+y_2^2$,且 $\boldsymbol{Q}$ 的第三列为 $\left(\frac{\sqrt{2}}{2},0,\frac{\sqrt{2}}{2}\right)^{\mathrm{T}}$.

(1) 求 $\boldsymbol{A}$;

(2) 证明:$\boldsymbol{A}+\boldsymbol{I}$ 为正定矩阵,其中 $\boldsymbol{I}$ 为 3 阶单位矩阵.

7.(2013 年,数学一) 设二次型 $f(x_1,x_2,x_3)=2(a_1x_1+a_2x_2+a_3x_3)^2+(b_1x_1+b_2x_2+b_3x_3)^2$,记 $\boldsymbol{\alpha}=\begin{pmatrix}a_1\\a_2\\a_3\end{pmatrix}$,$\boldsymbol{\beta}=\begin{pmatrix}b_1\\b_2\\b_3\end{pmatrix}$.

(1) 证明:二次型 f 对应的矩阵为 $2\boldsymbol{\alpha}\boldsymbol{\alpha}^{\mathrm{T}}+\boldsymbol{\beta}\boldsymbol{\beta}^{\mathrm{T}}$;

(2) 若 $\boldsymbol{\alpha},\boldsymbol{\beta}$ 正交且均为单位向量,证明:f 在正交变换下的标准形为 $2y_1^2+y_2^2$.

8.(2017 年,数学一) 设二次型 $f(x_1,x_2,x_3)=2x_1^2-x_2^2+ax_3^2+2x_1x_2-8x_1x_3+2x_2x_3$,在正交变换 $\boldsymbol{x}=\boldsymbol{Q}\boldsymbol{y}$ 下的标准形为 $\lambda_1y_1^2+\lambda_2y_2^2$,求 a 的值及一个正交矩阵 $\boldsymbol{Q}$.

9.(2018 年,数学二) 设二次型 $f(x_1,x_2,x_3)=(x_1-x_2+x_3)^2+(x_2+x_3)^2+(x_1+ax_3)^2$,其中 a 是参数.

(1) 求 $f(x_1,x_2,x_3)=0$ 的解;

(2) 求 $f(x_1,x_2,x_3)=0$ 的规范形.

*第 6 章　线性空间与线性变换

第 3 章介绍了数域 F 上的 n 维向量，并讨论了向量的线性运算和向量间的线性关系，进一步得到了实数域上 n 维向量空间 $\mathbf{R}^n$ 的概念. 这些对于研究线性方程组解的结构具有非常重要的意义. 而在科学技术和经济研究等领域中，又有很多与 $\mathbf{R}^n$ 具有相同性质的集合，将这些集合的共同性质抽象出来，就得到了线性空间的概念. 线性空间是线性代数基本的概念之一. 两个线性空间中的元素，它们之间的相互联系通过映射来实现. 特别地，线性空间上到其自身的映射称为变换.

6.1　线性空间

1. 线性空间的定义

定义 1　设 V 是一个非空集合，F 是一个数域，如果在 V 中定义如下两种运算(这两种运算合称为**线性运算**).

(1) 加法：对任意的两个元素 $\boldsymbol{\alpha},\boldsymbol{\beta}\in V$，按照某一法则都存在唯一的元素 $\boldsymbol{\gamma}\in V$ 与之对应，称为 $\boldsymbol{\alpha}$ 与 $\boldsymbol{\beta}$ 的和，记为 $\boldsymbol{\alpha}+\boldsymbol{\beta}=\boldsymbol{\gamma}$.

(2) 数量乘法：对于任意的元素 $\boldsymbol{\alpha}\in V$ 和 $\lambda\in F$，按照某一法则都存在唯一的元素 $\boldsymbol{\delta}\in V$ 与之对应，称为 $\boldsymbol{\alpha}$ 与 λ 的数乘，记为 $\lambda\boldsymbol{\alpha}\in V$.

此时称集合 V 关于加法和数量乘法这两种运算封闭. 进一步地，如果这两种运算还满足以下八条运算规律(设 $\boldsymbol{\alpha},\boldsymbol{\beta},\boldsymbol{\gamma}\in V$；$1,\lambda,\mu\in F$)，那么称集合 V 为数域 F 上的一个**线性空间**，记为 $V(F)$.

(1) 交换律：$\boldsymbol{\alpha}+\boldsymbol{\beta}=\boldsymbol{\beta}+\boldsymbol{\alpha}$.

(2) 结合律：$(\boldsymbol{\alpha}+\boldsymbol{\beta})+\boldsymbol{\gamma}=\boldsymbol{\alpha}+(\boldsymbol{\beta}+\boldsymbol{\gamma})$.

(3) V 中存在唯一的元素 $\mathbf{0}$，使得对任何向量 $\boldsymbol{\alpha}$ 均满足：$\boldsymbol{\alpha}+\mathbf{0}=\boldsymbol{\alpha}$，称元素 $\mathbf{0}$ 为 V 的零元素.

(4) 对 V 中任意元素 $\boldsymbol{\alpha}$ 都有一个元素 $\boldsymbol{\beta}$ 存在，使得 $\boldsymbol{\alpha}+\boldsymbol{\beta}=\mathbf{0}$，称元素 $\boldsymbol{\beta}$ 为 $\boldsymbol{\alpha}$ 的负元素，记为 $-\boldsymbol{\alpha}$.

(5) 单位数乘不变律：$1\cdot\boldsymbol{\alpha}=\boldsymbol{\alpha}$.

(6) 数对两向量和的乘法分配律：$\lambda(\boldsymbol{\alpha}+\boldsymbol{\beta})=\lambda\boldsymbol{\alpha}+\lambda\boldsymbol{\beta}$.

(7) 向量对两数和的乘法分配律：$\boldsymbol{\alpha}(\lambda+\mu)=\lambda\boldsymbol{\alpha}+\mu\boldsymbol{\alpha}$.

(8) 数对向量乘法的结合律：$\lambda(\mu\boldsymbol{\alpha})=(\lambda\mu)\boldsymbol{\alpha}$.

可以看到,一个线性空间的构成,需要一个非空集合和一个数域,同时还维系着两种满足要求的运算,所以一般谈到集合 V 是线性空间时,需要说明 V 是哪一个数域 F 的线性空间.但有时在不需要特别强调数域 F 的情况下,线性空间 $V(F)$ 也简记为 V.

事实上,已经接触过很多具体的线性空间的例子.例如,实数域上 n 维向量空间 $\mathbf{R}^n$ 就是实数域 $\mathbf{R}$ 上的一个线性空间,而线性空间本质上就是 n 维向量空间 $\mathbf{R}^n$ 概念的抽象推广.下面再给出几个关于线性空间的例子.

例 1 令实数域 $\mathbf{R}$ 上所有 $n\times m$ 矩阵组成的集合 V,那么按照矩阵的加法和数乘运算,V 就构成了 $\mathbf{R}$ 上的一个线性空间,称为矩阵空间.

例 2 考虑实数域 $\mathbf{R}$ 上所有一元多项式组成的集合,记为 $\mathbf{R}[x]$,那么按照多项式的加法和数乘运算,$\mathbf{R}[x]$ 就构成了 $\mathbf{R}$ 上的一个线性空间.特别地,记 $\mathbf{R}[x]_n$ 为所有次数小于 n 的实系数多项式(包括零多项式)组成的集合,即

$$\mathbf{R}[x]_n=\{a_0+a_1x+a_2x^2+\cdots+a_{n-1}x^{n-1}\mid a_i\in\mathbf{R};i=0,1,\cdots,n-1\}.$$

那么按照多项式的加法和数乘运算,可以验证这两种运算在 $\mathbf{R}[x]_n$ 中同样满足定义 1 中的八条运算律.也就是说,$\mathbf{R}[x]_n$ 在多项式的加法和数乘下也构成了 $\mathbf{R}$ 上的一个线性空间.

例 3 设 $\boldsymbol{Q}[x]_n$ 为所有次数为 n 的实系数多项式组成的集合,即

$$\boldsymbol{Q}[x]_n=\{a_0+a_1x+a_2x^2+\cdots+a_nx^n\mid a_n\neq 0,a_i\in\mathbf{R};i=0,1,\cdots,n-1\}.$$

对于通常的多项式的加法和数乘运算,不构成线性空间.这是因为零元素 $\mathbf{0}$ 不在 $\boldsymbol{Q}[x]_n$ 中,也就是说,$\boldsymbol{Q}[x]_n$ 对运算不封闭.

例 4 全体实函数,按照函数的加法和数与函数的数乘运算,构成实数域上的一个线性空间.特别地,令闭区间 $[a,b]$ 上所有连续的实函数组成的集合为 $C[a,b]$.对通常函数的加法和数乘运算,$C[a,b]$ 也构成相应实数域 $\mathbf{R}$ 上的一个线性空间.

例 5 数域 F 上的 n 元齐次线性方程组 $\boldsymbol{Ax}=\mathbf{0}$ 的所有解向量组成的空间,按照向量的加法和数乘构成 F 上的一个线性空间,称为该方程组的一个解空间.注意到,F 上的 n 元非齐次线性方程组 $\boldsymbol{Ax}=\boldsymbol{b}$ 的所有解向量组成的空间,按照向量的加法和数乘不能构成 F 上的一个线性空间.

通常意义下,称线性空间中的元素为向量,于是线性空间也称为**向量空间**,但这里的向量是一个抽象的概念,其涵义就比 $\mathbf{R}^n$ 中的向量要广泛得多.

2. 线性空间的简单性质

下面给出的线性空间的一些简单性质都可以由定义直接证明得到.

性质 1 线性空间 V 中关于加法的零向量是唯一的.

证 设 $\boldsymbol{\theta}_1$ 和 $\boldsymbol{\theta}_2$ 都是线性空间 V 中的零向量,则根据零向量的定义,有

$$\boldsymbol{\theta}_1=\boldsymbol{\theta}_1+\boldsymbol{\theta}_2=\boldsymbol{\theta}_2.$$

性质 2 线性空间 V 中任意向量的负向量是唯一的.

证 设 $\boldsymbol{\alpha}$ 为 V 中的任意向量,$\boldsymbol{\beta},\boldsymbol{\gamma}$ 都是 $\boldsymbol{\alpha}$ 的负向量,则根据负向量的定义,有

$$\begin{aligned}\boldsymbol{\beta}&=\boldsymbol{\beta}+\mathbf{0}=\boldsymbol{\beta}+(\boldsymbol{\alpha}+\boldsymbol{\gamma})\\&=(\boldsymbol{\beta}+\boldsymbol{\alpha})+\boldsymbol{\gamma}=\mathbf{0}+\boldsymbol{\gamma}=\boldsymbol{\gamma}.\end{aligned}$$

这个性质说明，一个向量 α 的负向量完全由向量 α 本身所唯一决定. 利用负向量，可以定义向量的减法运算

$$\alpha-\beta=\alpha+(-\beta).$$

性质 3 (1) 数 0 乘线性空间中的任意向量 $\boldsymbol{\alpha}$ 都等于零向量，即 $0\boldsymbol{\alpha}=\mathbf{0}$.

(2) 任意向量 $\boldsymbol{\alpha}$ 乘 -1 都等于其负向量，即 $(-1)\boldsymbol{\alpha}=-\boldsymbol{\alpha}$.

(3) 任意数 k 乘以零向量 $\mathbf{0}$ 都等于零向量，即 $k\mathbf{0}=\mathbf{0}$.

证 (1) 注意到，等式两端的“0”含义不同，由线性空间定义中的(7)，有

$$0\boldsymbol{\alpha}=(0+0)\boldsymbol{\alpha}=0\boldsymbol{\alpha}+0\boldsymbol{\alpha},$$

两边加上为 $0\boldsymbol{\alpha}$ 的负向量，即得

$$0\boldsymbol{\alpha}=\mathbf{0}.$$

(2) 由于

$$\begin{aligned}\boldsymbol{\alpha}+(-1)\boldsymbol{\alpha}&=1\boldsymbol{\alpha}+(-1)\boldsymbol{\alpha}\\&=[1+(-1)]\boldsymbol{\alpha}\\&=0\boldsymbol{\alpha}=\mathbf{0},\end{aligned}$$

两边加上为 $\boldsymbol{\alpha}$ 的负向量 $-\boldsymbol{\alpha}$，即得

$$(-1)\boldsymbol{\alpha}=-\boldsymbol{\alpha}.$$

(3) 由线性空间定义中的(8)，有

$$k\mathbf{0}=k(\mathbf{0}+\mathbf{0})=k\mathbf{0}+k\mathbf{0},$$

两边加上为 $k\mathbf{0}$ 的负向量，即得

$$k\mathbf{0}=\mathbf{0}.$$

性质 4 如果 $k\boldsymbol{\alpha}=\mathbf{0}$，则 $k=0$ 或者 $\boldsymbol{\alpha}=\mathbf{0}$.

证 只需证明如果 $k\neq0$，则 $\boldsymbol{\alpha}=\mathbf{0}$.

如果 $k\boldsymbol{\alpha}=\mathbf{0}$ 并且 $k\neq0$，那么

$$\begin{aligned}\boldsymbol{\alpha}&=1\cdot\boldsymbol{\alpha}=\left(k\,\frac{1}{k}\right)\boldsymbol{\alpha}\\&=\frac{1}{k}(k\boldsymbol{\alpha})=\frac{1}{k}\mathbf{0}=\mathbf{0}.\end{aligned}$$

3. 线性子空间

定义 2 设 V 为数域 F 上的线性空间. 称 V 的一个非空子集 W 为线性空间 V 的一个**线性子空间**(简称为**子空间**)，则 W 关于 V 上的加法和数乘运算也构成数域 F 的一个线性空间.

注：对于数域 F 上任意的线性空间 V，容易验证由单个零元素 $\mathbf{0}$ 组成的集合 $\{\mathbf{0}\}$ 以及 V 本身都是 V 的子空间. 通常称这两个子空间为**平凡子空间**，相应地，其他子空间都称为**非平凡子空间**.

判断线性空间 V 的非空子集 W 是否为子空间，需要对 W 关于 V 的加法和数乘运算是否满足线性空间定义中的八个条件逐一验证. 能否找到更简单的方法进行判断呢？下面的

定理给出了结论.

定理 1　设 W 是数域 F 上线性空间 V 的一个非空子集. 则 W 是 V 的子空间的充分必要条件是 W 关于 V 的加法和数乘运算封闭,即对任意的 $\boldsymbol{\alpha},\boldsymbol{\beta}\in W,\lambda\in F$,有 $\boldsymbol{\alpha}+\boldsymbol{\beta}\in W,\lambda\boldsymbol{\alpha}\in W$.

证明略.

根据这个定理,验证一个线性空间的非空子集是否构成子空间就很方便了. 下面给出子空间的几个例子.

例 6　实数域上所有次数小于 n 的多项式组成的线性空间 $\mathbf{R}[x]_n$,是实数域上所有一元多项式组成的线性空间 $\mathbf{R}(x)$的子空间.

例 7　闭区间(a,b)上所有连续的实函数组成的线性空间 $C(a,b)$,是全体实函数构成的线性空间的子空间.

例 8　数域 F 上的 n 元齐次线性方程组 $\boldsymbol{Ax}=\mathbf{0}$ 的所有解向量组成的线性空间,是线性空间 F^n 的一个子空间.

4. 线性空间的维数、基与坐标

类似于第 3 章 n 维向量空间 $\mathbf{R}^n$ 中的讨论,下面定义数域 F 上向量空间 V 中向量的线性表示、等价、线性相关和线性无关等.

定义 3　设 V 为数域 F 上的一个线性空间,$\boldsymbol{\alpha}_1,\boldsymbol{\alpha}_2,\cdots,\boldsymbol{\alpha}_r(r\geqslant 1)$是 V 中的一组向量,$k_1,k_2,\cdots,k_r$ 是 F 中的一组数,由该向量组的线性运算所得的向量

$$\boldsymbol{\beta}=k_1\boldsymbol{\alpha}_1+k_2\boldsymbol{\alpha}_2+\cdots+k_r\boldsymbol{\alpha}_r$$

称为向量组 $\boldsymbol{\alpha}_1,\boldsymbol{\alpha}_2,\cdots,\boldsymbol{\alpha}_r$ 的一个**线性组合**,也称向量 $\boldsymbol{\beta}$ 可以由向量组 $\boldsymbol{\alpha}_1,\boldsymbol{\alpha}_2,\cdots,\boldsymbol{\alpha}_r$ **线性表示**. $k_1,k_2,\cdots,k_r$ 称为该线性组合的**系数**.

定义 4　设 V 为数域 F 上的一个线性空间,

$$\boldsymbol{\alpha}_1,\boldsymbol{\alpha}_2,\cdots,\boldsymbol{\alpha}_r \tag{6.1.1}$$

$$\boldsymbol{\beta}_1,\boldsymbol{\beta}_2,\cdots,\boldsymbol{\beta}_s \tag{6.1.2}$$

是 V 中的两个向量组. 如果向量组(6.1.1)中的每个向量都可以由向量组(6.1.2)线性表示,并且向量组(6.1.2)中的每个向量都可以由向量组(6.1.1)线性表示,则称向量组(6.1.1)与向量组(6.1.2)**等价**.

定义 5　设 V 为数域 F 上的一个线性空间,$\boldsymbol{\alpha}_1,\boldsymbol{\alpha}_2,\cdots,\boldsymbol{\alpha}_m(m\geqslant 1)$是 V 中的一个向量组,若在 F 中有一组不全为零的数 $k_1,k_2,\cdots,k_m$,使得

$$k_1\boldsymbol{\alpha}_1+k_2\boldsymbol{\alpha}_2+\cdots+k_m\boldsymbol{\alpha}_m=\mathbf{0} \tag{6.1.3}$$

成立,则称向量组 $\boldsymbol{\alpha}_1,\boldsymbol{\alpha}_2,\cdots,\boldsymbol{\alpha}_m$ **线性相关**,否则称为**线性无关**. 也就是说,向量组 $\boldsymbol{\alpha}_1,\boldsymbol{\alpha}_2,\cdots,\boldsymbol{\alpha}_m(m\geqslant 1)$线性无关,只有当 $k_1=k_2=\cdots=k_m=0$ 时,式(6.1.3)才成立.

注意到,第 3 章 n 维向量空间 $\mathbf{R}^n$ 中关于 n 维向量(组)的讨论,均可以平行照搬到数域 F 上抽象的线性空间 V 中,并得到相同的结论. 下面给出本章比较常用的几个结论,其论证就不在这里赘述了.

定理 2　V 中仅含有一个向量 $\boldsymbol{\alpha}$ 的向量组线性相关的充要条件是 $\boldsymbol{\alpha}=\mathbf{0}$. 向量组 $\boldsymbol{\alpha}_1$,

$\boldsymbol{\alpha}_2,\cdots,\boldsymbol{\alpha}_m(m\geqslant 2)$线性相关的充要条件是其中至少有一个向量可以由其余向量线性表示.

定理 3　如果线性无关的向量组 $\boldsymbol{\alpha}_1,\boldsymbol{\alpha}_2,\cdots,\boldsymbol{\alpha}_r\in V$ 可以由向量组 $\boldsymbol{\beta}_1,\boldsymbol{\beta}_2,\cdots,\boldsymbol{\beta}_s\in V$ 线性表示,那么 $r\leqslant s$. 两个等价的线性无关的向量组一定含有相同个数的向量.

定理 4　如果向量组 $\boldsymbol{\alpha}_1,\boldsymbol{\alpha}_2,\cdots,\boldsymbol{\alpha}_r\in V$ 线性无关,但向量组 $\boldsymbol{\beta},\boldsymbol{\alpha}_1,\boldsymbol{\alpha}_2,\cdots,\boldsymbol{\alpha}_r\in V$ 线性相关,那么 $\boldsymbol{\beta}$ 可由 $\boldsymbol{\alpha}_1,\boldsymbol{\alpha}_2,\cdots,\boldsymbol{\alpha}_r$ 线性表示,并且具有唯一的表示方式.

在第 3 章中,已经知道 $\mathbf{R}^n$ 中至多只有 n 个线性无关的向量,任意 $n+1$ 个向量都是线性相关的. 类似地,自然会问在线性空间 V 中至多有多少个向量是线性无关的? 这一点作为线性空间的一个重要特征,给出如下的定义.

定义 6　设 V 为数域 F 上的一个线性空间,如果存在向量组 $\boldsymbol{\alpha}_1,\boldsymbol{\alpha}_2,\cdots,\boldsymbol{\alpha}_n\in V$ 线性无关,并且 V 中任意向量 $\boldsymbol{\beta}$ 都可以由 $\boldsymbol{\alpha}_1,\boldsymbol{\alpha}_2,\cdots,\boldsymbol{\alpha}_n$ 线性表示,那么称 V 为 n 维线性空间,称向量组 $\boldsymbol{\alpha}_1,\boldsymbol{\alpha}_2,\cdots,\boldsymbol{\alpha}_n$ 为 V 的一组**基**,又称 n 为 V 的**维数**,记为 $\dim V=n$.

事实上,如果 V 为 n 维线性空间,则 V 中至多有 n 个向量是线性无关的. 另外注意到,只含零向量的向量空间 $V=\{\mathbf{0}\}$称为 $\mathbf{0}$ 维向量空间,它没有基. 而当 V 中有任意多个向量是线性无关时,称为无穷维线性空间. 本书对这种情况不作讨论,仅讨论维数有限的线性空间.

设向量组 $\boldsymbol{\alpha}_1,\boldsymbol{\alpha}_2,\cdots,\boldsymbol{\alpha}_n$ 为 V 的一组基. 由基的定义及定理 3 知道,V 中任意向量 $\boldsymbol{\beta}$ 都可以由 $\boldsymbol{\alpha}_1,\boldsymbol{\alpha}_2,\cdots,\boldsymbol{\alpha}_n$ 线性表示,并且表示方式唯一,进而可以引入类似于第 3 章 $\mathbf{R}^n$ 中坐标的定义.

定义 7　设 $\boldsymbol{\alpha}_1,\boldsymbol{\alpha}_2,\cdots,\boldsymbol{\alpha}_n$ 是数域 F 上 n 维向量空间 V 的一组基,则任意向量 $\boldsymbol{\beta}\in V$ 可以由 $\boldsymbol{\alpha}_1,\boldsymbol{\alpha}_2,\cdots,\boldsymbol{\alpha}_n$ 线性表示,即存在数域 F 上唯一的有序数组$(x_1,x_2,\cdots,x_n)$,使得

$$\boldsymbol{\beta}=x_1\boldsymbol{\alpha}_1+x_2\boldsymbol{\alpha}_2+\cdots+x_n\boldsymbol{\alpha}_n \tag{6.1.4}$$

称有序数组 $x_1,x_2,\cdots,x_n$ 为向量 $\boldsymbol{\beta}$ 在基 $\boldsymbol{\alpha}_1,\boldsymbol{\alpha}_2,\cdots,\boldsymbol{\alpha}_n$ 下的坐标,记为$(x_1,x_2,\cdots,x_n)$,又称 x_i 为 $\boldsymbol{\beta}$ 在基 $\boldsymbol{\alpha}_1,\boldsymbol{\alpha}_2,\cdots,\boldsymbol{\alpha}_n$ 下的第 i 个坐标.

习惯上,沿用第 3 章 $\mathbf{R}^n$ 中坐标的记法,也就是用列向量表示一个向量的坐标,即

$$\boldsymbol{\beta}=x_1\boldsymbol{\alpha}_1+x_2\boldsymbol{\alpha}_2+\cdots+x_n\boldsymbol{\alpha}_n=(\boldsymbol{\alpha}_1,\boldsymbol{\alpha}_2,\cdots,\boldsymbol{\alpha}_n)\begin{pmatrix}x_1\\x_2\\\vdots\\x_n\end{pmatrix}.$$

实质上,同第 3 章一样,这只是一种形式记法,仅仅是从形式上将向量 $\boldsymbol{\beta}$ 表示为一个行向量与一个列向量之积. 一般来说不具有实际意义.

显然,向量 $\boldsymbol{\beta}$ 在基 $\boldsymbol{\alpha}_1,\boldsymbol{\alpha}_2,\cdots,\boldsymbol{\alpha}_n$ 下的坐标由基 $\boldsymbol{\alpha}_1,\boldsymbol{\alpha}_2,\cdots,\boldsymbol{\alpha}_n$ 和 $\boldsymbol{\beta}$ 所唯一确定.

例 9　在 n 维向量空间 $\mathbf{R}^n$ 中,向量组 $\boldsymbol{e}_1=(1,0,\cdots,0)^{\mathrm{T}},\boldsymbol{e}_2=(0,1,\cdots,0)^{\mathrm{T}},\cdots,\boldsymbol{e}_n=(0,0,\cdots,1)^{\mathrm{T}}$ 为 $\mathbf{R}^n$ 的一组基. 则任意向量 $\boldsymbol{\beta}\in\mathbf{R}^n$,有

$$\boldsymbol{\beta}=a_1\boldsymbol{e}_1+a_2\boldsymbol{e}_2+\cdots+a_n\boldsymbol{e}_n.$$

所以 $\boldsymbol{\beta}$ 在基 $\boldsymbol{e}_1,\boldsymbol{e}_2,\cdots,\boldsymbol{e}_n$ 下的坐标为$(a_1,a_2,\cdots,a_n)$.

注意到,向量组 $\boldsymbol{\varepsilon}_1=(1,1,\cdots 1,1)^{\mathrm{T}},\boldsymbol{\varepsilon}_2=(0,1,\cdots 1,1)^{\mathrm{T}},\cdots,\boldsymbol{\varepsilon}_n=(0,0,\cdots 0,1)^{\mathrm{T}}$ 线性无

关,从而也是 $\mathbf{R}^n$ 的一组基. 则任意向量 $\boldsymbol{\beta}\in\mathbf{R}^n$,有

$$\boldsymbol{\beta}=a_1\boldsymbol{\varepsilon}_1+(a_2-a_1)\boldsymbol{\varepsilon}_2+\cdots+(a_n-a_{n-1})\boldsymbol{\varepsilon}_n.$$

所以 $\boldsymbol{\beta}$ 在基 $\boldsymbol{\varepsilon}_1,\boldsymbol{\varepsilon}_2,\cdots,\boldsymbol{\varepsilon}_n$ 下的坐标为 $(a_1,a_2-a_1,\cdots,a_n-a_{n-1})$.

例 10 在向量空间 $\mathbf{R}[x]_n$ 中,向量组 $1,x,x^2,\cdots,x^{n-1}$ 是一组基,则 $\mathbf{R}[x]_n$ 中任意次数小于 n 的多项式函数

$$f(x)=a_0+a_1x+a_2x^2+\cdots+a_{n-1}x^{n-1},$$

在这组基下的坐标为 $(a_0,a_1,\cdots,a_{n-1})$.

注意到,向量组 $1,x-a,(x-a)^2,\cdots,(x-a)^{n-1}$ 也是 $\mathbf{R}[x]_n$ 的一组基,其中 $a\in\mathbf{R}$,则 $f(x)$ 在 $x=a$ 处的泰勒展开式为

$$f(x)=f(a)+f'(a)(x-a)+\frac{f''(a)}{2!}(x-a)^2+\cdots+\frac{f^{(n-1)}(a)}{(n-1)!}(x-a)^{n-1}.$$

由此 $f(x)$ 在基 $1,x-a,(x-a)^2,\cdots,(x-a)^{n-1}$ 下的坐标为

$$\left(f(a),f'(a),\frac{f''(a)}{2!},\cdots,\frac{f^{(n-1)}(a)}{(n-1)!}\right).$$

5. 基变换与坐标变换

在 n 维向量空间中,任意 n 个线性无关的向量都构成基,所以一个线性空间有多个不同的基. 在例 9 和例 10 中,注意到同一个向量在不同基下的坐标是不同的. 那么,同一个向量在不同基下的坐标之间有何联系呢? 也就是说,随着基的改变,向量在这些基下的坐标会怎样改变? 为研究这个问题,先引入过渡矩阵的概念.

定义 8 设 $\boldsymbol{\alpha}_1,\boldsymbol{\alpha}_2,\cdots,\boldsymbol{\alpha}_n$ 和 $\boldsymbol{\beta}_1,\boldsymbol{\beta}_2,\cdots,\boldsymbol{\beta}_n$ 都是数域 F 上 n 维向量空间 V 的基,且

$$\begin{cases}\boldsymbol{\beta}_1=a_{11}\boldsymbol{\alpha}_1+a_{21}\boldsymbol{\alpha}_2+\cdots+a_{n1}\boldsymbol{\alpha}_n,\\ \boldsymbol{\beta}_2=a_{12}\boldsymbol{\alpha}_1+a_{22}\boldsymbol{\alpha}_2+\cdots+a_{n2}\boldsymbol{\alpha}_n,\\ \quad\vdots\\ \boldsymbol{\beta}_n=a_{1n}\boldsymbol{\alpha}_1+a_{2n}\boldsymbol{\alpha}_2+\cdots+a_{nn}\boldsymbol{\alpha}_n.\end{cases}$$

利用分块矩阵的乘法形式,上式可记为

$$(\boldsymbol{\beta}_1,\boldsymbol{\beta}_2,\cdots,\boldsymbol{\beta}_n)=(\boldsymbol{\alpha}_1,\boldsymbol{\alpha}_2,\cdots,\boldsymbol{\alpha}_n)\boldsymbol{A} \tag{6.1.5}$$

称式(6.1.5)为**基变换公式**,称矩阵 $\boldsymbol{A}$ 为由基 $\boldsymbol{\alpha}_1,\boldsymbol{\alpha}_2,\cdots,\boldsymbol{\alpha}_n$ 到基 $\boldsymbol{\beta}_1,\boldsymbol{\beta}_2,\cdots,\boldsymbol{\beta}_n$ 的**过渡矩阵**,其中

$$\boldsymbol{A}=\begin{pmatrix}a_{11}&a_{12}&\cdots&a_{1n}\\a_{21}&a_{22}&\cdots&a_{2n}\\\vdots&\vdots&&\vdots\\a_{n1}&a_{n2}&\cdots&a_{nn}\end{pmatrix}.$$

事实上,过渡矩阵 $\boldsymbol{A}$ 的第 j 个列向量恰好是 $\boldsymbol{\beta}_j$ 在基 $\boldsymbol{\alpha}_1,\boldsymbol{\alpha}_2,\cdots,\boldsymbol{\alpha}_n$ 下的坐标,$j=1,2,\cdots,n$. 由此可以知道,过渡矩阵是可逆的,并且由这两个基所唯一确定. 进一步有,从基 $\boldsymbol{\beta}_1,\boldsymbol{\beta}_2,\cdots,\boldsymbol{\beta}_n$ 到基 $\boldsymbol{\alpha}_1,\boldsymbol{\alpha}_2,\cdots,\boldsymbol{\alpha}_n$ 的过渡矩阵就是 $\boldsymbol{A}^{-1}$.

设向量 $\boldsymbol{\alpha}\in V$ 在基 $\boldsymbol{\alpha}_1,\boldsymbol{\alpha}_2,\cdots,\boldsymbol{\alpha}_n$ 和 $\boldsymbol{\beta}_1,\boldsymbol{\beta}_2,\cdots,\boldsymbol{\beta}_n$ 下的坐标分别为 $(x_1,x_2,\cdots,x_n)$ 和

$(y_1,y_2,\cdots,y_n)$，即

$$\begin{aligned}\boldsymbol{\alpha}&=x_1\boldsymbol{\alpha}_1+x_2\boldsymbol{\alpha}_2+\cdots+x_n\boldsymbol{\alpha}_n\\&=y_1\boldsymbol{\beta}_1+y_2\boldsymbol{\beta}_2+\cdots+y_n\boldsymbol{\beta}_n\end{aligned}$$

或者记为

$$\boldsymbol{\alpha}=(\boldsymbol{\alpha}_1,\boldsymbol{\alpha}_2,\cdots,\boldsymbol{\alpha}_n)\begin{pmatrix}x_1\\x_2\\\vdots\\x_n\end{pmatrix}$$

$$=(\boldsymbol{\beta}_1,\boldsymbol{\beta}_2,\cdots,\boldsymbol{\beta}_n)\begin{pmatrix}y_1\\y_2\\\vdots\\y_n\end{pmatrix}.$$

由于 $\boldsymbol{A}$ 是由基 $\boldsymbol{\alpha}_1,\boldsymbol{\alpha}_2,\cdots,\boldsymbol{\alpha}_n$ 到 $\boldsymbol{\beta}_1,\boldsymbol{\beta}_2,\cdots,\boldsymbol{\beta}_n$ 的过渡矩阵，有

$$\boldsymbol{\alpha}=(\boldsymbol{\alpha}_1,\boldsymbol{\alpha}_2,\cdots,\boldsymbol{\alpha}_n)\boldsymbol{A}\begin{pmatrix}y_1\\y_2\\\vdots\\y_n\end{pmatrix}.$$

从而

$$\begin{pmatrix}x_1\\x_2\\\vdots\\x_n\end{pmatrix}=\boldsymbol{A}\begin{pmatrix}y_1\\y_2\\\vdots\\y_n\end{pmatrix}\tag{6.1.6}$$

称式(6.1.6)为**坐标变换公式**. 接下来，以定理的形式给出.

定理 5　设 $\boldsymbol{\alpha}_1,\boldsymbol{\alpha}_2,\cdots,\boldsymbol{\alpha}_n$ 和 $\boldsymbol{\beta}_1,\boldsymbol{\beta}_2,\cdots,\boldsymbol{\beta}_n$ 是 n 维向量空间 V 的两组基，由 $\boldsymbol{\alpha}_1,\boldsymbol{\alpha}_2,\cdots,\boldsymbol{\alpha}_n$ 到 $\boldsymbol{\beta}_1,\boldsymbol{\beta}_2,\cdots,\boldsymbol{\beta}_n$ 的过渡矩阵为 $\boldsymbol{A}=(a_{ij})_{n\times n}$，则 $\boldsymbol{A}$ 可逆. 如果向量 $\boldsymbol{\alpha}\in V$ 在基 $\boldsymbol{\alpha}_1,\boldsymbol{\alpha}_2,\cdots,\boldsymbol{\alpha}_n$ 和 $\boldsymbol{\beta}_1,\boldsymbol{\beta}_2,\cdots,\boldsymbol{\beta}_n$ 下的坐标分别为 $(x_1,x_2,\cdots,x_n)$ 和 $(y_1,y_2,\cdots,y_n)$，那么

$$\begin{pmatrix}x_1\\x_2\\\vdots\\x_n\end{pmatrix}=\boldsymbol{A}\begin{pmatrix}y_1\\y_2\\\vdots\\y_n\end{pmatrix}\quad\text{或者}\quad\begin{pmatrix}y_1\\y_2\\\vdots\\y_n\end{pmatrix}=\boldsymbol{A}^{-1}\begin{pmatrix}x_1\\x_2\\\vdots\\x_n\end{pmatrix}.$$

定理证明略.

例 11　在例 9 中，向量组 $\boldsymbol{e}_1=(1,0,\cdots,0)^{\mathrm{T}},\boldsymbol{e}_2=(0,1,\cdots,0)^{\mathrm{T}},\cdots,\boldsymbol{e}_n=(0,0,\cdots,1)^{\mathrm{T}}$ 和 $\boldsymbol{\varepsilon}_1=(1,1,\cdots 1,1)^{\mathrm{T}},\boldsymbol{\varepsilon}_2=(0,1,\cdots 1,1)^{\mathrm{T}},\cdots,\boldsymbol{\varepsilon}_n=(0,0,\cdots 0,1)^{\mathrm{T}}$ 是 n 维向量空间 $\mathbf{R}^n$ 的两组基. 则基 $\boldsymbol{e}_1,\boldsymbol{e}_2,\cdots,\boldsymbol{e}_n$ 到 $\boldsymbol{\varepsilon}_1,\boldsymbol{\varepsilon}_2,\cdots,\boldsymbol{\varepsilon}_n$ 的过渡矩阵为

$$\boldsymbol{A}=\begin{pmatrix}1&0&\cdots&0\\1&1&\cdots&0\\\vdots&\vdots&&\vdots\\1&1&\cdots&1\end{pmatrix}.$$

向量 $\boldsymbol{\beta}=(a_1,a_2,\cdots,a_n)^{\mathrm{T}}\in\mathbf{R}^n$ 在基 $\boldsymbol{e}_1,\boldsymbol{e}_2,\cdots,\boldsymbol{e}_n$ 下的坐标为$(a_1,a_2,\cdots,a_n)$. 根据定理 5 的坐标转换公式,$\boldsymbol{\beta}$ 在基 $\boldsymbol{\varepsilon}_1,\boldsymbol{\varepsilon}_2,\cdots,\boldsymbol{\varepsilon}_n$ 下的坐标为

$$\mathbf{A}^{-1}\begin{pmatrix}a_1\\a_2\\\vdots\\a_n\end{pmatrix}=\begin{pmatrix}a_1\\a_2-a_1\\\vdots\\a_n-a_{n-1}\end{pmatrix}.$$

这与例 9 的结果完全吻合.

习　题　6.1

1. 验证：与向量$(0,0,1)^{\mathrm{T}}$ 不平行的所有 3 维数组向量,对于数组向量的加法和数乘运算不构成线性空间.

2. 证明:在实函数空间 $C(a,b)$中,$1,\cos^2 t,\cos 2t$ 是线性相关的.

3. 在 $\mathbf{R}^4$ 中,取两组基 $\boldsymbol{e}_1=(1,0,0,0)^{\mathrm{T}},\boldsymbol{e}_2=(0,1,0,0)^{\mathrm{T}},\boldsymbol{e}_3=(0,0,1,0)^{\mathrm{T}},\boldsymbol{e}_4=(0,0,0,1)^{\mathrm{T}}$ 与 $\boldsymbol{\alpha}_1=(2,1,-1,1)^{\mathrm{T}},\boldsymbol{\alpha}_2=(0,3,1,0)^{\mathrm{T}},\boldsymbol{\alpha}_3=(5,3,2,1)^{\mathrm{T}},\boldsymbol{\alpha}_4=(6,6,1,3)^{\mathrm{T}}$. 求：

(1) 由前一组基到后一组基的过渡矩阵；

(2) 向量$(x_1,x_2,x_3,x_4)^{\mathrm{T}}$ 在后一组基下的坐标.

6.2　线性变换

1. 线性变换的定义及简单性质

建立线性空间到线性空间的映射,可以将线性空间中向量之间的关系体现出来. 这是本节的主要研究内容. 因此,需要先介绍映射的概念.

定义 1　设 A,B 为非空集合. 称 f 为 A 到 B 的一个**映射**,如果对 A 中任意的元素 a,按照某个确定的法则 f,都在 B 中存在唯一的元素 b 与之对应. 记为 $f(a)=b$,并称 b 为 a 在映射 f 下的**像**,a 为 b 在映射 f 下的一个**原像**. 另外,称集合 A 到自身的映射为 A 的一个**变换**.

定义 2　设 V 为数域 F 上的一个线性空间,f 为 V 到其自身的一个变换,它保持线性空间的加法和数乘运算,即对任意 $\boldsymbol{\alpha},\boldsymbol{\beta}\in V,k\in F$,有

(1) $f(\boldsymbol{\alpha}+\boldsymbol{\beta})=f(\boldsymbol{\alpha})+f(\boldsymbol{\beta})$.

(2) $f(k\boldsymbol{\alpha})=kf(\boldsymbol{\alpha})$.

则称 f 是线性空间 V 的一个**线性变换**.

下面给出线性变换的几个例子.

例 1　设 V 为数域 F 上的一个线性空间. 定义变换 $O(\boldsymbol{\alpha})=\mathbf{0}$ 对 V 中任意向量 $\boldsymbol{\alpha}$ 成立,即变换 O 将 V 中所有向量变成零向量,则 O 是 V 上的线性变换,称为**零变换**. 另外,定义变

换 $I(\boldsymbol{\alpha})=\boldsymbol{\alpha}$ 对 V 中任意向量 α 成立，即变换 I 保持 V 中所有向量不变，则 I 是 V 上的线性变换，称为**单位变换**或者**恒等变换**.

例 2　平面上直角坐标系的旋转是平面上的一个线性变换.

例 3　设 f 是 $\mathbf{R}^3$ 的一个变换，对任意的 $\boldsymbol{\alpha}=(a_1,a_2,a_3)^{\mathrm{T}}$，定义

$$f(\boldsymbol{\alpha})=\begin{pmatrix}a_1\\a_2\\0\end{pmatrix},$$

则 f 是 $\mathbf{R}^3$ 上的线性变换，其几何意义是将向量 $\boldsymbol{\alpha}$ 投影到 xOy 平面上，因此也称这个线性变换为投影变换.

例 4　在 $\mathbf{R}[x]_n$ 上，定义变换

$$\sigma(f(x))=\frac{\mathrm{d}}{\mathrm{d}x}f(x),\quad f(x)\in\mathbf{R}[x]_n,$$

则 σ 是 $\mathbf{R}[x]_n$ 上的线性变换，也称为微分变换.

由线性变换的定义，可以得到下述线性变换的几个简单性质.

性质 1　设 f 是线性空间 V 的线性变换，则有

$$f(\mathbf{0})=\mathbf{0},\quad f(-\boldsymbol{\alpha})=-f(\boldsymbol{\alpha}),\quad \forall\,\boldsymbol{\alpha}\in V.$$

证

$$f(\mathbf{0})=f(0\boldsymbol{\alpha})=0f(\boldsymbol{\alpha})=\mathbf{0},$$

$$f(-\boldsymbol{\alpha})=f(-1\cdot\boldsymbol{\alpha})=-1\cdot f(\boldsymbol{\alpha}),$$

即得

$$f(-\boldsymbol{\alpha})=-f(\boldsymbol{\alpha}).$$

性质 2　线性变换保持线性组合不变，即如果向量 $\boldsymbol{\beta}$ 是向量组 $\boldsymbol{\alpha}_1,\boldsymbol{\alpha}_2,\cdots,\boldsymbol{\alpha}_r$ 的线性组合，设

$$\boldsymbol{\beta}=k_1\boldsymbol{\alpha}_1+k_2\boldsymbol{\alpha}_2+\cdots+k_r\boldsymbol{\alpha}_r,$$

则经过线性变换 f 后，有

$$f(\boldsymbol{\beta})=k_1f(\boldsymbol{\alpha}_1)+k_2f(\boldsymbol{\alpha}_2)+\cdots+k_rf(\boldsymbol{\alpha}_r).$$

事实上，当 $r=2$ 时，由线性变换的定义有

$$f(k_1\boldsymbol{\alpha}_1+k_2\boldsymbol{\alpha}_2)=f(k_1\boldsymbol{\alpha}_1)+f(k_2\boldsymbol{\alpha}_2)=k_1f(\boldsymbol{\alpha}_1)+k_2f(\boldsymbol{\alpha}_2).$$

用数学归纳法可具体证明，证明略.

性质 3　线性变换把线性相关的向量组变成线性相关的向量组，也就是说，线性相关的向量组经过线性变换后，得到的像构成的向量组依然是线性相关的.

事实上，由性质 2 即可证明，具体证明略.

注：性质 3 的逆命题并不成立. 换句话说，线性无关的向量组经过线性变换后，可能会变成线性相关的向量组. 例 1 中的零变换就是最典型的例子. 而在例 3 中，考虑线性无关向量组 $\boldsymbol{\varepsilon}_1=(1,1,1)^{\mathrm{T}},\boldsymbol{\varepsilon}_2=(1,1,0)^{\mathrm{T}},\boldsymbol{\varepsilon}_3=(1,0,0)^{\mathrm{T}}$，经过投影变换 f 得到的像，构成向量组 $f(\boldsymbol{\varepsilon}_1)=(1,1,0)^{\mathrm{T}},f(\boldsymbol{\varepsilon}_2)=(1,1,0)^{\mathrm{T}},f(\boldsymbol{\varepsilon}_3)=(1,0,0)^{\mathrm{T}}$. 易见，该向量组是线性相关的.

2. 线性变换的矩阵表示

设 V 为数域 F 上的 n 维向量空间，f 为 V 上的线性变换，$\boldsymbol{\varepsilon}_1,\boldsymbol{\varepsilon}_2,\cdots,\boldsymbol{\varepsilon}_n$ 为 V 的一组基，

那么对 V 中任意向量 $\boldsymbol{\alpha}$ 有

$$\boldsymbol{\alpha}=x_1\boldsymbol{\varepsilon}_1+x_2\boldsymbol{\varepsilon}_2+\cdots+x_n\boldsymbol{\varepsilon}_n,$$

进而

$$f(\boldsymbol{\alpha})=x_1f(\boldsymbol{\varepsilon}_1)+x_2f(\boldsymbol{\varepsilon}_2)+\cdots+x_nf(\boldsymbol{\varepsilon}_n).$$

也就是说,向量 $\boldsymbol{\alpha}$ 的像 $f(\boldsymbol{\alpha})$ 被基 $\boldsymbol{\varepsilon}_1,\boldsymbol{\varepsilon}_2,\cdots,\boldsymbol{\varepsilon}_n$ 的像 $f(\boldsymbol{\varepsilon}_1),f(\boldsymbol{\varepsilon}_2),\cdots,f(\boldsymbol{\varepsilon}_n)$所唯一确定.因此需要对基的像进行讨论.

定义 3 设 V 为数域 F 上的 n 维向量空间,f 为 V 上的线性变换,$\boldsymbol{\varepsilon}_1,\boldsymbol{\varepsilon}_2,\cdots,\boldsymbol{\varepsilon}_n$ 为 V 的一组基,则基向量的像 $f(\boldsymbol{\varepsilon}_1),f(\boldsymbol{\varepsilon}_2),\cdots,f(\boldsymbol{\varepsilon}_n)$作为 V 中的向量,可以被基 $\boldsymbol{\varepsilon}_1,\boldsymbol{\varepsilon}_2,\cdots,\boldsymbol{\varepsilon}_n$ 线性表示,也就是有

$$\begin{cases}f(\boldsymbol{\varepsilon}_1)=a_{11}\boldsymbol{\varepsilon}_1+a_{21}\boldsymbol{\varepsilon}_2+\cdots+a_{n1}\boldsymbol{\varepsilon}_n,\\ f(\boldsymbol{\varepsilon}_2)=a_{12}\boldsymbol{\varepsilon}_1+a_{22}\boldsymbol{\varepsilon}_2+\cdots+a_{n2}\boldsymbol{\varepsilon}_n,\\ \qquad\vdots\\ f(\boldsymbol{\varepsilon}_n)=a_{1n}\boldsymbol{\varepsilon}_1+a_{2n}\boldsymbol{\varepsilon}_2+\cdots+a_{nn}\boldsymbol{\varepsilon}_n.\end{cases}$$

即

$$(f(\boldsymbol{\varepsilon}_1),f(\boldsymbol{\varepsilon}_2),\cdots,f(\boldsymbol{\varepsilon}_n))=(\boldsymbol{\varepsilon}_1,\boldsymbol{\varepsilon}_2,\cdots,\boldsymbol{\varepsilon}_n)\boldsymbol{A} \tag{6.2.1}$$

其中

$$\boldsymbol{A}=\begin{pmatrix}a_{11}&a_{12}&\cdots&a_{1n}\\a_{21}&a_{22}&\cdots&a_{2n}\\\vdots&\vdots&&\vdots\\a_{n1}&a_{n2}&\cdots&a_{nn}\end{pmatrix},$$

称 $\boldsymbol{A}$ 为**线性变换 f 在基 $\boldsymbol{\varepsilon}_1,\boldsymbol{\varepsilon}_2,\cdots,\boldsymbol{\varepsilon}_n$ 下的矩阵**.

事实上,$\boldsymbol{A}$ 的第 j 列元是基向量 $\boldsymbol{\varepsilon}_j$ 的像 $f(\boldsymbol{\varepsilon}_j)(j=1,2,\cdots,n)$在基 $\boldsymbol{\varepsilon}_1,\boldsymbol{\varepsilon}_2,\cdots,\boldsymbol{\varepsilon}_n$ 下的坐标,也就是说,线性变换在一个基下的矩阵的列向量恰好就是基的像在该基下的坐标.通常式(6.2.1)也写为

$$f(\boldsymbol{\varepsilon}_1,\boldsymbol{\varepsilon}_2,\cdots,\boldsymbol{\varepsilon}_n)=(\boldsymbol{\varepsilon}_1,\boldsymbol{\varepsilon}_2,\cdots,\boldsymbol{\varepsilon}_n)\boldsymbol{A}.$$

从而在 n 维向量空间 V 中取定一组基,则 V 的任何一个线性变换 f 在这组基下的矩阵就唯一确定了,反过来,对任意一个给定的矩阵 $\boldsymbol{A}$,是否也有 V 的唯一确定的线性变换,并且该变换以 $\boldsymbol{A}$ 作为它在这组基下的矩阵?下面对这个问题进行讨论.

设 V 为数域 F 上的 n 维向量空间,$\boldsymbol{\varepsilon}_1,\boldsymbol{\varepsilon}_2,\cdots,\boldsymbol{\varepsilon}_n$ 为 V 的一组基,任给一个 $n\times n$ 矩阵

$$\boldsymbol{A}=\begin{pmatrix}a_{11}&a_{12}&\cdots&a_{1n}\\a_{21}&a_{22}&\cdots&a_{2n}\\\vdots&\vdots&&\vdots\\a_{n1}&a_{n2}&\cdots&a_{nn}\end{pmatrix}.$$

定义法则

$$f(\boldsymbol{\varepsilon}_i)=a_{1i}\boldsymbol{\varepsilon}_1+a_{2i}\boldsymbol{\varepsilon}_2+\cdots+a_{ni}\boldsymbol{\varepsilon}_n,\quad i=1,2,\cdots,n.$$

现将 f 扩充为 V 上的一个线性变换,对于 V 中任意向量 $\boldsymbol{\alpha}$,如果

$$\boldsymbol{\alpha}=x_1\boldsymbol{\varepsilon}_1+x_2\boldsymbol{\varepsilon}_2+\cdots+x_n\boldsymbol{\varepsilon}_n$$

$$=(\boldsymbol{\varepsilon}_1,\boldsymbol{\varepsilon}_2,\cdots,\boldsymbol{\varepsilon}_n)\begin{pmatrix}x_1\\x_2\\\vdots\\x_n\end{pmatrix}$$

那么定义法则

$$f(\boldsymbol{\alpha})=x_1f(\boldsymbol{\varepsilon}_1)+x_2f(\boldsymbol{\varepsilon}_2)+\cdots+x_nf(\boldsymbol{\varepsilon}_n)$$

$$=(f(\boldsymbol{\varepsilon}_1),f(\boldsymbol{\varepsilon}_2),\cdots,f(\boldsymbol{\varepsilon}_n))\begin{pmatrix}x_1\\x_2\\\vdots\\x_n\end{pmatrix}$$

$$=(\boldsymbol{\varepsilon}_1,\boldsymbol{\varepsilon}_2,\cdots,\boldsymbol{\varepsilon}_n)\boldsymbol{A}\begin{pmatrix}x_1\\x_2\\\vdots\\x_n\end{pmatrix}.$$

即
$$f\left((\boldsymbol{\varepsilon}_1,\boldsymbol{\varepsilon}_2,\cdots,\boldsymbol{\varepsilon}_n)\begin{pmatrix}x_1\\x_2\\\vdots\\x_n\end{pmatrix}\right)=(\boldsymbol{\varepsilon}_1,\boldsymbol{\varepsilon}_2,\cdots,\boldsymbol{\varepsilon}_n)\boldsymbol{A}\begin{pmatrix}x_1\\x_2\\\vdots\\x_n\end{pmatrix}.$$

易证这样定义的法则是一个线性变换,并且该线性变换的矩阵仍是之前给定的矩阵.

因此,在给定了数域 F 上的向量空间 V 的一组基后,V 上的线性变换和数域 F 上的 $n\times n$ 矩阵就形成一一对应的关系. 特别地,恒等变换的矩阵是单位矩阵,零变换的矩阵是零矩阵.

注:从上述的讨论中还可以得到,如果 V 中任意向量 $\boldsymbol{\alpha}$ 在基 $\boldsymbol{\varepsilon}_1,\boldsymbol{\varepsilon}_2,\cdots,\boldsymbol{\varepsilon}_n$ 下的坐标为 $(x_1,x_2,\cdots,x_n)$,则 $f(\boldsymbol{\alpha})$ 在基 $\boldsymbol{\varepsilon}_1,\boldsymbol{\varepsilon}_2,\cdots,\boldsymbol{\varepsilon}_n$ 下的坐标为 $\boldsymbol{A}(x_1,x_2,\cdots,x_n)^{\mathrm{T}}$,其中 $\boldsymbol{A}$ 是 f 在基 $\boldsymbol{\varepsilon}_1,\boldsymbol{\varepsilon}_2,\cdots,\boldsymbol{\varepsilon}_n$ 下的矩阵.

例 5　考虑例 3 中 $\mathbf{R}^3$ 上的投影变换 $\sigma(\boldsymbol{\alpha})=\sigma\begin{pmatrix}a_1\\a_2\\a_3\end{pmatrix}=\begin{pmatrix}a_1\\a_2\\0\end{pmatrix}$ 在基 $\boldsymbol{e}_1=(1,0,0)^{\mathrm{T}},\boldsymbol{e}_2=(0,1,0)^{\mathrm{T}},\boldsymbol{e}_3=(0,0,1)^{\mathrm{T}}$ 下的矩阵.

证　因为

$$\begin{cases}\sigma(\boldsymbol{e}_1)=(1,0,0)^{\mathrm{T}}=\boldsymbol{e}_1,\\\sigma(\boldsymbol{e}_2)=(0,1,0)^{\mathrm{T}}=\boldsymbol{e}_2,\\\sigma(\boldsymbol{e}_3)=(0,0,0)^{\mathrm{T}}.\end{cases}$$

于是,σ 在 $\boldsymbol{e}_1,\boldsymbol{e}_2,\boldsymbol{e}_3$ 下的矩阵为

$$A=\begin{pmatrix}1&0&0\\0&1&0\\0&0&0\end{pmatrix}.$$

又 $\boldsymbol{\varepsilon}_1=(1,1,1)^{\mathrm{T}},\boldsymbol{\varepsilon}_2=(1,1,0)^{\mathrm{T}},\boldsymbol{\varepsilon}_3=(1,0,0)^{\mathrm{T}}$ 也是 $\mathbf{R}^3$ 的基,则容易验证 σ 在 $\boldsymbol{\varepsilon}_1,\boldsymbol{\varepsilon}_2,\boldsymbol{\varepsilon}_3$ 下的矩阵为

$$B=\begin{pmatrix}0&0&0\\1&1&0\\0&0&1\end{pmatrix}.$$

例 6　设 $M_{2\times2}(F)$ 为数域 F 上的 2×2 矩阵的全体构成的线性空间,f 为 $M_{2\times2}(F)$ 上的转置线性变换. 易知 $\boldsymbol{E}_{11}=\begin{pmatrix}1&0\\0&0\end{pmatrix},\boldsymbol{E}_{12}=\begin{pmatrix}0&1\\0&0\end{pmatrix},\boldsymbol{E}_{21}=\begin{pmatrix}0&0\\1&0\end{pmatrix},\boldsymbol{E}_{22}=\begin{pmatrix}0&0\\0&1\end{pmatrix}$ 是 $M_{2\times2}(F)$ 的一组基,则 f 在基 $\boldsymbol{E}_{11},\boldsymbol{E}_{12},\boldsymbol{E}_{21},\boldsymbol{E}_{22}$ 下的矩阵为

$$A=\begin{pmatrix}1&0&0&0\\0&0&1&0\\0&1&0&0\\0&0&0&1\end{pmatrix}.$$

又向量组 $\boldsymbol{P}_{11}=\begin{pmatrix}1&0\\0&0\end{pmatrix},\boldsymbol{P}_{12}=\begin{pmatrix}0&1\\1&0\end{pmatrix},\boldsymbol{P}_{21}=\begin{pmatrix}0&0\\1&0\end{pmatrix},\boldsymbol{P}_{22}=\begin{pmatrix}0&0\\0&1\end{pmatrix}$ 也是 $M_{2\times2}(F)$ 的一组基,则容易验证 f 在基 $\boldsymbol{P}_{11},\boldsymbol{P}_{12},\boldsymbol{P}_{21},\boldsymbol{P}_{22}$ 下的矩阵为

$$B=\begin{pmatrix}1&0&0&0\\0&1&1&0\\0&0&-1&0\\0&0&0&1\end{pmatrix}.$$

通过这两个例题注意到,同一个线性变换在不同基下的矩阵可能是不同的. 那么,这些矩阵之间是否有什么关系呢? 下面的定理给出了结论.

定理　设 $\boldsymbol{\alpha}_1,\boldsymbol{\alpha}_2,\cdots,\boldsymbol{\alpha}_n$ 和 $\boldsymbol{\beta}_1,\boldsymbol{\beta}_2,\cdots,\boldsymbol{\beta}_n$ 是 n 维向量空间 V 的两组基,由 $\boldsymbol{\alpha}_1,\boldsymbol{\alpha}_2,\cdots,\boldsymbol{\alpha}_n$ 到 $\boldsymbol{\beta}_1,\boldsymbol{\beta}_2,\cdots,\boldsymbol{\beta}_n$ 的过渡矩阵为 $\boldsymbol{Q}=(q_{ij})_{n\times n}$,即 $(\boldsymbol{\beta}_1,\boldsymbol{\beta}_2,\cdots,\boldsymbol{\beta}_n)=(\boldsymbol{\alpha}_1,\boldsymbol{\alpha}_2,\cdots,\boldsymbol{\alpha}_n)\boldsymbol{Q}$. 如果 V 上的线性变换 σ 在这两组基 $\boldsymbol{\alpha}_1,\boldsymbol{\alpha}_2,\cdots,\boldsymbol{\alpha}_n$ 和 $\boldsymbol{\beta}_1,\boldsymbol{\beta}_2,\cdots,\boldsymbol{\beta}_n$ 下的矩阵分别为 $\boldsymbol{A},\boldsymbol{B}$,则 $\boldsymbol{B}=\boldsymbol{Q}^{-1}\boldsymbol{A}\boldsymbol{Q}$.

证　由条件,有

$$\sigma(\boldsymbol{\alpha}_1,\boldsymbol{\alpha}_2,\cdots,\boldsymbol{\alpha}_n)=(\boldsymbol{\alpha}_1,\boldsymbol{\alpha}_2,\cdots,\boldsymbol{\alpha}_n)\boldsymbol{A},$$
$$\sigma(\boldsymbol{\beta}_1,\boldsymbol{\beta}_2,\cdots,\boldsymbol{\beta}_n)=(\boldsymbol{\beta}_1,\boldsymbol{\beta}_2,\cdots,\boldsymbol{\beta}_n)\boldsymbol{B},$$
$$(\boldsymbol{\beta}_1,\boldsymbol{\beta}_2,\cdots,\boldsymbol{\beta}_n)=(\boldsymbol{\alpha}_1,\boldsymbol{\alpha}_2,\cdots,\boldsymbol{\alpha}_n)\boldsymbol{Q}.$$

因此

$$\begin{aligned}\sigma(\boldsymbol{\beta}_1,\boldsymbol{\beta}_2,\cdots,\boldsymbol{\beta}_n)&=\sigma[(\boldsymbol{\alpha}_1,\boldsymbol{\alpha}_2,\cdots,\boldsymbol{\alpha}_n)\boldsymbol{Q}]\\&=\sigma(\boldsymbol{\alpha}_1,\boldsymbol{\alpha}_2,\cdots,\boldsymbol{\alpha}_n)\boldsymbol{Q}\\&=(\boldsymbol{\alpha}_1,\boldsymbol{\alpha}_2,\cdots,\boldsymbol{\alpha}_n)\boldsymbol{A}\boldsymbol{Q}\\&=(\boldsymbol{\beta}_1,\boldsymbol{\beta}_2,\cdots,\boldsymbol{\beta}_n)\boldsymbol{Q}^{-1}\boldsymbol{A}\boldsymbol{Q},\end{aligned}$$

因为线性变换在同一个基下的矩阵是唯一的，所以有

$$\boldsymbol{B}=\boldsymbol{Q}^{-1}\boldsymbol{A}\boldsymbol{Q}.$$

从定理中可以看出，同一个线性变换在不同基下的矩阵是相似的.

例 7　在例 6 中，易知从基 $\boldsymbol{E}_{11},\boldsymbol{E}_{12},\boldsymbol{E}_{21},\boldsymbol{E}_{22}$ 到 $\boldsymbol{P}_{11},\boldsymbol{P}_{12},\boldsymbol{P}_{21},\boldsymbol{P}_{22}$ 的过渡矩阵为 $\boldsymbol{Q}=\begin{pmatrix}1&0&0&0\\0&1&0&0\\0&1&1&0\\0&0&0&1\end{pmatrix}$，并且 $\boldsymbol{Q}^{-1}=\begin{pmatrix}1&0&0&0\\0&1&0&0\\0&-1&1&0\\0&0&0&1\end{pmatrix}$. 则根据定理 1，线性空间 $M_{2\times 2}(F)$ 上的转置线性变换 f 在基 $\boldsymbol{P}_{11},\boldsymbol{P}_{12},\boldsymbol{P}_{21},\boldsymbol{P}_{22}$ 下的矩阵应为

$$\begin{aligned}\boldsymbol{B}=\boldsymbol{Q}^{-1}\boldsymbol{A}\boldsymbol{Q}&=\begin{pmatrix}1&0&0&0\\0&1&0&0\\0&-1&1&0\\0&0&0&1\end{pmatrix}\begin{pmatrix}1&0&0&0\\0&0&1&0\\0&1&0&0\\0&0&0&1\end{pmatrix}\begin{pmatrix}1&0&0&0\\0&1&0&0\\0&1&1&0\\0&0&0&1\end{pmatrix}\\&=\begin{pmatrix}1&0&0&0\\0&1&1&0\\0&0&-1&0\\0&0&0&1\end{pmatrix}.\end{aligned}$$

这与例 6 的结果相吻合.

习　题　6.2

1. 设 $\boldsymbol{\alpha}$ 是 V 中某个固定的非零向量，$\forall\,\boldsymbol{\xi}\in V,\tau(\boldsymbol{\xi})=\boldsymbol{\xi}+\boldsymbol{\alpha}$，判断 τ 是否为 V 上的线性变换.

2. 设线性空间 $\mathbf{R}^3$ 中的线性变换 f 在基 $\boldsymbol{e}_1,\boldsymbol{e}_2,\boldsymbol{e}_3$ 下的矩阵为 $\boldsymbol{A}=(a_{ij})_{3\times 3}$，这里 $\boldsymbol{e}_1,\boldsymbol{e}_2,\boldsymbol{e}_3$ 为单位坐标向量. 求：

(1) f 在基 $\boldsymbol{e}_3,\boldsymbol{e}_2,\boldsymbol{e}_1$ 下的矩阵；

(2) f 在基 $\boldsymbol{e}_2+\boldsymbol{e}_1,\boldsymbol{e}_2,\boldsymbol{e}_3$ 下的矩阵.

3. $\mathbf{R}(x)_3$ 表示次数小于或等于 2 的多项式连同零组成的线性空间，定义 $\sigma(f(x))=xf'(x)-f(x)$.

(1) 证明：σ 是 $\mathbf{R}(x)_3$ 上的线性变换.

(2) 求 σ 在基 $1,x-1,x^2-1$ 下的矩阵.

本 章 小 结

1. 基本概念

线性空间、线性子空间、线性空间的维数、基与坐标、坐标变换、线性变换.

2. 基本内容

为陈述方便,约定 V 为数域 F 上的一个线性空间,f 为 V 到其自身的一个变换.

1) 线性空间的定义和性质

2) 线性子空间的判定依据

V 的非空子集 W 是 V 的子空间的充分必要条件是 W 关于 V 的加法和数乘运算封闭,即对任意的 $\boldsymbol{\alpha},\boldsymbol{\beta}\in W,\lambda\in F$,有 $\boldsymbol{\alpha}+\boldsymbol{\beta}\in W,\lambda\boldsymbol{\alpha}\in W$.

注意线性空间中向量的线性组合、线性相关、线性无关、基与维数、向量在基中的坐标等均可以套用第 3 章中讨论的 n 维数组向量的相关概念.

3) 坐标变换公式

设 $\boldsymbol{\alpha}_1,\boldsymbol{\alpha}_2,\cdots,\boldsymbol{\alpha}_n$ 和 $\boldsymbol{\beta}_1,\boldsymbol{\beta}_2,\cdots,\boldsymbol{\beta}_n$ 是 n 维向量空间 V 的两组基,基 $\boldsymbol{\beta}_1,\boldsymbol{\beta}_2,\cdots,\boldsymbol{\beta}_n$ 由基 $\boldsymbol{\alpha}_1,\boldsymbol{\alpha}_2,\cdots,\boldsymbol{\alpha}_n$ 线性表示的表示式为

$$(\boldsymbol{\beta}_1,\boldsymbol{\beta}_2,\cdots,\boldsymbol{\beta}_n)=(\boldsymbol{\alpha}_1,\boldsymbol{\alpha}_2,\cdots,\boldsymbol{\alpha}_n)\boldsymbol{A}.$$

n 阶矩阵 $\boldsymbol{A}$ 称为过渡矩阵,则 $\boldsymbol{A}$ 可逆,并且它的第 i 个列向量是 $\boldsymbol{\beta}_i$ 在基 $\boldsymbol{\alpha}_1,\boldsymbol{\alpha}_2,\cdots,\boldsymbol{\alpha}_n(i=1,2,\cdots,n)$下的坐标. 如果向量 $\boldsymbol{\alpha}\in V$ 在基 $\boldsymbol{\alpha}_1,\boldsymbol{\alpha}_2,\cdots,\boldsymbol{\alpha}_n$ 和 $\boldsymbol{\beta}_1,\boldsymbol{\beta}_2,\cdots,\boldsymbol{\beta}_n$ 下的坐标分别为 $(x_1,x_2,\cdots,x_n)$和$(y_1,y_2,\cdots,y_n)$,那么有基坐标变换公式

$$(x_1,x_2,\cdots,x_n)^{\mathrm{T}}=\boldsymbol{A}\,(y_1,y_2,\cdots,y_n)^{\mathrm{T}}.$$

4) 线性变换的定义

5) 线性变换的矩阵

设 $\boldsymbol{\varepsilon}_1,\boldsymbol{\varepsilon}_2,\cdots,\boldsymbol{\varepsilon}_n$ 为 V 的一组基,如果基向量的像 $f(\boldsymbol{\varepsilon}_1),f(\boldsymbol{\varepsilon}_2),\cdots,f(\boldsymbol{\varepsilon}_n)$可以被基 $\boldsymbol{\varepsilon}_1,\boldsymbol{\varepsilon}_2,\cdots,\boldsymbol{\varepsilon}_n$ 线性表示,也就是有

$$\begin{aligned}f(\boldsymbol{\varepsilon}_1,\boldsymbol{\varepsilon}_2,\cdots,\boldsymbol{\varepsilon}_n)&=(f(\boldsymbol{\varepsilon}_1),f(\boldsymbol{\varepsilon}_2),\cdots,f(\boldsymbol{\varepsilon}_n))\\&=(\boldsymbol{\varepsilon}_1,\boldsymbol{\varepsilon}_2,\cdots,\boldsymbol{\varepsilon}_n)\boldsymbol{A},\end{aligned}$$

则称 $\boldsymbol{A}$ 为 f 在基 $\boldsymbol{\varepsilon}_1,\boldsymbol{\varepsilon}_2,\cdots,\boldsymbol{\varepsilon}_n$ 下的矩阵.

反之,给定矩阵 $\boldsymbol{A}$ 满足 $f(\boldsymbol{\varepsilon}_1,\boldsymbol{\varepsilon}_2,\cdots,\boldsymbol{\varepsilon}_n)=(\boldsymbol{\varepsilon}_1,\boldsymbol{\varepsilon}_2,\cdots,\boldsymbol{\varepsilon}_n)\boldsymbol{A}$ 的线性变换 f 是唯一确定的.

V 中线性变换 f 在 V 的不同基下的矩阵是相似的,即如果 f 在基 $\boldsymbol{\alpha}_1,\boldsymbol{\alpha}_2,\cdots,\boldsymbol{\alpha}_n$ 与基 $\boldsymbol{\beta}_1,\boldsymbol{\beta}_2,\cdots,\boldsymbol{\beta}_n$ 下的矩阵分别为 $\boldsymbol{A}$ 和 $\boldsymbol{B}$,则 $\boldsymbol{B}=\boldsymbol{P}^{-1}\boldsymbol{A}\boldsymbol{P}$,其中 $\boldsymbol{P}$ 为基 $\boldsymbol{\alpha}_1,\boldsymbol{\alpha}_2,\cdots,\boldsymbol{\alpha}_n$ 到基 $\boldsymbol{\beta}_1,\boldsymbol{\beta}_2,\cdots,\boldsymbol{\beta}_n$ 的过渡矩阵.

习　题　六

1. 用矩阵的加法和乘法验证下列集合是线性空间,并分别给出相应线性空间的一组基.

(1) 2 阶矩阵的全体构成的集合;

(2) 2 阶对称矩阵的全体构成的集合.

2. 在线性空间 $\mathbf{R}[x]_4$ 中,下列向量组是否为一组基?

(1) $1+x,x+x^2,1+x^3,2+2x+x^2+x^3$;

(2) $-1+x, 1-x^2, 1+x^3, -2+2x+x^2, x^3$.

3. 令 $V=\mathbf{R}^{2\times 2}$，$L(V)$ 是 V 上的全体线性变换组成的线性空间，那么 $L(V)$ 的维数为______.

4. 在 $\mathbf{R}^3$ 中，求向量 $\boldsymbol{\beta}=(7,3,1)^{\mathrm{T}}$ 在基 $\boldsymbol{\alpha}_1=(1,3,5)^{\mathrm{T}}, \boldsymbol{\alpha}_2=(6,3,2)^{\mathrm{T}}, \boldsymbol{\alpha}_3=(3,1,0)^{\mathrm{T}}$ 下的坐标.

5. 在 $\mathbf{R}^4$ 中，求向量 $\boldsymbol{\xi}$ 在基 $\boldsymbol{\varepsilon}_1, \boldsymbol{\varepsilon}_2, \boldsymbol{\varepsilon}_3, \boldsymbol{\varepsilon}_4$ 下的坐标，设 $\boldsymbol{\varepsilon}_1=(1,1,0,1), \boldsymbol{\varepsilon}_2=(2,1,3,1), \boldsymbol{\varepsilon}_3=(1,1,0,0), \boldsymbol{\varepsilon}_4=(0,1,-1,-1), \boldsymbol{\xi}=(0,0,0,1)\boldsymbol{X}$.

6. 在 $\boldsymbol{M}_{2\times 2}(\mathbf{R})$ 上定义线性变换 $\sigma(\boldsymbol{X})=\boldsymbol{X}\begin{pmatrix}1 & -1\\ -1 & 1\end{pmatrix}$，求 σ 在基 $\boldsymbol{E}_{11}, \boldsymbol{E}_{12}, \boldsymbol{E}_{21}, \boldsymbol{E}_{22}$ 下的矩阵.

7. 定义 $\mathbf{R}^3$ 中的变换 f 为

$$f\begin{pmatrix}x_1\\ x_2\\ x_3\end{pmatrix}=\begin{pmatrix}2x_1-x_2\\ x_1+x_2\\ x_1\end{pmatrix}.$$

(1) 验证 f 为 $\mathbf{R}^3$ 中的线性变换；

(2) 求 f 在自然基下的矩阵.

8. 函数集合 $V_3=\{\boldsymbol{\alpha}=(a_2x^2+a_1x+a_0)\boldsymbol{e}^x \mid a_2, a_1, a_0\in\mathbf{R}\}$，对于函数的线性运算构成三维线性空间. 向量组 $\boldsymbol{\alpha}_1=x^2\boldsymbol{e}^x, \boldsymbol{\alpha}_2=x\boldsymbol{e}^x, \boldsymbol{\alpha}_3=\boldsymbol{e}^x$ 是 V_3 中的一组基. 求微分变换 σ(见第 6.2 节例 4)在这组基下的矩阵.

9. 设向量组 $\boldsymbol{\alpha}_1, \boldsymbol{\alpha}_2, \boldsymbol{\alpha}_3$ 与 $\boldsymbol{\beta}_1, \boldsymbol{\beta}_2, \boldsymbol{\beta}_3$ 为 $\mathbf{R}^3$ 的两组基，并且 $\boldsymbol{\beta}_1=2\boldsymbol{\alpha}_1+\boldsymbol{\alpha}_2+3\boldsymbol{\alpha}_3, \boldsymbol{\beta}_2=\boldsymbol{\alpha}_1+\boldsymbol{\alpha}_2+2\boldsymbol{\alpha}_3, \boldsymbol{\beta}_3=\boldsymbol{\alpha}_1+\boldsymbol{\alpha}_2+\boldsymbol{\alpha}_3$，而线性变换 f 在基 $\boldsymbol{\alpha}_1, \boldsymbol{\alpha}_2, \boldsymbol{\alpha}_3$ 下的矩阵为 $\boldsymbol{A}=\begin{pmatrix}5 & 7 & -5\\ 0 & 4 & -1\\ 2 & 8 & 3\end{pmatrix}$. 求：

(1) 向量 $\boldsymbol{\gamma}=4\boldsymbol{\alpha}_1-5\boldsymbol{\alpha}_2-\boldsymbol{\alpha}_3$ 在基 $\boldsymbol{\beta}_1, \boldsymbol{\beta}_2, \boldsymbol{\beta}_3$ 下的坐标；

(2) f 在基 $\boldsymbol{\beta}_1, \boldsymbol{\beta}_2, \boldsymbol{\beta}_3$ 下的矩阵.

第 7 章　MATLAB 软件的介绍及应用

7.1　MATLAB 软件介绍

MATLAB 是矩阵实验室(Matrix Laboratory)的简称，是美国 MathWorks 公司出品的商业数学软件，用于算法开发、数据可视化、数据分析以及数值计算的高级技术计算语言和交互式环境，主要包括 MATLAB 和 Simulink 两大部分.

MATLAB 可以进行运算矩阵、绘制函数和数据、实现算法、创建用户界面、链接其他编程语言的程序等，主要应用于工程计算、控制设计、信号处理与通信、图像处理、信号检测、金融建模设计与分析等领域. MATLAB 的基本数据单位是矩阵，它的指令表达式与数学、工程中常用的形式十分相似，所以用 MATLAB 来解算问题要比用 C、FORTRAN 等语言完成相同的事情简捷得多，并且 MATLAB 也吸收了像 Maple 等软件的优点，使 MATLAB 成为一个强大的数学软件. 在新的版本中也加入了对 FORTRAN、C＋＋、JAVA 的支持，可以直接调用. 用户也可以将自己编写的实用程序导入 MATLAB 函数库中方便自己以后调用，此外，许多 MATLAB 爱好者都编写了一些经典的程序，用户直接进行下载就可以调用.

Simulink 是基于 MATLAB 的框图设计环境，可以用来对各种动态系统进行建模、分析和仿真，它的建模范围广泛，可以针对任何能够用数学来描述的系统进行建模，如航空航天动力学系统、卫星控制制导系统、通信系统、船舶及汽车等.

1. 常量与变量

系统变量的命名规则：变量名区分字母大小写，变量名必须以字母开头，其后可以是任意字母、数字或下划线的组合. 此外，系统内部预先定义了几个有特殊意义和用途的变量，如圆周率 pi、数学中无穷小 eps、无穷大 inf、非数、0/0(NaN)、虚数单位($i=j=\sqrt{-1}$)等.

2. 数值型向量(矩阵)的输入

(1) 任何矩阵(向量)，可以直接按行方式输入每个元素：同一行中的元素用逗号(,)或者用空格符来分隔；行与行之间用分号(;)分隔；所有元素处于一方括号([ ])内.

(2) 系统中提供了多个命令用于输入特殊的矩阵，如伴随阵 compan、对角阵 diag、零矩阵 zeros 等.

3. 矩阵的运算

常用的运算符：+(加)、-(减)、*(乘)、/(右除)、\(左除)、^(乘方)、'(转置)等.

常用的函数：det(行列式)、inv(逆矩阵)、rank(秩)、eig(特征值、特征向量)、rref(化矩阵为行最简形)等.

4. 编程

1) 无条件循环

当需要无条件重复执行某些命令时,可使用 for 循环表示:

```
for 循环变量 t=表达式 1:表达式 2:表达式 3
    语句体
end
```

说明:表达式 1 为循环初值,表达式 2 为步长,表达式 3 为循环终值;当表达式 2 省略时则默认步长为 1;for 语句允许嵌套.

2) 条件循环

(1) if—else—end 语句.

if—else—end 语句常使用的三种形式:

①
```
if   逻辑表达式
         语句体
end
```

②
```
if   逻辑表达式 1
         语句体 1
else
         语句体 2
end
```

③
```
if       逻辑表达式 1
         语句体 1
elseif   逻辑表达式 2
         语句体 2
elseif   逻辑表达式 3
         …
else
         语句体 n
end
```

(2) while 循环语句.

while 循环的一般使用形式:

```
while  表达式
       语句体
end
```

3) 分支结构

若需要对不同的情形执行不同的操作,可用 switch 分支语句:

```
switch   表达式(标量或字符串)
  case   值 1
         语句体 1
  case   值 2
         语句体 2
```

```
  …
otherwise
        语句体 n
  end
```

说明:当表达式不是 case 所列值时,执行 otherwise 语句体.

4) 建立 M 文件

将多个可执行的系统命令,用文本编辑器编辑后并存放在后缀为 .m 的文件中,若在 MATLAB 命令窗口中输入该文件的文件名(不跟后缀.m),即可依次执行该文件中的多个命令.这个后缀为.m 的文件,也称为 MATLAB 的**脚本文件**(Script File).

注:文件存放路径必须在 MATLAB 能搜索的范围内.

5) 建立函数文件

对于一些特殊用户函数,系统提供了一个用于创建用户函数的命令 function,以备用户随时调用.

(1) 格式:

```
function  [输出变量列表]=fun_name(输入变量列表)
          用户自定义的函数体
```

(2) 函数文件名:fun_name,注意保存时文件名与函数名最好相同.

(3) 存储路径:最好在系统的搜索路径上.

(4) 调用方法:输出参量=fun_name (输入变量).

7.2 线性代数应用举例

1. 行列式计算

例 1 计算行列式 $\begin{vmatrix} 1 & -9 & 2 & 2 \\ -9 & 4 & 0 & 9 \\ 2 & -2 & 6 & 2 \\ 3 & -9 & 8 & 3 \end{vmatrix}$ 的值.

解 在 MATLAB 命令窗口输入:

```
A=[1,-9,2,2;-9,4,0,9;2,-2,6,2;3,-9,8,3]
det(A)
```

执行结果:

```
A=     1  -9  2  2
      -9   4  0  9
       2  -2  6  2
       3  -9  8  3
ans = 262.
```

例 2　求方程 $\begin{vmatrix} 1 & 1 & 1 & 1 \\ 1 & -2 & 2 & x \\ 1 & 4 & 4 & x^2 \\ 1 & -8 & 8 & x^3 \end{vmatrix}=0$ 的根.

解　(1) 先求行列式的值.

在 MATLAB 命令窗口输入：

```
syms x
A=[1,1,1,1;1,-2,2,x;1,4,4,x*x;1,-8,8,x^3]
y=det(A)
```

执行结果：

```
A=
[1,1,1,1]
[1,-2,2,x]
[1,4,4,x^2]
[1, -8,8,x^3]
y=-12*x^3+48*x+12*x^2-48
```

(2) 求三次方程的根.

首先通过函数的图形确定根的大致范围.

在 MATLAB 命令窗口输入：

```
grid on
ezplot(y)
```

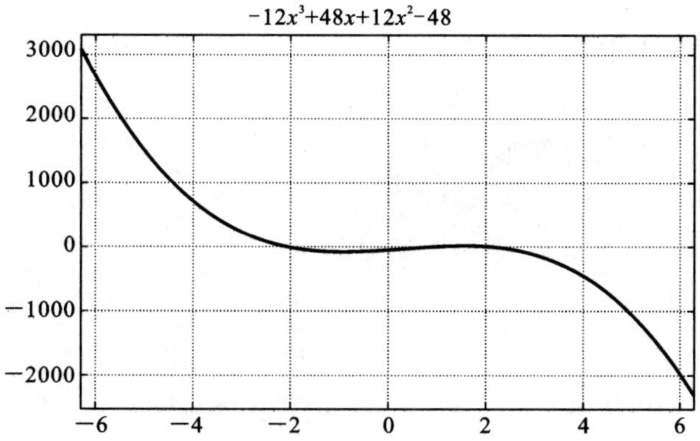

图 7-1　$y=-12x^3+48x+12x^2-48$ 的函数图形

观察图 7-1 可知，3 个根大致在 -2，0，4 附近，下面求精确值.

在 MATLAB 命令窗口输入：

```
yf=char(y);
g1=fzero(yf,-2)
```

```
g2=fzero(yf,0)
g3=fzero(yf,4)
```

执行结果：

```
g1=-2
g2=1
g3=2
```

可知方程的3个根分别为−2、1、2.

2. 矩阵及其运算

例3 求 $\boldsymbol{A}=\begin{pmatrix}1&2&3\\2&2&1\\3&4&3\end{pmatrix}$ 的逆矩阵.

解 **解法一** 在MATLAB编辑器中建立M文件：

```
A=[1  2  3; 2  2  1; 3  4  3];
inv(A)或 A^(-1)
```

执行结果：

```
ans=
      1.0000     3.0000    -2.0000
     -1.5000    -3.0000     2.5000
      1.0000     1.0000    -1.0000
```

解法二 对分块矩阵 $\boldsymbol{B}=\begin{pmatrix}1&2&3&1&0&0\\2&2&1&0&1&0\\3&4&3&0&0&1\end{pmatrix}$ 进行初等行变换.

在MATLAB编辑器中建立M文件：

```
B=[1, 2, 3, 1, 0, 0; 2, 2, 1, 0, 1, 0; 3, 4, 3, 0, 0, 1];
C=rref(B)      %化行最简形.
X=C(:,4:6)
```

在MATLAB命令窗口键入，则显示结果如下：

```
C=
   1.0000          0          0     1.0000     3.0000    -2.0000
        0     1.0000          0    -1.5000    -3.0000     2.5000
        0          0     1.0000     1.0000     1.0000    -1.0000
X=
      1.0000     3.0000    -2.0000
     -1.5000    -3.0000     2.5000
      1.0000     1.0000    -1.0000
```

这就是 $\boldsymbol{A}$ 的逆矩阵.

例 4　设 $\boldsymbol{A}=\begin{pmatrix}1&2&3\\2&2&1\\3&4&3\end{pmatrix}$，$\boldsymbol{B}=\begin{pmatrix}2&1\\5&3\end{pmatrix}$，$\boldsymbol{C}=\begin{pmatrix}1&3\\2&0\\3&1\end{pmatrix}$，求矩阵 $\boldsymbol{X}$，使满足 $\boldsymbol{AXB}=\boldsymbol{C}$.

解　在 MATLAB 编辑器中建立 M 文件：

```
A=[1 2 3;2 2 1;3 4 3];
B=[2,1;5 3];
C=[1 3;2 0;3 1];
X=A\C/B
```

则结果显示如下：

```
X=
   -2.0000      1.0000
    10.0       -4.0000
   -10.0000     4.0000
```

3. 线性方程组的求解

例 5　分别用三种方法：逆、除法、增广矩阵的初等行变换法求齐次和非齐次线性方程组的解.

(1) $\begin{cases}x_1-4x_2+2x_3=0,\\ 2x_2-x_3=0,\\ -x_1+2x_2-x_3=0;\end{cases}$　(2) $\begin{cases}x_1+x_2+3x_3-x_4=-2,\\ x_2-x_3+x_4=1,\\ x_1+x_2+2x_3+2x_4=4,\\ x_1-x_2+x_3-x_4=0.\end{cases}$

解　(1) 先判别系数行列式的值，输入命令：

```
A=[1,-4,2;0,2,-1;-1,2,-1];
det(A)
```

执行结果：

```
ans=0
```

说明方程组的系数矩阵不可逆，则该方程组有无穷多解，调用函数 jfch 求解，输入命令：

```
B=zeros(3,1);
U=rref[A,B]
```

执行结果：

```
U=
   1.0000     0          0        0
   0        1.0000   -0.50000     0
   0          0          0        0
```

从结果可知系数矩阵的秩为 2，方程组的通解为

$$\begin{pmatrix} x_1 \\ x_2 \\ x_3 \end{pmatrix} = C\begin{pmatrix} 0 \\ 0.5 \\ 1 \end{pmatrix} \quad (C \in \mathbf{R}).$$

(2) 先判别系数行列式的值,输入命令:

```
A=[1,1,3,-1;0,1,-1,1;1,1,2,2;1,-1,1,-1];
det(A)
```

执行结果:

```
ans=10
```

说明方程组的系数矩阵可逆,则输入命令:

```
B=[-2;1;4;0];
```

解法一 X=inv(A) * B

执行结果:

```
X=   1.0000
    -1.0000
     0.0000
     2.0000
```

解法二 X=A\B

执行结果:

```
X=   1
    -1
     0
     2
```

解法三 Y=rref([A ,B]);

X=Y(: ,5)

执行结果:

```
X=   1
    -1
     0
     2
```

4. 特征值与特征向量

在 MATLAB 中,用如下几种调用格式来求矩阵 **A** 的特征值和特征向量.

(1) d=eig(A) % d 为 A 的特征值排成的向量.

(2) [V, D]=eig(A) % D 为 A 的特征值的对角阵,V 的列向量为对应特征值的特征向量(且为单位向量).

(3) [V, D]=eig(A,'nobalance') % 当 A 中有小到和截断误差相当的元素时,用 nobalance 选项,其作用是减少计算误差.

例 6　求矩阵 $\boldsymbol{A}=\begin{pmatrix}-2 & 1 & 1\\ 0 & 2 & 0\\ -4 & 1 & 3\end{pmatrix}$ 的特征值和特征向量.

解　在 MATLAB 编辑器中建立 M 文件：

```
A=[-2,1,1;0,2,0;-4,1,3];
[V,D]=eig(A)
```

运行后结果显示：

```
V=
    -0.7071    -0.2425     0.3015
          0          0     0.9045
    -0.7071    -0.9701     0.3015
D=
    -1     0     0
     0     2     0
     0     0     2
```

即特征值 −1 对应特征向量 $[-0.7071,0,-0.7071]^{\mathrm{T}}$；

特征值 2 对应特征向量 $[-0.2425,0,-0.9701]^{\mathrm{T}}$ 和 $[0.3015,0.9045,0.3015]^{\mathrm{T}}$.

例 7　设 $\boldsymbol{A}=\begin{pmatrix}4 & 0 & 0\\ 0 & 3 & 1\\ 0 & 1 & 3\end{pmatrix}$，求一个正交矩阵 $\boldsymbol{P}$，使 $\boldsymbol{P}^{-1}\boldsymbol{A}\boldsymbol{P}=\boldsymbol{\Lambda}$ 为对角矩阵.

解　**解法一**　在 MATLAB 编辑器中建立 M 文件：

```
A=[4,0,0;0,3,1;0,1,3];
[V,D]=eig(A)
```

运行后结果如下：

```
V=
          0          0     1.0000
    -0.7071     0.7071     0
     0.7071     0.7071     0
D=
     2     0     0
     0     4     0
     0     0     4
```

其中，V 就是所求的正交矩阵 $\boldsymbol{P}$，D 就是对角矩阵 $\boldsymbol{\Lambda}$.

解法二　在 MATLAB 编辑器中建立 M 文件：

```
A=[4,0,0;0,3,1;0,1,3];
[U,T]=schur(A)
```

运行后结果显示如下：

```
U=
        0         0        1.0000
  -0.7071    0.7071        0
   0.7071    0.7071        0
T=
   2    0    0
   0    4    0
   0    0    4
```

这里，U 就是所求的正交矩阵 $\boldsymbol{P}$，T 就是对角矩阵 $\boldsymbol{\Lambda}$.

5. 二次型

例 8 求一个正交变换 $\boldsymbol{X}=\boldsymbol{PY}$，把二次型 $f=2x_1x_2+2x_1x_3-2x_1x_4-2x_2x_3+2x_2x_4+2x_3x_4$ 化成标准型.

解 先写出二次型 f 的实对称矩阵

$$\boldsymbol{A}=\begin{pmatrix} 0 & 1 & 1 & -1 \\ 1 & 0 & -1 & 1 \\ 1 & -1 & 0 & 1 \\ -1 & 1 & 1 & 0 \end{pmatrix},$$

在 MATLAB 编辑器中建立 M 文件：

```
A=[0,1,1,-1;1,0,-1,1;1,-1,0,1;-1,1,1,0];
[P,D]=schur(A)
syms y1 y2  y3 y4
Y=[y1;y2;y3;y4];
X=vpa(P,2)*Y             %vpa表示可变精度计算,这里取2位精度.
f=[y1;y2;y3;y4]*D*Y
```

运行后结果显示如下：

```
P=
  -0.5000    0.2887   0.7887    0.2113
   0.5000   -0.2887   0.2113    0.7887
   0.5000   -0.2887   0.5774   -0.5774
  -0.5000   -0.8660        0         0
D=
  -3.0000         0        0         0
        0    1.0000        0         0
        0         0   1.0000         0
        0         0        0    1.0000
```

```
X=
    [-0.5*y1+0.29*y2+0.79*y3+0.21*y4]
    [ 0.5*y1-0.29*y2+0.21*y3+0.79*y4]
    [ 0.5*y1-0.29*y2+0.58*y3-0.58*y4]
    [               -0.5*y1-0.87*y2]
f=
   -3*y1^2+y2^2+y3^2+y4^2
```

即

$$f=-3y_1^2+y_2^2+y_3^2+y_4^2.$$

6. 用 MATLAB 实现二次型正定性的判别

在 MATLAB 中，用如下调用格式来实现二次型正定性的判别.

```
function y=zhd(a)          % 返回 1 代表正定，-1 代表负定，0 代表既非正定
                           又非负定.
y=0;
d=eig(a);
if sum(d>0)==size(a)       % 判别特征值是否全为正.
    y=1;
else
    y=-1;
    for i=1:size(a)
      b=a(1:i,1:i);
      if (-1)^i*det(b)<=0  % 判别矩阵的奇数阶主子式是否为负，偶数阶是否
                           为正.
        y=0;
        return
      end
    end
end
```

例 9　判别二次型 $f=-5x_1^2-6x_2^2-4x_3^2+4x_1x_2+4x_1x_3$ 的正定性.

解　f 的矩阵为

$$\boldsymbol{A}=\begin{pmatrix}-5 & 2 & 2\\ 2 & -6 & 0\\ 2 & 0 & -4\end{pmatrix},$$

在 MATLAB 命令窗口输入：

```
a=[-5,2,2;2,-6,0;2,0,-4]
```

```
zhd(a)
```

执行结果：

```
ans=   -1
```

说明二次型是负定.

参考答案

习题 1.1

1. (1) 3,奇排列; (2) 8,偶排列; (3) $1+3+5+\cdots+(2n-1)=n^2$,n 为奇数时为奇排列,n 为偶数时为偶排列.

2. -1.

3. (1) 24; (2) 0; (3) $(-1)^{\frac{n(n-1)}{2}}a_{1n}a_{2,n-1}\cdots a_{n1}$; (4) $(-1)^{\frac{(n-2)(n-1)}{2}}a_1a_2\cdots a_{n-1}a_n$.

习题 1.2

1. 证明略.

2. (1) 160; (2) 1; (3) 8; (4) 40.

3. (1) $x_1=1,x_2=-1,x_3=2,x_4=-2$; (2) $x_1=0,x_2=1,\cdots,x_{n-1}=n-2$.

习题 1.3

1. 0.

2. 0.

3. (1) x^2y^2; (2) 12; (3) $4a_1a_2a_3$; (4) $(a^2-b^2)^2$.

4. (1) $(-1)^{n+1}n!$; (2) $x^n+(-1)^{n+1}y^n$.

5. 证明略.

6. 证明略.

7. $(n-1)!$.

习题 1.4

1. (1) $x_1=3,x_2=4,x_3=5$; (2) $x_1=\frac{4}{5},x_2=\frac{9}{10},x_3=\frac{1}{2},x_4=\frac{3}{10}$;

(3) $x_1=-3,x_2=3,x_3=5,x_4=0$; (4) $x_1=0,x_2=0,x_3=0,x_4=0$.

2. 仅有零解.

3. $\lambda=-\frac{1}{5}$.

4. $\lambda \neq 1$.

5. $a \neq 1$ 时有唯一解，$x_1 = 1 + a - a^2, x_2 = -1, x_3 = a^2$.

习题一

1. (1) B； (2) D.

2. (1) $2^{n+1} - 2$； (2) $\lambda^4 + \lambda^3 + 2\lambda^2 + 3\lambda + 4$； (3) $xyzt - yz - zt - yt$；
(4) $(-1)^{n-1}(n-1)$.

3. $1 - a^4$.

4. $1 - a + a^2 - a^3 + a^4 - a^5$.

5. 2 个；$x_1 = 0, x_2 = 5$.

6. $a = 0$ 或 $a = -10$.

7. -28.

习题 2.1

1. $$\begin{array}{c} \\ 1 \\ 2 \\ 3 \\ 4 \\ 5 \\ 6 \end{array}\begin{array}{c} \begin{array}{cccccc} 1 & 2 & 3 & 4 & 5 & 6 \end{array} \\ \begin{pmatrix} & 1 & 0 & 1 & 1 & 1 \\ 0 & & 0 & 1 & 1 & 1 \\ 1 & 1 & & 1 & 0 & 0 \\ 0 & 0 & 0 & & 1 & 1 \\ 0 & 0 & 1 & 0 & & 1 \\ 0 & 0 & 1 & 0 & 0 & \end{pmatrix} \end{array}$$ ，选手按胜多负少排序为 1 2 3 4 5 6.

2. $x_1 = \dfrac{5}{2}, x_2 = \dfrac{1}{2}$.

习题 2.2

1. $\boldsymbol{A} + \boldsymbol{B} = \begin{pmatrix} 4 & 8 & 9 & 2 \\ 4 & 1 & 9 & 10 \\ 0 & 7 & 6 & 11 \end{pmatrix}$.

2. (1) $\begin{pmatrix} 2 & 6 & 4 \\ 1 & 3 & 2 \\ 3 & 9 & 6 \end{pmatrix}$； (2) 11； (3) $\begin{pmatrix} 2 & 1 \\ 4 & 3 \\ 7 & 9 \end{pmatrix}$； (4) $\begin{pmatrix} 0 & 0 \\ 0 & 0 \end{pmatrix}$； (5) $\begin{pmatrix} -6 & 29 \\ 5 & 32 \end{pmatrix}$.

3. $\boldsymbol{A}\begin{pmatrix} 10 \\ 8 \\ 7 \end{pmatrix} = \begin{pmatrix} 72 \\ 47 \\ 59 \end{pmatrix}$，方法一获利最多.

4. $3\boldsymbol{AB}-2\boldsymbol{A}=\begin{pmatrix}-2 & 13 & 22\\ -2 & -17 & 20\\ 4 & 29 & -2\end{pmatrix}$； $\boldsymbol{A}^{\mathrm{T}}\boldsymbol{B}=\begin{pmatrix}0 & 5 & 8\\ 0 & -5 & 6\\ 2 & 9 & 0\end{pmatrix}$.

5. $\begin{pmatrix}-\frac{2}{3} & -2\\ -2 & \frac{4}{3}\end{pmatrix}$.

6. (1) $\begin{pmatrix}-35 & -30\\ 45 & 10\end{pmatrix}$； (2) $\begin{pmatrix}1 & 2 & 3\\ 0 & 1 & 2\\ 0 & 0 & 1\end{pmatrix}$； (3) $\begin{pmatrix}1 & 1\\ 0 & 0\end{pmatrix}$； (4) $\begin{pmatrix}a^n & 0 & 0\\ 0 & b^n & 0\\ 0 & 0 & c^n\end{pmatrix}$.

7. 证明略.

8. 略.

9. 证明略.

10. 证明略.

11. 证明略.

习题 2.3

1. (1) $\boldsymbol{A}^{-1}=\begin{pmatrix}5 & -2\\ -2 & 1\end{pmatrix}$； (2) $\boldsymbol{A}^{-1}=\begin{pmatrix}\cos\theta & \sin\theta\\ -\sin\theta & \cos\theta\end{pmatrix}$；

(3) $\boldsymbol{A}^{-1}=\begin{pmatrix}-2 & 1 & 0\\ -\frac{13}{2} & 3 & -\frac{1}{2}\\ -16 & 7 & -1\end{pmatrix}$； (4) $\boldsymbol{A}^{-1}=\begin{pmatrix}1 & -2 & 1 & 0\\ 0 & 1 & -2 & 1\\ 0 & 0 & 1 & -2\\ 0 & 0 & 0 & 1\end{pmatrix}$.

2. $(\boldsymbol{A}^*)^{-1}=\begin{pmatrix}5 & -2 & -1\\ -2 & 2 & 0\\ -1 & 0 & 1\end{pmatrix}$.

3. (1) $\boldsymbol{X}=-\frac{1}{19}\begin{pmatrix}2 & -23\\ -16 & 32\end{pmatrix}$； (2) $\boldsymbol{X}=\begin{pmatrix}-2 & 2 & 1\\ -\frac{8}{3} & 5 & -\frac{2}{3}\end{pmatrix}$；(3) $\boldsymbol{X}=\begin{pmatrix}2 & -1 & 0\\ 1 & 3 & -4\\ 1 & 0 & -2\end{pmatrix}$.

4. $\boldsymbol{x}=\begin{pmatrix}\frac{1}{6}\\ -\frac{13}{6}\\ \frac{1}{2}\end{pmatrix}$.

5. 证明略.

6. -16.

习题 2.4

1. (1) $\begin{pmatrix}-2 & 1\\ 1 & -2\\ 3 & -2\end{pmatrix}$; (2) $\begin{pmatrix}a & 0 & ac & 0\\ 0 & a & 0 & ac\\ 1 & 0 & c+bd & 0\\ 0 & 1 & 0 & c+bd\end{pmatrix}$.

2. (1) $\begin{pmatrix}4 & -\frac{3}{2} & 0 & 0 & 0\\ -1 & \frac{1}{2} & 0 & 0 & 0\\ 0 & 0 & -\frac{1}{6} & -\frac{1}{6} & \frac{1}{2}\\ 0 & 0 & -\frac{2}{3} & \frac{1}{3} & 0\\ 0 & 0 & \frac{7}{6} & \frac{1}{6} & -\frac{1}{2}\end{pmatrix}$; (2) $\begin{pmatrix}\frac{3}{4} & -\frac{1}{4} & 0 & 0 & 0\\ \frac{1}{4} & \frac{1}{4} & 0 & 0 & 0\\ 0 & 0 & -\frac{1}{2} & 0 & 0\\ 0 & 0 & 0 & 1 & -2\\ 0 & 0 & 0 & 0 & 1\end{pmatrix}$.

3. 3; $\begin{pmatrix}-2 & 1 & 0 & 0\\ 3 & -1 & 0 & 0\\ 0 & 0 & 1/3 & -2/3\\ 0 & 0 & 0 & -1\end{pmatrix}$; 3^{10}; $\begin{pmatrix}2 & 5 & 0 & 0\\ 5 & 13 & 0 & 0\\ 0 & 0 & 13 & 2\\ 0 & 0 & 2 & 1\end{pmatrix}$.

习题 2.5

1. (1) A; (2) B; (3) D.

2. (1) $\begin{pmatrix}1 & 0\\ 0 & 1\end{pmatrix}$; (2) $\begin{pmatrix}1 & 0 & 0\\ 0 & 1 & 0\\ 0 & 0 & 0\end{pmatrix}$; (3) $\begin{pmatrix}1 & 0 & 0\\ 0 & 1 & 0\end{pmatrix}$; (4) $\begin{pmatrix}1 & 0\\ 0 & 1\\ 0 & 0\end{pmatrix}$

3. (1) $\begin{pmatrix}-1 & 0 & 0\\ -1 & -2 & 1\\ -2 & -3 & 1\end{pmatrix}$; (2) $\begin{pmatrix}0 & 0 & 0 & 1\\ 0 & 0 & 1 & 0\\ 0 & 1 & 0 & 0\\ 1 & 0 & 0 & 0\end{pmatrix}$; (3) $\begin{pmatrix}0 & 0 & 1/4 & 0\\ 0 & 1/2 & 0 & 0\\ 1/3 & 0 & 0 & 0\\ 0 & 0 & 0 & 1\end{pmatrix}$.

4. $\boldsymbol{X}=\begin{pmatrix}1 & -1 & 1\\ -1 & 1 & 1\\ 1 & 1 & -1\end{pmatrix}$.

习题 2.6

1. (1) $r(\boldsymbol{A})=3$,满秩矩阵; (2) $r(\boldsymbol{A})=3$,不是方阵,故不是满秩矩阵;

（3）$r(\boldsymbol{A})=3$ 不是满秩矩阵.

2. （1）2；（2）4；（3）3；（4）2.

3. $a=2$.

4. $\lambda=1$ 时，$r(\boldsymbol{A})=2$.

5. 证明略.

6. $\begin{pmatrix}2 & -1 & 3 & 1\\ 0 & 0 & 1 & -2\\ 0 & 0 & 0 & 1\\ 0 & 0 & 0 & 0\end{pmatrix}$ 即为矩阵 $\boldsymbol{A}$ 的行阶梯形矩阵，矩阵 $\boldsymbol{A}$ 的一个最高阶非零子式为 $\begin{vmatrix}-1 & 3 & 1\\ -2 & 5 & 4\\ -1 & 4 & 0\end{vmatrix}$.

习题二

1. （1）D；（2）B；（3）D；（4）C；（5）C；（6）B；（7）B；（8）C；（9）A；（10）B；（11）C；（12）B；（13）B；（14）C；（15）C.

2. （1）2；（2）2；（3）3；（4）-27；（5）-1；（6）$\frac{1}{9}$；（7）$\frac{1}{2}$；（8）$-\frac{2^{2n-1}}{3}$；（9）2；（10）1；（11）1；（12）$\begin{pmatrix}3 & 0 & 0\\ 0 & 2 & 0\\ 0 & 0 & 1\end{pmatrix}$；（13）3；（14）$3^{n-1}\begin{pmatrix}1 & \frac{1}{2} & \frac{1}{3}\\ 2 & 1 & \frac{2}{3}\\ 3 & \frac{3}{2} & 1\end{pmatrix}$；

（15）$(a-2^n)a^2$；（16）$\frac{1}{2}(\boldsymbol{A}+2\boldsymbol{I})$；（17）$\begin{pmatrix}1 & -2 & 0 & 0\\ -2 & 5 & 0 & 0\\ 0 & 0 & \frac{1}{3} & \frac{2}{3}\\ 0 & 0 & -\frac{1}{3} & \frac{1}{3}\end{pmatrix}$；

（18）$\begin{pmatrix}0 & 0 & \cdots & 0 & \frac{1}{a_n}\\ \frac{1}{a_1} & 0 & \cdots & 0 & 0\\ 0 & \frac{1}{a_2} & \cdots & 0 & 0\\ \vdots & \vdots & & \vdots & \vdots\\ 0 & 0 & \cdots & \frac{1}{a_{n-1}} & 0\end{pmatrix}$；（19）$\begin{pmatrix}1 & 0 & 0 & 0\\ -1 & 2 & 0 & 0\\ 0 & -2 & 3 & 0\\ 0 & 0 & -3 & 4\end{pmatrix}$；（20）$\begin{pmatrix}2 & & \\ & -4 & \\ & & 2\end{pmatrix}$.

3. $\begin{pmatrix} x_{n+1} \\ y_{n+1} \end{pmatrix} = \begin{pmatrix} \frac{9}{10} & \frac{2}{5} \\ \frac{1}{10} & \frac{3}{5} \end{pmatrix} \begin{pmatrix} x_n \\ y_n \end{pmatrix}$.

4. 证明略.

5. $\begin{pmatrix} 6 & 0 & 0 & 0 \\ 0 & 6 & 0 & 0 \\ 6 & 0 & 6 & 0 \\ 0 & 3 & 0 & -1 \end{pmatrix}$.

6. (1) 证明略; (2) $\boldsymbol{A}\boldsymbol{B}^{-1} = \boldsymbol{I}(i,j)$.

7. 证明略.

8. 0.

9. 证明略.

10. $\boldsymbol{A} = \begin{pmatrix} 1 & 0 & 0 & 0 \\ -2 & 1 & 0 & 1 \\ 1 & -2 & 1 & 0 \\ 0 & 0 & -2 & 1 \end{pmatrix}$.

11. 1.

习题 3.1

1. (1) $\begin{cases} x_1 = 2-2C, \\ x_2 = C, \\ x_3 = 1, \\ x_4 = 0, \end{cases}$ C 为任意常数; (2) 无解; (3) $\begin{cases} x_1 = -3, \\ x_2 = -4, \\ x_3 = 0; \end{cases}$

(4) $\begin{cases} x_1 = 3, \\ x_2 = -C, \\ x_3 = C, \\ x_4 = -1, \end{cases}$ C 为任意常数; (5) $\begin{cases} x_1 = 0, \\ x_2 = 0, \\ x_3 = 0; \end{cases}$ (6) $\begin{cases} x_1 = 0, \\ x_2 = C, \\ x_3 = 2C, \\ x_4 = C, \end{cases}$ C 为任意常数;

(7) $\begin{cases} x_1 = C_1 + C_2, \\ x_2 = C_1, \\ x_3 = 2C_2, \\ x_4 = C_2, \end{cases}$ C_1, C_2 为任意常数; (8) $\begin{cases} x_1 = -2C_1 + C_2, \\ x_2 = C_1, \\ x_3 = 0, \\ x_4 = C_2, \end{cases}$ C_1, C_2 为任意常数.

2. $\lambda = 0$ 或 -1.

3. $\lambda \neq -2, \lambda \neq 1$.

4. (1) $\lambda = -2$, 无解; (2) $\lambda \neq 1, \lambda \neq -2$, 唯一解; (3) $\lambda = 1$, 无穷多解.

习题 3.2

1. $(7,-8,3)^T$.

2. (1) $\boldsymbol{\beta}=\boldsymbol{\alpha}_1+2\boldsymbol{\alpha}_2-\boldsymbol{\alpha}_3$； (2) $\boldsymbol{\beta}=-\boldsymbol{\alpha}_1+2\boldsymbol{\alpha}_2+\boldsymbol{\alpha}_3$(答案不唯一).

3. $a=3,\boldsymbol{\beta}=-\frac{3}{2}\boldsymbol{\alpha}_1+\frac{5}{2}\boldsymbol{\alpha}_2-3\boldsymbol{\alpha}_3$.

4. (1) 线性无关； (2) 线性相关； (3) 线性相关； (4) 线性无关.

5. 证明略.

6. 证明略.

7. 证明略.

习题 3.3

1. (1) 秩为 3，$\boldsymbol{\alpha}_1,\boldsymbol{\alpha}_2,\boldsymbol{\alpha}_3$ 是一个极大无关组； (2) 秩为 3，$\boldsymbol{\alpha}_1,\boldsymbol{\alpha}_2,\boldsymbol{\alpha}_4$ 是一个极大无关组.

2. (1) $\boldsymbol{\alpha}_1,\boldsymbol{\alpha}_2,\boldsymbol{\alpha}_4$ 是一个极大无关组，且 $\boldsymbol{\alpha}_3=3\boldsymbol{\alpha}_1-2\boldsymbol{\alpha}_2$；

(2) $\boldsymbol{\alpha}_1,\boldsymbol{\alpha}_2,\boldsymbol{\alpha}_3$ 是一个极大无关组，且 $\boldsymbol{\alpha}_4=\boldsymbol{\alpha}_1+3\boldsymbol{\alpha}_2-\boldsymbol{\alpha}_3,\boldsymbol{\alpha}_5=-\boldsymbol{\alpha}_2+\boldsymbol{\alpha}_3$；

(3) $\boldsymbol{\alpha}_1,\boldsymbol{\alpha}_2,\boldsymbol{\alpha}_4$ 是一个极大无关组，且 $\boldsymbol{\alpha}_3=-\boldsymbol{\alpha}_1-\boldsymbol{\alpha}_2,\boldsymbol{\alpha}_5=4\boldsymbol{\alpha}_1+3\boldsymbol{\alpha}_2-3\boldsymbol{\alpha}_4$.

3. $a=2,b=5$.

4. 证明略.

习题 3.4

1. (1) 基础解系：$\boldsymbol{\xi}_1=(2,1,0,0)^T,\boldsymbol{\xi}_2=(2,0,-5,7)^T$，通解：$\boldsymbol{x}=C_1\boldsymbol{\xi}_1+C_2\boldsymbol{\xi}_2$，$C_1,C_2$ 为任意常数；

(2) 基础解系：$\boldsymbol{\xi}_1=(-1,0,1,0)^T,\boldsymbol{\xi}_2=(2,-1,0,1)^T$，通解：$\boldsymbol{x}=C_1\boldsymbol{\xi}_1+C_2\boldsymbol{\xi}_2$，$C_1,C_2$ 为任意常数；

(3) 基础解系：$\boldsymbol{\xi}_1=(2,-2,1,0)^T,\boldsymbol{\xi}_2=\left(\frac{5}{3},-\frac{4}{3},0,1\right)^T$，通解：$\boldsymbol{x}=C_1\boldsymbol{\xi}_1+C_2\boldsymbol{\xi}_2$，$C_1,C_2$ 为任意常数；

(4) 基础解系：$\boldsymbol{\xi}=\left(-\frac{1}{2},\frac{7}{2},\frac{5}{2},1\right)^T$，通解：$\boldsymbol{x}=C\boldsymbol{\xi}$，$C$ 为任意常数；

(5)基础解系：$\boldsymbol{\xi}_1=(-1,1,0,0,0)^T,\boldsymbol{\xi}_2=(-1,0,-1,0,1)^T$，通解：$\boldsymbol{x}=C_1\boldsymbol{\xi}_1+C_2\boldsymbol{\xi}_2$，$C_1$，$C_2$ 为任意常数.

2. (1) 通解：$\boldsymbol{x}=C(-3,-1,1,0)^T+(1,1,0,1)^T$，$C$ 为任意常数；

(2) 通解：$\boldsymbol{x}=C_1(-1,1,0,0)^T+C_2(-2,0,1,1)^T+(1,0,0,0)^T$，$C_1,C_2$ 为任意常数；

(3) 通解：$\boldsymbol{x}=C_1\left(-\frac{1}{2},1,0,0\right)^T+C_2\left(\frac{1}{2},0,1,0\right)^T+\left(\frac{1}{2},0,0,0\right)^T$，$C_1,C_2$ 为任意常数；

(4) 通解：$\boldsymbol{x}=C_1\left(\frac{3}{2},\frac{3}{2},1,0\right)^T+C_2\left(-\frac{3}{4},\frac{7}{4},0,1\right)^T+\left(\frac{5}{4},-\frac{1}{4},0,0\right)^T$，$C_1,C_2$ 为任意常数；

(5) 通解:$\boldsymbol{x}=C_1(-11,-1,7,0)^{\mathrm{T}}+C_2(0,2,0,1)^{\mathrm{T}}+\left(\frac{1}{7},\frac{2}{7},0,0\right)^{\mathrm{T}}$,$C_1,C_2$ 为任意常数.

3. 通解:$\boldsymbol{x}=C_1(2,-1,0,0)^{\mathrm{T}}+C_1(1,0,3,-1)^{\mathrm{T}}+(5,0,4,0)^{\mathrm{T}}$,$C_1,C_2$ 为任意常数.

习题 3.5

1. (1) 错误; (2) 错误; (3) 正确.

2. (1) (4) 是向量空间.

3. (1) 证明略; (2) $\begin{pmatrix}1 & 2 & -1\\ 1 & 1 & -1\\ -1 & -3 & 2\end{pmatrix}$.

4. $(1,1,-1)^{\mathrm{T}}$.

5. $6;54;\theta=\arccos\frac{2\sqrt{105}}{35};\sqrt{7};\sqrt{15}$.

6. (1) $(0,0,1)^{\mathrm{T}},\frac{1}{\sqrt{2}}(1,1,0)^{\mathrm{T}},\frac{1}{\sqrt{2}}(-1,1,0)^{\mathrm{T}}$;

(2) $\left(\frac{1}{\sqrt{2}},0,\frac{1}{\sqrt{2}}\right)^{\mathrm{T}},\left(\frac{1}{\sqrt{6}},\frac{2}{\sqrt{6}},-\frac{1}{\sqrt{6}}\right)^{\mathrm{T}},\left(-\frac{1}{\sqrt{3}},\frac{1}{\sqrt{3}},\frac{1}{\sqrt{3}}\right)^{\mathrm{T}}$;

(3) $\frac{1}{\sqrt{2}}(1,1,0,0)^{\mathrm{T}},\frac{1}{\sqrt{2}}(0,0,1,1)^{\mathrm{T}},\frac{1}{2}(1,-1,1,-1)^{\mathrm{T}},\frac{1}{2}(-1,1,1,-1)^{\mathrm{T}}$.

7. $\frac{1}{\sqrt{6}}(1,0,2,-1)^{\mathrm{T}},\frac{1}{\sqrt{498}}(1,12,8,17)^{\mathrm{T}}$.

8. 证明略.

习题三

1. (1) C; (2) A; (3) D; (4) B; (5) D; (6) B; (7) A; (8) A; (9) A; (10) C; (11) B; (12) A; (13) A; (14) A; (15) A.

2. (1) -1; (2) -2; (3) $C(1,1,\cdots,1)$,C 为任意常数; (4) 2; (5) 2; (6) $abc\neq0$;

(7) $a=\frac{1}{2}$; (8) -1; (9) -3; (10) 6; (11) $\begin{pmatrix}2 & 3\\ -1 & -2\end{pmatrix}$.

3. $\boldsymbol{x}=C\begin{pmatrix}1\\2\\1\end{pmatrix}+\begin{pmatrix}\frac{1}{2}\\1\\0\end{pmatrix}$,$C$ 为任意常数.

4. $\lambda=1, \boldsymbol{x}=C\begin{pmatrix}0\\1\\1\end{pmatrix}$,$C$ 为任意常数.

5. 当 $\lambda\neq-2$ 且 $\lambda\neq1$ 时,方程组有唯一解;当 $\lambda=-2$ 时,方程组无解;当 $\lambda=1$ 时,方程组有无穷多组解,通解:$C_1\begin{pmatrix}-1\\1\\0\end{pmatrix}+C_2\begin{pmatrix}-1\\0\\1\end{pmatrix}+\begin{pmatrix}-2\\0\\0\end{pmatrix}$,$C_1,C_2$ 为任意常数.

6. (1) $\lambda=-1, a=-2$;(2) 通解:$C\begin{pmatrix}1\\0\\1\end{pmatrix}+\begin{pmatrix}\frac{5}{2}\\-\frac{1}{2}\\1\end{pmatrix}$,$C$ 为任意常数.

7. $a=-1$ 时,方程组有无穷多解,通解:$C\begin{pmatrix}1\\1\\1\\1\end{pmatrix}+\begin{pmatrix}0\\-1\\0\\0\end{pmatrix}$,$C$ 为任意常数.

8. (1) 证明略; (2) $a=2, b=-3$,通解:$C_1\begin{pmatrix}-2\\1\\1\\0\end{pmatrix}+C_2\begin{pmatrix}4\\-5\\0\\1\end{pmatrix}+\begin{pmatrix}2\\-3\\0\\0\end{pmatrix}$,$C_1,C_2$ 为任意常数.

9. (1) 基础解系:$\boldsymbol{\xi}=(-1,2,3,1)^{\mathrm{T}}$; (2) $\boldsymbol{B}=\begin{pmatrix}2-C_1 & 6-C_2 & -1-C_3\\2C_1-1 & 2C_2-3 & 2C_3+1\\3C_1-1 & 3C_2-4 & 3C_3+1\\C_1 & C_2 & C_3\end{pmatrix}$,$C_1,C_2,C_3$ 为任意常数.

10. $a=-2$ 时,方程无解;$a=1$ 时,方程有无穷多解 $\boldsymbol{X}=\begin{pmatrix}3 & 3\\-C_1-1 & -C_2-1\\C_1 & C_2\end{pmatrix}$,$C_1,C_2$ 为任意常数;

$a\neq1, a\neq-2$ 时方程有唯一解,$\boldsymbol{X}=\begin{pmatrix}1 & \frac{3a}{a+2}\\0 & \frac{a-4}{a+2}\\-1 & 0\end{pmatrix}$.

11. (1) $a=2$； (2) $\boldsymbol{P}=\begin{pmatrix} 3-6C_1 & 4-6C_2 & 4-6C_3 \\ -1+2C_1 & -1+2C_2 & -1+2C_3 \\ C_1 & C_2 & C_3 \end{pmatrix}$，$C_1,C_2,C_3$ 为任意常数，且 $C_2 \neq C_3$.

12. 当 $a\neq b$ 且 $a\neq(1-n)b$ 时，方程组仅有零解；

当 $a=b$ 时其基础解系为

$$\boldsymbol{\alpha}_1=(-1,1,0,\cdots,0)^{\mathrm{T}},\boldsymbol{\alpha}_2=(-1,0,1,\cdots,0)^{\mathrm{T}},\cdots,\boldsymbol{\alpha}_{n-1}=(-1,0,0,\cdots,1)^{\mathrm{T}}.$$

方程组的全部解是 $\boldsymbol{x}=C_1\boldsymbol{\alpha}_1+C_2\boldsymbol{\alpha}_2+\cdots+C_{n-1}\boldsymbol{\alpha}_{n-1}$（$C_1,C_2,\cdots,C_{n-1}$ 为任意常数）.

当 $a=(1-n)b$ 时，其基础解系为 $\boldsymbol{\beta}=(1,1,\cdots,1)^{\mathrm{T}}$. 方程组的全部解是 $\boldsymbol{x}=C\boldsymbol{\beta}$（$C$ 为任意常数）.

13. 当 $a=1$ 时，有公共解 $C\begin{pmatrix} -1 \\ 0 \\ 1 \end{pmatrix}$，$C$ 为任意常数；当 $a=2$ 时，有公共解 $\begin{pmatrix} 0 \\ 1 \\ -1 \end{pmatrix}$.

14. (1) 证明略； (2) $a\neq 0$ 时有唯一解，$x_1=\dfrac{n}{(n+1)a}$；

(3) $a=0$ 时有无穷多解，通解：$C\begin{pmatrix} 1 \\ 0 \\ 0 \\ \vdots \\ 0 \end{pmatrix}+\begin{pmatrix} 0 \\ 1 \\ 0 \\ \vdots \\ 0 \end{pmatrix}$，$C$ 为任意常数.

15. 通解：$C\begin{pmatrix} 1 \\ -2 \\ 1 \\ 0 \end{pmatrix}+\begin{pmatrix} 1 \\ 1 \\ 1 \\ 1 \end{pmatrix}$，$C$ 为任意常数.

16. (1) $\lambda=1$； (2) 证明略.

17. (1) $a=5$； (2) $(\boldsymbol{\beta}_1,\boldsymbol{\beta}_2,\boldsymbol{\beta}_3)=(\boldsymbol{\alpha}_1,\boldsymbol{\alpha}_2,\boldsymbol{\alpha}_3)\begin{pmatrix} 2 & 1 & 5 \\ 4 & 2 & 10 \\ -1 & 0 & -2 \end{pmatrix}$.

18. (1) $a=0$，b 为任意常数； (2) $a\neq 0$ 且 $a\neq b$，$\boldsymbol{\beta}=\left(1-\dfrac{1}{a}\right)\boldsymbol{\alpha}_1+\dfrac{1}{a}\boldsymbol{\alpha}_2$；

(3) $a=b\neq 0$，$\boldsymbol{\beta}=\left(1-\dfrac{1}{a}\right)\boldsymbol{\alpha}_1+\left(\dfrac{1}{a}+C\right)\boldsymbol{\alpha}_2+C\boldsymbol{\alpha}_3$，$C$ 为任意常数.

19. 当 $a=0$ 或 $a=-10$ 时，$\boldsymbol{\alpha}_1,\boldsymbol{\alpha}_2,\boldsymbol{\alpha}_3,\boldsymbol{\alpha}_4$ 线性相关.

当 $a=0$ 时，$\boldsymbol{\alpha}_1$ 为 $\boldsymbol{\alpha}_1,\boldsymbol{\alpha}_2,\boldsymbol{\alpha}_3,\boldsymbol{\alpha}_4$ 的一个极大线性无关组，且 $\boldsymbol{\alpha}_2=2\boldsymbol{\alpha}_1,\boldsymbol{\alpha}_3=3\boldsymbol{\alpha}_1,\boldsymbol{\alpha}_4=4\boldsymbol{\alpha}_1$.

当 $a=-10$ 时，$\boldsymbol{\alpha}_2,\boldsymbol{\alpha}_3,\boldsymbol{\alpha}_4$ 为 $\boldsymbol{\alpha}_1,\boldsymbol{\alpha}_2,\boldsymbol{\alpha}_3,\boldsymbol{\alpha}_4$ 的一个极大线性无关组，且 $\boldsymbol{\alpha}_1=\boldsymbol{\alpha}_2-\boldsymbol{\alpha}_3-\boldsymbol{\alpha}_4$.

20. (1) $\boldsymbol{\xi}_2=C_1\begin{pmatrix}1\\-1\\2\end{pmatrix}+\begin{pmatrix}0\\0\\1\end{pmatrix}$，$C_1$ 为任意常数；$\boldsymbol{\xi}_3=C_2\begin{pmatrix}1\\-1\\0\end{pmatrix}+C_3\begin{pmatrix}0\\0\\1\end{pmatrix}+\begin{pmatrix}-\frac{1}{2}\\0\\0\end{pmatrix}$，$C_2$，$C_3$ 为任意常数；

(2) 证明略.

21. 证明略.

22. 证明略.

23. 线性无关，证明略.

24. 证明略.

25. (1) 证明略； (2) $k=0$，$\boldsymbol{\xi}=k_1\boldsymbol{\alpha}_1-k_1\boldsymbol{\alpha}_3$，$k_1\neq 0$.

26. $\begin{pmatrix}2&3&4\\0&-1&0\\-1&0&-1\end{pmatrix}$.

27. $\frac{1}{\sqrt{15}}(1,1,2,3)^{\mathrm{T}}$，$\frac{1}{\sqrt{39}}(-2,1,5,-3)^{\mathrm{T}}$.

习题 4.1

1. (1) $\lambda_1=-1$，其对应的全部特征向量为 $k_1\boldsymbol{\alpha}_1=k_1\begin{pmatrix}1\\0\\1\end{pmatrix}$，$k_1$ 为不为零的任意常数；

$\lambda_2=\lambda_3=2$，其对应特征值的全部特征向量为 $k_2\boldsymbol{\alpha}_2+k_3\boldsymbol{\alpha}_3=k_2\begin{pmatrix}0\\1\\-1\end{pmatrix}+k_3\begin{pmatrix}1\\0\\4\end{pmatrix}$，$k_2$ 和 k_3 为不全为零的任意常数；

(2) $\lambda_1=0$，$\lambda_2=\lambda_3=2$，对应特征值 $\lambda=0$ 的全部特征向量为 $k_1\boldsymbol{\alpha}_1=k_1\begin{pmatrix}-1\\1\\0\end{pmatrix}$，$k_1$ 为不为零的任意常数；对应特征值 $\lambda=2$ 的全部特征向量为 $k_2\boldsymbol{\alpha}_2=k_2\begin{pmatrix}1\\1\\0\end{pmatrix}$，$k_2$ 为不为零的任意常数；

(3) $\lambda_1=\lambda_2=\lambda_3=2$，对应特征值 $\lambda=2$ 的全部特征向量为 $k_2\boldsymbol{\alpha}_2+k_3\boldsymbol{\alpha}_3=k_2\begin{pmatrix}-1\\0\\1\end{pmatrix}+k_3\begin{pmatrix}0\\1\\0\end{pmatrix}$，$k_2$ 和 k_3 为不全为零的任意常数.

2. $a=1,\lambda_2=\lambda_3=2$.

3. 25.

4. $\lambda_1=-4,\lambda_2=-6,\lambda_3=-12$.

习题 4.2

1. (1) 矩阵 $\boldsymbol{A}$ 中的特征值为 1, 3, 0,有 3 个不同的特征值,故 $\boldsymbol{A}$ 可相似对角化;

(2) 矩阵 $\boldsymbol{B}$ 中的特征值为 1,1, 3. 当 $\lambda=1$ 时,$r(\boldsymbol{B}-\boldsymbol{I})=2$,故$(\boldsymbol{B}-\boldsymbol{I})\boldsymbol{x}=\boldsymbol{0}$ 的基础解系中仅含一个向量,即 $\lambda=1$ 只有一个线性无关的特征向量,故 $\boldsymbol{B}$ 不能相似对角化;

(3) 矩阵 $\boldsymbol{C}$ 中有一个特征值为 6、两个特征值为 0. 当 $\lambda=0$ 时,$r(\boldsymbol{C}-\lambda\boldsymbol{I})=r(\boldsymbol{C})=1$,这说明$(\boldsymbol{C}-0\boldsymbol{I})\boldsymbol{x}=0$ 的基础解系由两个解向量组成,故有两个线性无关的特征向量,$\boldsymbol{C}$ 可相似对角化.

2. (1) $a=-3,b=0,\lambda=-1$; (2) 由 $|\boldsymbol{A}-\lambda\boldsymbol{I}|=0$ 得 $\boldsymbol{A}$ 的特征值为 $\lambda_1=\lambda_2=\lambda_3=-1$,因 $r(\boldsymbol{A}+\boldsymbol{I})=2$,故 -1 只有一个线性无关的特征向量,则 $\boldsymbol{A}$ 不能相似对角化.

3. (1) $x=0,y=-2$; (2) $\boldsymbol{P}=\begin{pmatrix} 0 & 0 & 1 \\ 2 & 1 & 0 \\ -1 & 1 & -1 \end{pmatrix}$.

4. $\boldsymbol{A}^k=\dfrac{1}{3}\begin{pmatrix} 2+4^k & -1+4^k \\ -2+2\cdot 4^k & 1+2\cdot 4^k \end{pmatrix}$.

5. $\begin{cases} x_1=y_1+y_2=c_1e^{5t}+c_2e^{-t}, \\ x_2=2y_1-y_2=2c_1e^{5t}-c_2e^{-t}. \end{cases}$

习题 4.3

1. $\boldsymbol{A}=\boldsymbol{Q\Lambda Q}^{\mathrm{T}}=\dfrac{1}{3}\begin{pmatrix} -1 & 0 & 2 \\ 0 & 1 & 2 \\ 2 & 2 & 0 \end{pmatrix}$.

2. $\boldsymbol{A}=\begin{pmatrix} 0 & 2 & 2 \\ 2 & 0 & -2 \\ 2 & -2 & 0 \end{pmatrix}$.

3. $\boldsymbol{Q}=\dfrac{1}{3}\begin{pmatrix} 1 & 2 & -2 \\ 2 & 1 & 2 \\ -2 & 2 & 1 \end{pmatrix}$.

4. $\boldsymbol{Q}=\begin{pmatrix} -\frac{1}{\sqrt{2}} & 0 & \frac{1}{\sqrt{2}} \\ 0 & 1 & 0 \\ \frac{1}{\sqrt{2}} & 0 & \frac{1}{\sqrt{2}} \end{pmatrix}$,$A^k=\begin{pmatrix} 2^{k-1} & 0 & 2^{k-1} \\ 0 & 2^k & 0 \\ 2^{k-1} & 0 & 2^{k-1} \end{pmatrix}$.

习题四

1. (1) B; (2) B; (3) C; (4) B; (5) D; (6) B; (7) A.

2. (1) 1; (2) 2; (3) -1; (4) 2; (5) -1; (6) 21; (7) 2.

3. (1) 略; (2) $\boldsymbol{A}=\begin{pmatrix}0&1\\0&0\end{pmatrix}$,$\boldsymbol{B}=\begin{pmatrix}0&0\\0&0\end{pmatrix}$; (3) 略.

4. $\lambda_1=\lambda_2=9,\lambda_3=3$,对应特征值 $\lambda=9$ 的全部特征向量为 $k_1\boldsymbol{\alpha}_1+k_2\boldsymbol{\alpha}_2=k_1\begin{pmatrix}-1\\1\\0\end{pmatrix}+k_2\begin{pmatrix}-2\\0\\1\end{pmatrix}$,$k_1$ 和 k_2 为不全为零的任意常数;对应特征值 $\lambda=3$ 的全部特征向量为 $k_3\boldsymbol{\alpha}_3=k_3\begin{pmatrix}0\\1\\1\end{pmatrix}$,$k_3$ 为不为零的任意常数.

5. (1) $\lambda_1=-2,\lambda_2=\lambda_3=1$. 对应特征值 $\lambda=-2$ 的全部特征向量为 $k_1\boldsymbol{\alpha}_1=k_1\begin{pmatrix}1\\-1\\1\end{pmatrix}$,$k_1$ 为不为零的任意常数;对应特征值 $\lambda=1$ 的全部特征向量为 $k_2\boldsymbol{\alpha}_2+k_3\boldsymbol{\alpha}_3=k_2\begin{pmatrix}1\\1\\0\end{pmatrix}+k_3\begin{pmatrix}-1\\0\\1\end{pmatrix}$,$k_2$ 和 k_3 为不全为零的任意常数;

(2) $\boldsymbol{B}=\begin{pmatrix}0&1&-1\\1&0&1\\-1&1&0\end{pmatrix}$.

6. (1) $\boldsymbol{A}$ 的特征值为 $\lambda_1=-1,\lambda_2=1$. 对应特征值 $\lambda_1=-1$ 的全部特征向量为 $k_1\boldsymbol{\alpha}_1=k_1\begin{pmatrix}1\\0\\-1\end{pmatrix}$,$k_1$ 为不为零的任意常数;对应特征值 $\lambda_2=1$ 的全部特征向量为 $k_2\boldsymbol{\alpha}_2=k_2\begin{pmatrix}1\\0\\1\end{pmatrix}$,$k_2$ 为不为零的任意常数;对应特征值 $\lambda_3=0$ 的全部特征向量为 $k_3\boldsymbol{\alpha}_3=k_3\begin{pmatrix}0\\1\\0\end{pmatrix}$,$k_3$ 为不为零的任意常数; (2) $\boldsymbol{A}=\begin{pmatrix}0&0&1\\0&0&0\\1&0&0\end{pmatrix}$.

7. (1) $\boldsymbol{A}=\begin{pmatrix}\frac{9}{10} & \frac{2}{5}\\ \frac{1}{10} & \frac{3}{5}\end{pmatrix}$； (2) $\lambda_1=1,\lambda_2=\frac{1}{2}$； (3) $\begin{pmatrix}x_{n+1}\\ y_{n+1}\end{pmatrix}=\boldsymbol{A}^n\begin{pmatrix}\frac{1}{2}\\ \frac{1}{2}\end{pmatrix}=\frac{1}{10}\begin{pmatrix}8-\frac{3}{2^n}\\ 2+\frac{3}{2^n}\end{pmatrix}$.

8. 略.

9. $a=0,\boldsymbol{P}=\begin{pmatrix}0 & 1 & 1\\ 0 & 2 & -2\\ 1 & 0 & 0\end{pmatrix}$.

10. 当 $a=-2$ 时，$\lambda_1=\lambda_2=2,\lambda_3=6$，$\boldsymbol{A}$ 可相似对角化；当 $a=-\frac{2}{3}$ 时，$\lambda_1=2,\lambda_2=\lambda_3=4$；$\boldsymbol{A}$ 不可相似对角化.

11. (1) 略；(2) $\boldsymbol{P}^{-1}\boldsymbol{AP}=\begin{pmatrix}-1 & 0 & 0\\ 0 & 1 & 1\\ 0 & 0 & 1\end{pmatrix}$.

12. (1) $a=4,b=5$； (2) $\boldsymbol{P}=\begin{pmatrix}2 & -3 & -1\\ 1 & 0 & -1\\ 0 & 1 & 1\end{pmatrix}$.

13. $\boldsymbol{A}^{99}=\begin{pmatrix}-2+2^{99} & 1-2^{99} & 2-2^{98}\\ -2+2^{100} & 1-2^{100} & 2-2^{99}\\ 0 & 0 & 0\end{pmatrix}$.

14. (1) $\lambda_1=\lambda_2=0$，$k_1\boldsymbol{\alpha}_1+k_2\boldsymbol{\alpha}_2$，$k_1$ 和 k_2 为不全为零的任意常数；$\lambda_3=3$，对应特征值 $\lambda=3$ 的全部特征向量为 $k_3\boldsymbol{\alpha}_3=k_3\begin{pmatrix}1\\ 1\\ 1\end{pmatrix}$，$k_3$ 为不为零的任意常数；

(2) $\boldsymbol{Q}=\begin{pmatrix}\frac{1}{\sqrt{3}} & \frac{-1}{\sqrt{6}} & \frac{-1}{\sqrt{2}}\\ \frac{1}{\sqrt{3}} & \frac{2}{\sqrt{6}} & 0\\ \frac{1}{\sqrt{3}} & \frac{1}{\sqrt{6}} & \frac{1}{\sqrt{2}}\end{pmatrix}$；$\boldsymbol{\Lambda}=\begin{pmatrix}3 & & \\ & 0 & \\ & & 0\end{pmatrix}$.

15. $a=-1$，$\boldsymbol{Q}=\begin{pmatrix}\frac{1}{\sqrt{6}} & \frac{1}{\sqrt{3}} & \frac{-1}{\sqrt{2}}\\ \frac{2}{\sqrt{6}} & \frac{-1}{\sqrt{3}} & 0\\ \frac{1}{\sqrt{6}} & \frac{1}{\sqrt{3}} & \frac{1}{\sqrt{2}}\end{pmatrix}$.

习题 5.1

1. (1) $\begin{pmatrix} 1 & -2 & 0 \\ -2 & 2 & -2 \\ 0 & -2 & -2 \end{pmatrix}$; (2) $\begin{pmatrix} 1 & -2 & 1 \\ -2 & -2 & \frac{3}{2} \\ 1 & \frac{3}{2} & 6 \end{pmatrix}$; (3) $\begin{pmatrix} 0 & -2 & 1 \\ -2 & 0 & 0 \\ 1 & 0 & 2 \end{pmatrix}$.

2. (1) $f(x_1,x_2,x_3)=2x_1^2-4x_1x_2+3x_2^2+2x_2x_3+x_3^2$;

(2) $f(x_1,x_2,x_3,x_4)=x_1^2-2x_1x_2-6x_1x_3+2x_1x_4-4x_2x_3+x_2x_4-3x_3x_4+\frac{1}{3}x_3^2$.

3. 证明略.

习题 5.2

1. (1) $\begin{pmatrix} x_1 \\ x_2 \\ x_3 \end{pmatrix}=\begin{pmatrix} -\frac{1}{\sqrt{3}} & -\frac{1}{\sqrt{2}} & \frac{1}{\sqrt{6}} \\ -\frac{1}{\sqrt{3}} & \frac{1}{\sqrt{2}} & \frac{1}{\sqrt{6}} \\ \frac{1}{\sqrt{3}} & 0 & \frac{2}{\sqrt{6}} \end{pmatrix}\begin{pmatrix} y_1 \\ y_2 \\ y_3 \end{pmatrix}$, $f=-2y_1^2+y_2^2+y_3^2$;

(2) $\begin{pmatrix} x_1 \\ x_2 \\ x_3 \end{pmatrix}=\begin{pmatrix} \frac{2}{\sqrt{5}} & -\frac{2}{3\sqrt{5}} & \frac{1}{3} \\ \frac{1}{\sqrt{5}} & \frac{4}{3\sqrt{5}} & -\frac{2}{3} \\ 0 & \frac{5}{3\sqrt{5}} & \frac{2}{3} \end{pmatrix}\begin{pmatrix} y_1 \\ y_2 \\ y_3 \end{pmatrix}$, $f=9y_3^2$;

(3) $\begin{pmatrix} x_1 \\ x_2 \\ x_3 \end{pmatrix}=\begin{pmatrix} \frac{2}{3} & -\frac{1}{3} & \frac{2}{3} \\ \frac{2}{3} & \frac{2}{3} & -\frac{1}{3} \\ -\frac{1}{3} & \frac{2}{3} & \frac{2}{3} \end{pmatrix}\begin{pmatrix} y_1 \\ y_2 \\ y_3 \end{pmatrix}$, $f=3y_1^2+6y_2^2+9y_3^2$.

2. $f=z_1^2+z_2^2$.

3. $a=2$.

4. $\begin{pmatrix} x \\ y \\ z \end{pmatrix}=\begin{pmatrix} \frac{2\sqrt{2}}{3} & \frac{1}{3} & 0 \\ -\frac{\sqrt{2}}{6} & \frac{2}{3} & \frac{\sqrt{2}}{2} \\ \frac{\sqrt{2}}{6} & -\frac{2}{3} & \frac{\sqrt{2}}{2} \end{pmatrix}\begin{pmatrix} u \\ v \\ w \end{pmatrix}$, $2u^2+11v^2=1$.

习题 5.3

1. (1) $\begin{pmatrix}x_1\\x_2\\x_3\end{pmatrix}=\begin{pmatrix}1&1&-1\\1&-1&0\\0&0&1\end{pmatrix}\begin{pmatrix}z_1\\z_2\\z_3\end{pmatrix}$, $f=2z_1^2-z_2^2$;

(2) $\begin{pmatrix}x_1\\x_2\\x_3\end{pmatrix}=\begin{pmatrix}1&\frac{1}{2}&-\frac{3}{2}\\0&\frac{1}{2}&-\frac{1}{2}\\0&0&1\end{pmatrix}\begin{pmatrix}y_1\\y_2\\y_3\end{pmatrix}$, $f=y_1^2-y_2^2$;

(3) $\begin{pmatrix}x_1\\x_2\\x_3\end{pmatrix}=\begin{pmatrix}\frac{1}{2}&\frac{1}{2}&-\frac{1}{2}\\\frac{1}{2}&-\frac{1}{2}&-\frac{1}{2}\\0&0&1\end{pmatrix}\begin{pmatrix}y_1\\y_2\\y_3\end{pmatrix}$, $f=y_1^2+y_2^2$.

2. $\begin{pmatrix}x_1\\x_2\\x_3\end{pmatrix}=\begin{pmatrix}1&-\frac{1}{2}&\frac{5}{6}\\0&\frac{1}{2}&-\frac{1}{6}\\0&0&\frac{1}{3}\end{pmatrix}\begin{pmatrix}y_1\\y_2\\y_3\end{pmatrix}$, $f=y_1^2+y_2^2-y_3^2$.

习题 5.4

1. (1) 非正定的；(2) 正定的；(3) 正定的.

2. 正惯性指数为 2,负惯性指数为 0.

3. $-1<a<0$.

4. 证明略.

5. 证明略.

6. 略.

习题 5.5

1. (1) $5z_1^2+2z_2^2+10z_3=0$,椭圆抛物面；(2) $\frac{4}{5}z_1^2-z_2^2-\frac{8}{5}z_3^2=1$,双叶双曲面.

2. $-\sqrt{2}<k<\sqrt{2}$.

习题五

1. (1) B；(2) D；(3) A；(4) A；(5) B；(6) B.

2. (1) 2；(2) 2；(3) 1；(4) $-2\leqslant a\leqslant 2$.

3. （1）$a=0$； （2）$\boldsymbol{x}=\begin{pmatrix} \frac{\sqrt{2}}{2} & 0 & \frac{\sqrt{2}}{2} \\ \frac{\sqrt{2}}{2} & 0 & -\frac{\sqrt{2}}{2} \\ 0 & 1 & 0 \end{pmatrix}\boldsymbol{y}, f=2y_1^2+2y_2^2$；

（3）$\boldsymbol{x}=\begin{pmatrix} c \\ -c \\ 0 \end{pmatrix}$，其中 c 为任意常数.

4. （1）$a=-1$； （2）$\boldsymbol{x}=\begin{pmatrix} -\frac{1}{\sqrt{3}} & -\frac{1}{\sqrt{2}} & \frac{1}{\sqrt{6}} \\ -\frac{1}{\sqrt{3}} & \frac{1}{\sqrt{2}} & \frac{1}{\sqrt{6}} \\ \frac{1}{\sqrt{3}} & 0 & \frac{2}{\sqrt{6}} \end{pmatrix}\boldsymbol{y}, f=2y_2^2+6y_3^2$.

5. （1）$\lambda_1=a, \lambda_1=a-2, \lambda_1=a+1$； （2）$a=2$.

6. （1）$\boldsymbol{A}=\frac{1}{2}\begin{pmatrix} 1 & 0 & -1 \\ 0 & 2 & 0 \\ -1 & 0 & 1 \end{pmatrix}$； （2）略.

7. （1）证明略； （2）证明略.

8. $a=2$；$\boldsymbol{x}=\begin{pmatrix} -\frac{1}{\sqrt{3}} & -\frac{1}{\sqrt{2}} & \frac{1}{\sqrt{6}} \\ -\frac{1}{\sqrt{3}} & 0 & \frac{2}{\sqrt{6}} \\ \frac{1}{\sqrt{3}} & \frac{1}{\sqrt{2}} & \frac{1}{\sqrt{6}} \end{pmatrix}\boldsymbol{y}, \boldsymbol{f}=-3y_1^2+6y_2^2$.

9. （1）当 $a\neq 2$ 时，$r(\boldsymbol{A})=3$，有唯一解 $x_1=x_2=x_3=0$；

当 $a=2$ 时，$r(\boldsymbol{A})=2$，有无穷解 $\boldsymbol{x}=k\begin{pmatrix} -2 \\ -1 \\ 1 \end{pmatrix}$，$k$ 为任意常数.

（2）当 $a\neq 2$ 时，$f=y_1^2+y_2^2+y_3^2$；当 $a=2$ 时，$f=y_1^2+y_2^2$.

习题 6.1

1. 略.

2. 证明略.

3. (1) 过渡矩阵为$\begin{pmatrix} 2 & 0 & 5 & 6 \\ 1 & 3 & 3 & 6 \\ -1 & 1 & 2 & 1 \\ 1 & 0 & 1 & 3 \end{pmatrix}$;

(2) 在后一组基下的坐标为$\frac{1}{27}\begin{pmatrix} 12 & 9 & -27 & -33 \\ 1 & 12 & -9 & -23 \\ 9 & 0 & 0 & -18 \\ -7 & -3 & 9 & 26 \end{pmatrix}\begin{pmatrix} x_1 \\ x_2 \\ x_3 \\ x_4 \end{pmatrix}$.

习题 6.2

1. 不是.

2. (1) f 在基 $\boldsymbol{e}_1,\boldsymbol{e}_2,\boldsymbol{e}_3$ 下的矩阵为$\begin{pmatrix} a_{33} & a_{32} & a_{31} \\ a_{23} & a_{22} & a_{21} \\ a_{13} & a_{12} & a_{11} \end{pmatrix}$;

(2) f 在基 $\boldsymbol{e}_2+\boldsymbol{e}_1,\boldsymbol{e}_2,\boldsymbol{e}_3$ 下的矩阵为$\begin{pmatrix} a_{11}+a_{12} & a_{12} & a_{13} \\ a_{21}+a_{22}-a_{11}-a_{12} & a_{22}-a_{12} & a_{23}-a_{13} \\ a_{31}+a_{32} & a_{32} & a_{33} \end{pmatrix}$.

3. (1) 证明略; (2) $\boldsymbol{\sigma}$ 在基 $1,x-1,x^2-1$,下的矩阵为$\begin{pmatrix} -1 & 1 & 2 \\ 0 & 0 & 0 \\ 0 & 0 & 1 \end{pmatrix}$.

习题六

1. 验证略,在相应线性空间下的基分别为

(1) 向量组 $\boldsymbol{E}_{11}=\begin{pmatrix} 1 & 0 \\ 0 & 0 \end{pmatrix},\boldsymbol{E}_{12}=\begin{pmatrix} 0 & 1 \\ 0 & 0 \end{pmatrix},\boldsymbol{E}_{21}=\begin{pmatrix} 0 & 0 \\ 1 & 0 \end{pmatrix},\boldsymbol{E}_{22}=\begin{pmatrix} 0 & 0 \\ 0 & 1 \end{pmatrix}$;

(2) 向量组 $\boldsymbol{E}_{11}=\begin{pmatrix} 1 & 0 \\ 0 & 0 \end{pmatrix}$, $\overline{\boldsymbol{E}_{12}}=\begin{pmatrix} 0 & 1 \\ 1 & 0 \end{pmatrix},\boldsymbol{E}_{22}=\begin{pmatrix} 0 & 0 \\ 0 & 1 \end{pmatrix}$.

2. 略.

3. 维数为 4.

4. $(1,-2,6)^{\mathrm{T}}$.

5. 向量 $\boldsymbol{\xi}$ 在基 $\boldsymbol{\varepsilon}_1,\boldsymbol{\varepsilon}_2,\boldsymbol{\varepsilon}_3,\boldsymbol{\varepsilon}_4$ 下的坐标为$(1,0,-1,0)^{\mathrm{T}}$.

6. σ 在基 $\boldsymbol{E}_{11},\boldsymbol{E}_{12},\boldsymbol{E}_{21},\boldsymbol{E}_{22}$ 下的矩阵为$\begin{pmatrix} 1 & 0 & -1 & 0 \\ 0 & 1 & 0 & -1 \\ -1 & 0 & 1 & 0 \\ 0 & -1 & 0 & 1 \end{pmatrix}$.

7. (1) 略；(2) $\begin{pmatrix} 2 & -1 & 0 \\ 1 & 1 & 0 \\ 1 & 0 & 0 \end{pmatrix}$.

8. $\begin{pmatrix} 1 & 0 & 0 \\ 2 & 1 & 0 \\ 0 & 1 & 1 \end{pmatrix}$.

9. (1) 过渡矩阵为 $\begin{pmatrix} 2 & 1 & 1 \\ 1 & 1 & 1 \\ 3 & 2 & 1 \end{pmatrix}$，$\gamma$ 在基 $\boldsymbol{\beta}_1,\boldsymbol{\beta}_2,\boldsymbol{\beta}_3$ 下的坐标为 $(9,-14,0)^{\mathrm{T}}$；

(2) f 在基 $\boldsymbol{\beta}_1,\boldsymbol{\beta}_2,\boldsymbol{\beta}_3$ 下的矩阵为 $\begin{pmatrix} 1 & 0 & 4 \\ 18 & 14 & 2 \\ -18 & -12 & -3 \end{pmatrix}$.

参 考 文 献

[1] 同济大学数学系. 线性代数[M]. 6 版. 北京：高等教育出版社，2014.

[2] 吴赣昌. 线性代数(理工类·简明版·第五版)[M]. 北京：中国人民大学出版社，2017.

[3] [美]Gerald Farin，Dianne Hansford. 实用线性代数(图解版)[M]. 李红玲，译. 北京：机械工业出版社，2014.

[4] [美]David C. Lay. 线性代数及其应用[M]. 刘深泉，洪毅等译. 北京：机械工业出版社，2012.

[5] 任广千等. 线性代数的几何意义[M]. 西安：西安电子科技大学出版社，2015.

[6] 李永乐，王式安等. 2019 考研数学系列数学历年真题权威解析(数学一)[M]. 西安：西安交通大学出版社，2018.